高等医学院校教材

大学生心理健康教育

Education of Mental Health in University Students

主　编　严万森　王加好

副主编　邓　冰　黄列玉

编　委（按姓氏汉语拼音排序）

陈凡莹　邓　冰　黄列玉　刘苏姣

彭　彪　彭　丹　田　艳　王　凤

王加好　徐　鹏　严万森　张冉冉

张宛筑

北京大学医学出版社

DAXUESHENG XINLI JIANKANG JIAOYU

图书在版编目（CIP）数据

大学生心理健康教育/严万森，王加好主编．—北京：北京大学医学出版社，2015. 8（2021. 8 重印）

ISBN 978-7-5659-1192-7

Ⅰ. ①大… Ⅱ. ①严… ②王… Ⅲ. ①大学生—心理健康—健康教育 Ⅳ. ① B844.2

中国版本图书馆 CIP 数据核字（2015）第 176084 号

大学生心理健康教育

主　　编：严万森　王加好

出版发行：北京大学医学出版社

地　　址：（100191）北京市海淀区学院路 38 号　北京大学医学部院内

电　　话：发行部 010-82802230；图书邮购 010-82802495

网　　址：http：//www.pumpress.com.cn

E-mail：booksale@bjmu.edu.cn

印　　刷：北京溢漾印刷有限公司

经　　销：新华书店

责任编辑：刘　燕　慈光辉　**责任校对**：金彤文　**责任印制**：李　啸

开　　本：787 mm × 1092 mm　1/16　**印张**：17.75　**字数**：451 千字

版　　次：2015 年 8 月第 1 版　2021 年 8 月第 7 次印刷

书　　号：ISBN 978-7-5659-1192-7

定　　价：35.00 元

前　言

开展大学生心理健康教育是新形势下全面贯彻党的教育方针、推进素质教育的重要举措，是促进大学生健康成长、培养高素质合格人才的重要途径，是加强和改进大学生思想政治教育的重要任务。21世纪是心理学的世纪，也是尊重知识、注重人才素质全面提高的世纪。在这个思想文化激荡、价值观念多元、人才竞争激烈、社会瞬息万变的年代，培养道德品质优秀、专业技能精湛、心理素质过硬的适应社会需要的高素质人才是高等教育的责任。

课程开发研究的核心之一就是教材建设。教材建设对学校提高教学质量、体现办学特色、向学生提供最需要的教育有着重要价值。在这样的大前提下，开发和编写适应本地、本校实际和学生需要的教材显得十分必要，也是顺应课程教材改革的发展趋势。我们在多年实施大学生心理健康教育课程的基础上编写了本教材。目的是以普及心理健康知识、为大学生提供心理健康指导为出发点，力求体现操作性、参与性和可读性的特点，旨在帮助大学生解决现实生活和学习中遇到的心理问题，为其解除各种心理困惑提供帮助。故在编写过程中，注意保持教学内容的系统性，力求结合当前大学生成长与发展的需要来安排教材结构，希望通过教学实施，引导学生掌握心理健康知识，学会自我心理调适，激发自身潜能，提高心理素质，维护心理健康。同时，本教材还体现了一定的医学特色，适当插入了一定的医学常识，并将健康教育的知-信-行理念贯穿于教材始终。这些内容基本上涵盖了大学生在校学习、生活期间面临的主要心理问题，从而保证了内容更有针对性。本章适时增加了"案例导读""知识链接""心理测试"等内容，力求做到理论联系实际，取得学以致用的效果。本教材既有利于阅读、掌握理论知识，也有利于课堂实训的组织；既有利于教师教学，也有利于学生更好地了解自己，不断地完善自我。值得一提的是，该教材还有配套的多媒体课件，内有与教材相配套的理论知识、心理自测、心理游戏等图文并茂的内容，为教师提供了方便和有效的教学辅助手段。

本书是集体工作的结果，由主编选定各章节的具体内容，经编委集体反复讨论确定详细的写作提纲后，再由各编委按照统一要求撰写。各章完成后，主编再重新审核、修改、定稿。各章的编写者分别是：邓冰，第一章；严万森，第二章；张冉冉，第三章；刘苏娇，第四章；王加好，第五章；彭丹，第六章；黄列玉，第七章；张宛筑，第八章；王凤，第九章；田艳，第十章；陈凡莹，第十一章；徐鹏，第十二章；彭彪，第十三章。

教材在编写过程中，参考和借鉴了国内外专家、学者的一些成果，在此表示感谢。

尽管我们力图做一些积极的探索，但由于水平所限，不妥之处在所难免，诚恳地期盼读者批评指正。

邓　冰

2015年6月1日谨记于贵州医科大学

目 录

第一部分 心理健康与幸福

第二部分 心理健康与自我

第三部分　心理健康与未来

第一部分
心理健康与幸福

第一章　幸福人生源于健康心理：大学生心理健康导论

健康就在我们身边，健康这个话题与我们的生活密切相关。我们应该对其给予充分的认识和足够的重视，并努力让自己成为一个健康的人，让自己拥有一个健康的人生。

【案例导读】

这样的悲剧不能再发生!

近日，南方某高校一名研三学生姜某从本校图书馆6楼纵身跳下，结束了他28岁的年轻生命。他的逝去再次在社会上引起轩然大波，令许多人惋惜不已，更让他的亲人悲恸不已。据报道，该同学死前曾给自己的导师写了五千字的遗书，称导师故意为难他，对他的论文十分苛刻，要求其延期答辩。但是，另一名与其同专业、同导师的学生说："自己的导师对学术研究十分严格，之前也有过论文未通过而延期答辩的学生，这在学校很正常，并未刻意为难学生。"姜某初三时父亲就病逝，全靠比自己大两岁辍学打工的哥哥和务农的母亲共同供他读书，因此，他一直很努力，大学毕业仅工作两年就还清了助学贷款，为了找一份更好的工作选择报考研究生。"弟弟自杀前还给母亲打了电话，但当时妈妈有事出门，没接到这个电话。如果接了这个电话，如果我们平时多和他交流，如果他可以跟我们说说他的烦恼与痛苦，也许就不会走到这一步……"姜某的哥哥哽咽地说。

是的，如果平时多交流，如果多听听他的烦恼，就不会发生这样的悲剧。自杀既是一个严峻的健康问题，也是一个严重的社会问题。站在健康的角度看看姜某，他的健康是哪儿出了问题？要解释这样的问题有必要先认识什么是健康。

第一节　认识健康内涵，促进身心健康

人人渴望健康，那么什么是健康呢？从古至今，健康是各朝各代人们谈论的永恒话题，并被视为人生的第一需要。然而什么是健康？如何正确理解和把握健康的确切内涵？

一、健康概念的演变

健康是一个动态的概念。人类对健康的认识是随着社会的发展和生活水平的提高而不断变化的。20世纪以前，人们认为"健康就是没有病"。这个定义含糊狭窄，没有考虑人们的社会适应能力和心理压力。就像前面案例中的姜某，他的身体一直没有生病，正常学习并生活着，却突然因为延期毕业想不开而选择极端的逃避方式。

（一）健康的定义

“健康”一词的英文是“health”。在一些词典中，“健康”通常被简明扼要地定义为“机体处于正常的运作状态，没有疾病”，这是传统的健康概念。通常人们确实是把疾病看成是机体受到干扰，导致功能下降，生活质量受到损害（主要由肉体疼痛或不适引起）或早亡。在《辞海》中“健康”的概念是：“人体各器官系统发育良好、功能正常、体质健壮、精力充沛并具有良好劳动效能的状态。通常用人体测量、体格检查和各种生理指标来衡量。”这种提法要比“健康就是没有病”完善一些，但仍然是把人作为生物有机体来对待的，因为它虽然提出了“劳动效能”这一概念，但仍未把人当作社会人来对待。

进一步的理论研究与实践证明，人是生理、心理与社会层面的统一，人不仅仅是一个生物体，还是有着复杂的心理活动、生活在一定社会环境中的完整的人。随着对人性认识的深刻改变，健康的定义也在不断发展。1946 年世界卫生组织（World Health Organization，WHO）成立时在它的宪章中所提到的健康概念为：“健康乃是一种在身体上、心理上和社会上的完满状态，而不仅仅是没有疾病和虚弱的状态。”WHO 关于健康的这一定义把人的健康从生物学意义扩展到了精神和社会关系两个方面的健康状态，把人的身心、家庭和社会生活的健康状态均包括在内。

事实上，要对健康作出确切的定义很难。因为，即使没有明显的疾病，人对健康或不健康的感觉也具有很大的主观性。

（二）现代健康观

随着人类社会的进步，人们对健康含义的认识也越来越广泛，从最开始的“能吃能睡，身体没有病就是健康”发展到现在的全方位的健康观念。

1984 年 WHO 在宪章中提出了著名的健康新概念：“健康不仅仅是没有疾病和不虚弱，而是身体上、心理上和社会适应能力上三方面的完好状态。”现代健康概念既考虑到人的自然属性，又考虑到人的社会属性，这是对健康的全面诠释。1990 年，WHO 在对健康定义的阐述中，又在此基础上增加了道德健康。

1．生理健康　生理健康是指身体的结构和功能正常，具有生活的自理能力。

2．心理健康　心理健康是指个体能够正确地认识自己，及时调整自己的心态，使心理处于良好的状态以适应外界的变化。心理健康的定义有广义和狭义之分：狭义的心理健康主要是指无心理障碍或行为异常等状态；广义的心理健康还包括心理调节能力、发展和完善人格的能力等。

3．社会适应良好　心理健康的人具有根据社会生活中的变化及时反馈、随机应变地进行调节的能力，是个体与环境在适应过程中所表现出来的健全个性特征，是一个人综合素质能力高低的间接表现，是一个人是否融入社会、接纳社会能力的表现。

4．道德健康　道德健康是指能够按照社会规范的细则和要求来支配自己的行为，能为人们的幸福做出贡献，表现为思想高尚、有理想、有道德、守纪律。道德健康要求人不能损害他人的利益来满足自己的需要，能按照社会认可的道德行为规范准则约束自己及支配自己的思维和行为，具有辨别真伪、善恶、荣辱的是非观念和能力。

现代健康观的内涵是多元的、广泛的，包括生理、心理、社会适应性和道德情操四个方面，其中社会适应性归根结底取决于生理和心理的素质状况。心理健康是身体健康的精神支柱，身体健康又是心理健康的物质基础。良好的情绪状态可以使生理功能处于最佳状态；反之，不良的情绪状态则会降低或破坏机体的某种功能而引起疾病。身体状况的改变可能带来相应的心理问题，如生理上的缺陷或疾病，特别是痼疾，往往会使人产生烦恼、焦躁、忧虑、抑郁等不良情绪，导致各种不正常的心理状态。作为身心统一的人，身体和心理是紧密依存的两个方面。

综上所述，当今“健康”的概念已扩展、引申为：强壮的体质、健全的精神、稳定的情绪，以及良好的社会适应能力和高尚的道德情操。健康观内涵的扩展说明人们对健康越来越关注，也说明仅有一副强健的躯体只是健康的一半，另一半则是健全的心理和良好的社会适应能力及高尚的道德情操。随着人类的发展，人的社会属性越来越受到人类自身的关注，如果身体健康代表生物人的状态，那么心理健康及社会适应能力、高尚的道德情操就可以说是代表社会人的状态。

二、生理 - 心理 - 社会健康模型

人们逐渐获得一些证据表明，好的或坏的生活事件可以影响人体的免疫功能；在预期到压力的消极结果后，人们会有一定的韧性；充分的社会支持可以促进疾病康复，减少死亡的可能性。在这些认知背景下产生了健康的生物 - 心理 - 社会模型（bio-psycho-social model）。其中生物是指现实的生物学成分，心理和社会分别指健康的心理和社会成分。

【知识链接】

无所适从的狗

著名心理学家巴甫洛夫曾做过一个经典实验。他让狗看两种图像：一种是圆形，另一种为椭圆形。每当见到圆形图像时，狗就得到一份食物；而每当见到椭圆形图像时，狗则挨一下痛苦的电击。如此重复若干次，狗就形成了条件反射：圆形出现，狗就摇头摆尾、流口水，十分高兴；椭圆形出现，狗则感到紧张、害怕。之后，实验者将圆形一点点变成椭圆形，将椭圆形一点点变成圆形。起初狗还能分辨，并做出相应的反应。可是，当这两种图像越来越相近时，狗则表现为惶惑不安、无所适从，在笼子里乱转、号叫、拒食、腹肌痉挛、呕吐。再经过一段时间，狗不但患了“焦虑性神经症”，还出现皮肤干燥、脱屑、脱毛、溃疡。长期处于这种紧张状态下的狗还出现了各种肿瘤，如甲状腺瘤、膀胱癌、肺癌等。

这个实验证明心理与躯体密切相关、互相影响。生物有机体只要有情绪上的变化，必然会伴随躯体上的变化。比如，人每当感到紧张或恐惧的时候，就会出现心跳加快、呼吸急促、出冷汗、脸色苍白、浑身发抖等，这种现象被称为心理生理反应。久而久之，就有可能造成躯体上的损害，以致脏器发生病理变化。

当然，并非所有的不良情绪和心理状态都会马上影响躯体健康或导致躯体疾病的发生，而是需要达到一定强度或积累到一定程度后才以疾病的方式反映出来。《黄帝内经》说：“余知百病生于气也，怒则气上，喜则气缓，悲则气消，恐则气下”“喜怒不节则伤脏，脏伤则病起”。

很多研究表明，50%～80%的躯体疾病均与不良心境和恶劣、低沉的情绪有关。负性情绪会夺走健康，如果负性情绪超出健康人体生理调节的临界点，就会引发各种疾病。如果

负性情绪排解不出，会使人体的交感神经亢奋并释放出大量导致疾病的活性物质，这些物质使心肌耗氧量增加、心脏负担加重、冠状动脉痉挛而造成心肌缺血、缺氧，严重者可导致心律不齐、心绞痛、心肌梗死等。英国一位医生调查了 250 名癌症患者，发现其中 156 人在患病之前有过重大的精神打击或遭受过精神创伤。他的结论是："压抑情绪容易导致癌症的发生。"我国的心理学家也有类似的调查。他们发现在原发性高血压患者中，病前有不良个性和情绪的患者占 74%；在初诊牙痛的患者中，心因性牙病约占 1/3。这些研究均说明不健康的心理对人的生理如神经系统、内分泌系统及心血管系统、消化系统、免疫系统都有明显的不良影响。

所以，只有生理上的健康是不够的。如果一个强壮的身体没有良好的心理做指导，便有可能危及个人的身体健康。健康的心理可以使一个残缺的身体变得坚强，也可以使一个健康的身体拥有更强大的力量。心理健康的重要性丝毫不亚于生理健康的重要性。心理健康对人具有指导意义，可以让人将自身的能力应用到对个人和社会都有利的地方去。同时，它还可以让人在面对不好的事物时具备足够的排斥力和抵抗力，从而使我们不致误入歧途，也可避免多走弯路。

在理解健康时应该将它作为一个动态的、多维的整体，因为健康的各个部分是相互联系、相互影响的。将生理的健康和心理的健康有机地融为一体，相辅相成，再配以社会适应良好和道德健康，便会使人们得到全面的健康。

三、被忽视的健康危险因素

（一）健康危险因素的定义及分类

1. 定义　健康危险因素是指机体内外环境中存在的与疾病的发生、发展及预后有关的各种诱发因素。也就是说，健康危险因素的存在会使得疾病或死亡发生的可能性增加。

2. 类型　从定义中不难看出健康危险因素涉及面广。根据国内外流行病学、社会医学和临床医学调查证明，制约人类健康的主要因素是生活行为方式、遗传因素、环境因素和医疗卫生服务。

（1）生物遗传因素：基因突变、染色体畸形、近亲结婚、营养缺乏等可造成各种显性或隐性遗传病，如原发性高血压、糖尿病、肿瘤等疾病具有家族发病倾向性。

（2）环境因素：自然环境因素，如病原微生物、有害元素、放射线等可导致躯体疾病；生活环境因素，如空气、水、土壤和食物的污染等可影响躯体健康；生产环境因素，如职业场所中的有害气体、粉尘、毒物、噪声和射线等可危害工作人员的身心健康；社会环境因素，包括社会生活的剧变、信息流量的膨胀、物质利益的分化、快节奏的生活、激烈的竞争、超负荷的工作、复杂的人际关系等，可使现代人精神紧张、情绪躁动、心灵疲惫、焦虑不安，形成种种不良的心理环境，导致身心疾病的发生。

（3）医疗卫生服务：医疗质量低、误诊、漏诊、医院交叉感染，卫生人力资源配置城乡失衡，重治疗、轻预防的观念，以及不完善的医疗保险制度等均能给人类健康带来不利影响。

（4）行为生活方式：不良生活方式和行为包括吸烟、酗酒、滥用毒品、不合理膳食、不良的饮食习惯、缺乏体育锻炼、过度娱乐、肥胖和不安全性生活等，可对人类健康带来不同程度的危害。

（二）健康危险因素的特点

健康危险因素的性质千差万别，有些是后天形成的，有些是先天获得的；有些是人为的，有些是自然的；有些是变化的，有些是稳定的。总体来说，它们有一些共同特点。

1．潜伏期长　疾病或心理障碍的发生通常都是危险因素长期、反复影响的结果。例如，前述大学生姜某表面上是因为挫折（延期毕业）所导致的自杀行为，实质上这经历了一个发展的过程。姜某的目标和自身现实产生差距已久，但是没有及时调整认知，正确地认识自己和摆正心态，造成负面心态慢慢积聚。他也没有选择积极的应对方式解决，本能地回避和拖延到最后，让挫折感渐渐扩大、强化并泛化至完全否定自己，导致心理平衡失调而陷入强烈的无助感中，最后选择自杀这种解脱方式。又如，大二学生琳琳以当地第一名的成绩考入某重点大学。第一学期期末，本来踌躇满志准备获得奖学金的她却未能如愿。她的情绪从此一落千丈，变得郁郁寡欢，无心学习，也无法处理好与同学的关系，还整夜失眠，常常感叹人生没有意义，出现轻生念头，最后不得不去医院精神科检查，被诊断为抑郁症。事后老师和同学说，如果有心理健康的概念，那么就可以早点儿发现琳琳的不对劲儿，可以帮助她疏导心理上的问题，也就能使她避免患上抑郁症。当然，潜伏期的长短受危险因素水平、个体差异、环境等很多因素的影响。如果危险因素的潜伏期长，会给确定危险因素与健康问题之间的因果关系带来很大的困难，但同样也给予人们消除或减弱危险因素、阻断或延缓损害健康问题的发生提供了机会。

2．特异性弱　科学研究显示，一种危险因素可与多种疾病的发生有关，同样，一种疾病的发生经常是多种危险因素作用的结果。崔然等对安徽地区大学生抑郁症危险因素进行的二元 Logistic 回归分析表明：性别、家庭经济状况、家庭和睦程度、情感状态、专业满意度、体育锻炼、社会活动和人际关系与抑郁症的发生均有一定的关系。换言之，大学生抑郁症的发生与多种因素有关。现代健康危险因素表现出一因多果、多因一果、多因多果、因果关系链和因果关系网络模型，显示出危险因素与健康问题之间直接的因果关系较弱。由于危险因素与健康问题之间特异性弱，加上存在个体差异，即使某个体具有某种危险因素，也容易忽视或轻视其对健康的危害。如前述的琳琳，入学前她是当地学习的尖子、老师和家长的宠儿、同学和朋友心目中的榜样，自我感觉良好。进入大学后，跻身于集中了各地优等生的新群体中，她就不可能再轻易成为尖子、宠儿和榜样了，原来的优越感不复存在。她面临的问题是能否继续保持优势，或者能否接受“自己是平凡的一员”这一事实。当她不能正确地接受和对待这种现实，也没有采取有效的应对方式时，未获得奖学金成为诱因而引发了她的抑郁。

3．联合作用　国内外研究显示，随着危险因素个数的增加，疾病发生的危险性也随之增加。这说明多种危险因素同时存在时具有联合作用，并且协同作用更为明显。前面提到的案例正是多因素协同作用的结果。具有多个危险因素的个体，即使每个危险因素水平轻度增高，也比仅有一个高水平危险因素的个体发病危险性高，而这种情况往往很少引起人们的重视。实际上大学生姜某的自杀不仅因为论文不能按期完成，还与他的自我认知、人际交往方式和日常生活方式有关。

4．广泛存在　健康危险因素普遍存在于人们的工作和生活中。其实，姜某、琳琳面临的困难在很多学生中都存在。现在的大学生面临的压力过大，造成心理的落差比较大，这与整个社会发展的形势和家庭的影响密不可分。以大学生就业问题为例，大学的扩招让一些学生在上大学之初就对毕业后的就业问题产生焦虑。另外，有的学生有为家长而读书的想法，想的是将来要怎样报答家长；有的学生则给自己设定了一个脱离实际的目标。自我和家庭对前途所设定的目标过高，最终结果都可能带来很大的心理落差，由此引发的心理问题并不罕见。这提示大学生要找准自己的位置，正确评价和认识自己，不好高骛远，要脚踏实地走好自己的路，为将来踏入社会打下坚实的基础。

了解这些特征的意义有两点。首先，是让人们认识到危险因素对健康的影响，同时知道改变这些不利于健康的危险因素十分困难，尤其是当不利于健康的观念根深蒂固，不利于健康的行为已成为人们的习俗和习惯了的生活方式时。其次，也正是因为这些特点和性质，为人们通过控制健康危险因素来预防心理问题的发生和改善预后提供了新的思路、时间和方法。

【知识链接】

健康保健

健康保健是指人体在患病前的预防。维护健康的四大基石是：平衡饮食、适量运动、戒烟限酒、维护心理健康。健康保健并非千篇一律，不同的人可以使用不同的方法，最终达到身心健康的目的。

如何才能达到身心健康呢？一般可以遵循以下原则：

1. 重视健康　在有限的人生中，健康是最宝贵的。健康是实现人生价值的保证，是享受美好生活的必要条件，失去了健康也就失去了一切。

2. 坚持进行体育锻炼　有规律的锻炼会使人身体强壮、感觉良好、精力充沛，也就能充满信心地完成各项工作和任务。

3. 控制体重、防止肥胖　肥胖对人类健康构成很大的威胁。肥胖不仅使人体态臃肿，工作和生活不便，而且很容易合并原发性高血压、冠状动脉粥样硬化性心脏病（简称冠心病）、糖尿病等多种疾病。

4. 顺应生物钟，养成良好的生活规律　如果生活作息制度与体内“生物钟”的节律同步，则人体的生理代谢及心理、生理都将处于和谐状态，如果两者相反，就可能会产生身体、心理及社会功能的紊乱，甚至导致疾病。

5. 保证良好的睡眠　睡眠是维持人体精力的重要保证，只有保证了充足的睡眠，才能有正常的生理和心理功能，维持正常的免疫力，从而减少疾病发生。

6. 戒烟、禁毒　吸烟严重危害人类健康，可导致多种疾病发生。毒品则可直接导致人生理、心理异常，并会破坏人的社会功能。

7. 节制饮酒　适量饮酒可以扩张血管、促进血液循环，利于人体的新陈代谢，增强免疫力，但是，长期、过量饮酒的酗酒行为则会严重危害人体健康。

8. 膳食合理、营养平衡　膳食合理和营养平衡可以保证机体能够摄入身体健康所必需的所有营养成分，能够促进正常的生长发育，增强体能和免疫功能，预防疾病。

9. 保持健康的心理状态　保持积极、乐观的心态可以减少心理异常的产生，使人更轻松地学习和生活，也能促进人际关系的和谐。

10. 避免和清除环境污染　避免和清除环境污染可减少健康危害因素。

11. 预防疾病　养成良好的生活、饮食、工作和学习习惯可以减少疾病的发生，及时采取措施纠正亚健康状态对促进健康更有帮助。

12. 加强个人安全防范　必要的个人安全防范措施可以减少生活环境中对个体身体造成直接伤害的因素，减少受伤害的概率。

第二节 拨开心灵雾霾，正视心理健康

《中国精神卫生工作规划（2002—2010 年）》指出，全球约有 4.5 亿人患有神经精神疾病，占全球疾病负担的近 11%，造成功能残缺的前 10 位疾病中有 5 种属于精神障碍。我国目前约有精神疾病患者 1600 万人，约有癫痫患者 600 万人。神经精神疾病在我国疾病的总负担中排名首位，约占疾病总负担的 20%。此外，受到情绪障碍和行为问题困扰的 17 岁以下儿童和青少年约有 3000 万人，妇女、老年人、受灾群体等特殊人群特有的各类精神和行为问题也都不容忽视。国内外研究提示，心理与行为问题增长的趋势还将继续。根据 WHO 推算，到 2020 年，在中国，神经精神疾病的负担将上升至疾病总负担的 1/4，这是一组令人心惊的数据。要降低神经精神疾病，就必须重视心理卫生，维护心理健康。

一、心理健康“就在”生活中

【案例导读】

“林黛玉”的 C 型性格

饰演林黛玉成名的演员陈晓旭因患乳腺癌于 2007 年 5 月 13 日去世，享年 42 岁。人们在哀悼佳人逝世的同时，也默默地祈祷她在另一个世界安康如意。陈晓旭善良美丽，具有与林黛玉相似的性格。在陈晓旭的同事和跟她交往过的人的印象中，陈晓旭就是林黛玉，不仅形似，而且神似。在现实生活中，陈晓旭也承认自己和林黛玉的性格很相像。性格内向、敏感、心情压抑、压力大等这些精神因素促使她与癌症“相约”。42 岁的陈晓旭还没有要孩子，没有经过生育和哺乳，这些乳腺癌发病的危险因素增加了她罹患癌症的风险。陈晓旭之死与其 C 型性格有着密切的关系，这提醒人们心理因素与疾病的关系不容忽视。所谓 C 型性格就是“癌症性格”。C 是英文“cancer”（癌）的第一个字母。人的性格与某些疾病具有相关关系，这最先是由美国的心脏病学家弗里德曼（JL. Freedman）和行为医学家罗森曼（RH. Roseman）提出来的。与不良心理相关的疾病很多，如困扰现代人的原发性高血压、冠心病、糖尿病等身心疾病。

美好的心情比十副良药更能解除心理上的疲惫和痛楚。对于作为天之骄子的大学生来说，心理健康是学业成就、事业成功、生活快乐的基础。

（一）心理健康的定义

从广义上讲，心理健康是一种持续高效而满意的心理状态；从狭义上讲，心理健康是知、情、意、行的统一，是人格完善协调，社会适应良好。其实，迄今为止，关于心理健康还没有一个统一的概念，国内外学者一致认同心理健康标准的复杂性，这是因为心理既有文化差异，也有个体差异。

那么怎么定义心理健康呢？大多数学者都认为心理健康是指具有正常的智力、积极的情绪、适度的情感、和谐的人际关系、良好的人格品质、坚强的意志和成熟的心理行为等。心理健康与一个人的成就、贡献、成才关系重大。心理健康是大学生成才的基础。具体是指个体心理在本身及环境条件许可的范围内所能达到最佳功能的状态，不是指十全十美的状态，而是能以积极、有效的心理活动，平稳、正常的心理状态，对当前和发展着的社会和自然环境，以及自我内在环境具有良好的适应功能，因而，对心理健康的定义可以从以下三个方面去理解：

1．没有心理疾病 心理疾病是心理活动的异常表现。没有心理疾病是心理健康的基本要求，因为在心理疾病状态下，人无法正常地发挥心理活动的功能，日常生活和工作会受到明显的影响。心理疾病无疑是心理不健康的表现。

2．对不良心理活动能够及时而有效地调节 人生活在复杂的社会中，矛盾冲突、压力、打击随处可见，没有人能够事事顺心、时时愉快，在各种生活事件中产生消极心理是在所难免的。心理健康的人并非永远都处于良好的心理状态中，在生活中也会有烦恼，也会有痛苦，有这样或那样的心理困境。但是，出现这些问题时，心理健康的人能及时发现，并能采取合适的方法和手段调节心理活动，使之尽快恢复正常的活动状态。在充满竞争的现代社会中，能够很好地调整心态是保持心理健康的一个重要要求。

3．保持积极、平稳的心理状态 在社会生活中充分发挥身心潜能，这是心理健康的理想状态，它包括在各种社会条件下保持平稳、正常的心理状态，不论顺境还是逆境，不论成功还是失败，不论自己处于生活中的哪一个位置，心理健康的人都会尽可能心平气和、愉快满意地对待现实，较少地产生心理困惑。另外，这种理想状态还包括对社会的良好适应，比如能胜任工作和学习，能通过自己的努力获得一定的事业成就与社会认可，能与周围各种人保持融洽的人际关系，勇于承担责任，善于解决面临的各种社会问题等。

（二）心理健康的标准

1．国外学者提出的心理健康的标准 美国学者坎布斯（AW. Combs）认为：一个心理健康、人格健全的人应有四种特质：①积极的自我观。②恰当地认同他人。③面对和接受现实。④主观经验丰富，可供取用。

马斯洛（A. Maslow）和心理学家密特尔曼（B. Mittelman）提出心理健康的 10 条标准为：①有充分的安全感。②对自己有较充分的了解，并能恰当地评价自己的能力。③自己的生活和理想切合实际。④能与周围环境保持良好的接触。⑤能保持自身人格的完整与和谐。⑥具备从经验中学习的能力。⑦能保持适当和良好的人际关系。⑧能适度地表达与控制自己的情绪。⑨能在集体允许的前提下有限度地发挥自己的个性。⑩能在社会规范的范围内适度地满足个人的基本需求。

美国人格心理学家奥尔波特（GW. Allport）认为心理健康包括 7 个方面：①自我意识广延。②良好的人际关系。③情绪上的安全性。④知觉客观。⑤具有各种技能，并专注于工作。⑥现实的自我形象。⑦内在统一的人生观。

哈文格斯特（R. Havingurst，1952）综合了许多心理学家的意见，认为个体具有以下 9 个有价值的心理特质即为心理健康：①幸福感，这是最有价值的特质。②和谐，包括内在和谐及与环境的和谐。③自尊感。④个人的成长，即潜能的发挥。⑤个人的成熟。⑥人格的统一完整。⑦与环境保持良好的接触。⑧在环境中保持有效的适应。⑨在环境中保持相对独立。

2．国内学者提出的心理健康标准 严和锓（1980）提出了 6 条心理健康的标准：①有积极向上、面对现实和环境的能力。②能避免由于过度紧张或焦虑而产生病态症状。③与人相处时，有保持发展融洽互助的能力。④有将其精力转化为创造性和建设性活动的能力。⑤有能力进行工作。⑥能正常地进行恋爱。

王效道（1990）提出，正常心理应具备下列 8 项标准：①智力水平在正常范围内，并能正确地反映事物。②心理行为特点与生理年龄基本相符。③情绪稳定，积极与情境适应。④心理与行为协调一致。⑤社会适应，主要是人际关系的心理适应协调。⑥行为反应适度，不过敏、不迟钝，与刺激情景相应。⑦不背离社会规范，在一定程度上能实现个人动机，并结合生理要求得到满足。⑧自我要求与自我实际基本相符。他还认为心理水平可从适应能力、耐受力、控制力、意识水平、社会交往能力、康复力、道德愉快和道德痛苦 7 个方面加以评量。

王极盛等认为，人的心理健康标准应包括：①智力正常。②情绪健康。情绪稳定与心情愉快是情绪健康的重要标志。③意志健康。行动的自觉性和果断性是意志健康的重要标志。④统一协调的行为。一个心理健康的人，他的行为是一致的、统一的，思想与行动是统一的、协调的，他的行为有条不紊，做起事来按部就班。⑤人际关系适应良好。

樊富珉提出了大学生心理健康的 7 个标准：①能保持对学习较浓厚的兴趣和求知欲望。②能保持正确的自我意识，接纳自我。③能协调与控制情绪，保持良好的心境。④能保持和谐的人际关系，乐于与人交往。⑤能保持完整、统一的人格品质。⑥有良好的环境适应能力。⑦心理行为符合年龄特征。

黄珉珉认为心理健康的标准有：①能进行正常的学习、生活和工作。②能与他人和睦相处，保持良好的人际关系。③具有健全的人格。④具有良好的情绪体验。⑤具有正常的行为。⑥有正常的心理意向。⑦有良好的适应能力及对紧急事件的适应能力。⑧有一定的安全感，有信心和自立性。

郑日昌认为心理健康的标准包括：①正视现实。②了解自己。③善于与人相处。④情绪乐观。⑤自尊、自制。⑥乐于工作。

简言之，人的心理健康是指一种持续的、积极的心理状态。个体在这种状态下能够与环境有良好的适应，其生命具有活力，能充分发挥身心潜能。据此，人的心理健康水平大体可分为三个等级：一是一般常态心理，表现为心情经常愉快，适应能力强，善于与别人相处，能较好地完成与同龄人发展水平相适应的活动，具有调节情绪的能力。二是轻度失调心理，表现出不具有同龄人所应有的愉快，与他人相处略感困难，生活自理能力较差，经主动调节或通过专业人员帮助后可恢复常态。三是严重病态心理，表现为严重的适应失调，不能维持正常的生活和工作，如不及时治疗可能恶化为精神疾病。

3．判断个体心理健康的常用标准

（1）经验标准：即当事人按照自己的主观感受来判断自己的健康。研究者凭借自己的经验对当事人的心理健康进行判定，重在关注当事人的主观心理感受。由于个体先天的遗传及后天的环境不同，经验标准更强调个体差异。面对同样的生活事件时，当事人由于自我认知不同、自我体验不同，自我评价也不尽相同。

（2）社会适应标准：以社会中大多数人的常态为参照标准，观察当事人是否处于常态而判断其心理是否健康。例如，根据生理、心理与社会发展要求，大学生应当具有独立生活与处理生活中事务的能力，但有的大学生生活能力低下，不能打理自己的日常生活，这便要引起重视。

（3）统计学标准：依据对大量正常心理特征的测量取得一个常模，把当事人的心理与常模进行比较，这个标准更多地应用于心理学研究。一般而言，我们都要将个体的心理测验结果与常模对照，来判断其心理健康状况。

（4）自身行为标准：每个人在以往生活中形成稳定的行为模式，即正常标准。

事实上，心理健康与否的界限是相对的，企图找到绝对标准是不现实的，大学生心理健康标准的掌握也同样存在这样的问题。如何把握标准？我们认为应掌握三个标准，即相对性、整体协调性和发展性。我们在研究大学生整体心理健康时，应将目光投向发展的健康观，即多数大学生面临的诸多人生课题。心理危机与心理困惑都是在发展的大背景下产生的。有些心理困惑属于某一群体所特有，比如大学生面临的学业压力、就业压力和情感压力等。有些心理问题具有阶段性，当个体心理成熟后即会得以解决或消失。

综上所述，对心理健康需要综合判断，要从是否具有完整的正常心理状态及较高的社会适应能力方面确定，包括情感特征与意志特征、正常的认知、良好的个性、健全的人格等。还可以认为，心理健康是指个体心理在本身及环境条件许可范围内所能得到的最佳功能状态，但不是十全十美的绝对状态。即人在面临内部问题和外部环境变化时，能持久地保持正常的心理状态，是诸多心理因素在良好态势下运作的综合体现。表 1-1 为 WHO 五项心理健康指数测试量表，你可以自测一下。

表 1-1　WHO 五项心理健康指数

在最近 2 周内	在全部时间内	在大部分时间内	超过一半的时间内	少于一半的时间内	有时候	任何时候都不
我感到愉快并且精神状态好	5	4	3	2	1	0
我感到平静和轻松	5	4	3	2	1	0
我感到积极上进并且精力充沛	5	4	3	2	1	0
我睡醒时感觉清新并睡得很足	5	4	3	2	1	0
在日常生活中充满了令我感兴趣的东西	5	4	3	2	1	0

二、心理健康“陪伴”着个人成长

“洛瑟讨厌星期四上学。我试着穿我以前的校服，但我的个子已经太大，穿不下了，父亲不得不在明天另给我买一套新的。他非常恼火，但我也没办法。我正处于身体发育时期，我能有什么办法？现在我只比潘多拉矮 5 厘米，而我的东西仍然是 12 岁时的尺寸。”

（《阿德里安·莫尔 13 岁 9 个月时的秘密日记》）

作家汤森（S. Towneend）笔下的虚构人物——长期受苦的阿德里安·莫尔在上面的日记片段中向世人展示了随着年龄增长，他的心理活动也在改变。实质上对于不同年龄的人是什么样的我们都有自己的看法：2 岁的儿童通常是“难对付”的；十来岁的儿童是爱惹麻烦的；而接近 20 岁的大学生则是理想主义的，在社会生活中很活跃。

（一）毕生心理发展观

20 世纪 60—70 年代，以德国心理学家巴尔特斯（PB. Baltes）为代表的一些心理学者提出了毕生发展的观点，认为心理学应该研究个体从生到死的发展。自从毕生发展观提出以来，心理学对毕生发展的研究成果成倍增长。新精神分析学派代表人物埃里克森（EH.

Erikson）把人心理的发展划分为 8 个阶段，还明确指出了每一阶段的特殊心理发展任务。他的理论认为：人在每一个阶段都有一个特殊矛盾，矛盾的顺利解决是心理健康发展的前提。因为埃里克森认为，在个体发展的不同时期，社会对个体提出不同的要求，在个体自身的需要、能力与社会要求之间就出现了不平衡现象，这种不平衡给个体带来了紧张感（心理社会危机）。每个心理发展阶段的危机同时兼有积极的解决办法和消极的解决办法。积极的解决办法有助于自我的加强，形成较好的顺应能力。消极的解决办法则会削弱自我，阻碍顺应能力的形成。更进一步说，在某个阶段中积极的危机解决办法增加了下一个阶段心理危机得到积极解决的可能性，而消极的危机解决办法则降低了这种可能性。教育的作用就在于发展积极的品质，避免消极的品质。如大学（十七八岁至二十五六岁）这个阶段是获得亲密感、避免孤独感的阶段，也是即将建立家庭生活的阶段。亲密感是指人与人之间的亲密关系，包括友谊与爱情。亲密的社会意义是个人能与他人同甘共苦、相互关怀。亲密感在危急情况下往往会发展为一种互相承担义务的感情，它是在共同完成任务的过程中建立起来的。如果一个人不能与他人分享快乐与痛苦，不能与他人进行思想和情感的交流，不相互关心与帮助，就会陷入孤独、寂寞的苦恼情境中，这就是不健康的心理状态，在这种状态下也不能健康地发展自我心理。人在不同阶段的主要任务发生变化之后，思维方式、生活方式都要发生一些变化，需要做一些调整。

【知识链接】

表 1-2 埃里克森的心理发展阶段理论

年龄阶段	心理发展任务	积极结果	消极结果
0 ~ 1.5 岁	基本信任对基本不信任	内在好的感觉，信任自己和他人，乐观	坏的感觉，不信任自己和他人，悲观
1.5 ~ 3 岁	自主对羞怯和疑虑	意志训练、自我培训，能做决定	积极严厉，自负怀疑，关注自我，空虚
3 ~ 5 岁	主动对内疚	成功的欢乐，主动性、方向性、目的性	对深思的目标和取得的成绩感到内疚
6 ~ 12 岁	勤奋对自卑	能够被生产性的工作吸引，因完成工作而自豪	不适合感和自卑感，不能完成任务
12 ~ 18 岁	自我认同对角色混乱	对内在一致性和连续性有信心，生活充满憧憬	角色混乱，没有固定标准，感到虚伪
18 ~ 25 岁	亲密对孤独	感情共鸣，分享想法、工作和感情	避免亲密，关系淡漠
25 ~ 65 岁	繁殖对停滞	能投入工作，有建立亲密人际关系的能力	失去对工作的兴趣，人际关系贫乏
65 岁以上	自我完善对失望	有程序感和意义感	怕死，对生活及生活中已得到或没有发生的事情感到痛苦、失望

总结众多学者的毕生心理发展观，不难发现其理论要点主要集中在以下几点：

1. 个体的发展是毕生的　也就是说，从出生到成年直至老年，人的发展都不会停止，因此，不存在一个对生命全程起最重要影响的阶段。相反，每个阶段发生的事情对未来的发展和变化有着同等重要的影响。

2．发展是多维度、多方向的 人的发展有三个维度，即生理发展、心理发展和社会性发展，这三方面的发展在任何一个时期和阶段都不会停止。例如，在生理发展方面，正常情况下，从出生那一刻起直至死亡，人的大脑神经元的数量就开始减少，并且从未停止过。在心理发展方面，6 ~ 7 岁时，人记忆具体形象材料的能力达到高峰。17 ~ 18 岁时，人记忆抽象符号的能力达到高峰，但以后，快速记忆的能力不再有较大的变化。可是人的思维能力，特别是辩证思维能力，直到老年期都依然继续发展，这种情况在世界上一些高龄的精神领袖（如甘地）和政治家（如邓小平）身上表现得非常突出。

毕生发展的多方向性指的是，首先，发展并不等于单向前进。在每个阶段，发展都是成长和消退并行的过程。如，当一个中学生集中精力学习语言和音乐时，就放弃了学习其他技能的机会；一个人在成年期选择做一名教师，就不能同时再选择其他职业。但是，任何年龄的人都可以改善自我，发展新技能，还可以靠智慧和技巧来弥补某些缺陷。另外，发展在同一领域的变化也是多方向的。

3．发展是可塑的 毕生发展观强调每个阶段的发展都是可塑的。如，一个人在幼年时可能很胆小、害羞，在社交方面表现为退缩，但长大以后可能变得不那么害羞和退缩，相反，他交的朋友可能比别人多。一个 2 岁多才开始说话、小学期间语言表达能力不强的孩子，到上大学时也可能成为口才出众、参加辩论比赛的主力成员。智力表现随年龄增长也表现出很大的可塑性。当然，随着年龄的增长，发展的可塑性会越来越小，主动改变的能力和实现改变的机会也逐渐减少。

另外，发展的可塑性有很大的个体差异。有些人可塑性较差，面对生活中的困难和变化缺乏变通性，他们的人生就可能被动一些。有些人可塑性较强，能较快地适应各种变化，这种人的经历就可能更顺利一些，获得成功的概率也较大。

4．发展的环境影响具有多样性 毕生发展观认为，每个人的一生都受到纷繁复杂的环境影响。归结起来，这些纷繁复杂的环境影响可分为三大类：年龄影响、历史时代的影响和非常规影响。

（1）年龄影响：指随着年龄的增长必然会出现一些之前没有的现象。如 1 岁多开始学说话和学走路，4 岁左右学会说母语，12 ~ 14 岁进入青春期……这些现象是由生理因素决定的。还有一些与社会风俗、习惯、法规等有关的年龄影响，例如，在不同的社会，儿童入学的年龄不同，允许考驾照的年龄不同，允许结婚的年龄也不同，等等。年龄影响在儿童和青少年时期比较明显。在这些时期，个体的身心发育很快，社会又要求每个年龄段的个体必须掌握与年龄相关的知识、技能和经验，因此，各国颁布了内容不同的义务教育法。

（2）历史时代的影响：指重要的社会历史背景对某一代人的影响，如政治事件、灾祸、战争、经济的萧条或繁荣、科技进步、文化价值观的变化等，这些都是重要的社会历史背景。有时对生长在不同历史背景下的人群也有一些特殊的称呼，例如人人皆知的“老三届”“工农兵大学生”“70 后”“80 后”“90 后”等。

（3）非常规影响：它是相对于常规影响而言的。常规影响指的是典型的、普遍的影响，如年龄影响和历史时代影响，它们对某一群体的影响方式基本相同。非常规影响指一些不规律的事件只会影响某个人或某些人，没有固定的时间表，但它们同样会对个体的发展造成重要影响，如残疾人奥林匹克运动会上的许多运动员就因儿时的意外事故而改变了自己的人生。再如，童年时跟随一位有造诣的老师学钢琴、读大学或研究生时被一位著名专家提携或罹患一种罕见的疑难病症等，这些事件都属于非常规影响。由于它们是偶然发生的，因而很难找到规律。有关毕生心理发展的研究还发现，对成人的发展而言，非常规事件的影响远远超过年龄的影响，也正因为此，毕生发展的可塑性也更大。

毕生心理发展观让人们意识到保持积极的人生态度和自我意识，以及保持终身学习的强烈动机和能力，对不断变化的世界保持积极的适应力非常重要。人生的健康、幸福和快乐需要如此，社会的进步和发展也需要如此。那么，每一位同学都不妨想一想：你还能够学习些什么？你下一步的发展方向在哪里？

（二）大学生的心理发展特征

对于大学生来说，大学阶段可视为一个心理发展的过渡时期，这个时期与青春晚期（十八九岁）重叠，是从不需要承担责任的青少年向承担责任的成年人过渡的时期。发展心理学家霍尔（GS. Hall）认为，这个时期的心理发展与情绪骚动、精神混乱有着一定的联系。甚至还有学者认为，在这个阶段，导致全部或部分焦虑、抑郁、挫折感、冲突和失败感的个人同一性危机是不可避免的。此外，刚进入大学校园的学子们将面对全新的生活环境、繁重的学习任务、不能回避的人际交往等问题，他们心理活动的变化也就成为必然。因为个体的心理是在其生活、活动、实践中，即在人与周围环境的相互作用中发展的。客观的生活环境和教育是心理发展的必要条件，但外界环境和教育的影响不能机械、直接地决定心理的发展，它们是在人的积极活动中，通过人的内部因素而起作用的。大学生不仅生理上发生着变化，心理上也正处在迅速走向成熟但又未真正完全成熟的发展阶段。由于积极的与消极的心理特点和发展的不平衡，容易造成各种各样的自我矛盾，诸如独立性与依赖性的矛盾、强烈的求知欲与社会实践能力低的矛盾、情绪与理智的矛盾、理想与现实的矛盾等。这些心理变化既有与一般青年的相似性，又有作为大学生这一特殊群体的独特性。具体表现为：

1. 认知功能成熟，思维表现出更多的逻辑和理性色彩　认知是指个体对周围事物的看法、想法或观点，表现为知觉、记忆、思维、想象等一系列过程，包含对现象的解释、评价、预期等心理内容。认知功能成熟能够使个体正确地认识自己，恰当地评价他人，客观地考察周围环境，积极地适应社会生活。

从思维的角度来说，大多数大学生已经进入形式思维阶段，甚至已不再满足于形式逻辑思维的水平，而是继续向更高一层——辩证思维水平发展。思维的变化可表现为以下三个方面：①大学生的认知结构日益复杂，形式思维能力大大提高，这使得他们可以主要通过概念同化来获得知识，从而大大提高了学习的精确性和速度，为大量扩充知识创造了有利条件。②他们对问题的思考不再局限于寻求原因与结果的逻辑关系，而是把由经验决定的合理性判断也引入思考过程中，并把它当作重要的标准。③部分大学生已具有辩证逻辑思维水平。辩证逻辑思维能力的发展取决于自我调节能力和目的感的发展。即大学生的思维已开始转向对现实计划的思考，并将具有创见的洞察力与内心控制力和分析性评价结合起来。

2. 自我意识开始成熟，意志力增强　大学时期个体的自我意识逐步成熟，主要表现在以下几方面：①独立意识增强。大学生的生理发育已基本成熟，社会化程度有了很大提高，心理上产生强烈的成人感和独立感，希望能够摆脱对成人的依赖，向周围人表现自己的主张和发挥自己的能力，不喜欢旁人的过多干预。②自我认识和评价更加全面和准确。进入大学后，随着独立生活的开始，大学生有了更多的自由活动和交际的空间，参照系和社会比较对象都发生了很大变化，于是他们开始了更深入和丰富的自我探索与发现，在大学这样一个特殊环境里客观地认识和评价自己。③自我体验丰富，自我控制水平提高。由于自我意识的发展，大学生的自尊心和自信心有所增强，有时对他人的言行和态度极为敏感。涉及“我”和与“我”相关的事情会在他们的内心引起轩然大波，使他们产生强烈的情绪体验。积极的情绪体验使他们蓬勃向上，消极的情绪体验则使他们消沉、抑郁。另外，大学生自我调控的自觉性、主动性、社会性和持久性也在不断增强，能有意识地对自己的心理活动和行为实施控制。

3．情绪丰富多彩，交往需求强烈　大学阶段也常常是人生中情绪体验最为丰富的时期。大学生的情绪波动大，起伏不定，情绪转换十分明显，热情激动、抑郁悲观、沉着冷静、躁动不安等情绪交替出现。他们为学习、生活、爱情的成功而欢乐，为考试的失败、生活中的挫折而忧愁苦恼，为真理和友情奋不顾身，为丑陋和阴暗而义愤填膺。在他们身上，自尊与自卑可以并存，闭锁与开放可能共存，强烈粗犷与温柔细腻能够同在。大学生情绪的丰富、情感体验的深刻与其生理及性的成熟、自我意识的发展、社会性需要的发展及面临社会环境的复杂性等密切相关。

人是社会性动物，人与社会的联系是通过一系列人际交往活动来实现的。走出家门、过着集体生活的大学生十分渴望真挚的友谊，渴望情感的沟通与交流，通过人际交往获得友谊是适应新环境的突出需要。对情感交流的渴望也使很多大学生开始探索爱情，与异性的深入交往丰富了大学生人际交往的经验。

4．人格趋向成熟和完善，职业自我意识逐步确立　人格是具有一定倾向性的心理品质与心理特征的总和。大学阶段是大学生个体人格发展和完善的重要时期。他们的认识水平不断深入，对现实的态度特征渐趋稳定，情感由丰富激荡走向稳定，自我意识由分化、矛盾冲突走向统一，意志品质逐步形成。人格的成熟与完善为大学生步入社会做好了必要的心理准备。

职业自我意识是个体自我意识的组成部分，在一个人的职业选择和职业发展中起着核心和驱动作用。大学生的专业学习是对未来职业的知识准备，大学毕业生直接面临职业选择。大学期间，通过专业课的学习、实习、与老师的讨论，很多大学生慢慢认识了自己的职业兴趣，了解了自身的长处，逐步确立起职业自我意识，为今后职业生涯的发展做好了充分准备。

优良的心理素质在大学生全面素质的提高中起着举足轻重的作用，是大学生全面发展的基本要求，也是他们将来走向社会，在工作岗位上发挥能力、积极从事社会活动和不断向更高层次发展的重要条件。

第三节　保持健康心理，让自己快乐成长

【案例导读】

快乐都去哪儿了？

小张，女，19岁，以家乡理科第一名的成绩考入某沿海城市重点大学。小张的家庭氛围和睦温馨，是家中的独生女，深受父母宠爱，从出生到入学前一直在父母身边，没有住校生活过。入学报到后，她非常想念父母，每天都要与家里通电话。第一学期她学习非常刻苦，并立志成绩获得本班的前三名。期末考试后，她的成绩平平，从此情绪一落千丈，变得郁郁寡欢，对学习不感兴趣，与同学的交往也越来越少，经常独自在寝室内，很少外出，最后被诊断为抑郁症。

刚入学的同学不仅要面临陌生的校园，还要面对生疏而又关系密切的新群体。大学的集体生活既改变了原来的生活方式，也改变了原来所熟识的人际环境。所有这些会使大学生产生不同程度的应激反应，使他们的内心或多或少感到焦虑不安。这种因不适应大学生活环境而出现的不安、苦闷和孤独感，在那些应变能力相对较弱的同学身上表现得尤为明显。所以，同学们进入大学后在心理上必须进行相应的转变，尽快适应大学各方面的要求，才能保证心理健康。据目前一项对大学生抑郁症的抽样调查显示，大学生抑郁症的患病率为23.66%，主要原因是自我价值没有得到很好的体现而导致对自己的否定。一般来说，这样的学生情绪都比较低落、不稳定，不爱搭理人，做事情没有兴致，长此以往容易造成负性心理情绪积聚，对学习、生活造成影响，严重者则会患上抑郁症。如果没有找到正常的发泄渠道，他们还可能会沉迷于一些自己觉得是正确的事物上，比如网络。这就需要周围的人关注他们，给他们温暖与支持。生活中有这种情绪的大学生也要主动多和身边的朋友谈心、交流，释放自己的压力，恢复正常的状态。

一、大学生的社会角色与心理健康

从中学到大学，所面临的生活环境、学习的内容和方式，以及个人的理想、信念和价值观都会发生一些根本性的变化，可以认为这是对人的一生起决定作用的一次转变，即从学生到成人的转变。大学生活可以看作是对未来社会生活的实际操练，同时也是对过去经验的整合应用，也是获取实用技能和知识的重要阶段。大学生活直接影响到个体将来的适应和成就水平。

对于进入青年初期的大学生来说，由于他们的经历相对简单，生活阅历相对较少，大部分的成长背景是从家门到校门。进入大学后他们必须进行相应的角色转变，才能适应大学的生活环境、学习方式、人际交往等。

如前述的小张报到后，发现周围的同学都很优秀，自己作为高考状元的优越感渐渐不复存在，同时感到大学校舍等环境还不如原来所在的中学，老师也不像心目中的大学老师。于是她感到极度失望、情绪低落，只好通过反复和父母电话沟通来缓解内心的消极情绪。虽然有父母和亲友不停劝慰，小张还是越发消沉，在学习中已体验不到高中阶段的乐趣，在与同学的相处中也渐渐没有了自信。

我们再看看美国女学者——海伦·凯勒（Helen Kellen）。海伦出生于亚拉巴马州的小镇塔斯康比亚，1 岁半时突患急病，导致其既盲又聋且哑。在如此难以想象的生命逆境中，她踏上了漫漫的人生旅途。人们说海伦是带着好学和自信的气质来到人间的，尽管命运对幼小的海伦是如此不公，但在启蒙教师安妮·莎利文（Anne Sullivan）的帮助下，顽强的海伦学会了写，学会了说。小海伦曾自信地声明："有朝一日，我要上大学读书！我要去哈佛大学！"这一天终于来了。哈佛大学拉德克利夫女子学院以特殊的方式安排了她的入学考试。只见她用手在凸起的盲文上熟练地摸来摸去，然后用打字机回答问题。考试前后共经历了 9 个小时，各科全部通过，英文和德文获得优等成绩。4 年后，海伦手捧羊皮纸证书，以优异的成绩毕业。海伦热爱生活，她一生致力于盲聋人的福利事业和教育事业，赢得了世界舆论的赞扬。她先后完成了《我生活的故事》（*The Story of My Life*）、《我的后半生》（*My Later Life*）等 14 部著作，在世界范围内产生了很大的影响。她那自尊、自信的品德和不屈不挠的奋斗精神被誉为人类永恒的骄傲。

为了圆满地完成学业，维护自我心理健康，进入大学后我们需要适时地进行转变。第一，不断提高生活自理能力。第二，学会用平等的态度对待自己和他人。第三，正确地认识、评价自己，在新的环境里认清自己的实力或潜力，树立自信心。

【知识链接】

只有增加自己的“重量”，才不会被“吹倒”

一个黑人小孩在他父亲的葡萄酒厂看守橡木桶。每天早上，他用抹布将一个个木桶擦拭干净，然后把它们一排排整齐地摆放好。令他生气的是：往往一夜之间，风就把木桶吹得东倒西歪。小男孩很委屈地哭了。父亲摸着男孩的头说：“孩子，别伤心，我们可以想办法去征服风。”男孩终于想出了一个办法。他从井里挑来一桶桶清水，并把水倒进空空的橡木桶里，然后忐忑不安地回家睡觉了。第二天天刚亮，他跑到放桶的地方一看，那些木桶还是整整齐齐的，没有一个被风吹倒，也没有一个被风吹歪。他对父亲说：“木桶想要不被风吹倒，就要增加自己的重量。”男孩的父亲赞许地笑了。

是的，我们改变不了风，改变不了这个世界上的许多东西，但是我们可以改变自己，改变我们自身的重量和我们心灵的重量。给自我加重，这是一个人不被打翻的唯一方法。

二、大学生活适应与心理健康

1．学习、生活环境的适应　客观环境的变化对不同的学生影响可能不一样。从非常偏远的山区考进城市的学生，比从小生活在城市或住在本地的学生适应难度可能大些；从来没有过集体生活的学生比从中学就开始住校的学生适应起来可能艰难得多，需要付出更多的努力。他们首先要适应的是学习方式和学习目标的变化。中学时的学习精力主要放在准备高考上，有明确的目标和范围，还有老师和家长的督促。进入大学后，学习方式发生了根本改变，必须变被动为主动。由于来自外界的监督减少了，学习的自由度增大了，其责任也相应地增大了。另外，由于大学培养学生的方向比较多元化，大学生需要对学习的方向进行很好的把握。

除了学习适应外，大学生还要适应生活习惯上的差异。学子们来到一个新环境，众多学生在一个班上课，在同一个宿舍里生活，他们必须学会相互适应。最佳的适应方式是通过沟通和协商找到一种大家都能接受的解决方案。在同学们适应客观环境的过程中，最重要的就是对理想的大学生活和现实之间的差距具有合理的认知。

2．人际交往的适应　大学生来自各地，每个人的生活方式、行为方式、成长经历都有所不同，他们在同一个屋檐下生活，不可避免地要面临各种各样的人际纠纷。在从中学到大学的适应中，一个最为关键及核心的内容就是人际关系观念的适应。在中学或中学以前，人际关系更多的是友谊的扩展，其重要特点是交往双方根据个人的好恶来做取舍。但对大学生来说，人际关系是生存和发展的必要条件，不是喜欢或不喜欢的问题。很多情况下，他们必须要跟很多自己看不惯甚至不喜欢的人和平共处。一个人要想发展，想发挥自己的潜力，想对这个社会做出一点有价值的事情，就必须有一个良好的人际环境，这个良好的人际环境就是能够与周围的人建立起和谐的人际关系。

3．对自我的认识和评价适应　在大学里，每个学子都会面临一个非常严峻的挑战，那就是如何客观地认识和评价自己和所面临的处境。有的人可能听说过“大学生的平庸化”，是指在上大学前学子们得到的都是出类拔萃、天之骄子等评价，而进入大学后却发现自己变得很平庸，没有那么突出了。自我评价“平庸化”的一个重要原因就是在大学里与别人比较的参照因素越来越广泛，不再局限于学习成绩。每一个进入大学的学子都会肩负着很多来自家长、老师和自身的期望。这种期望越高，在相对平庸的现实中的反差就会越大，也就更难以适应。适应这个问题的最佳途径是要真正地了解自己。当周围的人都说你好的时候不要忽视自己的缺点，而产生自负；当被人批评或遭遇挫折时也不要忘记自己的优点和长处，而产生自卑。最重要的是怎么在适应中发现和分析差距。

我们可以把差距分为两类，第一类是必须设法弥补并赶上的，如学习、人际交往等问题。因为学习、掌握知识是将来开创事业的必要条件，人际交往是事业成功的重要辅助手段，这些都是安身立命的基本要素。在缩短与别人的这类差距时还应该允许自己有一个逐渐改善的过程。第二类差距是指锦上添花的项目，要能允许这类差距的存在。人的一生能做的事情其实非常少，能够做好的事情就更少，不能要求自己在所有方面都比别人强。大学是优秀青年的聚集地，每个人都具备这样或那样的优点，如果在某些方面赶不上别人也没有关系，即使是硕士、博士、专家，他们也只是在某些特定领域有所专长。如果跳出他们所擅长的领域，那么他们与普通人并没有什么差别。如某个物理学家不会因为拳击打不过阿里而感到自卑吧。因为物理学家的价值不在拳头，而在于为物理学领域留下许多知识财富。当然，阿里也不会因为不懂物理学而感到自卑。我们应该把有限的精力放到重要的方面，不应为与自己无关的问题自寻烦恼。

曾经有一位美国心理学家做过一次非常有意义的调查，了解了美国50位成功人士在他们一生中认为最重要的事。结果这50个人选择的第一个问题都是“我自己”。其含义就是认识自己、接纳自己，这就需要对自己了解、关怀、尊重和负责。在承认差距和不完善的同时保持自信。同时，对自己和自己的行为负责任，这是自爱的关键，也是一个人最重要、最基础的素质。

三、心理健康决定于自己

【知识链接】

积极心理品质是人的本能

心理学家曾做过一个很有价值的实验：刚出生一天的婴儿在听到别的婴儿哭泣声后会立即哭起来，表现出明显的移情特征，但如果把他自己的哭泣声录下来放给他听，他却不会做出任何反应。这一现象已在多个相关的实验研究中得到了验证。这是一个相当了不起的发现，证明了同情、关心等积极心理品质在人类进化过程中已经成为人类本性的组成部分。人类自身存在着可以抵御精神疾病的力量，它们是勇气、关注未来、乐观主义、人际技巧、信仰、职业道德、希望、诚实、毅力和洞察力等。

（一）保证大学生心理健康的意义

大学生涯对每一位大学生来说都是一段无法割舍的人生体验。在这里，不管他们愿意与否，都要开始独立地面对生活，自主地解决人生难题。但是，当他们以极大的热情去直面生活，实现自己的理想之梦时，会发现生活之舟是如此复杂，有时甚至是难于驾驭。在痛苦的反思之后，有的人可能会开始调整目标、重塑生活，以积极的心态去迎接新生活；有的人则选择了逃避与自暴自弃，以消极的心理与行为去对抗生活。积极的接纳与奋进是美好人生的起点，而消极的对抗则有可能一事无成，因此，在大学阶段，树立良好的心理健康观影响着每一位学子的成长，具体意义如下：

1．心理健康可以促进大学生全面地发展健康的心理品质　这是大学生全面发展的基本要求，也是将来走向社会，在工作岗位上发挥智力水平、积极从事社会活动和不断向更高层次发展的重要条件。德、智、体、美、劳等方面的和谐发展是以健康的心理品质为基础的，一个人心理健康的状态直接影响和制约着其全面发展的实现。

2．心理健康可以使大学生克服依赖心理，增强独立性　大学生经过努力的拼搏和激烈的竞争，告别了中学时代，进入了一个全新的生活天地，他们必须从靠父母转向靠自己。上大学前，学子想象中的大学犹如天堂一般。上了大学后，紧张的学习、严格的纪律、生活环境的变化，往往使他们难以适应，因此，大学生必须注重心理健康，尽快克服依赖性，增强独立性，积极、主动地适应大学生活，从而度过充实而有意义的大学生活。

3．心理健康是大学生取得事业成功的坚实心理基础　目前我国大学生的就业已经发生了很大变化，实行供需见面、双向选择、择优录用等方式。择业的竞争必然会使大学生在心理上产生困惑和不安定感，惊叹“皇帝的女儿亦愁嫁”，因而，面对新形势，大学生要注意保持心理健康，培养自立、自强、自律的良好心理素质，锻炼自己的社会交往能力，使自己在变幻复杂的社会环境中做出适合自己角色的正确抉择，敢于面对困难、挫折与挑战，追求更加完美的人格，为事业成功奠定坚实的心理基础。

4．心理健康有利于大学生培养健康的个性心理　大学生的个性心理特征是指他们在心理和行为上经常、稳定地表现出来的各种特征，通常表现为气质和性格两个主要方面。气质主要是指情绪反映的特征。性格除了气质所包含的特征外，还包括意志反映的特征。当代大学生的普遍心理特征表现为思想活跃、善于独立思考、参与意识较强、朝气蓬勃的精神状态等，而心理健康有利于上述良好个性心理特征的发展。

（二）大学生心理健康标准

从前面的内容我们已经了解到心理健康是一种状态，即人对内部环境具有安定感，对外部环境能够适应。也就是说，遇到任何障碍和困难后都不会出现心理失调，并能以适当的行为予以克服，这种安定、适应的状态就是心理健康的状态。我们也知道衡量心理是否绝对健康是非常困难的，健康是相对的，没有绝对的分界线。一般判断心理是否正常有三项基本原则：①心理与环境的统一性。正常的心理活动在内容和形式上与客观环境具有一致性。②心理与行为的统一性。这是指个体的心理与其行为是一个完整、统一和协调一致的过程。③人格的稳定性。人格是个体在长期生活经历过程中形成的独特个性心理特征的具体体现。大学生心理健康的标准具体有以下几个方面。

1．智力正常　这是大学生正常生活、学习最基本的心理条件。

2．了解自我，悦纳自我　即对自己的能力、性格、情绪、优点和缺点能做出恰当、客观的评价，对自己不会提出苛刻、过分的期望与要求，对自己的生活目标和理想也能定得切合实际，因而对自己总是感到满意，还能努力发展自身的潜能。

3．接受他人，善于与他人相处　在与他人相处时，积极的态度（如同情、友善、信任、尊敬等）总是多于消极的态度（如猜疑、嫉妒、敌视等），在生活中表现出较强的适应能力。

4．热爱生活，乐于学习　在生活中能尽情享受人生的乐趣；在学习中能尽可能地发挥自己的个性和聪明才智，并从学习成果中获得满足和激励，还能把学习中积累的信息、知识和技能用于解决遇到的新问题或各种困难中。

5．能协调与控制情绪，心境良好　乐观、愉快、开朗、满意等积极情绪状态占据优势，能适当地表达和控制自己的情绪，在社会规范允许的范围内满足自己的各种正当需求。

6．心理和行为符合年龄特征　心理和行为符合青年初期独特的心理行为模式。

7．人格和谐完整　人格结构（包括气质、能力、性格、理想、信念、动机、兴趣、人生观等方面）能平衡发展，也能在整体的心理活动中完整、协调、和谐地表现出来。对外界刺激不会有偏颇的情绪和行为反应，能够与社会的步调合拍，能与集体融为一体。

8.能够面对现实、接受现实　能主动适应大学环境，适时转变自我，既有高于现实的理想，也没有不切实际的幻想。对自己的能力有充分的信心，对生活、学习、人际交往中的各种困难和挑战都能妥善处理。

（三）危害大学生心理健康的危险因素

大学生作为一个特殊的社会群体，他们有许多特殊的问题，如对新的学习环境与任务的适应问题、对专业的选择与学习的适应问题、理想与现实的冲突问题、人际关系的处理、恋爱中的矛盾问题以及对未来职业的选择问题等。这些都成为危害大学生心理健康的危险因素。

1．社会环境因素

（1）社会竞争的压力：随着我国社会的变迁、各项改革的深入发展、人才培养和就业制度上的改革等，使高校大学生面临着各种社会竞争的压力。如在经济转轨、社会转型期，大学毕业生由国家统一分配转向人才市场双向选择，这种毕业就业制度的重大变化使大学生天之骄子的优越感受到强烈冲击。加之我国的许多机构正在进行人事制度改革，导致下岗失业人员不断增多，使得大学生感到前途渺茫，原有的优越感、美好的理想在现实面前受到打击，由此带来的失落感极易导致大学生产生心理问题。

（2）信息矛盾引起的认知问题：大学生正值长身体、长知识、学做人的时期，正处于世界观、人生观、价值观的形成阶段，可塑性强。随着网络信息时代的到来，各方面信息纷繁复杂、良莠共存，而大学生由于思想不成熟、缺乏经验、智力支持不足，导致对信息的加工处理能力不强，导致在理想与现实之间产生激烈的矛盾冲突，如果这些矛盾和冲突得不到及时解决，就容易产生心理障碍或问题。

2．学校环境因素

（1）生活环境的压力：生活环境的变化是促使整个人心理发生变化的基础。大学生活要求大学生们既要做到生活自理，又要有奉献精神。但当代大学生绝大多数都是独生子女，不少人往往会因为第一次离开父母、家庭而缺乏生活自理能力，不习惯于集体生活，从而感到孤独、寂寞、压抑和焦虑。

（2）学习环境的压力：许多同学考入大学后，会突然失去自信，感到自己一无是处。这种心理失落感的出现首先是因为竞争对手变了。在高手如林的大学里，多数过去的尖子生不再拔尖。在大学里，竞争的内容不仅仅局限于学习成绩，眼界学识、文体特长、社交能力、组织才干等都成了互相比较的内容。在这种情况下，有的大学生很容易产生巨大的心理落差，而对自己进行整体否定。另外，学习方式和方法也发生了变化。中学时，大部分学生习惯于老师的详细讲解和具体辅导，自学能力较差，依赖性强。而在大学，同学们获取知识的手段，除了听课以外，自学占了很重要的位置。大学学习要求学生不仅有较强的自学能力以及学习的自觉性、自主性和自制能力，还要学会研究性学习，善于发现和提出问题。加之大学的考试方法比较灵活，这些变化往往使某些习惯于死记硬背而缺乏灵活运用知识能力的大学生遇到较多的挫折而感到自卑。

（3）个人情感的压力：大学生正值青年时期，对性的问题比较敏感。他们渴望与异性交朋友，渴望得到异性的友谊甚至爱情。但其生理早熟和心理滞后之间的矛盾往往导致需要爱与理解爱之间的偏差。一方面，生理成熟使人萌发性意识，产生需要爱情的欲望，但道德、纪律和法律又限制着这种欲望，于是在需求与满足之间出现了尖锐的矛盾和冲突，容易导致大学生失去心理平衡。另一方面，由于大学生的世界观、人生观相对不稳定，没有树立正确的恋爱观，因而容易出现三角恋、单相思、失恋、胁迫恋爱以及性心理异常等现象。这些来自情感的压力一旦不能得到及时有效的缓解和调适，就可能引起心理失衡，严重的还可能导致精神疾病。

（4）人际关系的压力：大学校园属于人群密集型场所，因此，大学生同样面临着各种复杂的人际关系。大学同学来自不同的地域，他们的文化背景、价值观念不尽相同，个性、习惯的差异更是突出。同学之间容易发生摩擦与冲突，若不能妥善解决，容易导致交往出现问题。部分大学生可因缺乏交往技巧和能力，为找不到真正的知己而感到苦恼，甚至出现不同程度的人际关系焦虑。

3．家庭环境因素

（1）父母期望的压力：当今社会，家长望子成龙的心态普遍存在。为了子女的升学，如考大学、考研究生或出国留学等，许多家长都是煞费苦心，甚至不惜一切代价。这些来自父母的强烈期望，一方面可以成为大学生勤奋学习的动力，但另一方面也可能适得其反，成为他们难以承受的心理负担。

（2）经济困难的压力：在经济体制转轨时期，由于城乡差别及社会分配不公而产生的收入悬殊问题在高校学生中也有所表现。就高校的贫困生而言，尽管谁也不愿意被贴上贫困生的标签，但他们无法逃避现实，在生活条件方面，从吃穿乃至言行举止都与非贫困生有很大的反差。他们除了承担学业竞争带来的压力外，还需要承受高额的学费和生活开支带来的经济压力，不少贫困学生在学习之余不得不靠勤工俭学来维持学习和生活，因此，他们所承受的心理负担明显地超过了其他同学，极易导致心理上的不平衡。

4．自身缺陷因素　有少数大学生因为遗传等因素的影响，在长相、身材、高矮胖瘦等方面存在一些先天生理不足或缺陷。或是因为身体素质不好，如患有某些疾病，而在学习和体育训练的过程中感到力不从心；或是因为个性缺陷，如性格内向、心胸狭窄、孤僻封闭、急躁冲动、固执多疑等而少有朋友。这些因素很容易使大学生产生“我不如人”的心理，久而久之，容易造成严重的心理负荷，使其心理承受力越来越差。

5．学业因素　学习压力大、学习动力不足、学习目的不明确、学习成绩不理想、学习困难等学业问题始终困扰着大学生。主要表现在以下四个方面：

（1）学习动力不足：在大学生生活事件量表中，列在第一位的是学习压力大。我们的调查结果表明：有69.6%的新生和54%的老生感到“学习难度加大，非常困难”；有70.4%的一年级学生认为“学习负担重，难以应付”。在问到学生为什么学习时，有的学生淡淡地回答："为了学习而学习。"一位大二学生也写道："学习始终不能进入状态，总感到是在巨大的考试压力下被动地学，而静下来想为什么学时，会感到很苦恼。"

（2）学习目的不明确：虽然在自习路上永远有学生们匆匆的身影，但仔细思索学习目的时有的人却得不到令人满意的答案。很多同学为了应付不得不参加的考试、不能不做的作业而学习。有的学生甚至直截了当地回答："为了能够考试过关，至于为什么学习心中没有底。"一位学生这样写道："在中学时代，我在各方面表现都很出色，进入大学后，沿着中学的惯性学习，尽管成绩还算理想，但即使很努力却常常感到心力交瘁，学而无所获。"更多的学生则是懒得精益求精，但求"蒙混过关"。面对人才市场的巨大压力，很多学生也感到了危机感，但真正要努力学习时却提不起精神来。

（3）学习成绩不理想：学习困难的大学生虽然在大学生群体中所占比例不大，但他们的负性情绪对成长是不利的。有的学生上课时注意力无法集中，有的学生学习效率较低。有的在小学、中学都是尖子学生，到了大学生后一下子变为普通学生，个人约束力又差，自制力弱，大学期间较为放任，因而导致学习变差。或者有的学生虽然学习上很尽力，但学习成绩总是不理想，因而感到很自卑和压抑。调查发现有42%的学生经历过大学期间考试的失败。

（4）学习动机功利化：市场经济的利益杠杆也影响着学生的学习。对于学习，学生表现出空前的功利意识。对于还没有学习的课程，学生们常问的第一个问题是"我学习这门课有什么用？怎么考？"于是出现了专业课、基础课备受重视，交叉学科、选修课程门前冷落车马稀的现象。"考证热"也是学习功利化的直接表现。学生们充分了解到市场对各种证书的青睐，部分大学生甚至放弃专业课的学习去追逐各种"有用"的证书考试及培训。

（四）大学生心理健康维护

1．大学生心理健康维护的原则

（1）培养良好的人格品质：首先，应该正确认识自我，培养悦纳自我的态度，扬长避短，不断完善自己。其次，应该提高对挫折的承受能力，对挫折有正确的认识，在挫折面前不惊慌失措，采取理智的应付方法，化消极因素为积极因素。挫折承受能力的高低与个人的思想境界、对挫折的主观判断和挫折体验等有关。应努力提高自身的思想境界，树立科学的人生观，积极参加各类实践活动，丰富人生经验。

（2）养成科学的生活方式：生活方式对心理健康的影响已为科学研究所证明。健康的生活方式指生活有规律、劳逸结合、科学用脑、坚持体育锻炼、少饮酒、不吸烟、讲究卫生等。大学生的学习负担较重，心理压力较大，为了长期保持学习效率，必须科学地安排好每天的学习、锻炼、休息，使生活有规律。学会科学用脑就是要勤用脑、合理用脑、适时用脑，避免用脑过度引起神经衰弱，而使思维、记忆能力减退。

（3）加强自我心理调节：自我调节心理健康的核心内容包括调整认知结构和情绪状态、锻炼意志品质、改善适应能力等。从心理发展的意义上说，大学这个阶段是人生的多事之秋。这是因为经验和知识的缺乏决定了在这个时期人的心理发展的某些方面落后于生理功能的成长速度，在发展过程中难免会产生许多尴尬、困惑、烦恼和苦闷。另一方面，社会情况正在发生着复杂和深刻的变化，社会竞争日趋激烈，生活节奏日益加快，科学技术急剧发展。社会情况的变化会在大学生中引发诸多心理矛盾和心理冲突，这些心理问题如果日积月累，就有可能成为心理障碍而影响大学生的学习和生活。应该鼓励大学生们正视现实，学会自我调节，保持同现实的良好接触，充分发挥主观能动性去改造环境，努力实现自己的理想目标。

（4）积极参加业余活动，发展社会交往：丰富多彩的业余活动不仅丰富了大学生的生活，还能为大学生的健康发展提供课堂以外的活动机会。大学生应该培养多种兴趣，发展业余爱好，通过参加各种课余活动，可以发挥潜能、振奋精神、缓解紧张，维护身心健康。通过社会交往能实现思想交流和信息资料共享，可以不断地丰富和激活人们的内心世界，有利于心理保健。

（5）求助于心理老师或心理咨询机构，获得心理咨询知识：在必要时大学生可求助于有丰富经验的心理咨询医生或心理老师。心理咨询是指通过人际关系，运用心理学的方法和技巧帮助来访者自强自立的过程。通过咨询者与来访者的交谈和指导，针对来访者的各种心理适应和疑惑，帮助来访者正确地认识自身心理问题的根本原因；引导来访者更为有效地面对现实，为来访者提供建立新型人际关系的机会；增加来访者的心理自由度，帮助来访者改变过去的心理异常，最终恢复健康的心理。心理咨询兼有心理预防和治疗功能，通过心理咨询，为咨询对象创造一个良好的社会心理环境和条件，提高其精神生活质量和心理效能水平，进而降低和减少心理障碍，预防精神疾病，达到保障心理健康的目的。

2．大学生心理健康维护的具体措施

（1）自我保持浓厚的学习兴趣和求知欲望：学习是大学生的主要任务，有了学习兴趣就能够自觉地在知识的海洋里遨游，积极地吸取新知识，发展多方面的能力，以提高自身素质，更好地适应社会发展的需要。

（2）提高情商，保持乐观的情绪和良好的心境：大学生应保持积极乐观的情绪和愉快开朗的心境，对未来充满信心和希望。当遇到悲伤和忧愁的事情时要学会自我调节，适度地表达和控制情绪，做到胜不骄、败不馁、喜不狂、忧不绝。

（3）注重和谐的人际关系：大学生应乐于与他人交往，并在交往中能用理解、宽容、谦虚、友好、信任和尊重的态度与他人和睦相处。通过人际交往，大学生可以认识到自己的社会责任，培养遵守纪律和社会道德规范的习惯。增强心理适应能力，能与他人同心协力、合作共事，与集体保持协调的关系，保证心理的健康发展。

（4）保持良好的环境适应能力：在现代社会，新生事物层出不穷，尤其是在科技领域。如何适应应接不暇的新知识和新技术，提高自身的生存质量呢？这就需要大学生们具有健康的心理，才能提高承受各种压力的能力，才能从容不迫地面对生活，适应不断进步的社会。

【知识链接】

去除心灵的杂草

哲学家休漠晚年时，对自己的学生有些放心不下，就把他们召集起来上最后一课。休漠问："现在我们坐在什么地方？""坐在旷野里。"学生回答。休漠又问："旷野里长着什么？"学生们说："杂草。""告诉我，怎样才能除掉这些杂草？"学生们七嘴八舌，有的说用铲子铲，有的说用火烧。一年后，学生们再次来到这里时，已不再是杂草丛生，而是长出了一片庄稼，此时休漠已经去世了。学生们含泪打开老师的遗嘱，上面这样写道："要想除去旷野里的杂草，方法只有一种，那就是在上面种上庄稼。同样，要想让灵魂没有纷扰，唯一的方法就是用美德去占据它。"

这一故事告诉我们，要保持健康的心理，最重要的方法就是在心灵上种上庄稼，而读书学习是对心灵最好的滋养，它与世界观、人生观、价值观紧密关联。一个人读书多了，就会超越物质、功利，达到道德至善的境界。“胸藏文墨虚若谷，腹有诗书气自华。”重视学习，与书为伴，不断从人类创造的知识中汲取营养，就会养成虚怀若谷、海纳百川的大气，蓬勃向上、永不懈怠的朝气，光明磊落、刚正不阿的正气，与时俱进、开拓进取的锐气，淡泊名利、宁静致远的雅气。如果我们不重视学习，不重视心灵的滋养，人的心灵必然杂草丛生，最终导致人生的腐朽和人格的变异。如果心里的土地长出了杂草，我们的心灵就会出现彷徨、迷惘。迷离的纷华将会遮住我们的双眼，纷乱的声音笼罩住我们的耳膜，苦苦的求索找寻不到心灵的净土。若不能及时做认真的自我审视与剖析，我们的心灵很快就要荒芜。拔、锄、烧都不能彻底除掉心灵上的杂草，即便是一毛不剩，光秃秃的心田也并不是我们想要的。每个人都希望在生命的画板上涂上斑斓的色彩，所以我们应让心灵沉浸在春风细雨中，让金色的阳光遍洒心灵的每一个角落，在心田上播撒健康的种子。

【小　结】

心理健康是个体生理和心理功能良好的综合性指标，涉及个体的躯体状况、心理适应水平及对自我的看法等广泛的内容。对大学生进行心理健康教育不仅有利于个体的发展和适应，也是个人成长和未来踏入社会的需要。本章从健康的含义引入心理健康的定义、标准和意义，让同学们能够在树立现代健康观的基础上来认识心理健康，重视心理健康。

【思考题】

1．心理健康的含义是什么？
2．心理健康的大学生有哪些突出特征？
3．身体没有病就是健康的人吗？为什么？

第二章　青春雾霾：大学生心理困惑与异常心理

所谓青春，就是心理的年轻。年轻，则往往容易困惑和犯下错误。

——（日本）松下幸之助

心理健康与个人的成长和幸福息息相关，也会影响一个人的事业成功。拥有一颗健康的心灵是每个人生存和发展的必备基础。但在生活中我们难免遭遇不尽如人意的事，打破了原有的心理平衡，并产生一些负面的体验。有时候，我们对生活、学业、工作、感情及前途会产生难以掌控的感觉，心底充满了困惑和迷茫。还有些时候，人们由于突如其来的生活变故、意外打击或遭受严重灾难，过高的压力和应激超出了正常的心理承受水平，而表现出一些心理和行为的偏差及异常。甚至有些时候，有的人由于长期受到强烈的心理或生理刺激，导致心理功能失调并伴有明显的躯体不适症状，最终形成严重的心理或精神疾病。世界上的人口分布非常广阔，生活环境与成长背景等情况不尽相同，个体差异也非常明显，不同的心理困惑、心理行为异常、心理或精神疾病都是比较常见的，需要我们正视和面对这些心理现象。只要在心理上不被打败，心灵机器不出故障，我们就能活得轻松自如、美好、幸福。在本章，我们一起探索大学时期的心理困惑及其原因、青年大学生常见的心理行为偏差异常及其应对方式，并了解心理疾病的基本知识，以预防心理疾病的发生。

第一节　心理健康与心理异常

一、心理健康是一个连续谱

在日常生活中，我们在大多数时间都能够保证精力充沛、处事乐观、态度积极，能够适应环境的各种变化，保持良好的人际关系，适度地宣泄和控制情绪，立足客观现实，生活目标切合实际，善于从经验中学习，在社会规范下恰当地满足个人的基本需求。同时，我们每个人也都曾经体验过心情不好、情绪低落、沮丧、不自信或情感压抑的内心经历，有些人还甚至出现过食欲不振、反复失眠、绝望无助、强迫行为等心理不适感或异常行为表现。心理健康或不健康的边界似乎很模糊。那么，我们该如何科学地判断和界定心理健康与心理异常呢？

从人类的心理行为发展进程或疾病的谱系来看，心理健康与心理异常的界限是相对的，从心理健康状态到心理疾病状态在本质上是一个连续谱。心理健康的实质是指完全没有心理行为异常或心理疾病，同时具有良好的心理品质和健康人格，能够进行有效的心理行为活动，并具有良好的环境适应能力，能够胜任一定的家庭和社会角色，充分发挥自身的能力，合理利用现有的条件实现自我价值。心理异常或心理疾病的实质则是指个体身上表现的与较强的心理压力、缺乏心理行为能力相联系的，显著增加内心痛苦、健康风险甚至死亡危险的一种心理不健康状态，并且具有明显的临床心理行为症状，从而影响正常的心理行为功能。

一般来说，从心理健康到心理疾病的连续谱可以分为四个等级：心理健康状态、心理健康不良状态（亚健康状态）、心理行为障碍状态、心理疾病状态。从发展进程和严重程度来看，如果个体出现了心理健康不良状态，经过较长时间解决不了，则会逐渐过渡到心理行为障碍状态，而如果再经历较长时间解决不了，则会形成某种较为严重的心理疾病。轻度的心理健康不良和心理行为障碍可以通过寻求专业的心理咨询和辅导，在心理学专家和专业心理咨询师的帮助下得到缓解和解决，而较严重的心理疾病则常常需要临床心理医生综合心理治疗和药物治疗来得以逐步康复及恢复健康。心理咨询的相关内容可以参见第三章。

二、心理异常的内涵与外延

（一）心理异常的内涵

与心理健康状态相对，心理异常状态是个体对客观现实反映的紊乱和歪曲，既包括个人自我概念和某些能力异常，也包括情绪调节、社会人际关系和个人生活等方面的适应障碍，想要清晰地判别心理异常和心理健康状态也不是一件容易的事情。首先，心理异常和心理健康之间的差别常常是相对的，两者在某些情况下可能有本质的差别，但在更多的情况下可能只有程度的不同。其次，异常心理的表现受到多种因素的影响，诸如生物因素、心理状态、社会环境等，选取的评价角度不一样，其判断标准也就不一致。

目前，最常用的界定心理行为异常的标准主要包括以下几种：

1．主观体验标准　是指求助者自己察觉到或主诉自己的心理行为活动出现不正常的情况，比如，不能摆脱的内心痛苦、情绪困扰、注意力涣散、思维异常等超出正常范围的心理状态。这种个体的自我评价也称为自知力，是判断求助者问题程度的重要指标之一。此外，心理咨询师或心理医生凭借自己对心理障碍和疾病的临床诊断治疗经验，去判断求助者的心理行为表现是否出现异常。总的来说，这种界定标准主观性较大，很大程度上受求助者、治疗者的既往体验和经验的影响。

2．社会适应标准　这是一种普遍运用的标准。在正常情况下，人体维持着生理、心理的平衡状态，人能依照社会生活的需要适应环境和改造环境，因此，正常人的行为符合社会的准则，并能根据社会要求和道德规范行事，即其行为是符合社会标准的适应性行为。如果由于器质性或功能性的缺陷而使得个体能力受损，不能按照社会认可的方式行事，则可以判断此个体存在心理异常表现。应该说，这种界定标准更偏重于个体的社会功能，即如果个体的社会功能失调，则有可能存在某些异常。

3．统计学标准　该标准来源于对人群的心理特性进行心理测量和统计的数据分布。一般来说，心理测量的数据是呈正态分布的，人群中有 95% 的人处于平均水平及其正、负波动范围之内，心理学家将这部分定义为正常，而把处于偏离平均数两端的数据视为异常，因此，判断一个人是否心理异常，就可以根据其心理特征偏离群体平均水平的程度作为依据。

4．症状和病因学标准　这一标准源自于医学的诊断方法，它是根据病因与症状存在与否，通过各种筛查手段，找到引起异常心理症状的生物学原因，以此判断心理活动的正常或异常。这种界定标准旨在寻找到心理异常的客观判断标准，大体上是十分有效的。目前国内外主流的心理障碍与疾病的临床诊断标准都是采取这种方法，没有经过此标准严格确认的心理行为异常不能轻易称之为心理障碍或心理疾病。

（二）心理异常的外延

从严格的意义上来区分，心理异常状态主要包括心理行为障碍和心理疾病，而心理健康不良或亚健康状态并不能纳入心理异常的范围之内。但有时候，为了与心理健康状态相对应和区别，广义笼统的心理异常外延可以涵盖心理健康不良或亚健康状态、心理行为障碍、心理疾病这三种状态，但这三种心理行为状态的定义具有很大差别，以下做一介绍。

1．心理健康不良状态（亚健康状态） 心理健康不良状态是介于心理健康状态与心理异常状态之间的亚健康状态，是由于个人的心理素质（如性格过于好胜、孤僻、敏感等）、生活事件（如工作压力过大、婚恋受挫、人际关系不良、家庭发生变故等）、身体不良状况（如患有严重躯体疾病、身体残疾等）等因素引起的。心理健康不良状态一般持续时间较短，大多数人经过一段时间后都能够自行缓解，对个体的正常生活、社会功能影响比较小，能够完成日常工作和学习，而只是感觉“很烦”“很累”“不高兴”“没有兴趣”等。大部分处于这种状态的人能够通过自我调整，如休息、运动、旅游、娱乐等活动，使自己的心理状态得到改善，也能过通过亲朋好友的开导、长辈及老师的安慰等及时缓解情绪、重新振作。对于青年大学生来说，一些常见的心理困惑，比如生活不适应、人际关系紧张、对学业发展没有方向、情感与性的困惑、就业及职业发展的困惑等，大多属于这种心理健康不良状态，通过自我调整或寻求老师的指导，大多可以逐步化解，而不至于发展成心理行为障碍。

2．心理行为障碍状态 心理行为障碍是指因为个体因素或外界因素造成自己的心理状态在某一方面或多个方面的发展受阻、停滞、延迟或偏离。心理行为活动的外在表现明显偏离正常的反应方式，对个体的社会功能影响较大，不能正常地完成心理行为活动。比如，具有社交障碍的个体难以与其他人进行正常的交往，不敢在公众场所抛头露面，自己内心感觉很痛苦却无法克服。这种情况需要寻求专业的心理咨询师或心理医生帮助，以重新获得正常社会交往的信心和能力，恢复与他人顺利交往及在社会活动中表现自我的状态。心理行为障碍的界定需要通过科学的症状和病因学标准来判定，比如，国际疾病分类（International Classification of Diseases，ICD）、美国精神疾病诊断与统计手册（The Diagnostic and Statistical Manual of Mental Disorders，DSM）、中国精神疾病分类与诊断标准（Chinese Classification and Diagnostic Criteria of Mental Disorders，CCMD）等标准化工具来评估和诊断。处于心理行为障碍状态的个体大部分不能通过自我调整、非专业人员的安慰和疏导来解决根本问题，而需要及时寻求专业的心理咨询师和心理医生的帮助，通过较长时间的心理咨询或心理治疗来逐步缓解而恢复健康状态，大部分人并不需要药物治疗。常见的心理行为障碍包括神经衰弱、社交障碍、焦虑症、强迫症、恐怖症、人格障碍。

3．心理疾病状态 心理疾病是由于个人及外界因素引起个体强烈的心理反应（思维、情感、行为、意志）并伴有明显的躯体不适感，是大脑功能失调的外在心理行为的表现。其特征包括思维判断上的偏离正常、思维敏捷性下降、记忆力下降、头脑有黏滞感和空白感、内心有强烈的痛苦感、情绪极度低落、反复紧张和焦虑、行为失常、意志力减退等。同时，由于中枢神经系统失调引起人体各系统功能失调，如消化系统出现食欲不振、腹部疼痛，心血管系统出现心慌、胸闷、头晕等症状。处于心理疾病状态的个体不能或者勉强能够完成社会功能，缺乏轻松愉快的体验，痛苦感极其强烈，一般不能通过自我调整和非专业人员的影响来康复，而需要临床心理医生的专业治疗，通过长时间的药物治疗和心理治疗来控制病情而逐步恢复健康状态。当然，心理疾病的界定同样需要通过科学的症状和病因学标准来判定，如ICD、DSM、CCMD等评估诊断工具。常见的心理疾病包括躁狂抑郁症、偏执性精神病等较严重的心理精神疾病。

三、心理障碍与疾病的临床诊断标准

从统计学的人口分布来看，60%以上的人处于心理健康状态，84%～95%的人处于心理健康状态和心理亚健康状态，这些人群基本上都属于正常的心理健康水平。但也有部分人群由于各种原因表现为心理健康异常，即出现某些心理行为障碍。还有少部分人群表现出较为严重的心理健康异常，即患有某些心理精神疾病。但是，不管是心理行为障碍还是严重的心理精神疾病，都需要通过科学、可靠的临床诊断标准筛查，符合心理障碍或疾病的临床诊断标准。一般而言，判断某人是否患有心理障碍或精神疾病，必须全面考虑：①症状标准，即是否符合某种心理行为障碍或心理精神疾病的症状。②严重程度标准，即是否导致个体的社会动能受损并给本人造成痛苦和不良后果。③病程标准，即症状和严重程度是否达到一定的持续时间。④排除标准，即排除器质性病变、躯体疾病所引起的心理异常或使用精神活性物质所导致的严重心理行为障碍。目前，国内外现行的多个心理精神疾病诊断系统，如ICD、DSM、CCMD等，在各种疾病的诊断标准上趋于一致，都是从各种心理行为障碍或心理精神疾病的症状标准、严重程度标准、病程标准、排除标准这四大标准上进行分类归纳的。为了更好地理解心理行为障碍、心理精神疾病的临床诊断相关的科学知识，我们对国内外这三种主流的心理疾病诊断系统进行初步介绍。

（一）ICD

ICD是WHO制定的国际统一的疾病分类方法，它根据疾病的病因、病理、临床表现、解剖位置等特性将人类的疾病分门别类，使其成为一个有序的组合，并用编码的方法来表示。目前全世界通用的是第10次修订本，简称为ICD-10。ICD已经有120多年的发展历史。早在1891年，为了对死亡进行统一登记，国际统计研究所组织了一个委员会进行工作，1893年该委员会主席贝蒂荣（J. Bertillon）提出了一个分类方法，此即ICD第1版，以后基本上每10年修订一次。1940年，ICD第6次修订版工作由WHO承担，首次引入疾病分类，并强调继续保持用病因分类的思想。ICD-10的研究起始于1983年，并于1992年完成，1994年在日内瓦正式发布，在世界上得到了广泛的应用。2010年WHO又发布了最新修订的ICD-10。

ICD分类系统依据疾病的4个主要特征，即病因、部位、病理及临床表现（包括症状、体征、分期、分型、性别、年龄、急性或慢性、发病时间等），每一特性构成了一个分类标准，形成一个分类轴心，最终形成一个多轴心的分类系统。ICD-10第五章为“精神和行为障碍”，内容为WHO发布的ICD-10规定的已经发现的各类精神和行为障碍。其中，相对较为轻度的心理行为障碍包括恐怖症（如广场恐怖症、社交恐怖症）、特定的恐怖症（如恐高症、动物恐怖症、幽闭恐怖症）、广泛性焦虑症、强迫症、躯体化障碍、神经衰弱、神经性厌食症、神经性暴食症、非器质性睡眠障碍、人格障碍、儿童品行障碍等。而相对比较严重的心理精神疾病主要包括精神分裂症、持久的妄想性精神障碍、情感性精神病（如重度抑郁症）、智能障碍、器质性精神障碍、精神活性物质引起的障碍等。

（二）DSM

DSM 是由美国精神医学学会（American Psychiatric Association，APA）所制定出版的疾病分类方法，是在美国与其他国家中最常使用的诊断精神疾病的指导手册。与 ICD 一样，DSM 界定了许多精神疾患的医学概念以及词汇，并通过一套系统的诊断准则评估出来。但与 ICD 不同的是，DSM 强调诊断准则及互斥性原则，而 ICD 较注重疾病的描述而非诊断准则。DSM 至今已有 60 余年的历史。DSM 第 1 版（简称 DSM-Ⅰ）于 1952 年出版，其中列有 60 种不同的心理精神疾病。DSM 第 2 版（简称 DSM-Ⅱ）于 1968 年出版。这两版手册受到心理动力学理论的影响。DSM 第 3 版（简称 DSM-Ⅲ）于 1980 年出版，该版放弃了心理动力学的疾病观点，改用以一套医疗模式为主要的诊断方法，使正常与不正常之间有了明确的区分。APA 于 1987 年出版了 DSM 第 3 版的修订版（简称 DSM-Ⅲ-R）。较近的 DSM 第 4 版（简称 DSM-Ⅳ）于 1994 年出版，其中包括 297 种心理精神疾病。DSM 第 4 版的修订版（简称 DSM-Ⅳ-TR）于 2000 年出版。经过 10 多年的努力，最新版的 DSM（即 DSM-Ⅴ）已于 2013 年 5 月 18 日在美国出版。从心理行为障碍及精神疾病的分类内容来看，DSM 与 ICD 大体上是一致的，但 DSM 似乎更具有诊断特异性的特色，并且最新版的 DSM-Ⅴ在疾病谱系的编排方式及诊断准则上有所改进。

（三）CCMD

CCMD 是我国卫生部组织制定的全国性心理精神疾病分类与诊断方法，其结构与国际上通行的 ICD 及 DSM 大体上类似。CCMD 的分类兼顾病因病理学分类和症状学分类，分类排列及诊断等级基本采用 ICD 的分类原则。新中国成立以前，我国没有自己的精神疾病分类系统。在 20 世纪 50 年代，我国的精神疾病诊断倾向于参照前苏联的诊断分类模式，20 世纪 60—70 年代则偏向使用英、美等西方国家的分类系统。1978 年，中华医学会开始着手对精神疾病进行统一分类。1982 年我国第一次采用自己制定的诊断标准进行全国性精神病流行病学调查。后来又经过多年的努力，中华医学会神经精神科学分会于 1989 年制定了中国精神疾病分类与诊断标准第 2 版（简称 CCMD-2）。CCMD-2 是我国第一个包括了全部心理行为障碍和心理精神疾病的统一分类和诊断标准。为了适应医学发展的需要，我国于 1994 年通过了 CCMD-2 的修订版（即 CCMD-2-R），1995 年正式发行出版。在 1995—2000 年，我国有 41 家精神卫生机构由国家卫生部科学研究基金资助，完成了中国精神疾病分类与诊断标准第 3 版（简称 CCMD-3）的编修工作。该版本参考了 ICD-10 和 DSM-Ⅳ，并结合现场测试进行了适当修改。CCMD-3 于 2001 年正式出版使用，是我国现行应用的疾病分类与诊断系统。

第二节 大学生心理困惑及原因

一、生活适应困惑

（一）生活适应的概念

每个人作为整个社会的一分子，都不得不去面对所处社会环境的变化，并且要努力适应这种变化。进化论中所提的“适者生存”理念就是人类在整个生物发展历史长河中不断地积累出来的客观认识规律。从广义的角度来说，社会适应是指人们对社会环境中的一切刺激能够做出恰当合理的心理行为反应。从狭义的角度来看，社会适应通常就是指生活适应，其涵义是人们能够适应生活环境的变化，较好地融入当下的现实生活，能够面对现实、接受现实，积极主动地去适应生活环境和改造自己的生活状况，主动面对各种生活挑战，妥善处理自身与生活环境的关系，努力创造条件，使自己始终处于积极有利的生活环境当中。

我们从出生的那一刻开始，便注定了在整个人生发展过程中都要不断地适应生活环境的变迁。我们呱呱坠地之后，以响亮的哭声回应这个新的环境；在父母和其他长辈的精心呵护下，我们度过了无忧无虑的婴幼儿期和童年早期；进入学龄期后，我们开始走出家庭，奔向幼儿园和小学校园，与小伙伴们快乐游戏、纯真交往，在老师的辛勤教导下茁壮成长，逐渐脱离稚气；进入青少年时期，我们开始离开熟悉的家庭和小学，甚至远离家庭，来到陌生的乡镇和县城，继续我们人生旅途上的知识征程和青春之旅；高考之后，我们收获了成功的喜悦，顺利步入大学校园，我们开始远离父母和家庭独立地生活、学习和与他人交往。从小时候备受照顾到大学里独立行事，生活环境、人际关系以及学习方式的变化，如此种种，有时候让我们并不适应。我们该如何快速适应大学环境，让动荡的身心安定下来，去适应陌生的面孔和陌生的事物？我们需要好好分析大学里可能出现的生活适应困惑，并掌握一定的生活适应技能。

（二）大学生的生活适应困惑

作为大学新生，步入大学校园这座神圣而令人向往的象牙塔，从高考成功的喜悦中冷静下来，首先面临的就是从中学生活到大学生活的突然转变。那些令人兴奋的生活环境、陌生的新面孔、新奇又让人感到疑惑的学习方式都可能让我们整个身心处于动荡不安之中。原有的习惯化了的心理结构被一下子打破，心理平衡被扰乱，周围是一片陌生。然而，在这一片陌生之中，我们又需要逐步开始新的生活。在克服了各种不适应后，力图达到新的心理平衡，开始真正的大学生活。大学新生对大学生活从不适应到适应的过程称为适应准备阶段，这是整个大学时代的困难期，许多生活适应问题如果解决得不好，会影响到以后几年的大学生活状况。适应准备阶段的持续时间因人而异，对于大多数人来说，只需要一个学期左右就可以顺利度过这个阶段，但也有少部分人在很长时间都难以适应大学生活而出现困惑。

【案例导读】

一例大学新生的生活适应困惑

小范是一名大一女生，因心烦、注意力不集中、学习效率下降前来咨询。2个月前进入大学以后她非常不适应宿舍的集体生活，感到很烦。她住的宿舍有7个人，特别拥挤，而且上铺的同学还经常晚上看书，有的同学睡前又没完没了地聊天，导致自己经常很难入睡。和她们说也没有效果，前几天她还忍不住和上铺争吵，现在两人也不太说话。因为晚上睡得晚，又没睡好，白天就觉得有点累，看书的时候走神，效率不高，期末考试时有些科目就没有考好。现在晚上她有时会失眠、多梦，白天上课时还会打瞌睡，影响了学习。她自己心里很着急，怕这样下去得神经衰弱。小范是独生女，父母都是教师，家庭条件不错，她从小受父母的宠爱，从未离开过父母。父母要求她专心学习，取得好成绩，从不让其做家务。小范在家里时自己住一个房间，喜欢安静，性格比较内向，不善于与人交往，很少与同学一起玩耍，但她又是自尊心很强的人，学习刻苦，学习成绩一直很好。来到大学宿舍这样拥挤的环境她觉得很难适应，出现问题后曾向父母诉说，并到校医院看病，吃过地西泮（安定）类药物，但没有明显改善。这次期末考试成绩不理想，她心里感到非常委屈，导致睡眠更差。这次她主动来进行心理咨询，迫切要求解决问题。

著名的瑞士心理学家皮亚杰（J. Piaget）曾说："智慧的本质就是适应。"在入学以前，许多学生为了应付大学入学考试，全身心地投入学习，父母也为此给予无微不至的关怀。当代中国的大学生大多数为独生子女，从小就一直受到父母的溺爱，对家庭有较强的依赖性，缺乏必要的生活经验，自理能力较差。进入大学后遇到的第一个问题就是如何适应独立的生活环境。这对于毫无独立生活经验的大学生来说无疑是一大挑战。面对生疏的人群和陌生的环境，部分大学生由于难以适应这种生活环境的变化而产生孤独、焦虑、不安、沮丧等心理。调查显示，16.8% 的大学新生认为最烦恼的问题是对环境不适应，感到孤独和寂寞；54.4% 的大学新生认为最大的困难是学习上不适应、心理压力大；还有 28.8%的新生认为主要问题是人际关系不适应，感到同学之间、师生之间没有在中学里那么融洽。

大学阶段是一个人的生理和心理都迅速发展的关键阶段。这个时期，个体心理迅速走向成熟但又尚未完全成熟。对从高中刚刚升入大学的一年级新生来说，由于生活环境、学习特点、人际关系等因素的骤然改变，会表现出生活不适应的心理困惑，严重影响生活和学习。大学新生该如何应对大学时期的生活适应问题？首先，要转变既往的生活观念，逐步习惯于大学校园的校园面积大、楼群林立、俨然是一个小社会的外部生活环境。面对多人相处的集体宿舍生活，要积极转变角色，从小家庭中的一员转变为大集体中的一员。其次，要避免过分以自我为中心，只顾自己，而不为他人着想，努力克服胆小、退缩、敏感、被动等消极的性格特征，主动与人交往和沟通，善于与他人相处，并处理生活中的各种矛盾，努力克服依赖习惯，提高生活自理能力，学会关心他人，在生活中互相磨合。此外，要准确地认识自己，合理定位，树立良好的自我意识，对大学生活的浪漫想象和客观现实的强烈反差进行自我调节，逐步平息内心的冲突和心理矛盾，形成积极的自我价值感和再适应观念。

二、人际关系困惑

（一）人际关系的概念

在心理学中，人际关系被定义为人与人在交往过程中建立的心理联系。马克思说，人是社会性动物，个体只有在活动中形成良好、稳定的人际关系才能维持生存和发展。人际关系对每个人的情绪、生活、工作和学习都有很大的影响。然而，每个人都是独特的，每个个体均有其独特的思想、成长背景、态度、性格、行为模式和价值观。如何通过求同存异、维护积极友好的人际关系，是人类重要的生存发展课题。从本质上来看，建立良好的人际关系的目标是要开拓幸福人生和使群体和谐，因而必须从个人的品德修养做起，再推己及人，扩展于群体之中。人际关系是通过人与人、人与环境之间的互动形成的，因而它深受人际交往对象、人际环境改变的影响，个体需要在人际互动中确定好自己的人际角色。人际关系的形成需要按照一定的人际规则进行，包括法律、礼节、道德、行为等方面的内容。

（二）大学生的人际关系困惑

在大学校园，人际关系不如中学那样简单。大学里的交往是广泛的，社会关系发生了变化。学生们由高中时家长的掌上明珠和老师的得意门生，转变为宿舍、班级的普通一员；由过去人际交往单一、处世简单，到人际交往日趋频繁和复杂；由过去在家独处一室，到住集体宿舍。相处的人多了，矛盾也随之多了起来。对大学生来说，过去的优越感已不复存在，还要独自面对和处理生活中的各种矛盾，如果在集体中不能正确处理自我与他人的关系，不善于与他人交往，不考虑他人的心理诉求和合理利益，就会导致别人的反感，甚至遭到大家的排斥，从而妨碍良好人际关系的形成，或导致心理困惑的产生。

【案例导读】

一例大学生人际关系困惑

林某，男，20岁，大二学生。林某找到心理咨询老师，自诉自己无法坚持学习，打算休学1年。经咨询深谈后，才知道他与同学关系不和。他基本上都是采取回避矛盾、搬出宿舍的办法，以逃避与同学的相处，结果使自己更加孤独、苦闷。咨询师得知，林某来自南方的山区乡村，父母是农民。他在姐弟中排行最小，全家人都很疼爱他。他的性格十分内向、孤僻、不善言语、不会处事，很少与人主动交往。但他头脑比较聪明，学习踏实、用功，成绩一向很好，从小学到高中都很顺利。上大学之后，他开始感到总是不顺心。尤其是如何与人交往、处理人际关系的问题使他伤透了脑筋，吃尽了苦头。一年多来，他跟同宿舍的人发生过几次不小的冲突，关系相当紧张。后来他直接搬出宿舍，与外班的同学住在一起。他基本上不和班上同学来往，集体活动也很少参加，与同学的感情比较淡漠。他觉得自己没有一个能相互了解、相互信任、谈得来的知心朋友，常常感到孤独和自卑，也为此感到烦躁，痛苦之极，但无处倾诉精神上的痛苦。长期的苦恼和焦虑使他经常失眠和头痛。他曾想尽力克制自己，强打精神，通过埋头于学习来减轻痛苦和冲淡烦恼。然而事与愿违，由于精力很难集中，学习效果很差，导致成绩急剧下降，后来考试时竟然出现不及格的现象。他感到震惊和恐慌，心境和体质也越来越差，深感自己陷入病困交加的境地而无力自拔，也失去了坚持学习的信心。他开始厌倦学习，厌恶同学和班级，一天也不愿再在学校待下去了。他听不进老师的劝告，也不顾家长的劝阻，坚持要求休学。

三、学业发展困惑

（一）学业发展的概念

大学校园由于充满着纯洁而浓郁的学术气息、追求真理的自由精神及崇尚知识的美德而被美誉为“象牙塔”。在大学校园里，由于其轻松的学习生活、丰富多彩的娱乐活动、悠闲自由的氛围，许多人对其充满了憧憬。在有的学生眼中，上大学意味着不需要再埋首于各类题库，不需要再局限于三点一线的生活，甚至可以光明正大地逃课、上网，完全自由自在、无拘无束。然而，这种时间太多了，许多人的日子也开始变得空虚，内心开始感到茫然，不知道自己在大学几年时间里究竟要学习什么、做些什么。这时候，大学生对自己的学业发展或学业生涯规划进行冷静思考就显得十分重要了。一般而言，学业发展通常与学业规划联系在一起，是指为了提高求学者在校期间的学业发展效率，对与之相关的学业所进行的筹划和安排。具体来讲，学业发展及其规划是指求学者在决定其学业发展方向的基础上，通过对自身的性格特征、能力特点以及对未来发展的认识，确定其在大学期间的长期学习目标，并结合求学者的实际情况（如学习状况、经济条件、生活现状、家庭情况等）制订学业发展计划，以确保用最小的求学成本获得人生目标所需要的素质和能力基础。

（二）大学生的学业发展困惑

古语云："泰山不让土壤，故能成其大；河海不择细流，故能就其深。"俗话说，水无点滴量的积累，难成大江河；人无点滴量的积累，难成大气候。未来都是掌握在自己手中的，只有付出才能有收获。每个人都有自己的梦想，特别是对于青年大学生来说，大学是实现人生理想至关重要的一环。然而，在高考选择专业时，由于各种因素的影响，有些大学生所学专业与他们的兴趣爱好并不一致，甚至经过一段时间的学习以后依然无法发展出兴趣。一些大学生不能正视这种现实，逐渐对所学专业失去了兴趣，只是被动地应付考试，表现出厌学、空虚、无聊、烦躁等消极心理状态，缺乏学习动力，在学习上毫无兴趣，对未来丧失信心，甚至放任自流，沉溺于网络游戏及上网聊天等娱乐活动。此外，在大学里由于各专业的学科性质、培养计划、课程安排和学习方式具有较大差异，不同专业的学生出现了观念及思想上的差别，比如，理工科类学生思维严谨、行动沉稳，经济类学生思维发散、行动活跃。有些学生开始审慎地思考自己今后的出路，但受到环境、家庭、学校多种因素的影响，有时候空有树立远大目标的愿望，而缺乏实施的具体行动，再加上校园里的活动较丰富，很多同学在个人的学业发展方面有所松懈，主动自觉的学习能力日渐衰退。然而，没有兢兢业业的辛苦付出，哪有甘甜欢畅的成功喜悦？没有勤勤恳恳的刻苦钻研，哪有震撼人心的累累硕果？只说不做到头来只是一场空。只有在学业上不断努力，才能闯出自己的一片天地。

四、情感与性心理困惑

（一）青春时期的性心理发展特点

大学生大多正处于青春中后期，男生、女生在生理和心理方面发生了很多明显的变化。男生渴望自己身材高大、体格健壮、声音浑厚，拥有男人的魅力，以吸引心仪的女生；女生则渴望自己容貌娇美、体型苗条、凹凸有致、声音柔美，来展示女性的青春魅力。从性生理及性心理的发展角度看，大学生正处于择偶尝试期，对异性的爱慕和向往具有较为自发的选择性，也自然而然地会进行恋爱尝试。男女双方从内心深处都会感到异性的美好，并试图通过各种方式接近异性，引起异性的注意及好感。再加上大学环境相对宽松，学校对于恋爱没有禁令，家长也无法直接干涉，大学生在共同学习和生活中随着频繁交往和相互了解，容易产生对异性的好感和倾慕。同时，处于青春期的个体性意识活动十分活跃，性冲动、性幻想及对异性的渴求也很强烈。男性在性生理成熟后会出现遗精和性梦现象，还有可能出现性白日梦或性幻想，自发产生与性交往内容有关的生理和心理活动，导致性兴奋及性高潮，这些都是正常的性生理和心理反应。女性则会随着规律性的月经现象，在生理及心理上出现波动，表现出情绪低落、躯体不适等情况，这也是女性正常的性生理心理反应。总的来说，在大学时期，男生和女生的情感和性心理已经萌发并且趋于成熟，对异性的兴趣、与异性交往的愿望日渐强烈。牵手、恋爱、结婚等是人人必然经历的生理、心理和社会行为的发展历程，正如德国著名诗人歌德所言："哪个少男不钟情，哪个少女不怀春？"但青春期的心理起伏常常如暴风骤雨，大学生在情感发展过程中常会伴随着各种矛盾和冲突，这些矛盾冲突的解决有赖于人格的成熟和心理的健全。

（二）大学生的情感与性心理困惑

美国著名诗人惠特曼（W. Whitman）说："爱，不是一种单纯的行为，而是我们生活的一种气候，一种需要我们终生学习、发现和不断前进的活动；它不会因一次失败而消失，也不会因一次亲吻而成功；爱是一种气候，是一种由心灵所形成的气候。"在青春时期的情感发展过程中，许多大学生在情感与性方面感到有些说不清、道不明的心理困惑。比如，一些人可能会因为自己还没有恋人而感到自卑，认为自己对异性没有吸引力，别人瞧不起自己，不敢坦然地与异性交往，更害怕在异性面前出现失误，只好回避与异性接触以保护自尊心，掩盖自己内心深处的痛苦与失落。还有一些人由于自身的性格特征及固有的行为缺陷，如偏激的思维方式、极度依赖的心理、寻求补偿的动机等，常常使得恋爱过程持续时间较短、成功率低，造成失恋后的烦恼和痛苦。从某种意义上来说，失恋可能是大学期间最为严重的挫折之一，它给个体带来严重的挫折感，尽管大部分人经过一段时间后能自行恢复，但仍有部分人会出现长时间的心理痛苦和阴影。此外，大学时期的恋爱过程常常存在许多误区，有的人重恋爱过程而轻恋爱结果，把恋爱当成游戏而导致滥情；有的人重情欲享受而轻理智控制，而纯粹满足感官刺激需求，导致性意外或不良后果而推卸责任；还有的人无法正确分辨异性之间的友情和爱情，不知道如何把握男女同学交往的尺度，希望珍惜友谊而又不经意间与友谊失之交臂，留下遗憾。

在性方面，少数人由于对其过于关注而走上歧途，如沉迷于手淫、流连色情网站、观看黄色录像及书刊，产生性压抑及不正当性行为等，导致一些心理困惑与行为偏差而最终后悔不及。

对于大学时期的情感与性心理困惑，大学生要培养健康的恋爱观，采取适当的行为。首先，个体需要发展健全的理智感，坠入情网时不忘审视自己的感情，适时判断真正的爱情与狂热的迷恋。其次，要正确处理恋爱与学习的关系，不应只沉迷于感情的旋涡中，要明白爱情不是人生的根本目标，更不是人生的全部，只为爱情而活是苍白的，要明确坚持学业第一的观念。学业与未来息息相关，是爱情美满的基础。再次，要培养爱的能力，成熟的爱情以自爱为基础，知道自己需要怎样的爱，并且具有给予爱的能力以及拒绝不需要的爱的能力，还要善于合理处理爱情纠葛，有效地调节单相思及失恋。此外，青年个体还要学习掌握性生理与性心理的卫生知识，建立相应的性别角色行为规范。

五、就业及职业发展困惑

（一）职业发展的概念

随着社会经济的快速发展，社会分工越来越细化，职业更新的速度也越来越快，做好职业发展对于当代青年大学生而言极为重要。职业发展是指个体为实现其最终职业目标，不断制订和实施职业准备计划的过程，职业发展本质上就是个体对自己职业生涯的规划和设计。对于今后终将毕业并走出大学校园的大学生来说，大多数人将会面临就业及就业后的发展问题。实际上，从刚步入大学开始，每一位学生无不考虑自己未来的职业和前途。当还未接触职业发展相关的内容时，个体在思虑的过程中必然会对自己的未来前途产生诸多困惑及不确定感。

（二）大学生就业与职业发展的困惑

对于大多数在校大学生来说，普遍的现象是注重专业理论学习，而忽视个人自身能力的培养（比如社会交往能力、环境应变能力、对综合知识的掌握等）。在校园里，常有一些人眼高手低，不知道自己想干什么、能干什么，自以为志向远大，而瞧不起其他一步一个脚印从小处做起的人，不愿做一些实际的学习或职业准备工作。还有很多人错误地估计自己，对自身的定位过高，在就业及职业发展的目标上好高骛远，不愿意从底层做起。此外，还有一些人感慨现实环境艰难，导致错失了许多良好的机会。但无论怎么样，在几年后离开学校之时，是从事与所学专业一致的职业，还是出国或考研深造，或是自主择业、个人创业，这是我们必须为自己规划的职业发展出路。或许，随着当代大学生的心理承受力日益增强，个体对自己的专业水平更有信心，对未来有更加全面的考虑。然而，也有部分人不愿面对现实生活中的职业环境（如严格的工作制度、复杂的人际关系），而希望一直待在相对单纯的校园环境里，这种逃避态度在一定程度上也反映了当代大学生的内心焦虑。

第三节　大学生常见的心理行为异常

一、社会交往退缩——社交障碍

社交障碍是社交心理障碍、社交功能障碍、社交焦虑症的总称，主要表现为与人交往时，尤其是在大众场合，会不由自主地感到紧张、害怕，以致手足无措、语无伦次，严重的甚至害怕见人，因此，也常被称为社交恐怖症、人际恐怖症等。其中，部分人的表现主要是对异性的恐惧，称为异性恐怖症。一般来说，具有社交障碍的个体在社会交往中想象成功的体验少，而想象失败的体验多，缺乏自信，总认为自己不行，缺乏交往的勇气和信心，在社会交往中过多地约束自己的言行，以致无法充分表达自己的思想和感情，阻碍了人际关系的正常发展。

造成社交障碍的原因是多方面的，包括以往生活中的挫折、错误的思想观念、个人性格的缺陷或某些人格障碍、缺乏社会交往的经验尤其是成功的经验等。日常生活中，出现一些社会交往上的困难和不适应是难免的，也是正常的，然而，人际关系严重失调或经常失调的人往往有可能存在个性缺陷、认知错误或某些心理障碍。对于日常生活中的人际关系适应不良状况应进行具体分析，分清哪些是正常的，哪些是异常的，哪些属于社交经验或技巧问题，哪些属于社交心理障碍，只有分辨清楚了，才能进行适当的调整或改进。

【知识链接】

社交恐怖症

社交恐怖症是一种对任何社交或公开场合感到强烈恐惧或忧虑的心理障碍。具有社交恐怖症的个体对于在陌生人面前或可能被别人仔细观察的社交或表演场合有一种显著且持久的恐惧感，害怕自己的行为或紧张的表现会引起羞辱或难堪。甚至一些患者对参加聚会、打电话、到商店购物或询问权威人士都感到很困难。在美国最多的心理障碍和疾病中，患社交恐怖症的人数仅次于抑郁症、酗酒而名列第三。近年来，我国社交恐怖症的患病人数也在激增。

对于一般人而言，参加聚会或其他可能暴露在公共场合的活动会有轻微的紧张情绪，但是这并不会影响到他们的出席。真正的社交恐怖症患者会有无法承受的恐惧，严重的患者甚至会长时间地把自己关在家里而孤立自己。社交恐怖症患者总是处于焦虑状态。他们害怕自己在别人面前出洋相，害怕被别人观察。与人交往甚至在公共场所出现，对他们来说都是一件极其恐惧的事情。对于一般人能够轻而易举办到的事，社交恐怖症患者却望而生畏。很多患者试图通过改变他们的生活来适应自己的症状，有的人甚至为了避免和人打交道而不得不放弃很好的工作机会。

社交恐怖症的诊断必须符合以下标准：①患者对某种或多种社交场合有显著或持久的恐惧。在这些场合下，患者在暴露于不熟悉的人们面前或可能有人在注意或观察他们时，害怕自己可能会做出一些使人难堪的行为或表现出焦虑症状。②一旦暴露于所害怕的社交场合下便开始焦虑，并可能出现与处境密切相联系的惊恐发作。③患者知道自己的害怕是过分的或没有理由的。④患者设法回避所害怕的社交场合，否则便要忍受极度的焦虑和痛苦。⑤对恐怖处境的回避、焦虑性期待或者痛苦显著妨碍了患者的生活、工作或社交活动，或者患者对具有恐怖症感到极度的精神痛苦。⑥病程应持续至少 6 个月。⑦这种恐惧或回避不是由于某种物质或躯体状况所导致的生理性反应，并可排除其他精神障碍引起的恐怖性回避。

二、大脑兴奋错位——神经衰弱

神经衰弱是指大脑由于长期的情绪紧张和精神压力，从而产生心理行为能力的减弱，主要特征是精神易兴奋、脑力易疲劳，具有睡眠障碍、记忆力减退、头痛等症状，并伴有各种躯体不适症状，病程迁延，症状时轻时重，病情波动，常与社会、心理因素有关。大多数病例发病于 16 ~ 40 岁，从事脑力劳动者占多数，如处理不当病情可能迁延几年甚至数十年。神经衰弱是大学生中较为常见的一类神经症性心理障碍，多发于精神负担沉重、缺乏良好的学习或工作方法，或坚持长时间过于繁重的脑力劳动而又缺乏适当体力锻炼的人，也可由于亲人亡故、人际关系紧张、学业或事业受挫、恋爱失败等强烈的精神刺激或不良情绪引发。

神经衰弱的主要症状特点包括：①精神容易兴奋，对刺激过度敏感（如对光刺激或细微的躯体不适症状特别敏感），情绪易激惹、容易发怒。②脑力容易疲乏，常感到身心疲劳（如学习或工作稍久，则感到头昏脑胀），难以集中注意力，记忆力减退。③自主神经功能紊乱，具有头痛、胸闷、气短、多汗、血压波动、厌食、便秘、尿频等躯体症状。④具有睡眠障碍，白天爱睡觉，夜间难以入眠，入睡困难，多梦易醒，醒后不易再入睡，噩梦多。⑤症状时重时轻，病情波动常与社会、心理因素有关，与不良的个性特点也有关系（如心胸狭窄、敏感多疑、自制力差、易于忧虑等）。⑥具有一些继发性疑病观念。

神经衰弱的诊断依据一般需要包括以下几个方面：①存在导致功能活动过度紧张的社会、心理因素。②具有易感的素质或性格特点。③临床症状以精神易兴奋、脑力易疲乏为主，同时伴有头痛、睡眠障碍、继发焦虑等症状。④病程至少持续 3 个月，具有反复波动或迁延的特点，病情波动多与社会、心理及精神因素有关。⑤全面体格检查，包括神经精神检查或其他必要的各项检查，排除了其他躯体疾病或早期精神病。

三、突如其来的恐慌——焦虑症

焦虑症是一种持续性精神紧张或发作性惊恐状态，常伴有头晕、胸闷、心悸、呼吸困难、口干、尿频、尿急、出汗、震颤和运动性不安等躯体症状，但并非由实际的威胁所引起，患者的紧张、惊恐程度与现实事件并不相称。焦虑症通常也称为焦虑障碍。具有焦虑症的个体表现的焦虑是一种没有明确对象或具体内容的紧张情绪。焦虑症患者常常无端地感到惶恐不安、心烦意乱，总感觉不幸的事情就要来临，同时伴有自主神经功能紊乱症状，如心跳加速、呼吸急促、手脚发凉或燥热等生理症状，发作时间持续几分钟甚至数小时，并可反复发作。焦虑症患者大多具有胆小、羞怯、过分敏感、忧心忡忡等人格特点，经常处于持续的紧张状态，伴有终日惶恐、提心吊胆、坐卧不安、注意力不集中、失眠、胃肠不适。焦虑症的发病年龄多在 16 ～ 30 岁，女性多于男性。焦虑症往往是影响大学生学习效率和生活状况的重要因素，病程可长可短，一般比较容易治愈。

临床上一般将焦虑症分为广泛性焦虑症（即慢性焦虑症）和惊恐障碍（即急性焦虑症，也称为惊恐发作）。广泛性焦虑症是以持续的显著紧张不安，伴有自主神经功能兴奋和过分警觉为特征的一种慢性焦虑症。广泛性焦虑症患者常具有特征性的外貌，如面肌扭曲、眉头紧锁、姿势紧张，并且坐立不安，甚至有颤抖、皮肤苍白，手心、脚心以及腋窝汗水淋漓等症状。广泛性焦虑症比较常见，整个人群终生患病的概率为 3% ～ 5%。惊恐障碍是以反复出现显著的心悸、出汗、震颤等自主神经症状，伴以强烈的濒临死亡感或失去控制感，害怕产生不幸后果的惊恐发作为特征的一种急性焦虑症。它是一种突如其来的惊恐体验，伴有濒死感、失控感及严重的自主神经功能紊乱。

【案例导读】

大学生惊恐障碍

来访者小陈是某大学的一年级学生。一年前的夏天，在商场购物时她突然觉得透不过气来，胸闷、心慌，有快要死去的感觉。迅速离开商场后，她坐出租车到医院看急诊，经医生检查后并未发现明显的器质性病变。半年前参加一个晚会时又发生类似的症状，事后她住院检查治疗，仍然没有检查出明显的躯体器质性病变。最近几个月来，小陈的症状时有发作，每周 1 ～ 3 次，时间持续数十分钟，时间、地点均无规律可循，也无明显的发作征兆，能够自行缓解，多次到医院就诊，服用过地西泮类药物。目前，她非常害怕一个人待在家里，担心自己突然死了都没有人知道，外出时则需要亲人陪同。来访者经常对家人说，这样活着真是受罪，还不如死了算了。

四、想停但停不下来——强迫症

强迫症是一组以强迫行为和强迫思维为主要临床表现的心理障碍，其特点是强迫和反强迫并存，一些毫无意义、甚至违背自己意愿的想法或冲动反复折磨患者。个体虽然体验到这些想法或冲动是来源于自身，极力抵抗但始终无法控制，二者强烈的冲突使患者感到巨大的焦虑和痛苦，影响学习和工作、人际交往甚至生活起居。强迫症因起病早、病程迁延等特点，常对患者的社会功能和生活质量造成极大的影响。WHO 所做的调查发现，强迫症已经成为

15～44岁人群中负担最重的20种疾病之一。近年来的统计数据提示，普通人群中强迫症的终身患病率为1%～2%，大部分患者在25岁前发病。

强迫症的症状主要可归纳为强迫思维（强迫观念、强迫意向、强迫情绪）和强迫行为。强迫思维的内容多种多样，比如，反复怀疑门窗是否关紧、碰到脏的东西会不会得病、太阳为什么从东边升起从西边落下、在阳台上就有往下跳的冲动等。强迫行为往往是为了减轻强迫思维产生的焦虑而不得不采取的行动，患者明知是不合理的但不得不做，比如，患者有怀疑门窗是否关紧的想法，相应地就会去反复检查门窗以确保安全；碰到脏东西怕得病，从而就会反复洗手以保持干净。一些病程迁延的患者由于经常重复某些动作，久而久之就形成了某种程序，比如洗手时一定要从指尖开始洗，并连续不断地洗到手腕，如果顺序反了或是中间被打断了就要重新开始洗，为此常耗费大量时间而痛苦不堪。总的来说，强迫症患者的典型症状是"带有强迫性的行为"，如不断地洗手、收藏东西、反复检查门锁、计数及祈祷等，也可能常常出现强迫性思维。通常患者的自我内省能力完好，可以理性地感觉到这种强迫行为及强迫思维是没有必要的，但又不能用自己的意志加以克服，这是一种很典型的自我内心冲突症状。

【案例导读】

一例大学生强迫症

来访者小王是某大学二年级学生。他自幼做事非常认真，一丝不苟，处处追求完美。例如，自认为某一个词或算式的书写不够理想，就非得重写，而在重写前，要用橡皮反复擦到看不见一点痕迹为止。5年前，小王开始出现欲罢不能地思考相同的问题和重复相同的动作，内心极为苦恼但难以自制。比如，他认为"8"是一个吉利数字，便强迫自己的手脚一经移动后，在停下来之前必须摆动8次，否则便感到不安。他经常思考一些深奥复杂的问题，如"先有鸡还是先有蛋"，但他只是思考而不去学习相关的科学知识，结果自然是百思不得其解。他想用意志努力去控制毫无意义的强迫思维，但越想控制越是浮想联翩，并为此感到恐慌。他担心病从口入，入厕所前必洗手，出厕所后再洗手，不用毛巾或干布将手擦干，而是将双手举向空中，待其晾干。他一想到电路可能会漏电，便以各种手段反复检查，尽管检查表明没有任何问题，却忍不住自问"万一出问题了怎么办"，等等。

五、无法克制的恐惧——恐怖症

恐怖症又称为恐惧症、恐怖障碍，是一种典型的心理障碍，其特征为患者对某些事物或情境会产生莫名的恐惧，纵使当事者明知不会受到伤害，也无法控制自己极度恐惧的情绪。这种障碍多见于青少年，以强烈的、持续的、不合理的恐惧为特征，常伴发回避行为。

恐怖症患者的恐惧对象千差万别，一般可以分为三类：一是对空间的恐惧，即广场恐怖症，是指个体极度害怕开放的空间，或担心在人群聚集的地方难以很快离去，或无法求援而感到非常焦虑，患者常回避这些情境，大多需要家人或亲友的陪同，以女性较为多见。二是对特定对象的恐惧，主要是对某些特殊物体、情境或活动的害怕，如动物、尖锐物品、乘飞机等。特定对象的恐怖症多发于儿童时期，典型的特定恐怖是害怕动物（如蜘蛛、蛇）、血、注射、自然环境（如风暴）、特定的情境（如高处、密闭空间），患者会因此而产生强烈的回避行为。三是对社交的恐惧，即社交恐怖症。主要是在社交场合下出现不可控制的焦虑发作，对社交场景持久地害怕和回避，如在餐馆不敢与别人面对面对坐吃饭，回避与别人的谈话，只要在公共场合就感到害羞脸红、局促不安、尴尬、笨拙迟钝等，还有的人害怕看别人的眼睛或与别人对视。

【案例导读】

一例蜘蛛恐怖症

来访者小叶是某高校一名大二女生。一年多来，原本完全不害怕蜘蛛的她开始变得越来越害怕蜘蛛，从仅仅是害怕大蜘蛛到害怕小蜘蛛，从偶尔害怕到随时随地害怕，从仅仅是害怕眼前的活生生的蜘蛛到害怕想象中的蜘蛛形象。随着害怕的升级，其生活中的许多方面都受到很大的影响。感觉痛不欲生的她主动走进了学校心理咨询中心寻求老师的帮助。

六、古怪离奇的性格——人格障碍

人格障碍是指一类以根深蒂固的、明显偏离正常的、适应不良的行为方式为主要特征的心理障碍。患者的人格或性格在内容上、性质上或整个人格方面存在明显的异常，并且由于这些原因，患者受到很多痛苦或使他人受到很大痛苦，给个人、家庭或社会带来不良影响。人格的异常妨碍了个体的情感和意志活动，破坏了其行为的目的性和统一性，让人感觉患者与众不同，尤其是在待人接物方面表现得较为突出。人格障碍常始于童年、青少年或成年早期，并可以一直持续到成年乃至终生。

人格障碍是一类较为复杂的心理障碍，其诊断必须符合以下几个标准：

1．行为与其个人所处的社会文化明显不同，且至少具有以下两种异于常人的表现：①在认知方面，对自我、他人和事件的感知和解释方式。②在情感功能上，情感的表现方式、强度、变化程度、情感表达的适宜性等。③在人际关系方面，在社会交往过程中的行为表现。④对冲动的控制方面。

2．异常行为表现的情形长期固定不变。

3．异常行为表现的状况足以影响到个人、社会、职业等正常的功能。

4．发病最早可追溯到青春期或成年早期。

5．人格异常并非由其他精神疾病造成。

6．人格障碍不是由物质、药物或其他身体疾病所造成的。通常 18 岁以下符合以上标准者并不被诊断为患有人格障碍，比如，未成年的儿童或青少年不会被诊断为反社会型人格障碍。

人格障碍大体上可以分为三大群：① A 型人格障碍（古怪型），包括偏执妄想型人格障碍、精神分裂型人格障碍、分裂样人格障碍。② B 型人格障碍（戏剧型），包括边缘型人格障碍、表演型人格障碍、自恋型人格障碍、反社会型人格障碍。③ C 型人格障碍（焦虑型），包括回避型人格障碍、依赖型人格障碍、强迫型人格障碍。

人格障碍具有一些共同的特征，比如，常开始于童年、青少年或成年早期，但没有明确的起病时间，不具备疾病发生、发展的一般过程；没有明显的神经系统形态学病理变化；行为显著偏离所在的社会文化环境应有的范围，情绪不稳定，自制力差，难以与人合作，自我超越能力差；情感和行为异常，但个体的意识、智力均无明显缺陷，没有幻觉和妄想；患者对自身的人格缺陷没有自知之明，难以从失败中吸取教训，屡犯同样的错误；能应付日常的工作和生活，理解行为的后果，但主观上感到痛苦。

第四节 常见心理疾病的概念与预防

一、了解情感性心理疾病——躁狂症与抑郁症

情感性心理疾病也被称为心境障碍、情感障碍等，是指由各种原因引起的以显著而持久的情感或心境改变为主要特征的一组心理精神疾病，临床上主要表现为情感高涨或低落，伴有相应的认知和行为改变，可有幻觉、妄想等精神病性症状。多数患者有反复发作的倾向，每次发作多可缓解，部分可有残留症状或转为慢性发作。

情感性心理疾病主要包括以下几种：

1．躁狂症　临床上躁狂发作的典型症状是心境高涨、思维奔逸、活动增多，常伴有瞳孔扩大、心率加快、体重减轻等躯体症状，以及注意力随境转移、记忆力紊乱等认知功能异常，严重者出现意识障碍，有错觉、幻觉、思维不连贯，称为谵妄型躁狂。躁狂发作临床表现较轻者称为轻躁狂，对患者的社会功能有轻度的影响，部分患者有时达不到影响社会功能的程度，一般人常不易觉察。

2．抑郁症（包括重度抑郁症、心境恶劣障碍、季节性情绪障碍、非典型抑郁症等）　临床上抑郁发作通常以典型的情绪低落、思维迟缓、意志活动减退为标志，并且具有认知功能损害、躯体症状等临床表现。多数患者还具有焦虑情绪，甚至伴有精神病性症状如幻觉、妄想。抑郁症的共同表现包括：长时间持续的抑郁情绪，并且这种情绪明显超过必要的限度；强烈的无意义感、无助感、不自信；感到身体能量明显降低，无法在任何有趣的活动中体会到快乐；有躯体功能失调症状，如睡眠紊乱、食欲减退、体重变化。在所有的抑郁性障碍中，重度抑郁症最为严重，表现为心境、认知、躯体功能上的异常。在心境方面，患者长期处于极其抑郁的情感状态中；在认知方面，患者往往看到事物的消极面，被空虚感和无价值感包围；在躯体功能方面，主要有进食和睡眠障碍，以及无力感、头痛等。重度抑郁症患者可能反复想到死亡，或者有自杀企图，最终大约有 3.4% 的重度抑郁症患者自杀。

3．双相障碍（躁狂 - 抑郁循环发作）　主要特征为患者不断经历躁狂与抑郁两种相反的极端情绪状态，而这两种情绪状态经常反复出现，其强度与持续时间均大于一般人平时的情绪起伏，因此，被称为双相障碍。双相障碍发生的原因较为复杂，因人而异，目前还无法明确断定。但可以确定的是，其成因与遗传及压力有一定的关系。双生子或双胞胎研究显示，此种疾病的成因存在遗传风险，也有环境的影响，各种双相障碍总的遗传率可能性是 0.71，这与单相抑郁症的遗传率基本相符合。

各种情感障碍的临床诊断主要依据 ICD、DSM 中的相关标准，医生首先需要排除的是由生理因素、滥用药物、脑部受伤等引起的情况，然后通常会进行有关躁狂或抑郁程度的测试以最后确诊。对于确诊抑郁症的患者，医生往往会建议使用抗抑郁药物治疗，比如使用选择性 5- 羟色胺再摄取抑制剂、单胺氧化酶抑制剂、三环类抗抑郁药，同时，还会建议患者参加心理治疗。对于年轻患者如儿童和青少年，则应当首先考虑心理治疗。对于症状特别严重的患者（具有严重自杀企图或者紧张性的患者），则首先主要采用药物控制病情。此外，还可能需要进行心理治疗及其他的治疗如电休克疗法。总的来说，对于大多数重度抑郁症患者来说，治疗预后还是良好的，大多数患者会在治疗下康复或者自行缓解，但有超过 35%

的患者将来可能复发，心理治疗会更有助于预防复发。对于发病较早、具有精神病样症状，或者同时患有人格障碍的患者来说，治疗的预后则不够理想，他们可能会经历慢性的反复发作，自杀率也相对较高。

【知识链接】

抑郁症的诊断标准

1．症状标准　以心情低落为主，至少满足以下四项标准：

（1）兴趣丧失、无愉快感。

（2）精力减退，或有疲乏感。

（3）精神运动性迟滞或激越。

（4）自我评价过低、自责，或有内疚感。

（5）联想困难或自觉思考能力下降。

（6）反复出现想死的念头，或有自杀、自残行为。

（7）睡眠障碍，如失眠、早醒或睡眠过多。

（8）食欲降低，或体重明显减轻。

（9）性欲减退。

2．严重程度标准　社会功能受到损害，给本人造成痛苦或不良后果。

3．病程标准

（1）符合症状标准和严重程度标准至少已经持续 2 周。

（2）可存在某些分裂性症状，但不符合精神分裂症的诊断。如果同时符合分裂症的症状标准，则在分裂症状缓解后，满足抑郁发作标准至少 2 周。

4．排除标准　排除器质性精神障碍、精神活性物质或非成瘾物质所致障碍。

5．补充说明　本抑郁发作标准仅适用于单次发作的抑郁症诊断标准（CCMD，2001）。

二、识别妄想为主的精神病——偏执性精神病

偏执性精神病是以妄想为主的精神疾病的总称，包括偏执狂和偏执状态，其主要特点是持久的偏执妄想，行为和情感反应与妄想内容一致，程度轻重不一。在不涉及妄想的情况下，患者可能并不出现明显的精神异常。偏执性精神病又称妄想性障碍，患者通常抱有一个或多个非怪诞性的妄想，同时不存在任何其他精神病症状。该病的病因及发病机制不明，通常在 30 岁以后起病，可能与遗传、人格特征及社会环境因素等共同作用有关。大多数患者发病前存在性格缺陷，在个性缺陷的基础上及社会环境应激（如恋爱失败、升职受挫）的作用下逐渐起病，将事实曲解而逐渐形成妄想，并与周围环境发生冲突。主要包括以下几种：

1．情爱型妄想症（被爱妄想症）　患者妄想别人（通常是地位更高的人）爱上了自己。该病的主要症状在于患者存在与另一个人秘密地谈恋爱的错觉，患者相信其妄想对象以身体姿态、家具摆设、其他不自觉的动作或公众人物通过媒体等方式，秘密地传达他 / 她的爱意。然而，在现实中，患者所认定的对象一般极少或者根本没有和患者接触，这都是患者自己主观虚构和想象的事实。

2．夸大型妄想症　患者妄想并夸大自己的价值、权利、知识、身份，或者与名人的特殊关系，常常被认为是自大狂，具有浓厚的救世主情结、拥有超能力和特殊身份等特点。夸

大型妄想本质上是一种以自负、自感伟大或优越为内容的病态信念，常伴有其他幻想性妄想，患有某些人格障碍的患者常常具有出现这种妄想的素质。

3．嫉妒型妄想症　是一种以坚信配偶不贞的妄想为核心特点的精神障碍。患者常常没有根据地认为伴侣对自己不忠，并产生一系列相关的妄想，因而也称为妄想性猜忌。由于患者坚信自己的爱人对他/她不忠而另有外遇，因而常常跟踪或监视其爱人的活动，往往会伴随着情绪激动甚至攻击行为。该疾病在临床上以男性为多，经常出现在40岁左右且过去并没有精神疾病的人。症状的发生往往没有先兆，常常是丈夫突然怀疑太太不贞，然后寻找身边的许多蛛丝马迹，而这些蛛丝马迹又会增强其妄想程度。患者竭尽所能地观察太太的一举一动，不断地检查、再检查。例如，有一位患者每日下班回家后，会立即检查房间衣橱内的衣服次序，若衣服放置的位置有任何改变，他就会认为有人趁他不在家，在家里与他的太太发生奸情。

4．被害型妄想症　是妄想症中最常见的一种，主要是指患者总是妄想自己或自己身边的人被其他人以某种方式恶意伤害。患者往往处于恐惧状态而胡乱地推理和判断，思维发生障碍，坚信自己受到迫害或伤害，并会变得极度谨慎、处处防备，还时常将相关的人纳入自己妄想的世界中。患者还会常常感觉被人议论、诬陷、遭人暗算、财产被劫、被人强奸等，且有自杀企图。多数患者具有特殊的性格缺陷，如主观、敏感、多疑、自尊心强、以自我为中心、好幻想等。被害妄想症的发病率大约是0.03%，但有很多个案未被诊断出来，实际数字应不止如此。女性和男性的患病机会似乎均等，发病的年龄范围比较广。

5．身体型妄想症　是指对自己的身体存在缺陷的一种妄想。患者常妄想自己有身体上的缺陷或者不良的身体状况，常常表现出疑病求医倾向。疑病妄想症患者总是担心自己患有某种疾病，比如担心体内长有寄生虫，或认为自己患上了癌症，或认为身体变形了，或认为身体或口腔内有某种异味，并为此烦恼不已，反复就诊和检查，但检查结果一切正常，医生的解释也往往不能消除患者的顾虑和担心。

偏执性精神病的诊断要点一般包括：①妄想是最突出的或唯一的临床特征。②妄想必须存在至少3个月，必须是患者的个人观念而非亚文化观念。③可间断性地出现抑郁症状，甚至完全的抑郁发作，但没有心境障碍时，妄想症状仍然持续存在。④要排除存在脑部疾病的证据。⑤没有或偶然有听幻觉，无患精神分裂症的病史。此外，还通常需要与偏执型精神分裂症、偏执型人格障碍等心理精神疾病进行鉴别诊断。对偏执性精神病的治疗较为困难，一般使用抗精神病药物缓解患者的妄想症状，心理治疗的疗效一般。

三、令人费解的精神疾病——精神分裂症

精神分裂症是人类常见但至今还没有找到明确病因的一类重性精神疾病，多在青壮年时期缓慢或急性起病，儿童及50岁以上的人群初次发病的较为少见。精神分裂症是严重的精神疾病，表现为思考方式、情绪反应、行为规则出现崩溃，主要表现包括幻觉、妄想、胡言乱语，行为难以自理，严重者会有自伤或伤人的倾向，患者的社会功能及职业功能大部分受损。目前，精神分裂症在整个人口中的终身患病率约为0.8%。从临床上看，患者涉及感知觉、思维、情感、行为等多方面的障碍以及精神活动不协调，患者一般智能基本正常，但在疾病过程中会出现认知功能的损害。病程一般迁延反复发作，病情加重或恶化。部分患者最终出现精神残疾，但大部分患者经过治疗后可保持痊愈或基本痊愈。

精神分裂症的临床类型可以分为以下几种：

1．偏执型精神分裂症　这是精神分裂症中最常见的一种类型，以幻觉、妄想为主要临床表现。该类疾病的起病年龄一般较晚，病初表现为敏感多疑，逐渐发展成妄想，并有泛化趋势，妄想内容日益脱离现实，且有时可伴有幻觉。患者的情感和行为常受幻觉和妄想支配，表现为多疑、多惧，甚至出现自伤及伤人行为。该病的病程发展较为缓慢，精神衰退现象不太明显，自发缓解者较少，但经过积极治疗则收效较好。除了妄想之外，该病患者的幻觉症状主要包括幻听、幻视、幻嗅、幻触、幻味、内脏幻觉等。患者常常报告能看到一些本来不存在的影像且对此深信不疑，而事实上并没有真正的视觉刺激。患者还会在没有真正的外界声音刺激的情况下，能听到来自外界的声音，比如说话声、音乐声等，也可以是一些讨论的声音。患者有时会服从来自这些幻听声音的命令，而导致危险行为的发生。此外，患者的幻觉症状还包括：在没有味觉刺激的情况下能闻到一些难闻的、令人不愉快的气味；尝到食物内有某种异常的特殊刺激性味道而拒食；在没有真正触觉刺激的情况下，患者感到被人或动物触摸，如感觉被蚂蚁咬。

2．青春型精神分裂症　在青少年时期发病，以显著的思维、情感及行为障碍为主要表现，典型症状是思维散漫、思维破裂，情感、行为反应幼稚，可伴有片段的幻觉、妄想。部分患者表现为本能活动亢进，如食欲、性欲增强等。该类患者首发年龄低、起病急，社会功能受损明显，一般治疗预后效果不佳。

3．紧张型精神分裂症　主要以紧张综合征为主要表现，患者常表现为紧张性木僵、蜡样屈曲、刻板言行，以及不协调的精神运动性兴奋、冲动行为。该型疾病一般起病较急，部分患者能迅速缓解。

4．单纯型精神分裂症　主要在青春期发病，表现为阴性症状（如孤僻退缩、情感平淡或淡漠等行为反应缺失或减退的症状），该型疾病治疗效果欠佳，患者的社会功能衰退明显。

5．未分化型精神分裂症　具有上述某种类型的部分特点，或是具有上述各型的一些特点，但是难以归入上述任何一型。

6．残留型精神分裂症　是精神分裂症急性期发作过后的阶段，主要表现为性格的改变，或社会功能的衰退。

在抗精神病药物发明以前，人们采用胰岛素昏迷、电休克、脑外科手术等方法来治疗精神分裂症，但目前大多采用抗精神病药物治疗精神分裂症，如使用氯丙嗪治疗偏执型分裂症。

【案例导读】

一例偏执型精神分裂症

小杨，男，23岁，未婚，大专毕业，公司职员。去年7月父亲病故，自己又失恋，后来开始出现失眠、呆滞、闷闷不乐，口中说："我活不了多少天了，我有罪，领导认为是我让单位的其他人犯了错误。"并拒绝就医。听到火车鸣响他就害怕，说："了不得，天下大乱了。"他也不出门，常常喃喃自语自笑。1个月后他被送入某市精神病院，诊断为"抑郁症"，并给予药物治疗。半个多月后家属要求出院。返家途中，他突然凝视前方，旋即返身惊恐而逃，说："前面有一道白光太厉害了。"而他的两位兄长均未见到。他听见鸟鸣狗叫也感到恐慌，在家休息数月稍有好转。第二年元月去单位上班，尚能完成一定的工作任务，对人说他耳边常听到一些说话声，但说不出内容。到了这年5月份，他见到公安人员就感到恐惧，口称“我有罪。”回家后即问家人：“公安局的人和你们谈过话吗，为什么我想的事别人都知道？”他不时地侧耳倾听“地球的隆隆响声”。有一次，听到汽车声他就惶恐地说：“社会大乱了。”看见小汽车则恐惧地问家人：“那是不是来逮捕我的？”某晚仰卧于床，他忽然说：“怎么我在屋里能看见天？”后来小杨重新被送入省医院。检查后医生发现患者身体健康，无重大躯体疾病。

临床观察表明，患者意识清晰，定向力良好，接触合作、言谈切题，记忆、智能无障碍，唯孤僻离群，独卧于床，不与病友交往，生活被动懒散，时而恐惧紧张，时而激愤，时而自语自笑，有时凝神倾听，若有所闻。一次病友打开水龙头，患者在听到流水声的同时，称他脑子里听到一个陌生的声音：“小杨（患者本人）得了这病，没本事，无能。”还有一次，患者突然对电风扇下跪，口称“我有罪，该死”。问其故，他说刚才他听到电风扇嗡嗡声响，电风扇里还有一男声在责骂他是“叛徒、内奸”，故请罪下跪求饶。某次在床上侧耳倾听，说是耳边听到他母亲、哥哥及其他人在谈论他。母亲的声音说：“他不争气，得了这个病。”哥哥的声音说：“他该好好治病，好了再工作。”有时患者说自己“是个已死的人，虽然还会走路、说话，但实际上已不存在”，感到自己脑子里想的事并未跟别人说，但别人都知道了。患者认为可能是通过监视器得知的，认为监视器就是邻居家的录音机和自己戴的手表，患者还说，有时想着什么事，一个死去的人就把自己的想法“抽走”了，使他难以继续想下去，有时想到一半，下面的想法就被抽走了。患者认为他的脑子被一名死者控制了，能支配他产生一些想法，如去为死者上诉申冤的想法，但上诉什么内容则不知道。问其为何时哭时笑，患者说：“这也是那位死者强加给我的、支配我的，我哭笑都不受自己支配，不该哭的时候哭了，不该笑的时候笑了。”谈到为何怕见鸡、狗，他说是怕那个死者会把自己变成鸡、狗。

通过以上病情分析，医生认为，本例患者具备了多项精神分裂症的典型症状，比如，评论性幻听、被动体验、思维被夺、思维被揭露等，足已诊断为精神分裂症，并且幻觉、妄想突出，在临床症状中占主要地位，符合偏执型精神分裂症的诊断标准。

四、心理疾病的产生原因与预防措施

（一）产生原因

导致个人发生心理疾病的原因非常复杂。早期研究认为心理疾病是遗传的，但事实上遗传因素无法解释一般心理疾病的发生。先天的遗传易感因素加上后天的环境因素，两者的交互作用更可能是导致人类发生心理疾病的根本原因。一般来说，要全面分析心理疾病发生、发展的原因，需要从遗传因素、个体的生理和心理特点、自然和环境因素、生活事件应激、社会文化环境等方面来综合看待和分析个体的心理、行为异常及疾病发生。

1．遗传因素　家族的遗传基因与先天素质在疾病的发生、发展过程中具有重要作用。临床中常见的精神分裂症、躁狂抑郁症等心理疾病的发病与遗传因素密切相关。研究者发现，在精神分裂症患者的家族成员中，患有精神疾病的人数比例要显著高于一般居民，并且血缘越近，精神分裂症的患病率越高。双生子研究较好地说明了疾病的遗传风险。研究人员发现，在45对双生子当中，同卵双生子共同患有焦虑症的比率为41%，而异卵双生子的比率仅为4%，提示遗传基因确实在心理疾病的发生中起较大的作用。还有研究显示，如果母亲患有精神分裂症，其子女也患精神分裂症的概率是正常人的9倍多；如果父亲患有精神分裂症，其子女也患精神分裂症的概率则是正常人的7倍多。这些研究表明，遗传因素在心理疾病中的重要作用是我们无法忽视的，需要加大对遗传因素的研究。

2．个体的生理和心理特点　在疾病的发生、发展过程中，个体的生理和心理特点也占有很重要的地位。个体的生理特点包括年龄、性别、体格特征（身高、体重、血型、身体结构等）、躯体健康状况、大脑的结构功能情况（尤其是大脑是否存在器质性病变）等，这些方面与某些心理疾病的发生可能有关。一般来说，儿童和青少年易发生神经衰弱、癔症、注意缺陷与多动症，进入青年期易发生情感性障碍、精神分裂症，而老年期则易发生阿尔茨海默病、脑动脉硬化等疾病。在心理学的传统理论上，有研究者认为不同的体型（瘦长型、矮胖型、强壮型）与不同的疾病有一定联系，比如，瘦长型体型与精神分裂症有关，而矮胖型体型与躁狂抑郁症有联系。此外，也有人认为，不同的血型也与不同的心理疾病与关。个体的心理特点主要包括性格特征、气质类型、认知风格、自我意识等多个方面。有时候，尽管是同样的生活挫折或打击，但对不同的人往往具有不同的意义，比如，失恋对某些人来说可能是一个严重的挫折，但另外一些人则认为失恋是正常的，小事一桩。这与个人的自我认识、对人生的态度与信念都有密切的关系。对于大学生来说，有些人无力应付生活中的事件以及学习困难，但原因并非智力低下，而是自我评价过低，应对能力不足，缺乏自信，遇到挫折容易悲观失望，不努力就轻易放弃，最后导致身心疲惫，没有价值感。个体的某些性格缺陷，如情绪极不稳定、意志薄弱、内向孤僻、压抑、抑郁、过分自卑或自负、固执急躁、偏激多疑等常常会造成心理冲突和压力。医学心理学研究表明，具有A型性格的人一般喜欢争强好胜、脾气急躁、事业心强，具有时间紧迫感，办事行动直截了当，在事业上容易取得成功，但是容易患上冠心病、原发性高血压等心身疾病；而一些情绪内向、不善于对外宣泄怒气和压抑情绪的人则容易患上癌症。有许多报道显示，抑郁、自卑、悲观是引发人们轻生厌世、自伤自杀的三种主要心理原因，警示我们需要注意心理因素在疾病中的作用。

3．自然和环境因素　有时人类是没有办法选择自然环境的，而自然环境中的一些极端因素常常是引起人们发生心理、行为异常和心理疾病的重要原因。最典型的自然环境因素是自然灾害，比如强烈的地震、凶猛的洪水、巨大的火灾等，由于来势突然、没有预兆，使人毫无防备、防不胜防，不仅会摧毁人们的生命财产，而且给人们带来强烈的心理刺激，留下严重的心理创伤。例如，2008年在我国发生汶川大地震之后，死亡人数达6.9万，受伤人数高达37万，此外，还有1.8万人失踪。许多幸存者目睹亲人、邻居的身体在地震中变得血肉模糊、惨不忍睹，他们的内心深受冲击和创伤，许多人变得绝望厌世、神情呆滞、精神失常，有非常大的比例的人患上了“创伤后应激障碍”，这是一种由严重的心理创伤引起的心理疾病。2003年我国发生“非典”期间，出现有大量的疑似患者，他们不停地诉说自己有病，自觉体温升高，有“非典”的症状，其实检查后并无大碍，不过是受惊吓所导致的妄想性疑病状况。重大的自然环境灾难或危机可使人产生严重的心理创伤，幸存者容易表现出恐惧、淡漠、哀痛、抑郁等多种消极情绪，进而容易产生一些心理或精神疾患。

4．生活事件应激　在我们的日常生活中常常会发生一些生活事件或事故，尽管不如自然灾难那么迅猛严重，但仍然会影响个体的身心健康，这些事件被称为生活应激事件。来自生活事件的心理应激主要包括与家庭相关的事件（如家庭成员死亡、家庭成员关系不和谐、家庭经济问题、结婚、离婚、远离家庭独居等）、与人际交往相关的事件（如与同学和老师关系紧张、与人打架或争吵、被宿舍成员孤立）、与个人情感相关的事件（如失恋、分手、与好友感情疏离等）、与学习有关的事件（如考试失败、学习紧张、负担过重等），这些生活事件会引起个体产生不良的情绪，如忧虑、愤怒、怨恨、委屈、悲伤、沮丧等，使人的心理和行为活动失调，降低应有的生活功能，使人丧失信心、颓废消沉、理想幻灭等，甚至会导致严重的精神疾病，如偏执性精神病。另外，童年时期的一些重要生活事件对成年后同样具有很大的影响，比如父母离异、缺乏亲子之爱、被遗弃或虐待等，也可导致人格障碍。

5．社会文化环境　个体都是在一定的社会文化环境中生活和发展的，大学生主要生活在家庭、学校以及更大的社会环境中。这些社会环境中的政治、经济、文化形式的发展，比如社会结构急剧变化、生活方式日新月异、思维方式多元化、价值观念的更新突变、行为模式的变迁等，对每个人来说都是一种挑战，其中涉及的环境适应与文化冲突的问题不可避免地会带来心理上的矛盾和压力。尤其是当代社会竞争日趋激烈、生活节奏加快、人际关系疏远、人口环境显著变化，都很容易引发个体的心理冲突和迷惑，一些心身素质较弱、适应能力不良的人会感到失望、迷茫、恐慌、妒忌、没有安全感，甚至进一步导致各种心理或精神问题。在极端情况下，如经济危机、社会动乱、战争等，给人们带来的心理冲击更大。

（二）预防措施

心理健康问题关系到国家的发展、社会的进步、民族的兴衰，是提高人口质量、生命质量的重要内容。由于应对心理疾病最好的方法是预防，因此，如何对心理疾病进行合理预防是非常关键的一项临床实践工作。心理疾病的发生原因有生物、社会、心理等多方面的因素，因此，对心理疾病进行合理预防也需要从多方面、全方位入手，进行综合治理。

1．要提高个人的心理素质和心理健康问题免疫能力　个体的心理素质是心理疾病发生的内在原因，只有首先提高自身的心理素质与抗疾病的能力，才能有效地预防心理疾病的发生。心理素质的提高取决于：①掌握一定的心理卫生知识，讲究用脑卫生，保护大脑的健康，避免大脑受到外伤，并且要注意科学用脑、劳逸适度、睡眠充足、心情舒畅，心态保持稳定。②不断提高个人的人格修养，形成良好的性格品质，保持胸怀坦荡、性格开朗，不斤斤计较、患得患失，塑造自己豁达、大度、包容的乐观主义精神。③提高对自我情绪的调控能力，冷静、理智地化解碰到的生活难题，不感情用事、丧失理智或行动过激，要多思考、勤想办法。④积极锻炼，打造健康的体魄。先健身才能健脑和健心，还要养成健康的生活习惯，避免暴饮暴食，不抽烟嗜酒，不好吃懒做，远离不健康的生活方式，远离身心疾病。

2．要努力改善社会生活环境，建立和谐的人际关系　内因是心理疾病发生的依据，外因则是心理状况变化的条件。要预防心理疾病的发生，除了良好的心理素质之外，还必须有良好的社会生活环境和人际关系来保驾护航。社会生活环境需要个人去主动适应，同时，要通过自己的努力改造不良的环境以满足发展的需要。建立良好的人际关系更是需要个体发挥主观能动性，以促使主、客观和谐一致。人常说“天时、地利、人和”，没有良好的人际关系，事业、前程和心理健康都很难达到完美的状态。

3．要掌握必要的心理调节技术，及时缓解心理压力　作为大千世界的一员，现代人面临的社会交往越来越复杂，承受的责任与担当越来越沉重，积累的心理压力越来越大。如果说个体从没有遭受过挫折与困难，或体验过迷茫与沮丧，那是难以让人相信的。当我们适当地掌握了一些必备的心理调节技术后，就能够及时地缓解个人内心的压力，舒缓紧绷的情绪之弦，带着轻松的心灵踏上生活的征程。这些重要的心理调节技术包括：①身心放松技术。

通过放松的方法来调节紧张不安感，对身体的主要肌肉系统地进行放松练习，可抑制血压升高、头痛、手脚冒汗等紧张反应，减轻心理上的压力和紧张、焦虑情绪。②自我暗示技术。心理学研究表明，自我暗示对人的心理活动和行为有显著的调节作用，通过自我的内部语言可以及时地提醒和安慰自己，调整不当的自我认知，避免不良情绪。③模拟想象技术。模拟想象技术通过在大脑中想象，对现实生活中个人可能遭受或体验的各种挫折情境及感到紧张、焦虑的状况进行模拟预演，以调整现实中的各种不良心理反应。

【小　结】

大学时期正值人生最绚丽多彩的季节，青春的路上总会遇上一些磕磕绊绊。心灵的忧伤、心理的困惑在所难免，体验过伤感与迷茫才是真正的青春。人生的诸多元素，如心理健康、事业成功、生活幸福，彼此息息相关，并互相影响。拥有一颗健康的、具有正能量的心灵是我们每一个大学生都必须具备的发展基础。健康的心灵意味着能够承受生活中的意外和挫折磨炼，走出心理困惑与迷茫；偶然表现出心理行为偏差或异常时，能够主动求助，及时恢复健康水平；能正确辨别、合理预防严重心理疾病的发生，主动呵护自己的身心健康。我们要正视心理异常现象，保护心灵机器不出故障，从而让我们活得轻松、美好和幸福。

【思考题】

1．如何理解心理健康是一个连续谱？
2．界定心理行为异常的标准有哪些？
3．如何维护身心健康、预防心理疾病？

第三章 助人成长：大学生心理健康教育与咨询

大学生在心理上正处于一个迅速变化的过程中，处于从不成熟到逐渐成熟的过渡时期。虽然他们在生理上逐渐成熟，但由于阅历浅，社会经验不足，独立生活能力不强，对自己缺乏正确而全面的认识，再加上社会上形形色色思潮的冲击，因此，很容易产生各种各样的心理矛盾和冲突，影响心理健康。深入开展大学生心理健康教育与咨询工作，提高和促进大学生的心理素质势在必行。大学生的心理健康问题已逐渐引起社会各界，尤其是高校工作人员的重视，很多院校相继建立了服务于大学生的心理健康教育与咨询机构。

第一节 大学生心理健康教育

【案例导读】

并不陌生的故事

2002年，清华大学四年级学生刘海洋在北京动物园两次用掺有强酸和强碱的饮料投给黑熊服食，导致五只黑熊不同程度的灼伤，最严重的一只黑熊双目失明。据媒体介绍，刘海洋此举是为了验证“黑熊有良好的嗅觉能力”这一说法。刘海洋生活在一个单亲家庭中，早年丧父。在母亲的悉心呵护和殷切期望中，他一路顺利地走来，就读的小学、中学乃至大学都堪称一流。他是老师、同学心目中的好学生，他的学习成绩是他所在学校老师的骄傲。他家的书柜中装满了他学过和做过的数学、物理、化学、英语的参考书和练习题。刘海洋的中学老师谈起他来更是赞不绝口，而面对今天的刘海洋不免唏嘘不已。

一、大学生心理健康状况

大学阶段是人生发展的关键时期，作为我国文化层次较高的年轻群体，他们富有理性、敏感和激情，更富有创造性和挑战性。但是面对瞬息万变的社会、日趋激烈的竞争，以及来自学习、就业、经济、情感等诸多方面的问题，他们有时会不知所措。诸多调查研究显示，我国大学生的心理健康状况令人担忧，主要有以下几个方面的表现：

（一）心理不健康者的比例有所增加

早在1989年，国家教育委员会（简称国家教委）就对全国12.9万名大学生进行了大规模的心理健康调查，结果显示我国高校中有20.23%的大学生存在不同程度的心理问题。某市对全市5万多名大学生进行了抽样调查，发现16%以上的学生存在心理障碍，主要表现为恐怖症、焦虑症、强迫症、神经症、抑郁症和情感危机等。近20年的调查结果也大致如此，来自北京高校心理素质教育研究课题组的调查显示，在北京的大学生中，有16%以上的人存在中度以上的心理卫生问题，有28%的学生存在不同程度的强迫症、抑郁症和焦虑症等心理问题。四川省"大学生心理咨询与治疗"课题组对西南地区8所院校的4万名大学生进行了抽样调查，发现有心理障碍的比例高达31.13%，其中较为严重的占12.42%，严重的占0.81%。全国教育科学"九五"规划重点课题"大、中、小学生心理健康教育的理论与实践"课题组对14所高校2000余名大学生的调查表明，存在中度以上心理健康问题的比例为19.42%，有较为严重的心理健康问题的大学生的比例为5.8%。综合多方面材料表明，我国大学生心理不健康问题的确严重，出现心理问题倾向的比例为20%～30%，而存在较为严重心理问题的约为10%。

（二）情绪困扰问题比较突出

大学生处于人生阶段的"第二次诞生期"和"心理断乳期"，这是一个情绪变化最为丰富的时期，也是一个最容易受情绪困扰的时期，因此，在大学生群体中，出现严重的"情绪适应不良"是比较常见的。这不仅与他们自身的情绪特点有关，而且也受到外在环境的影响，比如学习环境的改变、人际关系的紧张等。据北京大学心理咨询中心的资料统计，1988—1991年到该中心就诊的135名大学生中，以各种情绪问题为主的占42.9%，依次为抑郁、自卑、焦虑、恐惧等。最近一次对全国近3000名大学生的调查发现，55.92%的学生"对一些小事过分担忧"，67.26%的学生"在心情不舒畅时找不到朋友倾诉"，48.63%的学生对考试过分紧张。

（三）因精神疾病休学、退学的比例呈上升趋势

第二届全国高校卫生保健研讨会的资料表明，精神疾病已对高校学生的正常学习与生活构成严重的威胁。神经症与精神分裂症是大学生中最主要的精神疾病，尤其是重性神经症与精神分裂症，最容易导致自杀，危害很大。有资料表明，某大学在休学、退学的学生中仅神经衰弱和精神分裂症者就占39.1%。某市对16所大学的一次联合调查表明，因精神疾病而休学、退学的人数占休学、退学总人数的37.9%，而且呈上升趋势。可见，精神疾病已经影响到少数大学生正常的学习和生活，对健康构成了严重威胁。

二、影响大学生心理健康的因素

大学生心理问题的产生与其个体因素及客观因素有关。个体因素是心理健康状况发生变化的内因，客观因素是引起心理变化的外因，外因通过内因起作用。

（一）个体因素

1．生理因素　对大学生心理健康产生影响的生理因素主要有四种。

（1）遗传因素：虽然人的心理内容不是遗传的，但心理活动的生理基础却是受个人遗传基因制约的，不少精神疾病的发生与遗传有关。大量研究表明，在精神疾病中，尤其是精神分裂症、躁狂症、抑郁症等，遗传是主要原因。

（2）生理变化：大学生正处于青年时期，这一时期是人生中身心变化最为激烈的时期，他们的心理正处于迅速走向成熟而又未完全成熟的阶段。由于心理发展的不成熟，很容易出现适应不良甚至影响心理健康。他们的生理发育还在进行，身高和体形继续发生变化，第二

性征继续加强，这些都是大学生特有心理问题的生理基础。据天津医科大学大学生心理咨询门诊统计，相当一部分大学生的心理问题都与青春期的生理变化有密切的关系，例如有的学生因为身材矮小而产生自卑，或因身材过于肥胖而产生烦恼、痛苦；有的大学生由于性格有缺陷或胆小拘谨、多疑而导致其意志消沉和情绪过度紧张，如积压到一定程度便容易诱发心理问题。

(3) 躯体疾病：各种躯体疾病，尤其是慢性疾病，常会使人变得烦躁不安、敏感多疑、情绪稳定性降低、行为控制力减弱、兴趣缺乏、人际关系紧张，严重的还可能导致心理障碍。根据临床观察和专家的研究分析，大脑器质性病变，如脑肿瘤、脑萎缩、脑炎、脑外伤等，也会直接导致各种心理异常表现，出现意识障碍、智力障碍、严重遗忘症、人格异常等。

(4) 神经系统的先天素质不健全：专家认为，神经系统的先天素质不健全，如大脑皮质和皮质下神经组织之间的相互协调作用有某种障碍，或大脑皮质的兴奋和抑制过程的协调有某种障碍等，会导致病态人格等心理异常。神经类型属弱型的人更容易受到不良因素的影响而引起不健康的心理行为。

2．心理因素

(1) 个体的人格特征：人格又称个性，指人在各种心理过程中经常、稳定地表现出来的心理特点。它是一个统一的整体结构，是人的整个精神面貌和特征。人格特征和某些性格缺陷是引起心理问题的主要因素，是引发心身疾病的内因和基础。大学生的个性已日趋成熟，大部分大学生的个性是健康的、积极向上的，但是部分同学的个性特征中存在着不良方面，如怯懦、自卑、孤僻、狭隘、冲动、易偏激、以自我为中心等。一些研究和咨询发现，不少心理障碍的类型都与人格缺陷有着特别密切的联系。如偏执型人格障碍导致固执、多疑、难与同学相处；强迫性人格障碍表现为过分的自我束缚、自我怀疑，常常感到紧张、苦恼和焦虑。许多神经症都有着特定的人格特征作为其发病的“温床”。

(2) 自身价值观念的影响：正确的世界观、人生观、价值观是大学生心理健康中最积极、活跃的因素，对大学生的身心健康成长起着重要的导向作用。大学生追求一种能够充分实现自我价值并使自己获得诸方面满足的生活，这不仅是可以理解的，而且社会应为之提供有利的环境与条件。重要的是，应该认识到，真正可贵的个人价值是与社会责任相联系和统一的，没有责任的个人价值是流于虚幻的“价值”。但不少大学生以自我为中心，一心只为自己打算，丝毫不考虑他人和社会，这样不仅难有良好的人际关系，而且个人愿望得不到满足的痛苦会经常困扰着他，焦虑不安会经常与之为伴，尤其是遇到挫折或达不到预期的结果时，就容易产生心理上的不平衡，从而陷入自我利益的漩涡中，难以达到健康、稳定的心理平衡状态。

(3) 认知方式：认知心理学观点认为，人的情绪和行为反应不是由某一事件本身直接引起的，而是由个体对应激事件的认知和态度决定的。心理健康的重要标志是能够正确地认知压力，并选择有效的应对方式。面对同样的环境或同样的挫折，不同的个体有不同的认知方式和承受能力，结果也就截然不同。以辩证的思维认知方式看待问题，可以增强个体的人心理承受能力，使人平静地看待成败，正确地面对挫折，保持健康的心理状态。而大学生由于阅历浅，社会经验不足，独立生活的经验不够，对社会和自己常常缺乏正确的全面认识。

(二) 环境因素

影响心理健康、导致心理疾病的环境因素也是复杂多样的，其中最具有影响力的是家庭环境、学校环境和社会环境。

1．家庭环境的影响　家庭中家长的身教作用和家庭教育环境是一个人心理发育的主导因素。一般说来，成长在民主、平等的家庭气氛中的子女对生活充满自信，以积极向上的乐观态度对待人生，对他人施予同情和关怀，善待周围的人和事。如果对子女保护过度，会阻碍其独立性和社交能力的发展，致使子女形成缺乏自信、过分自我约束和过度依赖等不良人格特点，而且经不起挫折。如果家庭关系紧张或父母离异，会使其子女难以信任他人，对他人容易产生敌意，导致人际关系紧张。

2．学校环境的影响　学校环境对学生的身心健康影响极大。一个学校的校风和学风反映了学校的整体风貌、师生的精神状态和学习的风气。学生在良好的校风和学风沐浴下，其世界观、人生观、价值观、思想品德、学习志向、学习热情、学习动机、学习方法等全面发展，有利于身心健康。如果校风和学风不振或不正，师生之间、学生之间会存在对立，互相缺乏信任，出现人际关系不和谐，进而容易导致学生心理失调，甚至发展为心理障碍。

对大多数刚踏进大学校门的学生来讲，他们所面对的是一个非常新奇、陌生的环境，这种环境的变迁在很大程度上决定了新入学学生的适应和调整问题。学习和生活环境的变化会增加他们适应新环境的困难。大学学习的一个基本特点就是教师的直接指导减少了，更强调自学和独立思考的能力，这与中学学习有很大的差别。

在大学，学习习惯和作息时间大部分靠自己掌握，这就更增加了学习上的困难。由于教学任务重，师生面对面交流的时间少之又少，如果学生在学习的过程中缺乏应有的主动性和创造性，被动地接受教师灌输的知识和思想，学习兴趣低下，则会造成学习动力不足，从而限制了学生的个性发展，影响学习效果，如果调整不及时，则会导致心理失衡。

3．社会环境的影响　随着社会快速发展，竞争日益激烈，生活节奏加快，电子信息网络日益发达，人与人之间交流和沟通方式发生了变化；教育的不断变革产生了现代教育与传统教育的冲突，不同文化的涌入引起了东西方文化的碰撞；社会转型期社会各项制度、法制、制约监督机制不断完善过程中，出现一些问题和不良社会现象；社会道德准则的认识不断深化，在这个过程中出现了各类社会道德事件等。这些社会环境的变化在促进社会进步和变化的同时，也产生了一些问题。而大学生心理发育不完全成熟，自制能力还不完善，在上述社会变化的影响下部分学生就可能出现网络依赖、信仰丢失、缺少心灵的坚守和定力，以及人生观、世界观、价值观偏离等各种心理问题。

事实上，心理问题的出现并不是由单一因素导致的，而是各种因素综合作用的结果。只有个体因素、环境因素相互协调，才能减少心理问题的发生。

三、认识心理健康教育

（一）心理健康教育的内涵与意义

1．什么是心理健康教育　心理健康教育是借助一种特殊的人际关系，运用心理学的理论、知识和方法，通过言语、文字及其他信息传递方式，给教育对象以帮助、启发和指导的过程。通过心理健康教育，可以帮助教育对象避免和消除不良心理因素的影响，并产生认知、情感和态度上的变化，解决在学习、生活等方面出现的各种疑难问题，从而更好地适应环境、发展自我、增进心理健康。

心理健康教育是解决大学生心理健康问题的关键途径。大学生的心理健康问题主要表现在对心理健康的概念理解不全面、自我保健意识淡薄、存在由于环境及角色改变造成的心理上的压力与冲突等。要解决好以上大学生所遇到的问题，就要通过心理健康教育提高大学生的自我保健意识和能力，增强其自觉性和主动性，促进他们在心理上做好自我调节，在行为和生活方式上做到自我控制，在人际关系上做到自我调整，以提高身心健康素质。

2．心理健康教育的重要意义

(1) 加强大学生心理健康教育是全面推进素质教育和培养高素质人才的重要举措：唯物辩证法告诉我们，外因是变化的条件，内因是变化的根据，外因通过内因起作用。心理素质是人的其他素质形成和发展的内在基础，人的一切行为受到需要、动机、兴趣、价值观等心理活动的支配，因此，心理素质决定了人的行为方向，决定了人的素质结构的优化，人的心理倾向成为其素质发展的内在驱动力量。心理素质良好的大学生在考试时能发挥出超常水平，而容易怯场的大学生往往被焦虑、紧张等情绪困扰，直接影响考试成绩。同样，人际吸引和人际排斥是完全不同的两种心理素质，在形成团队精神、增强集体凝聚力方面也具有不同的作用。人际关系良好的同学更容易在集体中获得信任，被集体接纳。

(2) 加强大学生心理健康教育是以学生为本，促进学生成长和成才的重要途径：大学的培养对象是学生，学生内在成长的需求有取得成就的需求、归属集体的需求、爱的需求等，这些需求有助于学生成才。将大学生培养成为中国特色社会主义事业的合格建设者和可靠接班人是大学各项工作的出发点和立足点。当代大学生中独生子女所占比例很大，他们是一个承载社会和家庭高期望值的特殊群体，他们的自我定位比较高，然而他们的社会阅历比较浅，心理发展还不够成熟，极容易产生情绪波动。特别是随着经济社会的发展和高校改革的深入，学生面临学业、就业、创业和情感等各方面的压力，亟须疏导和调节，因此，在大学开展贴近实际、贴近生活、贴近学生的心理健康教育有助于他们获得心理平衡，健康成长。

（二）心理健康教育的类型

人的心理问题从类型上看可分为三类：障碍性心理问题、发展性心理问题和适应性心理问题。从解决途径上看，障碍性心理问题应该通过心理治疗方式给予解决，其工作应由医疗部门的心理咨询门诊完成；发展性心理问题和适应性心理问题则应是学校心理健康教育的研究对象。根据学校心理健康教育的性质，可以将心理健康教育分为发展性教育和补救性教育。

1．发展性心理健康教育　发展性心理健康教育是指向学生有目的、有计划地传授心理学知识，对学生进行心理素质和心理健康的培养和训练，不断地优化学生的心理品质，指导学生确立正确的自我认知，特别是自我能力和素质方面的认知，帮助他们认识和开发自身的潜能，不断突破自我的种种局限，实现全面而充分的发展。发展性心理健康教育的特点有：①教育的对象是心理健康、身心发展正常的学生，但在发展方面仍有潜力可挖，仍有心理素质尚待完善。②重点解决的问题是引导学生在一个更新的层面上认识自我，开发自我潜能。③强调发展性原则。④发展性心理健康教育将成为现代学校教育的一个重要组成部分，终将被纳入学校教育的总体目标和实施过程中，为学生的充分发展和成才提供强有力的保证。

2．补救性心理健康教育　补救性心理健康教育是指对出现心理问题的学生进行专门辅导与帮助，使之恢复心理健康状态。高校学生的补救性教育需要运用多种途径和方法。在众多的途径和方法中，以下四种是高校开展补救性心理健康教育的基本方法。

(1) 个体辅导：高校个体辅导指的是根据学生的心理发展特征与规律，运用心理学的方法与手段，通过个别化的辅导，帮助个体解除学习、生活或成长过程中遇到的心理困扰或问题，从而形成良好的心理素质，提高心理健康水平的过程。在个体辅导过程中，辅导者应始终保持尊重、共情、真诚和积极关注的基本态度，与辅导对象建立起良好的辅导关系，通过观察、会谈等方式了解辅导对象问题的表现、原因和程度，从而确定其是否属于心理健康个体辅导的适用范围。然后与辅导对象共同制订辅导的目标和方案，实施辅导方案，运用心理学的方法和技术帮助辅导对象消除各种心理障碍，改变不良心理状态，提高心理健康水平。

（2）团体辅导：高校团体辅导是一种在团体情境中提供心理帮助与指导的重要方式，它是通过团体内人际交互作用，促使个体在交往中通过观察、学习、体验，认识自我、接纳自我，调整和改善与他人的关系，学习新的态度和行为方式，以发展良好的生活适应能力的过程。相对于个体辅导，团体辅导在集中解决学生中带有普遍性和共同性且发生率高、比较迫切的心理问题方面具有更大的优越性，而且节省了人力和时间，更为经济。由于团体辅导的情景创设，其所形成的浓厚的团体感染气氛和成员支持效应促使个体在彼此交往、进行多向的交流和模仿中，通过观察、学习、体验来认识自我、探讨自我和接纳自我，调节和改善与他人的关系，学习新的态度与行为方式。

（3）行为训练：行为训练是指受教育者把一定社会的心理准则和心理要求规范反复地付诸自己的行动，并逐步变成自己经常性的、习惯性的行为。因为行为训练是补救性心理健康教育的重要一环，所以必须有目的、有计划地为学生创造开展行为训练的条件和环境，组织学生开展各种有意义的活动。在活动前向学生提出明确的要求，指导学生在活动中反复训练良好的行为习惯，逐步形成良好的心理品质。

（4）心理调查：学生心理健康档案的建立不同于一般的学籍管理，也不是日常例行的管理事务，它是教育工作者观察并准确地评价学生行为的重要依据。建立高校学生心理档案是加强学生心理健康教育工作、推进素质教育纵深发展的必要保障。它可以提高教师教育决策和科学研究的水平，为学生的身心健康发展提供动态的监测手段，同时也为全面提高教育教学质量提供切实有效的帮助。学生心理健康档案较为完整地记录着个人的心理经历，这有助于教育工作者在较短的时间内客观、系统、全面地了解并掌握学生的心理轨迹、心理面貌和心理健康状况，通过统计分析了解不同年龄阶段学生的心理发展特点和共有的心理特征，找出心理问题产生的原因，从而可依据差异因人制宜、有的放矢地开展工作，减少并防止教育工作的失误，提出适合大学生特点的教育方法。

（三）心理健康教育的内容

高校心理健康教育的内容丰富而复杂，在实际工作中不可能做到面面俱到，具体的途径与方法主要有以下几个方面：

1．开展心理健康调查，做到心理问题早发现、早预防　开展心理健康教育的前提是了解学生心理素质的状态，从而有针对性地提出教育措施与方案。各高校要完善现有的大学生心理健康评定量表，做好量表的信度、效度的检验工作，建立量表常模，对在校大学生进行一次全面的心理健康测评，对学生的心理问题进行筛查，从而做到对大学生心理问题的早发现、及时介入和有效控制，提高心理健康教育工作的科学性和针对性。

2．开设心理健康教育课程，增强自我教育能力　这是大学生心理健康教育的主要形式和途径。学校根据大学生身心发展的特点以及大学生中经常出现的一些问题，面向所有学生有针对性地选取心理健康教育内容或进行专题辅导，使学生从中受益，从而提高大学生的整体心理健康水平。心理健康教育的效果在很大程度上取决于学生自我教育的主动性和积极性，取决于学生自我教育能力的高低，因此，应在大学一年级开设心理健康教育的必修课或选修课，通过该课程的学习，使学生掌握心理健康的理论，加强心理行为修养，提高自我维护心理健康的能力。

3．将心理素质教育渗透在各科教学中，拓展心理健康教育的途径　心理素质的提高有一个过程，不是一蹴而就的。通过各种教学进行心理素质教育既是学校心理健康教育的有效途径，也是各学科教学自身发展的必然要求。各学科的教学过程都包含着极其丰富的心理教育因素。教师在传授知识的过程中，只要注重考虑学生的心理需求，激发学生学习的兴趣，并深入挖掘知识内在的教育意义，就能够使人类的知识、经验、技能转化为学生自己的精神财富，即内化成学生的思想观点、人生价值和良好的心理素质，并深深地扎根于他们的心田。

4．创建心理咨询室并建立心理档案　学校心理咨询是增进学生心理健康、优化心理素质的重要途径，也是心理健康教育的重要组成部分。心理咨询可以指导学生减轻内心矛盾与冲突，排解心中积郁，开发身心潜能，还能帮助学生正确地认识和把握自己，有效地适应外界环境，因此，学校应加大投入力度，加强心理咨询中心的建设，保证必需的工作场所，配备必需的工作设备，提供专项经费，确保心理咨询中心的正常运行。与此同时，加快校园网建设，建立大学生心理健康教育网站。通过个别咨询、网络咨询等各种形式，有针对性地向学生提供经常、及时、有效的心理健康指导服务，促进学生心理健康。与此同时，建立学生的心理档案，从而对学生的心理状况有比较系统的了解，可快速、准确地判断学生的问题所在，从而采取有效措施予以治疗。

5．加强校园文化建设，营造良好的心理和社会环境　大学生的健康成长离不开健康的心理和社会环境，大学生心理素质的培养需要良好的校园文化氛围。校风是校园文化建设的重要内容，也是影响学生心理发展的重要因素。良好的校风会潜移默化地优化学生的心理品质，如团结友善的校风是形成群体凝聚力、培养集体荣誉感的土壤，有利于同学之间保持和谐的人际关系，促进人与人之间的相互沟通、相互学习和相互帮助。丰富多彩的校园文化活动有助于培养学生乐观向上的生活态度和健康愉悦的情绪特征，因此，学校要加强校园文化建设，开展形式多样的文体活动和学术活动，营造积极、健康、高雅的文化氛围，陶冶大学生高尚的情操，增强学生相互关怀与支持的意识，改善学生的适应能力。

6．加强心理健康教育工作队伍建设，提高心理健康教育的工作水平　大学生心理健康教育工作涉及日常教育、课堂教育、心理问题筛查、心理咨询、危机干预、科学研究等方面。要做到这些，队伍建设是关键。应建设一支以专职教师为骨干、素质较高的高校大学生心理健康教育工作队伍，大力度、大范围地推进大学生心理健康教育。同时，加强对兼职教师和心理辅导或咨询人员的培训，不断提高他们从事心理健康教育工作的理论水平、专业知识和基本技能，促进大学生心理健康教育走向科学化、规范化和专业化。

【知识链接】

我国心理健康教育的发展历史

在发达国家，大学生心理健康教育已有近百年的历史，走过了起步阶段、发展阶段和成熟阶段三个时期。目前，发达国家的大学生心理健康教育领域出现了相当繁荣的情况，无论是理论流派，还是辅导模式都在不断更新并日趋成熟。在我国，虽然有传统的心理健康教育思想，但系统的大学生心理健康教育活动是从20世纪80年代才开始的。发展至今，我国的大学生心理健康教育已经有了比较稳定的教育模式，也积累了比较丰富的经验和方法，并经历了萌芽阶段、探索阶段和发展阶段。

1．萌芽阶段　主要是指在20世纪初以前的教育历史中传统心理健康教育思想，如心理平衡、修身养性等都对心理健康的调节有重要的帮助。早在1917年，我国一批心理学界和教育界的人士在江苏成立了“中华职业教育社”，开展了就业指导、心理测验的编制、修订和测查等工作。

2．探索阶段　主要是以20世纪初到20世纪80年代。20世纪初，国学大师王国维提出了“心育”的概念。他在《论教育之宗旨》中指出，要实现培养完全之人物的教育宗旨，需要通过体育发展人的“身体之能力”，通过心育发展人的“精神之能力”。但实际情况是，在大学教育中，心理健康教育一直没有被纳入其中。1933年，沈履的《青年期心理学》是一本研究青年心理问题的专著，对青年了解自己的心理特点和发展规律有很大帮助。1937年商务印书馆出版了由丁祖荫、丁瓒翻译的美国学者勃洛克斯（F. Brooks）著的《青年心理学》，介绍了国外的研究成果，是向大学生进行心理教育的教材。在第一届国际心理卫生大会上，中国学者刘恒瑞当选为名誉副会长。受国际心理卫生运动的影响，1936年4月19日在南京成立了“中国心理卫生会”，进一步推动了心理卫生事业的发展。当时的中央大学、浙江大学、四川大学、暨南大学等开设了心理卫生课程，讲授心理学方面的知识，并在理论研究和实践中取得了可喜的成绩。中华人民共和国成立后，包括心理健康教育在内，德育等工作被划分为思想政治教育的范围，心理健康教育的系统研究和专业实践基本被中断和停止。

3．发展阶段　主要是指20世纪80年代中期至今。改革开放以后，尤其是恢复和重新发展心理学专业以后，我国对心理健康教育工作也有了新的认识。许多从事学生教育管理工作的同志发现学生中相当多的问题并不完全是思想品德方面的问题，应该是属于心理范畴的问题。于是，他们开始尝试用心理学的原理和方法去解决。当时在大学里也掀起了西方心理学热，这为他们积极、大胆地冲破传统的思想政治教育工作的束缚，进行新的尝试和探索提供了理论依据。我国高校最早的一批心理咨询机构就是这样应运而生的。到目前为止，我国的大学生心理健康教育从政策规定，到机构研究、学术交流、咨询机构及方式都呈现出蓬勃发展的趋势。1995年11月，国家教委正式颁布试行了《中国普通高等学校德育大纲》，明确地把培养学生具有“健康的心理素质”作为德育目标之一，把心理健康教育列为德育的十大内容之一。当前，心理健康教育在全国高校全面展开，相继设立了地方性的心理健康教育分会，成立了心理咨询机构，建立了大学生心理档案，开设了心理健康教育系列课程，并不同程度地开展了团体心理辅导、心理训练等教育性质的活动，还定期开展了心理健康活动周或活动月。许多高校还建立了大学生心理健康组织，调动大学生参与心理健康教育活动，拓展了心理健康教育知识的宣传渠道。

第二节　大学生心理健康咨询

社会就像一个大舞台，在青年大学生们还来不及做充分的准备时，便不得不登上这个舞台。他们所面临的是陌生的场景、人物和剧情。他们能适应吗？如果早年养成的个性和培养的能力能符合社会对他们提出的要求，那么他们就可以顺利地度过青年期，如若不然，由适应不良和超负荷的压力所导致的心理问题就会接踵而来。他们可以寻求哪些帮助呢？其实，在生活中遇到任何问题时，如果自己感到难于应付或不好解决，都可以接受心理医生和心理咨询师的指导和帮助。心理咨询、心理治疗与心理健康有着密切的关系，它们都是治疗心理疾患、保持心理健康、促进人格发展的重要途径与方法。

【案例导读】

重修后的焦虑

A，男，19 岁，大学二年级学生，独生子女。身高一米八五，体态正常，无重大躯体疾病史。家族无精神疾病史。父亲是公务员，母亲在国有企业上班，家境宽裕。A 出生在县城，独生子女，自幼受宠。上学以后家里对他管教很严格，小学和初中学习不错，名次靠前。

A 因被学校要求重修而感到焦虑、注意力不集中、郁闷、沮丧、学习效率下降、失眠、精神不好 1 个月余。个人陈述："我最喜欢的科目是历史，但是爸爸、妈妈都不赞成，说学历史找不到工作，无法赚多的钱，要学建筑才行。可我怎么都不喜欢建筑这个专业。现在高数和英语都不及格，学校说再挂科并且重修不过的话就不能毕业。如果不能毕业就找不到工作，我的人生就完了。最近一想到这事我就觉得焦虑、郁闷、睡不着、沮丧，感觉自己像个废物，什么事情都做不好。"

心理咨询师观察：求助者衣着得体、干净，行动较慢，接触主动，思路清晰且有条理，主动求医，举止得体，自知力完好，谈话中情绪低落、语调低沉。同学反映，求助者的家庭对他管理特别严格，要求很高。

焦虑自评量表测试结果显示粗分 50 分，标准分 62.5 分，求助者存在中度焦虑，属于一般的心理问题。咨询师采用认知行为疗法，使求助者对自己的不合理信念和错误思维方式有所认识，逐步引导求助者实施自我行为训练，缓解焦虑的情绪，帮助他尽快适应大学新生活，最终较好地实现了咨询的具体目标和近期目标，促进了求助者的人格健全和心理健康。

一、心理咨询

（一）什么是心理咨询

心理咨询是一个涵盖内容非常广泛的概念，涉及就业指导、教育辅导、心理健康、婚姻家庭等多个方面。《心理学大词典》将心理咨询定义为："对心理失常的人，通过心理商谈的程序和方法，使其对自己与环境有一个正确的认识，以改变其态度与行为，并对社会生活有良好的适应。"心理失常有轻度的，有重度的；有属于功能性的，有属于机体性的。心理咨询的对象是轻度的、属于功能性的心理失常。心理咨询的目的就是要纠正心理上的不平衡，使个人对自己与环境有一个清楚的认识，并改变态度和行为，以达到对社会生活有良好的适应。

2001 年 8 月，经国家劳动和社会保障部批准，我国开始启动了心理咨询师的职业化工作。国家颁布的《心理咨询师国家职业标准》对心理咨询师的职业给出的定义是："心理咨询师是运用心理学以及相关知识，遵循心理学原则，通过心理咨询的技术和方法，帮助求助者解除心理问题的专业人员。"心理咨询应强调的几个基本要素包括：①心理咨询解决的是来访者心理或精神方面存在的问题，而不是帮助他们处理生活中的具体问题。例如，一个考试焦虑的大学生希望心理咨询师替他交涉缓考的问题，一个在子女教育问题上遇到困扰的母亲要求咨询师找她的儿子谈一次话，一个下岗待业的职工要求咨询师为他物色适合他的工作等，这些问题都是由于来访者对心理咨询的误解造成的。咨询师对此应加以解释，并引导来访者把解决问题的着眼点集中在自己的心理问题上，通过咨询，使消极情绪得到调整，从而以积极的态度自己去面对生活中的实际问题。②心理咨询不是一般的助人行为。它是应用心理学的知识、理论与方法从心理上为来访者提供帮助的活动，咨询师必须是经过专业训练的职业人员。在日常生活中，人们可以进行相互帮助，通过谈心使紧张情绪得到缓解，但这是一种日常交往而不是心理咨询。心理咨询有特定的目的和任务，解决问题时有专业的理论与方法，它是一种有目的、有意识的职业行为，而不是人与人之间一般的生活交往。③心理咨询强调良好的人际关系氛围。来访者与咨询师能否建立良好的关系，营造出相互信任的气氛，取决于咨询师的态度和技巧。咨询师对来访者的理解和帮助是真诚的，态度是诚恳的。但咨询师和来访者之间的关系不同于社会生活中的朋友或其他人际关系，双方均不谋求发展咨询以外的关系。假如一位多情的女大学生在咨询中获得了帮助，进而对咨询师在感情上产生了依恋，咨询师绝不能为此而动情或与之发展咨询以外的关系。

总之，心理咨询是依据心理科学的理论，遵循健康或成长的原则，采用心理学的技术，帮助咨询对象解决困惑或烦忧的问题，提高个人素质，使人健康、愉快、有意义地生活。

（二）心理咨询的内容

回顾我国多年来的大学生心理咨询实践，可以发现大学生心理咨询涉及的内容较多，问题也是各种各样，但概括起来主要有以下两个方面的内容。

1．心理发展的矛盾和困惑　这类咨询的内容很多，如想要了解自己的个性特点、气质类型、青春期身心发展情况；咨询如何处理好学习与社会工作的关系、学习与恋爱的关系；如何拥有更多的朋友；如何选择职业；探讨更有效的学习方法，等等。来咨询的学生并无心理障碍，也无明显的心理冲突，他们的咨询目的是为了更好地认识自己、完善自己，提高自己的学习、生活质量和社会适应能力。

2．心理适应相关的问题　这类咨询内容在高校心理咨询中所占比例最大，问题包括新生对离开家庭独立生活的不适应、学习负担过重引起的心理不适、人际关系失调、过度自卑而自我封闭等。其中比较突出的问题是人际关系问题、恋爱问题及自我意识问题。来咨询的学生在心理上基本是健康的，但是在实际生活和学习中有一些烦恼，有明显的心理矛盾和冲突。他们前来咨询的目的比较明确、具体，即排解心理困扰，减轻心理压力，提高适应能力。

（三）心理咨询的分类与形式

1．心理咨询的分类

（1）按性质划分：心理咨询按性质划分可分为发展心理咨询与心理健康咨询。在个人成长的各个阶段都有可能产生困惑和障碍，为了适应新的生存环境、选择合适的职业，或为了个人事业的成功想要突破个人弱点等，所要进行的心理咨询就是发展心理咨询。心理健康咨询是指当一个心理和精神正常的人，因各类刺激引起焦虑、紧张、恐惧、抑郁等情绪问题，或者因各种挫折引起行为问题，发现自己的心理健康受到破坏时所进行的心理咨询。

（2）按规模划分：心理咨询按规模划分可分为个体咨询和团体咨询。个体咨询的形式是咨询师与求助者建立一对一的咨询关系。咨询活动与求助者所在的社会、集体及家庭无直接关系。在内容上，个体咨询着重帮助求助者解决个人的心理问题。团体咨询是在团体情境中向求助者们提供心理帮助和指导。它是通过团体内人际交互作用，促使个体在交往中观察、学习、体验，从而认识自我、探讨自我、接纳自我，调整和改善与他人的交往以及学习新的态度与行为模式。

(3) 按接触形式划分：心理咨询按接触形式划分可分为直接咨询与间接咨询。直接咨询是由咨询员对来访者直接进行咨询。直接咨询的特点是通过咨询员与来访者的直接交往，使问题得以解决。直接咨询有助于咨询员对来访者的问题准确了解和对症下药。间接咨询是由咨询员向当事人的家长、朋友、教师等了解其心理问题，并通过他们实施指导。间接咨询的特点是在咨询员和当事人之间增加了一道中转媒介，当事人的问题靠中介人向咨询员介绍，咨询员对当事人的指导意见也由中介人权衡后付诸实施。

(4) 按持续时间划分：心理咨询按持续时间划分可分为短程心理咨询、中程心理咨询和长期心理咨询。短程心理咨询是指在相对短的时间内完成咨询（1 ~ 3 周)，资料收集和分析集中在心理问题的关键点，就事论事地解决求助者的一般心理问题。短程心理咨询追求近期疗效，对中远期疗效不做严格规定。这类咨询工作要求咨询师的思维要敏捷、果断，语言要准确、明快，有较长期的临床经验。中程心理咨询常在 1 ~ 3 个月内完成，可涉及较严重的心理问题，要求有完整的咨询计划和预后，追求中期以上的疗效。长期心理咨询一般持续 3 个月以上，使用标准化咨询方法或心理治疗，要求制订详细的咨询计划，追求中期以上的疗效，并要求巩固措施。

2．心理咨询的形式

(1) 门诊咨询：指进行面对面的咨询，来访者直接访问心理咨询员，针对自己的心理和行为问题或为其亲朋好友的心理行为问题寻求专业的指导和帮助。咨询门诊通常设在综合性医院或卫生保健部门，来访者与心理咨询员直接交流，能够及时、深入、全面地了解来访者的问题，因此，门诊咨询是心理咨询中最主要、最有效的形式。其特点是能及时对求助者进行各类检查和诊断，及时发现问题，并及时做出妥善处理。

(2) 通讯：电话咨询是指利用电话给求助者进行支持性咨询，是较为方便而又迅速的心理咨询方式，早期多用于心理危机干预。网络咨询是指心理咨询师通过互联网来帮助求助者。它除了可突破地域限制外，还可凭借行之有效的软件程序进行心理问题的评估与测量。书信咨询是指通过书信形式进行心理咨询，其优点是可以打破地域的限制，向心理咨询机构请求书面帮助。也有人对自己存在的心理障碍不愿向咨询人员当面诉说，为了避免当面交谈可能带来的尴尬局面而愿意采取书信咨询。书信咨询的不足之处是双方不易深入了解而影响咨询效果。

(3) 专栏咨询：是指通过报刊、广播、电视等大众传媒形式对受众的典型心理问题进行解答，这种形式在我国目前比较普遍。如许多电台和报刊都开设了心理健康咨询或专题节目，从受众的来信中选择典型的心理问题在报刊和电台上作答或请专家给予答复。事实证明，一个好的专栏和节目往往会受到成千上万人的关注，这是其他咨询形式无法企及的。

(4) 现场咨询：是指心理咨询机构的专业人员深入基层，为广大求助者提供多方面服务的一种咨询形式。如在每年“5·25”大学生心理健康活动日，很多学校的心理咨询老师在活动现场为广大学生进行现场咨询与答疑。

（四）心理咨询的基本步骤

关于心理咨询的步骤和阶段，国内外的咨询心理学家各有不同的划分方法。根据我们的实践和体会归纳其基本步骤为：

1．开端：热情接待，讲明性质和原则，建立初步的信任关系　心理咨询在我国现阶段仍属于新生事物，有的来访者并不了解它的性质、特点和咨询时所要遵循的原则，因而初次来咨询时心中不免忐忑不安，存有疑虑。咨询人员应通过自己的工作为他们解释疑团。当来访者登门的时候，咨询人员应热情而自然地对他们表示欢迎，请他们入座，并扼要地介绍心理咨询的性质和原则，特别要讲明尊重隐私的保密性原则，告诉他们在这里对自己的心理问题可以畅所欲言，所谈问题不会向其他人泄露。咨询人员的简要说明以及热情而自然的态度有助于消除初次见面的陌生感，使来访者的紧张情绪得以松弛。

2．了解问题：掌握来访者的意图和存在的心理问题　第二阶段主要是通过来访者的自述，了解他们存在的问题。了解情况时应该注意两个方面：一是来访者的基本情况；二是来访者存在的心理问题。如果来访者是大学生，还应了解其年级、系别、专业、籍贯等问题。了解基本情况有助于分析其心理问题产生的社会背景。来访者陈述自己的问题时，他们会有种种不同的表现，咨询人员应考虑来访者的不同年龄、身份、个性等特点加以区别对待。

3．分析诊断：辨明来访者问题的类型、性质和严重程度，以便选择帮助的方法　分析诊断和了解问题是结合在一起进行的。从来访者踏入咨询室，到他自诉自己的问题，咨询人员在了解情况的同时也在进行分析和诊断。首先要弄清来访者的问题属于何种类型，是学习、工作中的问题，还是生活中的人际关系问题，是青春期发育问题，还是婚恋问题等；从程度上看，是正常人的情绪不安、心理失衡，还是人格障碍，或者是神经症、精神病等精神疾病。这些都是分析和诊断中必须搞清楚的问题。咨询人员正确评估来访者心理问题的性质和严重程度具有重要意义，它可以帮助咨询人员做出下一步工作的决断。如，确定哪些问题可以通过面谈咨询和治疗逐步解决，而哪些问题需要借助其他方面的力量进行直接干预。例如，对于以下情况都需要与有关方面的配合，及时进行干预，以免发生不测：有极度抑郁、严重情绪不安的人，有严重的头痛、失眠、幻觉、妄想等精神病迹象的人，有明显自杀意念或对他人安全和生存构成威胁的人。

4．帮助指导：与来访者共商对策，以求解决问题　通过了解情况进行分析诊断之后，咨询人员对来访者的问题已经掌握，下一步就要进入帮助指导阶段。咨询人员在给予来访者帮助指导的时候，要坚持指导帮助与包办代替相区别的原则。这一点也是心理咨询、心理治疗与对身体疾病的治疗相区别之处。对于身体疾病的治疗，由医生制订治疗方案，患者遵从医嘱进行治疗，而心理咨询是一种磋商行为，咨访双方是一种彼此合作的伙伴关系。咨询人员的责任是帮助来访者分析他们的心理障碍，提供指导意见，而最后解决问题是要靠来访者自己，这并不是说咨询人员的作用无足轻重。来访者之所以上门求询，是因为他们遇到了心理上的困难而难以自拔，才来寻求帮助，因而，咨询人员给予指导和帮助责无旁贷。但这种帮助不是开药方与抓药的方式，而是以咨询人员丰富的专业知识和对人性的深刻领悟，在对来访者心情和处境充分理解的基础上，帮助他分析自己的问题的性质，寻找问题产生的根源，树立战胜困难的信心，商讨解决问题的对策。如何解决问题呢？咨询人员要与来访者进行讨论，提出几种行动方案的设想，并预测可能产生的后果。

5．结尾：结束咨询谈话，讨论下一步的安排　通过前四个阶段的谈话，主要进程已进行完毕，咨询进入尾声。如果咨询谈话比较成功，来询者很可能主动谈谈自己的感受，告知自己的收获和下一步的行动计划。对此咨询人员应给予积极的支持和鼓励，进一步加强其战胜困难的信心。咨询一般需多次进行，要约定下一次谈话的时间。咨询之后，咨询人员应在可能的情况下，了解其心理行为的变化，进行追踪研究，以便总结经验，提高心理咨询的水平。咨询也可能产生另外一种后果，即未能解决来访者的心理问题，咨询效果不佳。之所以出现这种情况，可能有两种原因：一个原因是咨询人员在咨询过程中分析问题时有失偏颇，治疗或劝导不得力；另一个原因则可能是来访者未接受心理咨询人员的分析和帮助，未采取咨访双方讨论的行动方案，因而未能获得预期的效果。

（五）有关心理咨询的认识误区

在心理学工作者的不断努力和新闻媒体的大力宣传影响下，在我国越来越多的人开始接触心理学这个领域。“心理健康”和“心理咨询”这样的字眼也渐渐为大众所熟悉。尽管人们已经意识到心理咨询是缓解心理压力和解决心理问题的好方法，然而，现实中仍然有许多人对心理咨询存在一些认识上的误区。

1．心理咨询就是聊天　心理咨询不同于一般意义上的聊天，尽管心理咨询的方式主要是谈话，但心理咨询利用心理学的专业理论知识，还有社会学、医学等方面的知识，有严格、科学的理论体系和操作规程，从而达到解决心理问题的目的，帮人解除心理危机，促进人格的发展。这完全不同于朋友聊天、亲友的劝解安慰、老师的教育和思想政治工作。

2．心理咨询应该一次就解决问题　许多初次接触心理咨询的人都幻想心理咨询师能一次把自己长期的压抑和痛苦一扫而光，拨开心灵的迷雾，使自己远离烦恼与困惑。然而，心理咨询师并不是神仙，更没有超过常人的功夫。“解铃还须系铃人”，心理咨询是咨询师帮助求助者认识自己、接受现实从而超越自我，因此，心理咨询需要一个了解的过程，是一个讨论、分析、操作、反馈、修正、再实践的过程，一般不能一次解决问题，并且每次的心理咨询都有时间的限制。“冰冻三尺非一日之寒”。心理问题的形成绝不是一朝一夕的，因此，心理问题的解决也不可能一次就能完成。对于这一点，来访者一定要有充分的认识和理解，否则，很容易因过度期望而导致失望。

3．心理咨询师可以透视人的内心　举一个常见的例子。两个久未谋面的老同学在路上不期而遇，其中一个知道对方是心理咨询师，就让他猜一猜自己现在心中在想些什么。许多来访者也有类似的心态，他们不愿或羞于吐露自己的心理活动，认为只要简单说几句，咨询师就应该能猜出他心中的想法，要不就认为咨询师水平不高。其实，心理咨询师只是普通人，他们没有特异功能，更无法透视人的内心。咨询师只是依靠心理学的理论和方法对来访者提供的一定信息进行讨论和分析，并进行咨询与治疗。来访者需要详尽地提供有关情况，才能帮助咨访双方找到问题的症结，有利于咨询师做出正确的判断并顺利地解决问题。

4．心理咨询师是救世主　心理咨询的最终效果取决于咨访双方的共同努力。一些来访者把心理咨询师当作“救世主”，将自己所有的心理包袱丢给咨询师，认为咨询师肯定有能力把它们一一解开，而自己无须思考，无须努力，无须承担责任。其实，心理咨询师在咨询过程中只能起到分析、引导、启发、支持，以及促进来访者改变和人格成长的作用，他无权把自己的价值观和愿望强加给来访者，更不能替来访者去改变或做决定。来访者需要认识到，“救世主”只有一个，那就是他自己。此外，每个人都有自己的局限性，咨询师也不是无所不能的。比如，没有育儿经验的咨询师就不太容易处理幼儿亲子关系方面的问题，或者在咨询师自身的某些问题没有处理好之前，不合适接待类似问题的来访者。

5．精神病患者才需要做心理咨询　有些人认为只有精神病患者才需要接受心理咨询，这是一个很大的误解。心理健康从正常发展到异常是一个量变的过程。根据心理健康的程度不同，可将人群分为健康人群、亚健康人群和心理疾病人群，后两者分别需要接受心理咨询和心理治疗。另外，健康人群也可能会出现心理困扰，可以通过心理咨询促进自我成长，因此，心理咨询既可以是一种保健，也可以是一种治疗，并不仅仅针对有心理疾患的人。美国前总统克林顿曾经说，他的成功离不开两类人，一类是律师，另一类是心理医生。

【知识链接】

何时需要寻求心理咨询?

如果你感到了痛苦，自己又觉得无能为力，而且影响了正常的学习和生活，这时就需要寻求专业帮助，进行心理干预了。具体表现如下：

1．当某个问题开始干扰你的学习、工作或个人生活的时候。

2．当你目前处理问题的方法不再有效的时候。

3．当你的家人或朋友公开对你表示担心的时候。

4．当你感到不知道怎么做，感到绝望的时候。

你不必等到问题变得严重时才去求助，更不要等到出现心理障碍时才去做心理咨询或心理治疗。现在，越来越多的人把心理咨询和心理治疗当作促进个人成长、提高处理问题的手段。

二、心理治疗

【案例导读】

消失的笑容

丁丁，女，19岁，大学二年级学生。自诉“心情抑郁、乏力，对学习反感，精力难以集中，做事无兴趣，感到生活没有意义”。丁丁在高三时，常有胃痛和腹泻，当时医生诊断为“胃肠炎”，经治疗后好转。但进入大学后，在军训时她出现消化差，并常有腹痛和腹泻。胃镜检查诊断为“浅表性胃炎、十二指肠球炎”。服药治疗后效果不佳，她感到焦虑不安，进而影响学习。大一第二学期，她的学习兴趣下降，进而讨厌学习，不愿看书，上课时听不进去，没有任何业余爱好，从不参加课外活动，业余时常看一些医学书籍。最近一学期学习成绩下降，有些科目（主课）考试不及格。此后，她有时想抓紧时间学习，但因头晕、胃部不适未能坚持。她很少与他人交往，养成了孤僻的性格，常常独处一处，感到孤独、抑郁。在咨询过程中，她总是问一句答一句，回答问题时语调很低、少气无力、行动迟缓、反应较慢，始终低垂着头。为其测查抑郁自评量表后，咨询师建议：①不要总是抱着医学书籍不放。所谓的“医学生病”就是因为医学书籍看得多了，又不能科学地理解，总是和自身相联系，结果本来没病也看出病来了，很可能她的胃病没有那么严重。②适当从事一些户外活动，如散步、慢跑等。

经过对其情况进行分析，并联系测查结果，初步考虑其可能患有抑郁症。丁丁第二次来时，除了继续进行心理治疗外，又为其加用了抗抑郁药。1周后她自觉情绪好转，症状明显减轻，从外观上看行动已不那么迟缓，谈话时也可见到笑容，睡眠较好，对学习也有兴趣了。除了继续用药外，仍建议她多做户外活动。2周后，症状明显好转，学习及生活基本恢复正常，每周到户外活动2～3次，自我感觉良好。

（一）心理治疗的含义

心理治疗又称精神治疗。对于它的定义，各心理学流派的解释也有所不同。例如英国《精神学词典》（*Psychology Dictionary*，1985 年）认为："心理治疗是一类在治疗者和来访者间针对患者的精神和情绪问题以语言交谈进行治疗的技术。"美国施特鲁普（H. Strupp）认为："心理治疗是一种为纠正给人类带来困扰的感觉、认识、意志及行为而设计的人际相互作用过程，这种受困扰的人正在寻求训练有素的专业人员的帮助。"我国心理学教授张小乔在其主编的《心理咨询治疗与测验》一书中则指出："心理治疗是应用心理学的方法对在精神和情感等方面有障碍或疾患的人，通过语言等符号交流的手段进行治疗的技术。"综合以上国内外有代表性的解释，我们从人的学习、发展的心理规律出发，给心理治疗下的定义为：心理治疗是在良好的治疗关系基础上，由经过专业训练的治疗者运用心理治疗的有关理论和技术，对来访者进行帮助的过程，以消除或缓解来访者的问题或障碍，促进其人格向健康、协调的方向发展。心理治疗的目的是改善患者的不良心态与适应方式，解除其症状与痛苦，促进人格改善，增进身心健康。

（二）心理治疗的范围

1．心理障碍　心理障碍是指心理功能紊乱，影响个体的社会功能或使自我感到痛苦的心理异常状态，其突出表现是各种神经症和人格障碍等心理障碍。神经症是指没有明显的生理基础，由心理原因所致的认知、情绪、行为方面的偏离。到目前为止，对神经症的治疗以心理治疗为主。神经症患者有基本正常的社会功能，也就是外表看起来很正常，能工作，能与人交往，也有家庭生活，但是他们的内心却比常人有更多的情绪困扰，主要症状为持续的焦虑、抑郁、紧张、担心、害怕、不安等。大学生担负着学习专业知识的重任，在刚经历过紧张的高考后，又面临大学学习和生活的压力和挑战，可能会出现一些神经症。在心理症状严重的时候，个体的学习、工作和社会活动等功能会受到一定的影响，这就需要求助于心理治疗。关于其他常见的心理障碍见第二章第三节。

2．精神疾病　精神疾病也称精神障碍，指较为严重的心理功能受损，受生物因素的影响更大，典型表现是精神病。精神病是人的心理整体功能的瓦解，是严重的心理异常，表现为对客观现实歪曲的反映，社会功能严重受损，不能应对日常生活和人际关系，对自己的处境丧失自知力，不能理解和认识自身的现状。精神病具有一定的生理基础，目前以药物治疗为主，心理治疗为辅。精神分裂症、重度症抑郁症、躁狂抑郁症等是常见的精神疾病。心理治疗的作用范围主要是前面几种心理障碍和疾病。事实上，在其他更广泛的人类活动领域，心理治疗同样也有着重要的意义，如遗忘、口吃、厌食症、遗尿等各种心理及行为问题。另外，心理治疗还可以很有效地配合医院临床各科治疗中出现的种种心理问题。

三、心理咨询与心理治疗的关系

心理咨询师和心理治疗师在培训和工作的侧重点上有所不同，了解心理咨询和心理治疗的关系有助于需要寻求心理帮助的人获得恰当的帮助。

【案例导读】

教育、咨询治疗——心理综合干预

有三个人在河边钓鱼，他们发现有人在上游被水冲进河中。于是，一个钓鱼者便跳入水中把落水人救了上来并予以抢救。但在这时，他们又看见另一个被冲下来的落水者，另一个钓鱼者又跳入水中把他救了上来。可是，他们同时发现了第三个、第四个和第五个甚至更多的落水者。这三个钓鱼者已经手忙脚乱、难以应付了。此时，一个钓鱼者似乎想到了什么，他离开现场去了上游，想做一项性质不同但目的一致的工作。他在人们的落水处插上一块木牌，警告并劝说人们不要在这里游泳，但仍有无视警告者被冲下河。后来，其中一个钓鱼者最终明白这样做不能从根本上解决问题，他要做另一项工作——教会人们游泳。这似乎是问题的关键，因为有了好的水性，就不易被冲入急流中，也能够进行自我保护。如果以此来比喻，那么，第一步，即跳入水中抢救落水者的工作就好比"心理治疗"，这是一项艰巨而有意义的工作。心理治疗往往需要花费相当多的时间和精力，被治疗者也往往深感痛苦和不安。第二步，即插警告牌的工作就好比是"心理咨询与辅导"，这也是一项很有意义的工作。但一般来说，它也只是对前来咨询者才能发生作用和影响。那么，第三步，即教人们游泳的工作就好比是"心理健康教育"了，它着眼于从根本上解决问题，不但教人们如何预防危险的发生，还教人们处于危机时进行应对的能力。

心理咨询在我国公众的观念中是一个泛化的概念，是心理帮助的总称。这一概念强调了心理咨询的教育性，淡化了心理疾病这一观念。在中国的传统观念中，许多人认为有了心理疾病是可耻的。从这个意义上看，心理治疗可以看作是对有心理疾病人群的心理咨询。关于心理咨询与心理治疗的关系，大家的看法基本是一致的，即心理咨询与心理治疗的相同之处远远多于不同之处。两者在意义上有很大的相似性，具体表现在：两者在过程中遵循的基本原则是相似的；两者所采用的理论方法也常常是一致的；在强调帮助来访者成长和改变方面是相似的；两者都注重建立帮助者与求助者之间良好的人际关系，认为这是帮助求助者改变的必要条件；两者的目标都是维护和增进心理健康，等等。

（一）心理咨询与心理治疗的原则

在心理咨询与心理治疗过程中遵循基本的原则是心理咨询与心理治疗的根本要求，是咨询师与来访者建立良好人际关系的重要条件，也是有效运用咨询方法和技术从而获得良好咨询或治疗效果的重要保证。心理咨询与心理治疗的基本原则基本相同，现以心理咨询为例进行介绍。

1．自愿原则　心理咨询是建立在咨询师和来访者双方"知情同意"基础上的，来访者必须以完全自愿为前提，咨询师不能以任何形式强迫来访者接受或维持心理咨询，这不仅是对当事人的尊重，也是确立平等、信任的人际关系的先决条件。在大学生心理咨询中，把握此原则显得尤为重要，因为学校普遍存在的是教育与被教育的既定关系模式，咨询师有时处于教育者的角色，从而带有不平等的意味，因此，咨询师不能以教育者的身份强制学生前来咨询，或给学生以结论性建议，来访者也不应以被教育者的身份强迫自己完全服从于咨询师。在高校心理咨询中，咨询师与来访者都应积极调整心态，以一种平等相待的态度解决好角色转换，以保证心理咨询的顺利进行。

2．保密原则　保密原则是心理咨询中最重要的原则，它既是职业道德的要求，也是咨询双方建立和维系信任关系的基础。心理咨询中来访者要袒露大量的个人信息，并通过诊断和测量获取许多有关来访者的新信息。对此，咨询师有责任对来访者的有关资料予以保密，这不仅是咨询需要恪守的道德原则，而且还涉及来访者对咨询师的信任，进而影响咨询的成效，因此，在没有征得来访者同意的前提下，不得随意将来访者的隐私泄露出去。然而，对来访者资料保密并非绝对的、无限度的。在某些情况下，允许咨询师公开来访者的资料，例如，咨询师在咨询过程中意识到来访者有强烈的自杀或攻击他人的倾向、有破坏公共设施的企图以及法庭需要提供个案资料时。

3．发展原则　这一原则是指在心理咨询过程中，咨询人员要以发展、变化的观点来看待来访者的问题，不仅要在问题分析和本质把握时善于用发展的眼光做动态考察，而且在对问题的解决和咨询结果的预测上不宜轻易将来访者的问题归结为某种心理障碍或某种疾病。在大学生心理咨询中，大学生的问题大多只是适应、交往和学习等方面的暂时性困难，因此，咨询师不仅要了解来访者已有的发展历程和结果，还要帮助来访者开发潜能，以及提示来访者今后良好发展的可能性和发展方向。

4．感情限定原则　良好人际关系的确立虽然是顺利开展心理咨询的关键，有利于咨询师与来访者的沟通与接近，但这也是有限度的。咨询师不要与来访者在咨询室以外亲密接触和交往，不能对来访者产生爱憎和依恋，更不能在咨询过程中寻找欲望的满足与实现。如果在心理咨询室外咨询师与来访者的接触过于亲密，不仅容易使来访者过于了解咨询师的内心世界和私生活，阻碍来访者的自我表现，而且也会使咨询师该说的不能说，从而失去客观判断事物的能力。

5．防重于治原则　这一原则是指咨询师应注意加强对人们常见的心理问题的分析和研究工作，努力掌握各种常见心理问题发生、发展的一般规律，从而促进这些心理问题的早期发现和诊治。在心理咨询过程中也要重视心理卫生知识的宣传教育，对心理疾病的预防重于治疗，可以更好地发挥心理咨询在促进人们心理健康方面的作用。在高校心理咨询工作中，实践这一原则有利于保障绝大多数学生的心理健康。

（二）心理咨询与心理治疗的理论

心理咨询与心理治疗在理论流派和模式上基本是一样的，其中影响最大的包括四大理论流派，即精神分析理论、行为治疗理论、认知疗法理论、来访者中心理论。

1．精神分析理论　精神分析理论又称心理分析理论，是由奥地利著名心理学家弗洛伊德（S. Freud）创建的，也是第一个系统解释心理病理学的理论。该理论把注意力集中到来访者过去的经历上，探索他们的内部心理动力过程。该理论多用于对各种神经症的治疗，治疗师主要采取自由联想和梦的分析等技术来分析来访者无意识的症结，着重研究来访者幼年时期的经历和心理矛盾冲突，从而使来访者产生意识层次的领悟，真正了解其问题的症结所在。主要技术有：

（1）自由联想：治疗师在会谈时会让来访者选择自己想谈的题目，如生活、家庭关系、工作、爱好等，随着脑中所涌现的念头脱口而出，不管说出来的事情彼此有无联系、有无意义，是否合乎逻辑或荒唐可笑。随着治疗师的鼓励和指点，来访者逐渐沉入对往事的回忆中，内心深处无意识的闸门不知不觉地打开了，进而帮助治疗师分析来访者的问题根源。

（2）梦的分析：弗洛伊德认为“梦乃是做梦者潜意识冲突欲望的象征”，做梦的人为了避免被人察觉，所以用象征性的方式以避免焦虑的产生。这些潜意识的心理活动从梦中表现

（显梦），但已经过伪装。治疗师对梦的内容加以分析，就是解开伪装，发现这些象征的真谛（隐梦），寻求真实的无意识心理活动的意义。

（3）移情分析：在精神分析的过程中，随着来访者与治疗师的治疗关系发展，来访者会把对父母、朋友、恋人、配偶的感情转移到治疗师身上，这就是移情。治疗师一定要超脱自己，善于利用移情关系循循善诱，引导来访者意识到自己爱和恨产生的原因，疏导患者被压抑的情感，让患者认识到建立一个良好人际关系的必要性。当这些病态情感成为意识过程的内容时，移情问题也就随之消失了，这一疗法的适应证是心因性神经症。这种会谈显然不适合儿童或已呈现精神错乱症状的各种精神病患者，由于它耗时长、效率低、开支大，而今很少有人使用，但这一经典的心理分析技术仍在各种改良的分析疗法中应用。

【案例导读】

女来访者的梦

一名女性来访者叙述她梦见一个蒙面的陌生男人闯入她二楼的卧室，偷走了放在抽屉中她心爱的首饰盒。她发现后，大喊一声“谁？”那个男人冲出阳台仓皇逃走。她追到楼下一看，发现他已经跌死在楼下，来访者因而被吓醒。治疗师通过来访者的多次自由联想，了解她的家庭生活和与丈夫的关系后就清楚了这一显梦的象征意义。原来她的丈夫对她不忠，隐瞒了有外遇的事实（蒙面的陌生男人），欺骗了她的感情（偷走了首饰盒），她很气愤，诅咒他没有好下场（跌死在楼下），但又不愿意他真的离她而去，所以又大喊一声（提醒他）……通过对隐梦的分析，使来访者清楚焦虑情感产生的根源，进而明白应该怎样正确处理与丈夫的关系。

2．行为治疗理论　该理论认为人的行为完全决定于外界因素，人的行为是后天习得的。人之所以产生精神障碍，是人在学习过程中学到了不适应行为的结果。要想纠正不适应行为，只有通过不断地学习和实践才能真正地达到目标。其主要技术有：

（1）放松训练：指采用一定的方法将全身紧张的肌肉放松下来。方法很多，核心是“静”“松”两字。就是在一个安静的环境里，保持最宁静的心境，并用意念使情绪放松和肌肉放松。假如一个人学会了如何将全身的肌肉松弛下来，就可以避免这种因长期肌肉紧张而导致的不适感。事实上，全身的肌肉大多数是随意肌，可以随着自己的意志调节紧张度。

（2）生物反馈：此疗法是利用生物反馈技术，训练人们按照体内某些生物学信息，认识与这些信息有关的某些器官或系统的病理性活动，从而达到治疗的目的。生物反馈技术是借助仪器将人们体内各器官、系统的心理生理过程中许多不能察觉的信息如肌电、皮肤电、皮肤温度、心率、血压、脑电等加以记录、放大并转换成人们能理解的信息，用听觉或视觉的信号在仪表盘上不断显示出来（即信息反馈），训练人们通过对这些信号活动变化的认识和体验，学会有意识地控制自身的心理和生理活动，以达到调整机体功能和防病治病的目的。

（3）系统脱敏：这种方法是将致病因素或场景（如蜘蛛恐怖症患者眼中的蜘蛛）逐渐、缓慢、系统、反复地暴露给患者，使其逐渐适应致病因素或场景，最后达到治愈的目的。系统脱敏法有三个步骤：第一，训练来访者松弛肌肉；第二，建立焦虑层次（从最轻微的焦虑到引起最强烈的恐惧依次排序）；第三，让来访者在肌肉放松的情况下，从最低层次开始想象产生焦虑的情境，直到来访者能从想象情境转移到现实情境，并能在原来引起恐惧的情境中保持放松状态，使焦虑情绪不再出现为止。

（4）满灌疗法：与系统脱敏疗法正好相反，它不需要经过任何放松训练，一开始就让患者进入最使他恐惧的情景中。一般采用想象的方式，鼓励患者想象最使他恐惧的场面，或者治疗者在旁反复甚至不厌其烦地讲述她最感到害怕的情景中的细节，或者用录像、幻灯片放映最使患者恐惧的镜头，以加深患者的焦虑程度，同时不允许患者采取堵耳朵、闭眼睛、喊叫等逃避措施。即使患者由于过分紧张害怕甚至出现昏厥的征兆，仍鼓励患者继续想象或聆听治疗者的描述。

（5）厌恶疗法：此疗法多将引起躯体痛苦反应的非条件刺激与形成不良行为的条件刺激结合，使患者在发生不良行为的同时感到躯体的痛苦反应，从而对不良行为产生厌恶而使其逐渐消退。此疗法对酒瘾、烟瘾、贪食、吸毒和性变态者效果较好。以治疗酒瘾为例，起初在酒瘾者饮酒的同时注射阿朴吗啡，使其饮酒后发生恶心、呕吐而厌恶饮酒，后来改用向酒中放入戒酒硫的方法。此药阻止体内乙醇氧化成乙醛，导致体内乙醛积聚而引起恶心、呕吐、呼吸急促、出汗、胸痛等痛苦症状，使酒瘾者厌恶饮酒。

【案例导读】

焦虑的小武

小武，男，21岁，大学二年级学生，性格内向，气质文静。高中时有一次在班里上台演讲，本来他准备充分并且认为获奖把握较大，但由于紧张而忘了演讲词，致使演讲没有取得他预料的结果。自尊心极强的他一想起这件事就十分懊恼，深感焦虑，觉得丢了面子，认为同学们从此就会看轻他。此后，他在人多的场合参加活动时就感到紧张，上课回答老师的问题时也紧张。上大学后，发展到与老师、同学谈话都出现紧张、慌乱，因此，他非常担心今后怎么跟人交往。

咨询师告诉他这种情况很多学生都会有，只要他能按照咨询员的建议去做，这种紧张心理是能够消除的。咨询师给他介绍了系统脱敏法的基本原理和方法，与他一起制订了行动计划：首先，在情绪放松的情况下想象自己跟同学、教师谈话和上课回答问题的情景。没有紧张情绪后进一步到图书馆、公共课室去看书。在这种场合，别人一般不注意自己，自己也不会感到紧张。然后，逐步发展到与个别同学谈话、适当参加宿舍和班级同学的集体活动，这时不要太注意自己，而要注意别人，观察他人的言谈举止、情绪，一步步地适应和放松。与教师的交往先从想象入手，然后在听课中以及在课余与老师多接触，以减少焦虑。通过一段时间的努力，小武的紧张情绪慢慢消除，逐渐能在别人面前反应自如，上课回答问题时也不再慌张了。

3．认知疗法理论　在认知理论中，与心理咨询和心理治疗关系密切的是美国临床心理学家艾里斯（A. Ellis）于20世纪50年代创立的合理情绪治疗理论以及贝克（AT. Beck）的情绪障碍认知理论。该理论的要点是：人既是理性的，也是不理性的。人在情绪或心理上的困扰大多是由于不合理、不合逻辑的思维与信念造成的。当人们长期坚持用内部言语重复某些不合理的信念时，最终会导致不良的情绪反应与心理失常；相反，当人们接受更加理性与合理的信念时，则其焦虑与其他种种不良情绪反应会逐步得到缓解，最终恢复自信心。主要技术有：

（1）合理情绪疗法：合理情绪疗法即通过改变来访者的认知，帮助来访者以合理的思维方式代替不合理的思维方式，以合理的信念代替不合理的信念，从而帮助他们减少或消除已有的情绪障碍。合理情绪疗法有四个步骤：第一，帮助来访者寻找和认清自己存在的不合理信念。第二，指出他目前的情绪困扰是由于自身所存在的不合理观念造成的。第三，帮助来访者改变不合理观念并调整认知结构，主要方法有与不合理观念辩论、合理的情绪想象。第四，帮助来访者学习合理的观念并使之内化为自己的观念。这四个步骤一旦完成，来访者的不合理偏见及由此而引起的情绪困扰等障碍就会消除，并将建立较为合理的思维方式及观念。

（2）认知转变法：不良的认知常容易导致情绪障碍和非适应性行为，因此，在咨询过程中，咨询师应给来访者提供愉快和成功的反馈，通过劝导、说服、价值澄清等方法改变来访者的态度和认知，从而消除其症状。如对于一个有抑郁倾向的来访者，他可能会认为自己毫无价值，对生活丧失信心，因此，咨询师要改变他的这种认识，告知他占优势的地方，让他觉得自己不是一无是处、没有希望，使他渐渐产生愉快的、接受自己的情绪体验。这样，他的抑郁情绪才会被积极、乐观的情绪所代替。

【案例导读】

不良同学关系

某女，19岁，大学一年级学生。来访者自诉在宿舍、班级里与同学关系处理不好，常与别人发生冲突。在家里父母及妹妹都对自己很好，自己常发脾气，大家也都能原谅，而在学校里同学们不可能处处让着她，因此，她总是觉得别人看不起她。她怕别人议论，说她什么都不行，因此，常与别人争吵，但自己心里感觉很自卑。在咨询过程中，咨询师采取与不合理信念辩论的方法帮助她放弃对别人的不合理要求，应区别对家人和同学的不同态度，改变自己的认知，不能过高地要求别人，而过低地要求自己。在进一步的咨询中还帮助她改变了自卑心理及对自己的不合理认知问题。

（三）心理咨询与治疗的区别

尽管心理咨询与心理治疗有许多相似之处，但两者的区别仍然是显而易见的，具体表现在：

1．服务的对象和面对的问题不同　心理咨询的对象是普通人群，心理咨询强调的是提供有关心理方面的专业知识和信息，包括指导有关方面的技能和技巧。心理咨询主要涉及日常生活中的适应问题和发展性问题。比如，大学生常见的学习问题、交友和恋爱问题、职业取向问题、自我意识问题等。心理咨询的目的是获取有关的知识，增进相关的为人处世技巧，协助做出有关的个人决策，提高生活质量。在日常生活中，很多知识和信息不一定需要通过与专业人员交流获得，人们常常通过与家人或朋友之间的交流就能解决问题。但是在某些情况下，比如出于个人隐私的考虑，与专业人员的交流对解决问题也许会更为有效。心理咨询在欧美国家被看作解决日常生活问题的一种有效的途径和方法，这与他们的文化有关。而心理治疗主要针对的是有心理疾病的人群。心理治疗强调了心理疾病这一概念，其目的是为了减轻或消除精神或情绪障碍的症状，解除精神痛苦，改善工作、生活、学习等社会功能。心理疾病与身体疾病相似，有症状、痛苦和功能受损，抑郁症、恐怖症等即是典型的心理疾病。

2．从业人员有所不同，所受到的培训也有一定的偏向　进行心理咨询的从业人员多数是学校心理学家、教育学家、社会工作者等；进行心理治疗的从业人员多数是临床心理学家和精神科医生。

3．工作范围和场所不尽相同　心理咨询人员多在非医疗的情境中进行，如学校和社会服务机构；心理治疗人员多在医疗情境中或私人开业的诊所中进行，也有相当数量的心理治疗师在学校和社会服务机构工作。

4．工作方向偏重不同　心理咨询侧重于预防的目的，工作方向偏重于提供知识、教导技能，从积极的方向进行引导，类似于中医的“扶正”；而心理治疗侧重于矫正的目的，工作方向偏重于帮助来访者改变不恰当的认知、情感或行为等心理功能，类似于中医的“祛邪”。在实践中，来访者许多时候呈现的问题是日常生活的适应问题，其来源却是心理疾病造成的心理功能受损，这时候心理咨询可能就不够用了，就需要心理治疗。例如，来咨询的问题都是不善于与人交往。其中一种情况可能是由于来访者平时与人交往过少，缺乏与人交往的技巧，这时进行几次心理咨询，教导一些交往技能和技巧就可以了。另外一种情况可能是来访者由于社交焦虑而不敢与人交往，这时就要为其社交焦虑进行心理治疗，重点解决焦虑问题。

总体说来，心理咨询和心理治疗都是对人们进行心理帮助的专业领域。心理咨询和心理治疗之间的差别主要在于工作对象、工作内容、人员培训、工作范围和场所等方面，其核心区别在于来访者心理问题的性质。简单地说，非病理性的属于心理咨询范畴，有一定病理倾向的，则属于心理治疗范畴。但以上区别都是相对而言的。在实践中，很难将这两者完全区分清楚。二者往往结合在一起，互相渗透、穿插，共同存在。在针对青年大学生诸多的心理问题的解决中，往往在心理咨询中实施心理治疗，而在心理治疗中也经常应用心理咨询的方式。

第三节　维护心理健康的途径与方法

精神分析大师荣格（CG. Jung）说：“一切的财富和成就都源于杰出的智慧和健康的心理。”今日在校的大学生就是明日国家建设的主力军，在建设社会主义市场经济和当代诸多国际关系激烈竞争的大环境中，培养和维护大学生健康向上的心理素质已成为提高人才整体素质不可缺少的重要组成部分。良好的心理素质不仅是大学生学业和事业成功的基础，更是他们将来投身于国家建设的必备条件。大学生的心理健康状况，小而言之关系大学生本人的生活、学习和工作，以及身心健康和全面发展，大而言之则关系民族的素质和祖国的建设，因此，增进大学生的心理健康应成为全社会关注的问题，成为高等教育的重要目标，成为每个大学生努力的方向。增进大学生心理健康的途径包括大学生自身的努力、学校的帮助和社会的努力三个方面。

一、个人的自我调适

自身的努力在促进大学生心理健康中起着十分重要的作用，并且是最关键的因素。

1．努力学习心理健康知识　心理健康知识是大学生增进自我了解并进而达到自我调节的理论武器。大学生可通过听心理健康课或讲座，或阅读心理健康书刊等途径来接受教育，并注意把知识运用于自己的生活。

2．积极参加各类实践活动　人的心理是在社会文化交往、社会实践中形成和发展的，因而多参加人际交往、社会劳动和各种社会活动有利于锻炼心理、增强意志、丰富体验、发展才智，从而促进心理的健康和发展。

3．培养良好的生活习惯　良好的生活习惯是身心健康的重要保障。一般来说，一个良好的习惯多、不良习惯少的人，往往是心理健康良好的人，反之，则是欠佳者。

4．大力加强自我心理调节　这是自我心理保健中最核心的一部分，离开了自我调节，心理保健就无从谈起。大学生的自我心理调节包括调整认识结构、完善自我意识、学会情绪调节、锻炼意志品质、促进人际交往、提高适应能力、塑造健全人格等。

5．及时寻求心理咨询帮助　大学生在日常生活中会面对许多人际关系、学习、恋爱、性心理、自我发展、择业、压力应对等问题，他们会期待做出理想的选择，获得内心平衡，以及发挥自身潜能。在维护和促进心理健康中，大学生除了重视个体自我调节以外，还应积极取得家庭、学校和社会的支持，争取亲朋好友的帮助，尤其是当心理负荷比较重而自己又不易调节时，及时寻求心理咨询机构的帮助是明智的选择。

二、社会的积极帮助

1．在学校教师、干部、医务人员中普及心理卫生知识　一方面，每个教育和医务工作者都有维护和促进自身心理健康的任务；另一方面，他们的心理健康状况和行为会潜移默化地影响学生。教师、学生工作干部若缺乏健全的人格和稳定的情绪，如表现为奖罚无度、冷淡严厉、喜怒无常，就容易引起学生的情绪困扰、适应不良，甚至造成心理障碍。从心理健康的角度说，教育者的人格和心理健康状况比专业知识和教育方法更为重要。营造学校心理健康教育环境的重要条件是要有心理健康的教育者。

2．加强大学生心理健康教学和宣传　要开设心理健康必修课、选修课和讲座，系统地对大学生进行心理健康教育。通过多种渠道进行心理健康知识的宣传普及，提高大学生的心理保健意识和技术。在学校的心理健康教育工作中，心理健康宣传和普及工作应放在首位。

3．重视日常教育、教学中的渗透　心理健康教育是一项完整的育人工程，它要求各科教学、班主任的日常管理以及学校的思想品德教育有机地配合，互相渗透、互相促进，形成一个有机的整体。

4．创设和谐的心理环境　开展大学生心理健康教育，要充分发挥隐性教育资源的作用，为学生创设和谐的心理环境，如营造良好的群体心理气氛，发挥隐性资源（校园景点、环境布置、室内装饰等）的作用，使大学生的情感得到陶冶，心灵得到净化。

5．开展咨询服务　开展心理健康教育的一条有力措施就是开展既面向全体又可兼顾个体的心理咨询服务活动。这是有效地预防和矫治学生不良心理问题、掌握自我心理调试技能的有效途径。

6．建立心理健康档案　各高校都应建立心理健康教育机构，由该机构对学生的心理活动状况进行检查和评估。定期对学生进行各种量表的测试，将每个个案的心理活动历程、心理健康咨询等情况进行记录，同时对心理问题突出的学生进行跟踪测试，由专家组成分析小组进行研究，及时提出相应的解决措施，以有效预防心理疾病。每次调查测试的结果、分析研究的结果以及通过跟踪咨询调查所形成的材料都归入个人档案，由专人保管。

7．加强心理健康教育专业化建设　要加强从业人员的培训和提高工作，同时加快心理健康教育学科的建设，培养一大批具有硕士、博士学位的心理健康教育专业人员，以进一步提高工作的科学性和实效性，提高科学研究水平。WHO 原总干事马勒（HT. Mahber）指出：

“我们必须认识到健康并不代表一切，但如果失去健康也就失去了一切。”同样，我们也可以说：“心理健康并不代表一切，但如果失去心理健康也就失去了一切。”心理健康教育的口号是：人人参与心理健康，最终人人达到心理健康。

【知识链接】

维护心理健康小常识

现代社会竞争激烈，易造成人精神紧张。我们要学会进行心理调节，提高自我的心理应对能力。下面介绍一种“三三自我放松术”。

1．学做三件事　①学会过好今天：不要为昨天的事情烦恼，不要为明天的事情忧愁，要紧的是做好今天的事情。每一个今天过得好，就是一辈子过得好。②学会计算：学会计算自己的幸福，计算自己做对的事情。计算幸福会使自己发现幸福越来越多，计算做对的事情会对自己越来越有信心。③学会放弃：世界上的事情总是有“舍”才有“得”，而若“一点儿都不肯舍”或“样样都想得到”，必将事与愿违。

2．学说三句话　①“算了！”对于一个无法改变的事实的最好态度就是接受这个事实。②“不要紧！”不管发生什么事情，哪怕是天大的事情，也要对自己说“不要紧！”积极、乐观的态度是解决问题和战胜困难的第一步。③“会过去的！”天不会总是阴的，阳光总在风雨后。自然界是这样，生活也是这样。别烦恼、别忧愁，事情再糟糕也会过去的。

3．学会“三乐”　①助人为乐：在自己过得好的时候要多助人为乐。②知足常乐：在自己过得一般的时候要知足常乐。③自得其乐：当自己处于逆境时要学会自得其乐。

【小　结】

大学生的心理健康教育是教育者根据大学生身心发展的特点和成长的规律，遵循心理健康要求，通过对大学生普及心理保健知识、传授心理保健技能的教育，培养大学生良好的心理品质和健全的个性，增强其面对未来时可能受到心理冲击的适应力，促进其心理健康发展的过程。早在几十年前，分析心理学的创始人——著名瑞士心理学家荣格就曾提醒人们，要防止远比自然灾害更危险的人类疾病的蔓延。荣格认为，随着人们对外部空间的拓展，人们对心灵的提升却停滞了；人们在智力方面收获颇丰，在心灵方面却沦丧殆尽。现代社会的开放程度在加大，文化和价值取向趋于多元化，而生存竞争和压力也随之增大，心理健康问题已经逐渐成为现代社会普遍存在的一个重大问题。

【思考题】

1．对大学生进行心理健康教育有什么意义？
2．维护心理健康的途径与方法有哪些？
3．如何看待心理咨询与心理治疗？

第二部分
心理健康与自我

第四章 完善自我：自我与大学生心理健康

把认识自己作为自己的任务，这是世界上最难的事情。

——塞万提斯

第一节 心理学的自我

一、自我的内涵

美国心理学家詹姆斯（W. James）是最早对自我进行研究的心理学家，他早在1890年就提出了自我（self）的概念。詹姆斯提出，凡属于“我”或与“我”有关的事物都是自我的内容，如身体、品质、能力、愿望、家庭等。在其著名的《心理学原理》（*The Principle of Psychology*）一书中，他将自我划分为主体自我（I-self）和客体自我（Me-self）两个部分，并且确定了客体自我的三个成分：物质自我、社会自我和精神自我。社会心理学家米德（GH. Mead）也认为，自我分为主体自我（I）和客体自我（Me）。客体自我接受着主体自我的命令与态度，使自我符合社会的要求，而主体自我则随时随地根据社会规范实现对客体自我进行调节。

在现代心理学中，使用最为普遍的“自我”的概念，是将“自我”等同于“自我意识”，指人们对自己的思考和感受或人们对自身存在的意识和体验。从不同的角度分析，自我包含不同的内容：①从知、情、意的角度分析，自我可以分为自我认识、自我体验、自我调控。自我认识是一个人对自己各种身心状态的认识，解决“我是一个什么样的人”的问题。比如，有人观察自己的体型，认为自己属于“清瘦”；分析自己的性格，认为自己是一个乐观开朗的人；用批评的眼光审视自己时，觉得自己脾气急躁、不够有耐心。自我体验是一个人在自我认识的基础上产生的对自己的态度，它是人对自己情绪状态的体验，主要涉及“我是否满意自己”“我是否悦纳自己”等问题，表现为自尊感、自信感、自卑感、自我效能感等。例如，有人认为自己眼睛太小或长得不好看，对自己不满意或感到自卑，甚至不愿接受丑陋的自己；而有些人虽然意识到自己不是最漂亮的，但却是独一无二的，对自己感到自信与满意。自我调控是指个人不受外界因素的影响，对自己的情感与行为进行调节和控制，主要涉及“我怎样克制自己”“我如何调整自己，使自己成为理想中的人”等问题。比如，某学生克服了贪睡的欲望，坚持晨起跑步和早读。②从自我的存在形式分析，自我可以分为现实自我、投射自我和理想自我。所谓现实自我，就是个体从自己的立场出发对自己当前总体实际状况的基本看法；投射自我也称镜中自我，是指个体想象自己在他人心目中的形象或他人对自己的基本看法；理想自我则是指个体想要达到的比较完美的形象。

二、自我发展的重要性

（一）正确的自我认识是心理健康的重要标志

在界定心理健康的标准时，心理学家都不约而同地将良好的自我认知作为心理健康的重要指标。例如，心理学家马斯洛就把有充分的自我安全感，以及能充分了解自己和恰当评估自己的能力作为两条重要的心理健康标准。奥尔波特认为健全人格的特点应包括扩展自我、自我接纳与安全感。对于大学生而言，只有客观、准确地认识和了解自我，并对自己的经验持一种接受和开放的态度，才有可能充分发掘自己的潜能。反之，则会影响到个人的身心健康和发展。

（二）积极的自我体验可以促进个体的行为效率

研究表明，自尊、自信、自爱等自我肯定的心理体验对个体的行为有着积极的促进作用，而自满、自卑等自我否定的体验对个体的行为有着消极的作用。例如，有些大学生家里经济条件不好，在与其他同学比较时产生了自卑的自我体验。因为存在自卑，他们在遇到有挑战性的场合时就逃避、退缩，在与同学的交往中也常常表现出信心不足、畏缩或厌恶自己等。

（三）科学的自我调控是个体实现目标的重要保证

大学生要获得发展，取得成就，必须形成自立、自主、自制的品质，对自己的情感、行动能够科学地调节和控制，实现自己的目标。在成功的道路上，很多人并不缺乏机会和才华，而是缺乏自控的意识和能力，与成功失之交臂。自我控制是目标的守护神，是成功的卫士。缺乏自我控制意识的人大多是情绪化的人，缺乏毅力的人终将一事无成。

三、大学生自我发展的特点

（一）自我发展的矛盾

大学生自我的发展经历着一个明显的分化、矛盾、统一转化的过程。当处于青少年早期时，他们常常着重于认识外部世界的特点，而在大学时他们开始转向内部认识自己。当目光朝向自己的内部时，原来的自我就一分为二：一个是处于观察地位的“我”（主体自我），另一个是处于被观察地位的“我”（客体自我）。这种“主体自我”和“客体自我”的分化使大学生对自己产生了新的认识和体验，也增加了大学生内心的矛盾、激动、不安和焦虑。大学生自我发展的矛盾主要表现在以下几个方面：

1．理想自我与现实自我的矛盾　大学生对未来充满信心，抱负水平较高，成就欲望较强，但由于他们缺乏社会阅历，对自我认识的参照点较少，不能很好地将理想与现实结合起来，从而使理想自我与现实自我之间产生较大差距。对理想自我的渴望以及对现实自我的不满构成了大学生自我发展的重要特点。

2．独立与依赖的矛盾　美国心理学家埃里克森从人格发展的角度概括出大学生所处阶段的主要矛盾是独立与依赖的矛盾。大学生的生理与心理基本成熟，使他们渴望能在经济、生活、学习、思想等方面独立，摆脱成人的管束。但他们在经济、情感上又对父母和朋友存在深深的依赖，特别是遇到困难和挫折时，这种依赖就表现得更为明显。希望独立，却又无法摆脱依赖，这种独立意向与依赖心理的矛盾一直困扰着他们。

3．自尊感与自卑感的矛盾　自尊感是个体能悦纳自己、尊重自己、对自己抱以肯定的态度。自卑感则是个体对自己不满，对自己持否定的态度。它们是自我体验中的两种相互对立的情感，但是在大学生身上，这两种情感经常交织在一起。一般来看，大学生的自尊感特别强，这与他们在中学时代与其他同学相比更为优秀有关，而进入大学后，在与其他同学重新比较后，许多人会发现自己的优势不见了，从而感到焦虑、痛苦，自卑感强烈。另外，大学生在这一年龄阶段往往对自己有着过高的、接近完美的要求，一旦发现自己存在某些不足，就容易夸大自己的不足，认为自己一无是处。

4．交往需要与自我封闭的矛盾　大学生迫切需要友谊，渴望理解，寻求归属和爱。他们有强烈的交往需要，希望能向知心朋友倾吐对人生和生活的看法，盼望能有人分担痛苦，分享欢乐。但出于自我保护的需要，他们在与他人交往时存有较强的戒备心理，总是有意无意地保持一定的距离。正是这种交往需要与自我封闭的矛盾，使得不少大学生都有孤独的感受。

5．积极进取与消极退缩的矛盾　大学生都有较强的上进心，他们希望通过努力来实现自身的价值，在追求上进时存在困难与挫折是在所难免的。由于缺乏良好的自我控制能力，不少大学生常常出现情绪波动，在困难面前望而生畏，消极退缩，听之任之。但大多数学生在选择暂时的退缩之后，又不甘心放弃，心中依然渴望追求与进取。所以我们常常能看到大学生的精神状态处于波动状态。他们时而信心满满、斗志昂扬，一副“不达目的誓不罢休”的样子，时而颓废消沉，带有满腔“看破红尘，万事皆空”的落寞与惆怅。

（二）自我发展的结果

由自我分化带来的种种矛盾冲突是大学生自我发展中的正常现象，也是大学生迅速走向成熟的表现。自我的矛盾冲突一方面会使学生感到焦虑苦恼、痛苦不安，可能影响到他们的心理发展和心理健康，另一方面也会促使他们设法解决矛盾，来实现自我的整合。对于大学生而言，如果在主体自我与客体自我分化的基础上，能够在新的认知水平上形成协调统一的自我，那么就可以实现自我整合，反之，则可能出现自我的混乱。大学生自我发展的结果主要有：

1．建立积极自我：自我肯定　自我肯定，即对自我的认识比较清晰、客观、全面、深刻。这种积极自我发展的特点是在经过痛苦的选择与调整之后逐渐形成的。大学生逐渐成长，使自己的理想自我与现实自我趋于统一，主体自我与客体自我趋于一致，对自我的认识更加深刻、客观、理性。建立积极的自我不仅可以了解自己的长处与优势，也会了解自己的不足与劣势，能够分析哪些是可以通过努力达到的，哪些是无法企及的，从而进行积极的自我肯定，向着理想自我迈进。

2．建立消极自我：自我否定　消极自我表现为两种类型——自我贬损型与自我夸大型。自我贬损型的人由于总是在积累失败与挫折的经历，对现实自我的评价较低，并时常伴有自我价值感低、自我排斥、自我否定。他们不但不接纳自己，甚至自我拒绝或自我放弃，表现为没有朝气、随波逐流、缺少激情、生活没有目标，其结果则是使自己更加自卑，从而失去进取的动力。自我夸大型的人正好相反，他们对自我的评价非常高，但往往脱离客观实际，常常以理想自我代替现实自我，盲目自信，虚荣心强，心理防御意识强。其行为结果要么表现为缺乏理智、情绪冲动，忘记现实自我而沉浸于虚无缥缈的自我设计中，要么自吹自擂、自我陶醉，却不去为实现自我做出努力。自我贬损型与自我夸大型的共同特点是对自我评估不正确，理想自我不健全，缺乏实现理想自我的手段，形成的自我虚弱而不完整，是一种不健康的自我整合。

3．难以达到整合：自我冲突　自我冲突是难以达到整合的自我。它表现为自我认知或高或低，自我体验或好或坏，自我控制时强时弱，心理发展极不平衡，有时显得自信而成熟，有时又表现出自卑而不成熟，让人无法评估。自我冲突的人表现为两种类型：自我矛盾型与自我萎缩型。自我矛盾型的大学生内心冲突激烈，持续时间长，自我认识、自我体验、自我控制不稳定，新的自我无法整合。例如，有的大学生可能既是一个自信的人，也可能是一个自卑的人；既是一个诚实的人，也可能是一个骗子；既是一个性格孤僻的人，也可能是一个善于交际的人。自我萎缩型的大学生缺乏理想自我，但又对现实自我深感不满。他们消极放任、自怨自艾，甚至麻木、自卑，以至于越来越消沉，对自己丧失信心，严重的还可能导致精神分裂症或绝望轻生，因此，存在自我冲突的大学生要逐渐调整自我认知，客观地认识自己与他人，客观地看待成功与挫折，这样才能使自我在良性的轨道上发展。

第二节　怎样认识自我

【案例导读】

苏格拉底的考验

苏格拉底在风烛残年之际，知道自己时日无多了，就想考验和点化一下他的那位平时看来很不错的助手。他把助手叫到床前说："我的蜡烛所剩不多了，得找另一根蜡烛接着点下去，你明白我的意思吗？"

"明白，"那位助手赶忙说，"您的思想光辉是得很好地传承下去……"

"可是，"苏格拉底慢悠悠地说，"我需要一位最优秀的传承者，他不但要有相当的智慧，还必须有充分的自信心和非凡的勇气……这样的人选直到目前我还没有见到，你帮我寻找和发掘一位好吗？"

"好的，好的，"助手很温顺、郑重地说，"我一定竭尽全力地去寻找，以不辜负您的栽培和信任。"苏格拉底笑了笑，没再说什么。

此后，那位忠诚而勤奋的助手不辞辛劳地通过各种渠道开始寻找"最优秀的继承者"。可他领来的人一位又一位，结果都被苏格拉底一一否定。直到苏格拉底眼看就要告别人世了，最优秀的人选还是没有眉目。助手非常惭愧，泪流满面地坐在苏格拉底的病床边，语气沉重地说："我真对不起您，令您失望了！"

"失望的是我，对不起的却是你自己，"苏格拉底说到这里，很失望地闭上眼睛，停顿了许久，才又不无哀怨地说，"本来，最优秀的人就是你自己，只是你不敢相信自己，才把自己给忽略、耽误、丢失了……其实，每个人都是最优秀的，差别就在于如何认识自己、如何发掘和重用自己……"话没说完，一代哲人就永远离开了他曾经深切关注的这个世界。

一、自我认识概述

自我认识是一个人对自己各种身心状态的认识。詹姆斯（W. James）提出，自我认识包括以下三个方面的内容：物质自我、社会自我和精神自我。

1．物质自我　物质自我分为躯体自我和躯体外自我。对躯体自我的认识是指对自己生理状态（身高、体重、容貌等）的认识。比如，很多大学生对躯体自我有较高的关注：女生关注自己的高矮胖瘦、肤色，甚至脸上的雀斑，关注自己是不是漂亮、迷人；男生则关注自己的体形、声音的吸引力等。对躯体外自我的认识是指个体对自己所有物的认识，如名誉、爱人、作品)。人对自己所有物的感受与对自己的感受十分相似。正如詹姆斯所指出的那样："从最广泛的可能性上看……个体的自我是他所能称为他的总和，不仅限于他的身体和他的心理力量，还包括他的衣服和他的房子，他的妻子和儿女，他的祖先和朋友，他的名声和成果，他的土地和马匹、游艇和账户。所有这些'他的'都赋予他相同的情感。如果它们都非常好，那么他就会有成就感；如果它们不怎么好，他就会感到沮丧——虽然对每件事而言程度未必相同，但总的趋势是不变的。"这就不难理解，为什么许多人因为心爱物被损坏而感到极度愤怒，哪怕那只不过是轻微的损伤，这是因为它们是构成物质自我的有机组成部分。

2．社会自我　社会自我是指我们被他人如何看待和承认，也就是人的社会角色和社会特征。一般来说，个体的社会特性主要包括私人关系（如丈夫、妻子)、种族和宗教（如中国人、基督徒)、政治倾向（如共产党人)、烙印群体（如酒鬼、罪犯）及职业和爱好（如教授、艺术家)。每一种社会角色都伴随着一系列的期望和行为。在不同的社会情境中，我们的自我是不同的，或者说我们分别表现出自我的不同侧面。比如，一个教授在学生面前讲课，与他和朋友一起喝酒闲聊时的表现是截然不同的；一个管理者在面对下属和上司的时候，表现也是不一样的；即便是一个刚刚懂事的孩子，在父母和老师面前的表现也是不同的。总之，社会自我包括我们所拥有的各种社会地位和我们所扮演的各种社会角色，但从本质上看，它并不仅仅只具有这些特性，别人如何评价我们以及我们如何看待这些评价也很重要。通俗地说，就是我们每个人都十分关心别人眼中的自我：作为学生，我的老师怎么看我？作为同学，我的同学怎么评价我？作为朋友，我在朋友的眼中是一个什么样的人？大学生常用"我已经长大了""我已经成年了"来表达自己的社会自我，期望社会给予自己肯定与认可。

3．精神自我　精神自我是指个体对于自己的能力、态度、情绪、兴趣、动机、意见、特质以及愿望等心理活动的认知。简言之，精神自我指的是我们所感知到的内部心理品质，比如，"我是一个幽默的人""我是一个自信的人"或"我是一个有主见的和意志坚定的人"等。

自我认识是自我体验和自我调控的心理基础，它又与自我概念、自我观察、自我分析和自我评价等内容密切相关。自我分析是在自我观察的基础上对自身状况的反思，自我评价是对自己的能力、品德、行为等方面社会价值的评估，它最能代表一个人自我认识的水平。

二、大学生自我认识的特点

人们关于自身的看法有一个不断发展的过程。年幼儿童关注他们自己特别具体的、可观察的方面，如他们的身体特征和典型活动（如："我有自然的卷发""我喜欢足球"）。当他们长大时，儿童越来越多地用更为一般的特质和品质来描述他们自己，其中许多特质是重要的社会特征，如好看、可爱或友好。到了青春期，自我描述变得更加普通和抽象，更多地强调潜在的心理特征，如"我有责任感"。将自我描述的这些发展趋势与詹姆斯提出的经验自我三成分理论进行比较，则会在儿童早期，儿童着重于物质自我；到了儿童中期，他们开始关注社会自我；青春期的人则开始关注精神自我。青春期是自我发展的关键期，埃里克森用"同一性危机"来描述这个时期。尽管与出现诸多变化的青春期比起来，处于青年晚期或成年早期的大学生的生活显得要平静些，但这个时期也会发生许多重要转变。

大学生自我认识的特点主要体现在：

1．自我认识的主动性明显提高　大学生即将走向社会，因此，一进入大学，他们便会开始着手职业规划，思考将来要成为什么样的人，从事什么职业。大学生往往主动地参照学者、工程师、经济师、政治家、英雄人物和优秀教师，力图将社会的期望内化为自我的品质。他们还经常运用自己的聪明才智和经验，把自己与周围的同学和老师做比较，来认识自己、评价自己，对自己的思想、学习、工作、品德、成长等情况进行分析和判断，同时他们对心理学的讲座、书籍、调查与测试等表现出较高的热情。

2．自我认识能力逐渐增强　就自我认识能力而言，刚入学的新生无疑是最稚嫩的，随着年级的升迁，大学生的自我认识能力逐渐增强。刚进大学校门的一年级新生面临的是一个全然陌生的环境——陌生的人、陌生的事、陌生的生活方式、陌生的思想观念、陌生的教学模式，这一切都等待着他们去了解、熟悉和适应，这样，他们就很少有时间来认真地思考自己。他们的自我认识往往是从中学沿袭下来的，对自我的认识在一定程度上还是他人评价的翻版。他们通过将老师、家长以及周围同学对自己的议论、评判内化，从而形成自我认识，这样的自我认识往往缺乏评判者自己的观点。经过一年的适应期，大学生进入重新认识自我的阶段，他们不再把别人的话当作金科玉律，而是真正地开始用自己的眼光来全面剖析自己。随着各类知识的增多、生活经验的扩大，以及感性与理性趋于成熟，大多数大学生对自己的性格品质、道德品质、同学关系、理想信念、能力才华、世界观、人生观、价值观等方面的分析和认识逐渐变得客观、全面，能从多个视角进行动态的认识和评价。

3．自我认识趋于完整和稳定　我国的心理学工作者曾对大学生和高中生做过一次比较研究，要求就“你是谁”这个问题给出 20 个不同的回答，回答每道题的时间为 20 秒。结果发现，82%的大学生能够一字不漏地给出 20 个答案，但只有 56%的高中生能够完满作答。在描述自我时，中学生倾向于整体性的描述，而大学生倾向于分析性的描述且更多地指向内心世界的深处，广泛涉及情绪体验、需要和动机、意志特征、理想等方面。有的大学生在答卷中写道：“我天真但我不认为这是缺点，我幼稚但我不想学得世故。”这样细腻的描写在中学生中是不易见到的。从总体上看，大学生在答题时并不是一味地客观陈述（如“我是大学生”或“我是中文系的学生”），答案中有不少主观解释式的回答（如“我性格开朗”或“我好静不好动”）。这表明，大学生的自我认识趋于完整和丰满。自我认识的稳定性是随着年龄而增长的，成年人的自我描述更少受偶然因素的影响，青少年期的自我描述往往会发生急剧的变化，而处于成年早期的大学生的自我认识虽然有时会因偶然的因素发生急剧的变化，但逐渐趋于稳定。

三、大学生自我认识的偏差

【案例导读】

我处处不如人

张某，男，18 岁，某医学院大一学生。自诉：“我来自农村，好不容易考上大学，全家人、全村人都为我高兴。可是来到学校以后，我并不高兴，总觉得自己处处不如人，心里很不是滋味。我满口的家乡话常引得同学们发笑；穿着、举止和动作都显得土里土气；我上中学时学校不重视体育，现在上体育课时自己的动作显得很笨拙，觉得很难堪。我也没有什么业余爱好和文艺才能。在宿舍聊起天来，来自城市的同学侃侃而谈，人家见多识广，知道的很多，我没见过什么世面，说起话来笨嘴拙舌，常常惹得同学们大笑。我害怕上课回答问题，不愿参加班级活动，不想成为笑话。我有一种先天不如人的感觉，但我又不甘心如此，于是拼命学习，想以优异的学习成绩来显示自己的才能。我害怕考试失败，那就证明了自己真是先天不如人。我每天拼命地学习，但有时并不能学得进去，总是惶惶不可终日，学习时注意力也不集中，生怕考不好。现在我晚上很难入睡，白天又看不进去书，我该怎么办呢？”

案例中的张某在自我认知上显然存在一种偏差——自我评价过低。一般而言，自我评价过低的大学生往往否定自己，对自我过分怀疑，压抑自我的积极性，降低自己的社会需求水平。相反地，另外一部分个体在自我认知上又可能会走入另一种偏差——自我评价过高。自我评价过高的大学生往往盲目乐观、以自我为中心、自以为是。他们遇事时多从自己的角度考虑，总希望别人顺着自己。他们不易被周围环境和他人所接受与认可，容易引起别人的反感与不满而遭受失败和内心冲突，产生严重的情感挫伤，导致苦闷、自卑、自我放弃，有时还会引发过激行为和反社会行为。

【案例导读】

我为何如此累

郑某，女，20岁，因人际关系不良求助。她一直认为自己很优秀，事实上她确实也很优秀。但同学们都认为她很清高，甚至有些太过高傲。她则认为同学们一无是处、低俗，跟自己没有共同语言。与同学有分歧时，她很不容易听从他人的意见，认为他人的意见没有说服力，自己远比他人至少是很多人有道理得多。她一直觉得自己的生活状态不好，对现状严重不满，认为父母不理解她，对她管束太多，目前的学习和生活不能体现她的价值。她总是认为她的生活应该更好，并质疑为什么她想要的东西都得不到。男友曾问她："为什么你觉得你生活得不好呢？在很多人眼中你生活得很好啊。"她说："我觉得我完全应该生活得更好。为什么比我差的那些人每天很快乐，还在各种活动中获奖？我比很多人要聪明得多，但为什么我就要生活得如此累呢？"她希望换一个新的环境，认为换一个环境至少可以远离让她压抑的家庭、学校和周围低俗的同学，以及对她百般刁难的老师。

四、反思与应用

（一）保持积极的自我观念

泰勒（RW. Taylor）和布朗（RW. Brown）认为，大部分人有着适度积极的自我观念，并且这种适度积极的自我观念有利于心理健康。积极的自我观念与更多的幸福感、更满意的人际关系，以及更有建设性、创造性的工作有关。研究证明，人们一般认为许多事情，如金钱、美丽、年轻能带来幸福，但事实上这些因素与人们感觉到的幸福程度关系甚微，而幸福与人们的自我感觉关系很大。幸福的人大多具有积极的自我观念，有较高的个人控制感，积极地看待未来。积极的自我观念与良好的人际关系也有联系。心理学家默里（H. Murray）等发现，对配偶的看法更积极的夫妻更能在两个人的关系中感到幸福和满意。积极的自我观念还与创造性、建设性的工作有关。认为自己能力强、对成功有较高期望的人，比那些自我看法较为消极、谦虚的人工作更加努力、更有恒心，通常在脑力和体力劳动中表现得更出色。

此外，当人们面临有生命危险的疾病或者其他创伤性的事件时，表现出积极的自我观念的人更善于应对这些事件。但需要注意的是，积极的自我观念必须适度才会有效，过分积极的自我观念会造成严重的后果，这些危害包括消极的人际关系、不适宜的坚持、不良的自我调节，以及对身体健康的威胁等。

（二）增进自我认识的几种方法

中国有句古话："人贵有自知之明。"这不仅表明一个人有自知之明是多么难能可贵，而且意味着一个人要有自知之明也不是一件轻而易举的事。自我认识的难处在于自我既是认识的主体，又是认识的客体。要想正确、全面地认识自我，客观地评价自我，确立合适的自我目标，就要凭借各种正确的参考系，多方面、多角度地认识自我。主要有以下几种方法：

1．通过自我观察来认识自己　自我观察也称为内省法，是指个体向内部寻求答案，直接考虑我们是一个什么样的人。在内省时要忠实于自己的内心，尽量多方面地描述自己。在此基础上，描述父母眼中的我、同学眼中的我、教师眼中的我、恋人眼中的我，然后寻找这些描述中共同的品质，将其归类。描述的维度越多，就越能够找到比较正确的自我。下面是一个大学生的自我描述："我是一个内向、坚强、上进、自信、有理想、懂事、好学、乐于助人、争强好胜、渴望成功与优秀、有一点自私、妒忌心强、自制力弱、喜欢说些小谎的大学男生。在父母眼中，我是一个懂事、有些害羞、不用父母操心、上进、不乱花钱、有些懒惰的大男孩。在同学眼中，我是一个大方、乐于助人、受人尊敬、人缘好、有些懒散、追求自由的人。在教师眼中，我是一个默默无闻、成绩优秀、自律、品学兼优的学生。在恋人眼中，我是一个懂得爱、有责任感、守时守信、有幽默感、坚强的好男人。"当自己将这些描述清晰地整理出来时，我们可以与家人、朋友、老师、同学沟通，听取他们对自己评价的认同度。先列出自己的优点，并得到大家的认同，再列出自己的弱点，请大家帮助分析，这些过程也是自我认识不断深化的过程。

2．通过认识别人来认识自己　人最初是以别人来反映自己的。我们往往把对他人的认识迁移到自己身上，像认识他人那样来"客观"地认识自己。比如，当看到别人对长者很有礼貌并受到大家的称赞时，就来对照和反思自己的言行，从而认识到自己平时对长者的态度。我们需要学会通过别人认识自己，但是不能陷于盲目。大科学家爱因斯坦讲述的一段故事对我们会有所启迪：爱因斯坦的父亲和杰克大叔去打扫一个大烟囱。那个烟囱只有踩着里边的梯子才能上去。于是杰克大叔在前、爱因斯坦的父亲在后，一级一级地爬上去。下来时，杰克大叔仍旧在前，爱因斯坦的父亲跟在后面。当他们走出烟囱的时候，杰克大叔的后背、脸上全都被烟囱里的烟灰蹭黑了，而爱因斯坦的父亲身上和脸上几乎没有一点烟灰。爱因斯坦的父亲看见杰克大叔的样子，心想自己的脸肯定和他一样脏，于是就到邻近的小河里洗了又洗；而杰克大叔看见了爱因斯坦父亲洁净的样子，就只是草草洗了洗手，而后昂首阔步、气宇轩昂地上街了。街上的人笑痛了肚子，还认为杰克大叔是个疯子哩。

3．通过与他人比较来认识自己　很多情况下，我们都是用比较的词汇来描述个人特性的。当我们说自己独立时，其实是指我们比大多数其他人更加独立；当我们说自己有能力时，其实在说我们比大多数其他人更有能力。与普通人比较，能认识自己在群体中的地位，而与杰出人物比较，则能找出自己的差距和努力方向。与他人比较时，最重要的是选择恰当的参照系，还要学会用发展的眼光、辩证的方法去看待自己和他人。比较的视野越广阔、方法越科学，就越能够正确地评估自己，做到既不妄自菲薄，也不妄自尊大。

4．通过他人的反馈来认识自己　符号互动论学者库利（R. Khoury）提出了“镜中我”，认为我们感知自己就像别人感知我们一样，镜子中的我或者别人眼中的我就是我们感知的对象。通过他人的态度可以认识到我们自己的形象、自己在集体中的地位、自己的品质、自己的心理特征等，并可以从中找到原因所在。例如，别人很愿意和自己交往，在一起学习、工作、娱乐时都感到愉快、气氛和谐，就说明自己一定具有某些令人喜欢的品质。相反，如果别人嫌弃自己、讨厌自己，那就应该反省了。当然，正如镜子有优劣一样，有时别人的态度所反映的自我难免有歪曲、夸张，对方的偏爱、成见、缺乏了解等都有可能造成失真，因此，要多看几面镜子，全面地观察、认识自己，才可以得到较为准确的自我认识。

5．通过想象预见未来的自己　无须坐上时光机，你就可以把自己送到未来。下面两种方法能让未来变得真实可信，尝试一种你感兴趣的方法：①给未来的自己写封信。有许多方式可以实现“给未来的自己写信”，例如邮箱的定时发信功能，还有一些网站也提供这样的服务。你可以利用这个机会想一想未来的自己在做什么，也可以想象未来的自己回头看现在的自己，会如何看待自己现在做出的选择呢？未来的自己会因为现在的自己做了什么而表示感激？心理学家厄斯纳荷什费德（H. Osnahosfeld）说，即使你只是想一想要在这封信里写点什么，你就会觉得和未来的自己联系更紧密了。②想象未来的自己。你能想象一个你希望成为的自己吗？或者你能够想象一个背负不想改变的自己吗？让你的白日梦做得更生动、更有细节，并想象一下未来的你会有什么样的感觉，你是会感到自豪、心怀感激，还是失望、后悔不迭？你看上去是充满活力还是懒散度日？想象未来的自己能使你对现在做出改变。

【知识链接】

自我意象

我们时常会思考自己将来要成为什么样的人，称为自我意象。总的来说，这些假定的自我意象可以分为可能自我、梦想自我、不想成为的自我。

1．可能自我　我们可能希望成为“一名更优秀的大学生”“社交能力更强”或“不那么好胜”，这些自我意象是可以实现的，代表了我们想要或能够成为的一类人。我们的现实自我与可能自我越接近，我们对自我的感觉就越好。

2．梦想自我　梦想自我是更为理想或带有光环的自我意象。例如，我们梦想成为摇滚巨星、百万富翁或诺贝尔奖获得者。每个人都怀揣着这样的梦想，但大多数人并没有把梦想自我与可能自我相混淆，他们知道这些梦想自我大多是幻想而已。然而，并不是所有人都能区分得清楚。比如，具有神经质人格的个体具有一种固执的、过于理想化的自我特性，这类人不能忍受低人一等的感觉，因而会构建出一个过于理想的自我意象。这样的人在任何事上都要做到最好，想要被所有人喜欢、崇拜和认可，当然这是不可能的，因而他们注定要失望和受挫。每个人都渴望成为梦想中的人物，当梦想自我变成必须自我时，问题就出现了：当我们必须成为“完美的人”“学校里最受欢迎的人”“任何事情都要做到最好”“想要被所有人喜欢、崇拜和认可”时，这样的自我意象会成为心理问题的来源。

3．不想成为的自我　我们也会考虑害怕成为或不想成为的自我。例如，成为“考试失败的人”或成为“依靠别人的人”，这些形象是“不想成为的自我”，并在决定我们是否快乐和满足上起重要的作用。我们所认为的自我与不想成为的自我之间的距离越远，我们的生活就越幸福。

第三节　积极体验自我

【案例导读】

他恨透了自己

小丁来自农村，当年因家境不佳、考试失利而调剂到某大学，选择了一个自己不太喜欢的专业。这使他从上大学的第一天开始就有一种比其他学校的大学生差的感觉。他从内心深处希望改变这一状况。在大学四年的学习中，他一方面努力完成学业，另一方面也为生计奔波。在别人眼里，他始终是一个坚强而有头脑的人，而他却不这么认为，他觉得这只是自己一种无奈的选择。平常的他可以与周围的每一个人融洽相处，加上他的阅历较多，总会有新奇的事说给他人听，让别人感觉似乎他是一个很开朗的人，但他说这不是真实的自己。他不敢与别人谈家、谈学校、谈那份奔波的辛苦，因为这些都是他心底隐秘的东西，是让他感到极度自卑的地方，是他想改变却又无法改变的经历。他认为内心自卑的“我”才是真正的“我”，而那个外在的“我”不过是假象而已。后来，他考上了本校的研究生，但这并没有给他带来喜悦感，因为他仍然没有离开这个他认为不好的学校。所以从成为研究生的第一天起，他就开始准备离开学校并放弃所学专业。他开始过起苦行僧的生活，攻读某名牌大学的经济学专业。应该说读研的三年一点儿也不轻松，他在学业、生活中独自拼搏。其实，小丁相貌堂堂、一表人才，加上独立生活的磨炼，虽然他从未真正离开过校园，但却显得比一般同学深沉、成熟，而且只要不谈自己，他还不乏幽默感，这样的男孩对女孩来说是很有吸引力的，因此，在读研的过程中他先后遇到三个对他暗示好感的女孩，但他认为她们都是很优秀的人而不敢与之深交。周末的时候，他常常想去约某个女孩聊聊天、散散步或看场电影，但就是鼓不起勇气开口。那三个女孩在他一再冷漠之后都“名花有主”了。他说恨透了那个懦弱、胆小、自卑的自己。

后来，他如愿考上了那所名牌院校的博士生，但他却越来越厌恶自己，因为在最后做毕业论文的过程中，他突然发现自己对本科和研究生期间所学的专业是非常感兴趣的，而且此专业前途光明。在大学的校园里，他那么辛苦，似乎比周围任何一个同学都辛苦，而且从未将时间用于所谓的“享受”上，可是他总是不能让自己满意，他都不知道该如何是好了。

一、自我体验概述

在别人看来，案例中的小丁充满魅力，可是他却不喜欢自己，觉得自己懦弱、胆小、自卑，并且感到无法克制的厌恶。这是为什么呢？这与他的自我体验有关。

自我体验是伴随自我认识而产生的内心体验，如自尊、自信、自豪、自我价值感与自我效能感，以及自卑、内疚、耻辱和个人的失望等。詹姆斯相信，存在着某些与自体自我相关的特定情感体验，这些体验分为自我满足和自我不满，它反映了主体自我的需要与客体自我的现实之间的关系。如果客体自我满足了主体自我的要求，就会产生积极、肯定的自我体验；反之，如果客体自我没有满足主体自我的要求，则会产生消极否定的自我体验。人类具有体验积极情感、避免消极情感的内在驱力。

詹姆斯在其著名的《心理学原理》中写道："是否有人失败或成功，对我们而言并没有任何意义，但如果失败或成功的这个人是我的话，那就变得极端重要了。每个人的胸膛里都有一个最洪亮的声音，那就是我不能失败，让失败见鬼去吧，我一定要成功……我们每个人都被一种特别看重自己个人存在的完美原则所鼓舞……我是最宝贵的，因为是我，所以是宝贵的。我的都不能失败，因为是我的，所以不能失败，等等。"

自我体验常见的表现有自尊感、自信感、自卑感、羞愧感等，其含义如下：

1．自尊感与自信感　在心理学中，自尊感是一种由自我评价引发的情感体验，常用高或低来形容一个人的自尊水平。高自尊感具有这样的特点，即个体对自己有良好的评价和积极的情感体验，喜欢和热爱自己，这种状态未必会受到外部事物的影响。比如，有些同学虽然能力平平，但这并不影响他将自己看成独一无二的珍宝，并且喜爱自己。相反，低自尊感的特点则是略微积极地看待自己，或者正、反感情并存。在病态人群中，有时候低自尊感的人会怨恨自己，甚至自我嫌弃。持久的自尊感是一种较稳定的人格倾向。与自尊感类似，自信感是指个体对自己是否有能力完成某一行为的推测与判断。在心理学中，自信感与自我效能感是等同的术语。班杜拉（A. Bandura）对自我效能感下的定义是"人们对自身能否利用所拥有的技能去完成某项工作的自信程度"。比如，一个认为自己是很受欢迎、被很多人喜欢的人，我们说他在社交方面很自信；一个对自己学习能力持怀疑态度的人，我们说他在学业上不太自信。

2．自卑感和羞愧感　自卑感是对自己的消极和否定的自我体验。通常是个体与他人比较，觉得自己不如他人，从而产生不愉快的感受。羞愧感是一种知觉到自己是一个坏人或完全不够格时产生的情感，羞愧使个体想在他人面前隐藏自己的不足和缺点。

二、大学生自我体验的特点

1．自我体验的敏感性　大学生的自我体验比较敏感，凡涉及"我"的事物都会引起他们的兴趣，与"我"相关的事物也往往能诱发连锁反应。大学生尤为关注自己在别人心目中的形象与地位，关心别人对自己的意见和看法。有时，别人无意间的一句话都会在他们的心头掀起轩然大波，他们会对此琢磨半天、回味半晌，正所谓："言者无意，听者有心。"有时他们还会由此及彼，引发一连串的联想，产生"一石激起千层浪"的效果。

2．自我体验的丰富性和波动性　大学生的自我情感体验比较丰富。有肯定的体验和否定的体验（喜欢自己还是讨厌自己，满意自己还是不满意自己等）、积极的体验和消极的体验（喜悦还是忧愁，趣味无穷还是乏味无聊等），以及紧张和轻松、敏感和迟钝。在一项关于大学生自我体验基本情绪的调查中，心理学家列举了20对描述自我体验的具有相反意义的词或成语（如热情—冷漠、憧憬—悔恨、自信—自卑、愉快—愁闷等），要求被试者从中选出10个能表达自己近半年来心情的词语。结果表明，大学生自我体验的基调为热情、憧憬、自信、舒畅、紧张、急躁等。男大学生倾向于紧张、自信、热情、憧憬、急躁；女大学生则集中在热情、急躁、舒畅、憧憬、愁闷。

3．自我体验的深刻性　稍加留意就会发现，儿童和大学生在阅读文学作品时有着很大的差异。儿童喜欢看情节性强的书籍，当书中有心理描写的内容时，他们会一掠而过，甚至大段地跳过。而大学生则偏好那些心理描写细腻的作品。造成这一现象的重要原因是两者自我体验方面的差异：儿童的自我体验较为肤浅，而大学生的体验无疑要深刻得多，他们能使自己沉浸到小说中去，体会人物的心态，揣摩他们的感情，与他们同甘苦、共命运。看到高兴处，会忍俊不禁；看到伤心处，会潸然泪下；看到激愤处，会怒发冲冠；看到忧伤处，会黯然神伤。

三、大学生自我体验的偏差

【案例导读】

自卑的我

程某，男，某大学一年级学生。自诉有较强烈的孤独感和自卑心理，害怕别人看到自己的无知与自卑，不能与同学正常交往，交谈时感到胆怯，说话时会打哆嗦。每当看到别人侃侃而谈，他便会陷入沉默，唯恐自己说错话而被人耻笑。他自认为性格内向、自卑、多疑，做每件事或有什么想法的时候都不自觉地去想别人会怎么看自己，十分注意别人的一举一动，认为别人的某些无意举动是对自己的莫大侮辱，时刻处于警惕状态。

案例中，小程表现出较强的自卑感。大学生过度自卑的具体表现有：①对自己评价过低。比如，认为自己的外貌、身高以及学习、交往能力不如他人，这是自卑的实质。②有泛化的特点，是指大学生由于某种原因造成的自卑容易泛化到其他方面。比如，一位男同学因为身材不好引起自卑，并认为同学看不起他，使他感到自己的言谈举止及社交能力均不如别人，这就是不合理的泛化。③具有敏感性和掩饰性。他们好从别人的言行中“寻找、发现”对自己不利的评价。由于担心被别人知道自己的弱点，他们对自己的缺陷常常加以掩饰或否认，表现出较强的虚荣心。自卑严重的大学生常有以下心理缺陷：缺乏稳定的自我形象，常把自己封闭起来，以掩饰自己的弱点；对一切事物敏感，因而很容易遭受挫折；倾向于超脱现实而陷入幻想世界，缺乏参与社会活动的积极性，有严重的孤独感；缺乏竞争意识。

【案例导读】

自负的我

谢某，女，20岁，身高1.65米，大学二年级学生。她自以为天资聪颖，考试前只需努力几天就能掌握所有的知识点。可是到了考试，她始终取不到好成绩。她认为自己长得非常漂亮、才能超群，当上校学生会主席轻而易举，参加了好几次学生会干部的选拔但都没有被录取，因此，她怀疑学生会干部选拔有黑幕，不公平。她担任班上的文娱委员，什么工作都喜欢插一手，喜欢指使和支配别人做事，对别人提的意见却总不能接受，认为自己做的都是对的、好的，别人没有资格评论。她常常对同学不屑一顾，看不起周围同学，认为其他女生穿衣没品位，男生就知道向她们献殷勤。她觉得班上其他同学成绩不是很好，还嫉妒自己的成绩好。她认为上自习的时候，有同学叫她传递东西是为了打断她的思路，阻碍她获得好成绩。

案例中，小谢表现出较强的自负感。自负是个体自以为是、自命不凡的情感体验，自负往往产生于过高的自我评价。自负是自卑的对立面，自卑一般是夸大了自己的缺点，缩小了自己的优点；自负则正相反，是缩小了自己的缺点，夸大了自己的优点。自负与自卑都源于缺乏对自我的正确认知。自负的大学生在学习与社会交往中喜欢处处显示自己的优越感，过分相信自己的能力，听不进师长的教诲，听不进同学和朋友的意见，一意孤行、骄傲自大，往往不能和他人和谐相处。自负的主要表现有：①很少关心他人，与他人关系冷淡。凡事都从自己的角度出发，从不顾及他人的感受；对别人缺乏热情，把别人对自己的帮助看作是理所应当的事。②固执。常常以自我为中心，习惯于将自己的观点强加于人。③有明显的嫉妒心理。自负的学生同时又有很强的自尊心，他们不能接受别人比自己出色，并且别人取得好成绩或成功时非常嫉妒，对别人的失败则表现得幸灾乐祸。

四、反思与应用

（一）保持适度的自尊感

一般而言，心理健康的人自尊感相对较高。自尊感高的人认为自己是一个有价值的人，能够接受自己的不足之处。自尊感过低的人常常看不起自己，觉得自己既没用，又惹人烦。低自尊感的人在各种临床问题如焦虑、孤独、饮食障碍面前表现得更加脆弱。在面临失败时，低自尊感的人比高自尊感的人有更强烈的情绪困扰，失败使低自尊感的人自我感觉很糟糕。需要指出的是，自尊感过高也不可取。刚者易折，洁者易污。自尊感过高的人也会显得特别脆弱，容易受到伤害。这种人往往缺乏随和，别人不慎对其说了不够尊重的话，就会产生强烈的情绪反应，因而难以和他人处好关系。一个心高气傲的人如果遭到失败或打击是相当危险的。当发现自己高傲的自尊受到威胁时，他们常常会以打压他人的方式来应对，有时甚至是以暴力的方式反应。自尊感不是天生的，而是在生活、学习和工作中逐步培养起来的。

大学生获得自尊感的方式主要有如下 5 类：

1．他人认同　大学生通过与自己相关的“重要他人”的认同获得自尊感，主要包括师长的认同、同辈群体的认同、异性的认同。这样的人在生活中更多地靠别人的赞扬和肯定获得自尊感。

2．他人自居　大学生通过模仿和习得榜样人物的行为方式来获得自尊感。所谓他人自居，就是觉得自己和某个人差不多。这样的人在生活中更多地依靠觉得自己和心中佩服的人差不多而获得自尊感。

3．社会比较　是指在人际互动中同他人产生价值重要性的比较时获得自尊感。这样的人在生活中更多靠感觉到自己比别人重要而获得自尊感。

4．自我外部显现　这是通过个人显露出来的非本质的外部特征来获取自尊感。这样的人在生活中更多靠个人外部条件的优越来获得自尊感。

5．自我内部确证　这是通过个人确证自身所拥有的内在本质特征来获得自尊感。这是一种积极和成熟的获得自尊感的方式，其中包括知识确证、智力确证、能力确证、专长确证、成就体验确证、品行确证六个方面。这样的人在生活中更多靠自身良好的内在特征来获得自尊感。

（二）善用自卑的力量

【案例导读】

心理学家阿德勒的成长记

1870 年，在维也纳郊区的一户商人家里诞生了一个男孩。富裕的家庭条件并没有给他带来快乐的童年。他长得既矮又丑，4岁时才会走路。他还患有佝偻病，无法进行体育活动。5岁时，他患了严重的肺炎，甚至连家庭医生也对他绝望了。看到哥哥健康活泼，他感到自惭形秽，每天除了自卑还是自卑。在漫长的青少年时期，唯一长期伴随他的就是自卑感。

然而令人惊讶的是，正是这种伴随他的自卑感促使他在成年后经过努力研究，成为与弗洛伊德齐名的心理学大师，创立了“个体心理学”，而对自卑感的研究成果也成为他的理论中最有影响的一个部分。他用自己的生命历程证明自卑感对人生有积极作用。他的切身感悟是：自卑能摧毁一个人，使人自甘堕落，但也能使人发奋图强，弥补自己的弱点。

这个人，就是著名的心理学家阿德勒（A. Adler），他的名著是《超越自卑》（*Defeat Self-contempt*）。

阿德勒认为每个人一生下来就带有不同程度的自卑感，因为儿童的生存必须依赖成人。和成人相比，儿童感到了自己的孱弱，从而产生了强烈的自卑感。这种情况不仅发生在弱小的儿童身上，即使是成人，也会通过社会比较产生自卑感。俗话说“天外有天，人外有人”。因此，自卑感具有普遍性。自卑感有时会产生很强的消极作用，有时会把一个人打倒使其自暴自弃，不去努力追求成功。然而，自卑感也有积极的一面。阿德勒用自己的人生经历证明了当一个人感到的强烈自卑感时，他往往会力图发展自己，做成某些事情，以自身的发展和成功来克服自卑感。这时自卑感就成为推动人积极向上的动力。当取得成功后，此人的内心有一个相对稳定期，但是看到别人成功时，又会感到自卑，从而再次推动他去努力以获得更大的成功。如此下去，周而复始，直至终身。如此说来，自卑感人人有之，它可以导致心理疾病，也可以产生成就的动力。

克服自卑感通常有两种方法：第一种是提高自己的实力；第二种是关注别人的评价与态度，以此来修正自己的行为，从而获得自我价值感。第一种方法是积极的方法。只有提高自己的实力，才能真正地克服自卑心理。勤能补拙，知道自己在某些方面有缺陷，就要以最大的决心和最顽强的毅力去克服这些缺陷。正所谓“勤能补拙是良训，一分辛苦一分才”。古希腊名人狄摩西（Demosthenes）原有口吃的毛病，为此他口含一颗石子对着大海练习演讲，经过艰苦的努力最终成为一位伟大的演说家。耳聋的贝多芬（L. Beethoven）却成为划时代的“乐圣”。自卑可使人扬长避短，努力发展自己的长处。一个相貌或经济条件不好的学生要越发努力地学习，以优异的成绩弥补自己的不足，一个英文不好的学生可能会努力学好专业以证明自己的能力。

（三）积极自我体验的方法

1．正确评价自己　法国文学大师巴尔扎克（H. Balzac）曾说：“我这五尺二寸的身躯，包含一切可能有的分歧和矛盾。有些人认为我高傲、浪漫、顽固、轻浮、思维散漫、狂妄、疏忽、懒惰、冒失、毫无恒心、爱说话、不周到、欠缺礼教、好使性子，另一些人却说我节俭、谦虚、勇敢、顽强、刚毅、不修边幅、用功、有恒心、不爱说话、细心、有礼貌、经常快活，其实都有道理。”我们每个人都有自己的长处和短处。过分夸大自己的长处而看不见短处，或者只看见自己的短处而看不见长处，都是不恰当的，我们要正确地评价自己。

2．理智对待批评　具有真正自尊的人是无须通过寻求成为注意焦点才能明确感到具有自我价值的，也不容易被批评激怒。当确信自己感觉很好的时候，我们不会那么脸皮薄和好评论，也不会去吹捧那些喜欢我们的人或指责不喜欢我们的人。

3．培养内在之美　作家库伯勒罗斯（E. Kubler-Ross）说：“人就像彩绘玻璃窗，当头有阳光时，玻璃窗看来闪闪发亮；然而一旦黑夜来临，只有从里面发光，它们真正的美才显露出来。”如果你没有从内在发光，而依赖别人给你肯定和信心，让你觉得自己被赏识，这条路一定会走向失望。每个人身上都有无数的闪光点，要活得轻松自在，特别是要战胜沮丧、失败或其他挑战，你必须打开内在的灯光，相信自己的美好与价值，相信自己是一个可以发挥影响的重要的人。比如，一个女大学生觉得自己长相丑陋而自惭形秽、怨天尤人，以至于看不到自己存在的价值，但她不妨把注意力聚焦到自己的内在品质上。比如，她虽然其貌不扬，但才华横溢、智慧过人，她可以珍视和欣赏自己的才华，并觉察到别人对自己才华的赞赏，进而接纳和喜欢自己。假如她能力平平，可以把注意力更多地聚焦于个人德行上，比如，她心地善良、为人宽厚、生性温柔，周围的人对她由衷地赞美和亲近，她也能以此为基点重建自信。

第四节　科学地调控自我

在大学校园里，有不少同学这样描述自己：“站在大学生的高度回首往昔，我才知道今天的成功与我高中时的勤奋努力、恒心、毅力和自控力不无关系。但是上了大学以后，我觉得我好像变了个人，惰性吞噬了我：由于没有了执着的目标，没有各方面的压力，没有落榜的威胁和老师、家长的督促，我的自控力减弱了，恒心和毅力荡然无存。我像一匹脱缰的野马无所事事，花在睡懒觉、玩游戏、看电影和看各种杂志上的时间越来越多，学习的时间越来越少，对成才的渴望由巅峰降到了谷底。”

一、自我调控的内涵

自我调控是指个人不受外界因素影响，对自己的情感与行为进行调节和控制。每一个大学生都充满着生活的热情，为自己绘制了理想的蓝图。然而，大学期间，有很多诱惑会让人越轨，有很多借口让人松懈，有很多机会让人矛盾，有很多挫折让人低迷……因此，大学生想要达到自己的目标，必须进行科学的自我调控。科学的自我调控涉及三个步骤：

第一步：目标选择。一个人最大的失败不是他想要的东西没有得到，也不是他努力了却距离成功还有十万八千里，而是他连自己想要什么都不知道。有时我们会思考：“嘿！看看你自己，到底想要什么呢？”回头审视自己过去的努力，我们会发现心中充满了迷惑。如果解决不了这个问题，我们的一切努力都失去了价值，很容易进入一种“失控状态”。即使看起来充满活力、干劲十足，在父母眼中是好孩子，在老师眼中是好学生，在同学眼中是好朋友，但是这样的人就像一辆加满油的汽车，虽然速度很快，可是他没有方向盘。一旦到了需要拐弯的时候，就容易冲出路面，导致车毁人亡。所以，解决了“想要什么”的问题，你才能制订十分明确的计划，启动自己这部动力十足的“汽车”，驶上前往目标的高速大道。

第二步：制订计划。设定了目标后就要努力实现它，这是自我调控过程的第二步。为了实现目标，我们要收集信息，根据可能的结果构建情境并实施。简而言之，就是要设计和准备实施一项计划来达到我们的行动目的。

第三步：行为控制环路。自我调控过程的第三个阶段是行为控制环路，也就是利用信息，循环往复地调控行为的过程。设想有人制订了一个在特定时间内跑完1000米的目标，经过一段时间的训练以后，相关的行为控制环路如下：

a．初始行为：跑完 1000 米。

b．观察行为：自己为自己掐时间，了解自己实际上用了多少时间。

c．比较行为：与某些标准做比较（将实际时间与目标时间做比较）。

d．行为期望：对未来行为的期望（是否可以减少行为与标准之间的差距）。

e．情绪反应：因为成绩和目标之间的差距表现出积极或消极的情绪。

f．行为调控：继续努力或放弃。

在行为控制环路中，比较行为是自我调控过程中的一个重要步骤。它告诉个体是否进步，或是否需要做出一定的调整。在将成绩与相关标准进行比较以后，个体形成了关于自己未来努力能否获得成功的可能性预期，然后对他们的行为做出调整。一般而言，如果预期成功的可能性高，就会促进个体向着目标继续努力；如果预期成功的可能性低，将导致个体放弃任务或从心理上打退堂鼓。在形成对活动结果预期的同时，个体还会产生相应的情绪反应，如骄傲、愉快和自豪，或者失望、沮丧和绝望等。当他相信在实现目标的过程中有所进步时，就会产生积极情感；反之，当他感觉实现目标无望时，则会产生消极情感。不同的情感对行为的调控也会产生不同的影响。消极的情感体验会削弱个体向目标努力的积极性，积极的情感体验会增强个体向目标努力的积极性。

【知识链接】

“那又如何”效应

想一想：当你感到压力、焦虑或心情低落时，你会怎么做？你生气时会不会更容易受到诱惑？你是不是会更难集中注意力，或者更容易造成拖延呢？情绪低落是如何影响自控力的？

饮食研究人员波利维（J. Polivy）和赫尔曼（CP. Herman）注意到，很多节食者为了自己的失误，比如多吃了一块比萨或一口蛋糕而感到情绪低落。他们会觉得，自己的整个节食计划似乎都落空了。但是，他们不会为了把损失降到最低而不吃第二口。相反，他们会说：“那又如何，既然我已经破坏了节食计划，不如把它吃光吧。”这种现象被研究者称为“那又如何”效应。

“那又如何”效应描述了这样的恶性循环：放纵—后悔—更严重的放纵。失败会让你责备自己，产生羞耻感、罪恶感、失控感或绝望感，你可能想做一些事来安慰自己。许多人往往选择自我放纵的方式，比如到酒吧喝个烂醉，或是疯狂购物，也有人会对自己说：“反正我的减肥计划（或支出计划、戒酒计划及各种决心）已经失败了，那又如何？我还不如就此放弃目标，好好享受。”

实际上，导致更多放弃行为的并不是第一次放弃，而是第一次放弃后产生的羞耻感、罪恶感、失控感或绝望感。当你责备自己屈服于诱惑的时候，往往会造成更多的痛苦。你寻求安慰的行为并不能中断这个循环，它只会给你带来更深切的罪恶感，并引发更多的自控力失效。

二、大学生自我调控的特点

1．自我调控的主动性增强　大学生的自我调控逐渐趋向成熟，这时的自我调控由开始时的被动向主动发展。大学生自我调控主动性的增强主要表现为独立性的发展。这种独立意识促使他们对自己的控制方式逐步从外部控制转变为内部控制，即主动掌握自己的心理变化，特别是在规划自己的职业理想、生活理想和人格理想时基本上克服了由家长、老师和长辈做主的被动情况，而转变为主要依靠自己的想法来主动规划。同时，他们强烈要求独立和自治，希望摆脱依赖和管束，渴望有独立思考的机会，有独立行动的权利，希望家长和师长对他们少指责、多理解，少命令、多商量，少管束、多指点。大多数大学生能够科学、合理地安排学习、组织活动、料理生活、解决问题，能制订一些相应的计划并主动付诸实施。

2．自我调控的社会性突出　主要表现在大学生对主体自我和客体自我认识的统一。大学生有自己的兴趣爱好，他们在主观上非常希望按照自己的需要阅读自己感兴趣的书籍，从事自己感兴趣的工作。而学校、家长和社会则对大学生提出了不同的要求，择业现实的严峻性也迫使大学生的自我天平由主体自我向客体自我倾斜，按照社会标准、社会期望、社会条件来规划自己的未来。但是，由于大学生涉世不深、经验不足，往往易脱离社会实际去追求所谓的自我设计和自我完善，产生独往独来的行为；也因为现实社会的诱惑太多，大学生会感到难以自控，而出现无能感、无效感；因为激烈的竞争，大学生会产生困惑感、失败感等。

三、大学生自我调控的偏差

【案例导读】

拖延症让我烦恼

A男生反映：“我每天不知道自己该干什么，虽然在反复地上网娱乐，但是其实内心深处却早已非常着急。我没有太多的行动力，只是认为时间总是在不知不觉中流逝了，当我注意到并发现自己什么也没做的时候，这种状态会让我感到非常恐慌和愧疚。加上对未来的迷茫，于是形成了一个拖延与焦躁的恶性循环。拖延症让我很烦恼！”

案例中的A同学自诉有拖延现象，这是大学里常见的一种自我调控偏差现象。大学生的拖延症表现为每做一件事都拖延，在拖延中感到痛苦、着急，但就是磨磨蹭蹭，拖着不做。例如有些学生对老师布置的作业会一直拖到最后。如果老师让课前交纸质稿，有些学生就会在上课前一天晚上补作业；而如果要将作业上传至网络平台，有的学生一定会等到平台关闭的前5分钟再将作业上传。明明有一堆着急的事要做，有些学生却拿起了手机或打开电脑玩去了。

【案例导读】

控制不住的网瘾

某男生回到宿舍后的第一件事就是打开电脑，挂上QQ，登陆“人人网”。这时隔壁的一位同学探头来询问：“来一把吗？”稍显犹豫后，此男生就果断地扒拉开作业和课本，立马沉浸在网络游戏中。昏天黑地玩到寝室断网后，他才睁着一双血红的眼睛，到处找可以照抄的作业范本。这种情况在大学生中比比皆是。在第二天的课堂上，善良者会照顾老师的面子而在课桌上呼呼大睡；胆大者则以寝室为家，并为下一轮的网络厮杀蓄积能量。

控制不住自己的行为而肆意放纵是另一种大学里常见的自我调控偏差现象。大学生的放纵行为表现为看待问题容易偏激和情绪化，处理问题时则理智让位于情感，不能约束自己的行为，不能克制自己的欲望和情绪。例如，寻求刺激、超速驾车、醉酒、寻求暴力、沉迷于网络游戏、赌博，或者整日游荡及具有不安全性行为等，这些行为某种程度上反映了一些大学生自我调控能力的缺乏。

四、反思与应用

（一）影响自我调控的主要因素

在我们的一生当中，有大量因素影响我们的行为以及我们能否获得成功，但我们对自己的看法和感受无疑是这些因素中最为重要的。

1．自我认识因素　清晰的可能自我会促进个人成功。可能自我是我们对自己将来可能成为什么样的人的看法，会影响着目标选择。可能自我还会影响个体的努力程度，能够生动地想象自己达到目标的人与缺乏这种能力的人相比会更加努力，在积极的可能自我同时也伴随着消极的可能自我的情况下，尤其如此。积极的自我意象为自我通向成功提供了一个强有力的诱因，而消极的自我意象则为自己不能失败提供了一个强大的理由。

2．自我体验因素　自信感影响自我调控过程。自信是人们关于他们自身能否成功的信念，对于行为调节过程有着极大的影响。自信的人在目标选择过程中会选择更具挑战性的目标。自信也与行动准备过程相关联。自信的人会花费更多的时间进行练习，这可能看上去有些自相矛盾：为什么那些高度自信的人反而比对怀疑自己能力的人花更多的时间准备呢？当然，如果任务很容易，那么高度自信的人并不会花更多的时间做准备。

自信的高低影响着人们为了实现目标而付出的努力以及坚持。在其他条件一致的情况下，相对于怀疑自己能力的人而言，相信自己能够获得成功的人会付出更多的努力，并且这种努力会持续得更长久，在个体遇到困难和障碍时尤为明显。许多杰出的科学家、艺术家和作家对于自身的能力坚信不疑，这种信念使他们能够经受住种种困难和挫折。

3．自我意识因素　低自我意识状态阻碍自我调控，成功的自我调控要求我们将自己的行为与相关标准进行比较，而这种比较过程更可能出现在具有自我意识状态的人身上（即能够觉察到自己此刻的身心状态），因而，任何降低自我意识的举动都将阻碍个体进行自我调控。许多自我调控失败的例子中都会提到酒精，喝醉时个体的自我意识开始变弱，从而无法将他们当前的行为与适宜的标准进行比较。因而，他们会做出正常情况下不会做的攻击性和不负责任的行为，如家庭暴力、争斗、不安全性行为等。

【案例导读】

自我意识与道德

迪纳（F. Diener）和沃尔鲍姆（M. Wallbom）1976年在一项研究中给了大学生一份所谓的智力测验，要求学生只能花5分钟做测验，而实验者将在10分钟后回来，这给了学生作弊的机会。有一半的学生被安排在镜子前（高自我意识状态），另一半学生则没有坐在镜子前（低自我意识状态）。结果表明，自我意识的降低能够破坏道德行为，低自我意识状态下的学生中有71%的人作弊，而高自我意识状态下，作弊学生只占7%。这些发现与其他类似的结果表明，当自我意识很低时，人们很难以高道德标准来要求自己。

（二）自我调控的科学方法

1. 设置恰当的目标　在设定目标时，首先，要明确地选择自己的方向，即解决“我想要做什么”的问题。其次，目标要有层次。积极向上的人生更像是爬台阶，而不是爬竹竿，如果你不幸跌落，下面宽厚的台阶会接住你。最后，近期目标要明确而且有挑战性。明确的目标可以使人清楚要怎么做，付出多大努力才能达到目标。目标设定得越明确，越便于后期的自我评价。从目标的难度来看，恰当的目标应该是相对于自身能力和经验来说有一些挑战性的任务。不能设定一些过于高远的目标来吓唬自己，而让自信心破产，也不要设定一些轻易就能达到的目标来自我陶醉。恰当的目标会让人产生“既期待又害怕”的感觉，它有点儿超乎你的能力，所以你完成它后会非常高兴，而且它又有点儿难，在你追求的过程中免不了要受点儿折磨。

【知识链接】

目标与挫折

研究表明，不同的目标会影响人们对挫折的行为调控。心理学家做过一个实验：实验刚开始时，让学生解决一些问题。这些问题的难度为中等以下，多数学生能够解决。然后，让学生解决一些非常困难的问题。研究者注意到，学生在应对这些挑战时表现出了非常大的差异：一些人表现出无助的迹象（无助取向），他们变得沮丧和愤怒，表示不想再继续下去；另一些人则刚好相反，他们兴致盎然、非常投入，表现出想要做下去的强烈愿望，并努力地解决问题（掌握取向）。有趣的是，这些差异与能力并没有关系。为什么一些人对障碍会表现出挫折感、想要逃避，而另一些人则感到兴奋并渴望解决问题呢？

心理学家认为，是人们所选择的目标导致了他们对于成绩反馈做出了不同的反应。无助取向的学生所采用的是表现目标，他们的目的是为了表现能力——在自己和他人面前证明他们是聪明和有能力的。相反，掌握取向的学生所采用的是学习目标，他们的目的是培养能力——为了获得知识、技能，以及个人成长和发展。采用表现目标的个体通常会对障碍和挫折产生消极反应。他们把成绩差看作是他们缺乏能力的表现，因此，他们会采取放弃任务的做法。具有学习目标的个体则表现出了不同的反应，他们不会把失败归因于能力的缺乏，相反，他们把失败归因于没有充分地努力或没有采取有效的策略；他们也不会把挫败看作是必须忍受的威胁，而是把它看作是应该面对的挑战。

2. 积极行动　你可能遇到这样的朋友，在每次考试前，她总会说她有多紧张，认为她的考试成绩会有多糟，然而每次考试她几乎总是得到高分，有些人会以为她这样说只是为了在万一考砸时能有点儿面子。随着对她了解的深入，你会意识到事实并非如此。心理学将这类人称为防御性的悲观者。他们获得成功的关键因素是在需要表现的情境中，他们会感到焦虑不安和缺乏控制感。为了抑制这种焦虑，他们小心地应对所有可能导致情况变糟的问题，从而采取积极行动来避免这些错误，因此，当我们感到成功的希望很低时，需要寻找解决方案，采取积极行动来避免坏事发生，消极可能性的设想可以激励我们表现得更好。

3. 增强自我意识，克服拖延　自我记录已经成为一门科学和一种艺术。你可以尝试利用一周的时间记录一下你的生活，然后区分哪些行为与你的目标有关，哪些行为需要自控力，哪些行为消耗你的自控力，什么样的想法、感受和情况最容易让你有冲动，想些什么或暗示什么最容易让你放弃冲动。坚持记录你的决定还有助于减少你在注意力分散时做决定，同时增强你的意志力。你可以认真记录一件你平常不关注的事，可以是你的支出、饮食，也可以是你花在上网和看电视上的时间。你不需要太先进的工具，铅笔和纸就够了。你也可以选择一个与意志力挑战有关的练习。比如，如果你的目标是存钱，那么你就需要记录支出情况；如果你的目标是多锻炼，那么你每天早上就要做 10 个仰卧起坐或俯卧撑。“量化自己”的训练模式告诉我们，即使是以看似最愚蠢、最简单的方式每天锻炼意志力，也能为你的意志力挑战积攒能量。另外，不向明天赊账。当你要控制自己行为的时候，注意一下，你脑海中是否闪过了“未来再好好表现”的想法。你是不是告诉自己，明天会弥补今天的过错？这对你当下的自控有什么影响？一直保持关注，从今天一直关注到明天。你是不是真的做到了你所说的？是不是第二天又开始了“今天放纵，明天改变”的循环？经济学家拉克林（H. Laghlin）提供了一个有趣的技巧，帮助人们克服这种“明日复明日”的想法：当你想改变某种行为的时候，试着减少行为的变化性，而不是减少这种行为。也就是把你今天做的每个决定都看成是对今后的承诺，因此，不要问自己“我是在寝室上网还是去上自习”，而是要问自己“我想不想在一年里每天晚上都在这个时候上自习”。或者，你明知道应该做一件事情却拖延不做时，不要问自己“我是想今天做还是明天做”，而是要问自己“我是不是想要承担永远拖延下去的恶果”。在你的生活里有没有这样一个规则来帮你结束内心的挣扎？

4．在挫折面前自我鼓励　如果你认为提升意志力的关键就是对自己狠一点儿，那么，这么想的不是只有你一个人。大多数人相信，自己的内心需要一个严厉的声音来控制自己的本能和弱点。他们相信如果没有重视自己的失败，没有在自己未达到高标准时进行自我批评，没有用如果不进步就会产生可怕的后果来威胁自己的话，他们就会变得懒惰。但是，众多研究显示，自我批评会降低积极性和自控力，而且也是最容易导致抑郁的因素。如果你觉得遇到挫折意味着你将一事无成，或只会把事情搞糟，那么反思这个挫折只会让你在痛苦中更讨厌自己。你最紧迫的是安抚这种感觉，而不是吸取教训，这时自我批评的策略反而会削弱自控力。

位于加拿大渥太华的卡尔顿大学对一群学生进行了关于拖延症的调查，这次调查持续了整个学期。很多学生在第一次考试前都推迟了复习计划，但不是每个学生都会养成这样的习惯。和那些原谅自己的学生比起来，那些严格要求自己的学生更可能在接下来的考试中继续拖延复习，他们对第一次的拖延态度越严厉，下一次考试时拖延得就越厉害。相反，自我同情则会提升积极性和自控力，比如，在压力和挫折面前支持自己，并对自己好一些。每个人都会犯错误，都会遭受挫折。既然无法避免失败，更重要的是我们如何面对失败。当你遇到挫折时，不妨从以下三个角度思考：首先，你感觉如何？当你想到挫折时，花一点时间关注并描述你此刻的感觉和情绪。注意那种感觉是不是自我责备。如果是的话，你对自己说了什么？自知的视角会让你看清自己的感受，而且不会急于逃避。其次，每个人都有遇到挫折的时候，每个人都有失去自控的时候。挫折并不意味着你本身有问题。你能想象你佩服的亲密的朋友也经历过同样的抗争和挫折吗？这个视角可以让自我批评和怀疑的声音变得不那么尖锐。最后，你会对朋友说什么？想一想如果你的好朋友经历了同样的挫折，你会怎么安慰他？你会如何鼓励他继续追求自己的目标？这个视角会为你指明方向。

5．坚持的力量　首先，等待 10 分钟。想要获得一个冷静明智的头脑，我们就需要在所有诱惑面前安排 10 分钟的等待时间。如果 10 分钟后你仍旧想要这个诱惑，你就可以拥有它。但在10分钟之内，你一定要时刻想着长远的奖励，以此抵抗诱惑。在你准备放弃某个目标时，你可以把法则改成“坚持做10分钟，然后就可以放弃”。当10分钟结束后，你才允许自己停下来。不过你会发现，只要一开始坚持，你就会想着继续做下去。其次，意志力会传染。研究发现，想到自控力强的人可以增强自己的意志力。对你的挑战来说，谁能成为你的意志力榜样呢？是那些经历过同样的挑战并最终成功的人，还是那些具有较强自控力的典范？最常被提名的意志力模范是成功的运动员、精神领袖和政治家。实际上，家人和朋友能给予我们更多的动力。当你需要更多自控力的时候，想一想你的榜样，问问自己：那个自控力强的人会怎么做？

【团体训练】

价值大拍卖

[目的]

1．激发学生思考自己的价值观念，学会抓住机会，不轻易放弃。

2．帮助学生体验和澄清自己的人生态度。

[材料] 足够的道具钱、不同颜色的硬纸板、拍卖槌。

[时间] 活动时间约为20分钟，分享20分钟。

[指导语] 面临同样的选择时人们做出的选择并不是完全相同的，这是因为我们每个人所持的价值观并非完全一样。价值观是我们行动的指南，决定了我们面对抉择时如何选择。本活动就是用类似拍卖会的方法，帮助学生了解有关爱情、友谊、健康、美貌、爱心、金钱、快乐等多方面的价值观念。因为在拍卖会上，个人的价值观会直接影响拍卖时的选择，学生可以从自己的取舍中了解、思考和澄清自己的价值观和人生态度。

[步骤]

1．宣布规则　每个学生手中有5000精力值（道具钱），它代表了一个人一生的时间和精力。每个人都可以根据自己对人生的理解随意竞买表4-1所列的东西。每样东西都有底价，每次出价都以500精力值为单位，价高者得到东西，有出价5000精力值的，立即成交。

表4-1　价目表

项目	道具钱	项目	道具钱
1．爱情	500	12．金钱	500
2．友情	500	13．快乐	500
3．健康	500	14．长命百岁	500
4．美貌	500	15．豪宅名车	500
5．礼貌	500	16．美食	500
6．名望	500	17．良心	500
7．自由	500	18．孝心	500
8．爱心	500	19．诚信	500
9．权力	500	20．事业	500
10．智慧	500	21．家庭美满	500
11．学业有成	500	22．冒险精神	500

2．举行拍卖会　①由主持人或学生主持拍卖。②按照游戏的方式进行，直到所有的东西都拍卖完为止，然后请学生认真考虑买回来的东西。

[分享] 在拍卖的过程中，你的心情如何？买了东西后你是否感到后悔？你是否后悔自己刚才争取的东西太少？有没有同学什么都没有买？为什么？

【小　结】

本章对自我的心理学知识做了初步介绍，总结了大学生自我发展的规律与特点，对大学生如何正确认识自我、积极体验自我和科学调整自我提出了具体建议。自我认识是我们对自己各种身心状态的认识。我们可以通过自我观察、他人评价或者与他人比较等方法来认识现实的自己，也可以通过想象法来遇见未来的自己。自我体验是伴随着自我认识而产生的积极或消极的情感体验，包括自尊感、自信感与自卑感等。我们可以通过正确评价自己、理智对待批评、利用成功经验、采用补偿法等方法来积极体验自我。自我调控是我们自觉地控制自己的情感和行为以达到目标的心理过程。我们对于自己的看法和感受——可能自我、自信、自我意识状态是影响自我调控的重要因素。我们可以通过想象和体验清晰的可能自我，减少对自己的批评，以及训练自己的意志力来科学地调控自我。

【思考题】

1．除了本章介绍外，还有哪些自我认识的途径和方法？

2．你能清晰地想象未来的自己吗？想到未来的自己，你的感觉怎样？

3．遇到挫折的时候，你怎样赶走心中的恐惧和担忧，避免自己的梦想被它们摧毁？

4．你正面临什么样的意志力挑战？针对你的情况，你如何制订一个自我调节的具体规划？

第五章　修身、养德、明志：大学生人格完善

人格是人的心理面貌的集中反映。心理学认为，随着社会的发展，人类健康而幸福的生活越来越多地取决于人类自身的人格健康状况，而且人格的健康发展也是促进社会健康发展的一种力量。人格素质是大学生综合素质的重要组成部分，综合素质的发展和提高包含着人格素质的发展和提高，而人格素质的发展和提高对综合素质的发展和提高有着重要的促进作用，因此，寻找通向健全人格之路、塑造健全的人格是大学生心理健康教育的重要目标之一。

“人格”的使用范围非常广泛，可以在生理、心理、宗教、社会、伦理、法律和美学等不同领域赋予它不同的意义。例如，我们常常听人说，张三的人格卑鄙，李四的人格高尚，这是从伦理道德上给人以评价。在某种情境下有人气愤地说：“这是对我人格的污辱！”这里的“人格”属于法律范畴，说明有人侵犯了他的尊严和人权。在国外，有的广告会说某种产品能增进你的人格，其意是指这种产品会对你的衣着、发型、装饰等有所改进，令你的外表更有魅力，这里的“人格”则是指容貌、仪表、给人的印象等。即使在心理学中，“人格”也是一个很复杂的概念。人格的定义会因人格心理学家的理论观念而异，有多少种理论就可能有多少种定义。有人统计，至少有 50 个以上的不同定义，可谓众说纷纭。

一般而言，心理学所说的人格是相对于认知、情绪、意志等而言的一种心理现象，亦称个性，它反映了一个人总的心理面貌，是相对稳定、具有独特倾向性的心理特征的总和，它是在长期的社会生活实践中形成、发展起来的。人格包括气质、性格、能力、兴趣、爱好、需要、理想、信念等方面内容，人与人之间显著的差别就在于人格。

第一节　人格故事

人格是一个人稳定的心理特征及品质的总和，它使人习惯化地适应环境。积极的人格有助于人的发展，对个体的发展产生极大的推动作用；而消极的人格则阻碍人的发展，使个体的人生永远都无法达到自己想要的高度。具有不同人格的个体就像戴着不同的有色眼镜，他们看待生活的方式、行为反应的风格迥然相异：积极的人格使人看到生活环境中的积极面，并表现出积极的行为；消极的人格使人看到生活环境中的消极面，并表现出消极的行为。

一、积极人格对人生的影响

【案例导读】

林肯的传奇人生——乐观人格的典范

林肯是美国历史上的一个谜：他出身贫贱，却成为美国历史上最伟大的总统之一；他长

相丑陋，却迷倒了千百万个美国人；他因废除奴隶制而与南方作战，但在他遇刺后南北双方都在悼念他。是什么力量使林肯富有这样的感召力？

1809年2月12日，林肯诞生于肯塔基州哈丁镇荒郊的一间泥土小屋中。他5岁时就开始帮助家里干活，9岁时生母去世，15岁才开始读书。林肯上学时，读的书以《圣经》为主，并用华盛顿与杰斐逊的字迹作为自己的练字模板，前后只接受了一年的正规教育，凭着不断自学而成才。长大以后，林肯梦想成为一名律师。他自学了法律知识，细心观察律师的辩论。有时法庭开会，林肯会徒步走上25～32公里的路程去听律师的辩论。为了增强他讲话时的感召力，他还去教堂观察牧师说话时的口气与姿势，并在田间干活时对着空地操练演讲技巧。

林肯从1834年竞选公职以来，输掉了所有重大的竞选。特别是1854年与1858年竞选伊利诺伊州参议员时，林肯都是以相当近的比差输给了自己的竞选对手。1860年林肯转而竞争美国共和党总统提名，结果获胜，并在同年11月当选美国总统。有趣的是，林肯的反奴隶制立场受到了他父亲的全部亲戚、他母系和太太家系大多数人的反对。南北战争爆发后，他的大小舅子们全在南军服役。林肯在就任总统期间，大部分精力都放在对付南军的反叛上，结果北军在战场中一再失手，直到后来林肯提拔格兰特（US. Grant）将军才迫使南军彻底投降。四年的内战终于结束，奴隶制也被正式废除。然而，就在林肯可以松一口气时，他却在福特剧院观看演出时被人刺杀，时年56岁。林肯的一生是在接踵不断的磨难中度过的。挫折是他的生活的主旋律，抑郁是他个人的大敌。但他还是挺了过来，直到生命的最后一刻。

林肯身上有许多可爱之处。他从来不遮掩自己，虽然生活坎坷、饱经挫折，却仍乐观地等待明天。纵观林肯的一生，他欢乐的时刻要远远少于悲痛与烦恼的时分，但他还是在坚持不懈地拼搏。这一点就连他的对手都对他敬佩不已。道格拉斯（S. Douglas）——这个两次击败过林肯的竞选对手在评价老对手时说："他是他党内强有力的人物，才智超群、阅历丰富。因为他那副滑稽可笑和说笑话时不动声色的模样，他是西部最优秀的竞选演说家。"南军总司令罗伯特·李将军（Robert Edward Lee）也曾说林肯是他一生中最敬佩的人，尽管他们的政见不同。林肯的可爱还在于他虽然从政多年，却不改其朴实无华的本色。林肯不是一个完人，有许多毛病，但他是一个善良的人，一个顽强的人，一个富有正义感的人，一个通情达理的人。林肯入主白宫时，想的只是要推翻奴隶制，他没有想到这竟然会使他成为美国历史上最伟大的总统之一。当时，他曾十分担心这样做会导致国家分裂，但他还是决心推翻奴隶制，因为他坚信《独立宣言》（*The Declaration of Independence*）的开场白：人人生而平等。尽管林肯的个人生活很不幸，但他却使千千万万的老百姓获得了幸福。

美国著名文学家爱默生（RW. Emerson）曾评论林肯说："他是一个没有假日的总统，一个没有晴日的水手。"那么，是什么力量支撑着林肯顽强地活了下来？从心理学上讲，是林肯的乐观人格使他在挫折面前不屈不挠、永不言败。林肯的乐观态度使他不因为自己出身卑贱就感到自卑，反而以实际行动向世人证明，一个木匠的孩子也可以通过个人努力成为美国总统。他的乐观精神使他不因生活坎坷就自暴自弃，相反，他在挫折中不断地吸取教训，从而使自己更加成熟和聪明。更重要的是，林肯的乐观人格使他养成了发自内心的幽默感，这不仅是他自我平衡的重要手段，也是他招人喜欢的有力武器。林肯是乐观人格的典范，他经常挂在嘴边的一句话是："上帝一定很喜欢平凡，不然他不会造就出这么多平民来。"

二、消极人格对人生影响案例及分析

【案例导读】

坚强的意志——成功的保证

春秋战国时期，一位父亲和他的儿子出征。父亲已做了将军，儿子还只是马前卒。一阵号角吹响，战鼓雷鸣。父亲庄严地托起一个箭囊，其中插着一只箭。父亲郑重对儿子说："这是家传宝箭，要是佩带在身边，会使你力量无穷，但千万不可以抽出来。"那是一个极其精美的箭囊，用厚牛皮打制，镶着幽幽泛光的铜边。露出的箭尾是用上等的孔雀羽毛制作的。儿子喜上眉梢，仿佛听见嗖嗖的箭声掠过后，敌方的主帅应声毙命。果然，佩带宝箭的儿子英勇非凡，所向披靡。当鸣金收兵的号角吹响时，儿子意气风发，竟然背弃了与父亲的约定，强烈的欲望驱使他拔出宝箭，试图看个究竟。骤然间他惊呆了。箭囊里装着的竟然是一只折断的箭。"我一直带着一只断箭打仗呢！"儿子吓出了一身冷汗，顷刻间他仿佛成了失去支柱的房子，轰然间意志坍塌了。结果不言自明，儿子后来惨死于乱军之中。

从本故事可以看出，儿子惨死于敌军之中的一个重要原因是其缺乏内在坚强的意志，只是通过外在的事物来支撑。当失去了外在支撑物后，自己则完全丧失了战斗意志，使自己处于紧张、焦虑和恐惧中。从这一点来说，意志力是其生存的基本保证。同样，意志力对于我们目标的实现也非常重要，一个人的一生不可能一帆风顺，必然有不得意、遭受失败和挫折的时候，只有意志坚强的人才不会被这些一时的困境所击倒。他会定下心来，采用各种方式披荆斩棘、扭转困局。反之，在遇到困境时意志力弱的人往往会陷入怨天尤人的痛苦中，导致最后一无所成、彻底失败。对于大学生来说，坚强的意志是其学业成功的保证。

【案例分析】

项羽——消极人格的悲剧

项羽是秦末反秦义军的重要领袖。他身材高大，力能扛鼎，少时学习书写和剑术，但都无所成就，后来随项梁学习兵法，也是略知大意。但在战斗中，项羽不断立功，最终成为各路诸侯军的总领。刘邦先进入咸阳。项羽入关后，自恃手中有四十万大军，企图消灭刘邦，独霸天下。因刘邦甘言卑辞，双方暂时和解。项羽随即引兵西屠咸阳，诛秦降王子婴，焚烧秦宫室，掳掠货宝和美女，致秦民大失所望。公元前206年，项羽立怀王为义帝，又分封诸侯，自立为西楚霸王，据有梁、楚地九郡，都彭城，封刘邦为汉王。公元前205年，项羽强迫义帝迁往郴县，而后又将其杀于江中，诸侯自此渐生背反之心。田荣首先在齐地发难，项羽亲自率部平叛。

在项羽征讨之时，刘邦出师，还定三秦，尽占关中之地。项羽闻讯出兵，汉军大败。大败后的刘邦与项羽相持。刘邦背信弃义，带兵追击东归的项羽。项羽回击，大败汉军。其后各诸侯军队皆至，项羽孤军陷于重围，败至垓下，兵少食尽。为了动摇楚军人心，张良和韩信让汉军夜唱楚歌。项羽闻楚歌，惊惶之中感到大势已去。后来项羽率骑兵800多人冲破重围，向南疾驰，然后渡过淮河，到达阴陵，迷失道路。逃至乌江时，项羽此时已无斗志，把失败归于天意，感到无颜见江东父老，于是将战马送给乌江亭长，手持短兵，独自搏杀汉兵数百人，最后自刎而死。

纵观项羽短暂的人生，其结局是悲剧的。人生于世，成功和失败既有外部环境的作用，也有个人的主观能动性。我们试从项羽的思想、性格等人格方面来分析其悲剧的成因。

1. 强烈的仇恨　仇恨是人类卑劣的本性之一，项羽无论从思想到行为都将其演绎到极致。在这种强烈的复仇观念的驱使下，项羽得以完成摧毁秦王朝的使命，但这种复仇也是可怕的、恐怖的，甚至是惨绝人寰的。项羽一句“击杀之”“于是楚军夜击坑秦卒二十万人于新安城南”。如果说这样的场景还不够的话，那么，鸿门宴后项羽率各路诸侯浩浩荡荡开进咸阳的时候，不分青红皂白，大肆屠戮抢劫，连秦王子婴也不能幸免，许多无辜的百姓更是跟着倒霉，异宝、美人、名马被抢劫一空。最后，意犹未尽，他干脆一把火烧了阿房宫。转瞬间三百里阿房宫化为一片火海，大火烧了三个月仍未熄灭。项羽的这种极端复仇行为不仅给社会带来了极大的破坏，带给百姓以深重的灾难，也为自己日后的失败埋下了祸根。

2. 气量狭窄、目空一切　项羽身上有多种多样的人格缺陷，比如妄自尊大、自以为是、刚愎自用等，而心胸狭窄、容不得人这个缺陷犹盛。对于普通人来说，这也是很大的缺点，更何况是对政治家。项羽有妇人之仁，他虽然爱护部下，却妒贤嫉能，别人立了大功就不舒服，碰到能力强的人他就怀疑难以驾驭，别人打了胜仗他也不愿意给人记功，夺了城池后还怕别人得到好处。项羽只有一个范增辅佐，却不信任他，害得老先生拂袖而去。韩信也曾拜于项羽门下，最终背楚向汉。韩信向刘邦说，项羽力能举鼎，怒吼一声吓得千万人马不敢动弹，但他不能任用贤才和大将，该封官赐爵时，刻好的大印在他的手中磨得棱角都平了，还舍不得给。项羽背义帝之约，将自己的亲信封为王，埋秦军俘虏 20 万人，扰害地方，蹂躏百姓，导致百姓怨声载道，对其恨之入骨，使他失去了民心，必然导致他最后的失败。

第二节　认识人格

人格是一个丰富而复杂的心理概念，它凝聚着遗传、家庭、教育与社会文化等各个方面。有些人性情温和，有些人冲动急躁，有些人自私自利，有些人公而忘私。不同的人格将导致不同的人生，人格的成熟意味着个体心理的成熟，人格的完善意味着人生的不断完美，人格魅力的展示也将伴随着个体心灵的升华与自我价值的逐步实现。

【人格故事】

生命的束缚——依赖

有一个登山者一心想要登上世界第一高峰。他开始向上攀登，直到天色已经暗下来。渐渐地，山上的夜晚已经是格外黑暗，登山者什么都看不见，到处是漆黑一片，伸手不见五指。仅有几米他就可以到达山顶了，可是他却滑倒了，并且飞速地跌了下去。他的心中感到极度恐怖。就当他一心想着死亡快要接近他的时候，忽然间，他感到腰间的绳子紧紧地拉住了他，于是他整个人被吊在了半空中。因为有那根绳子拉着他，上不着天，下不着地。他一点儿办法都没有，只有大声呼叫：“上帝啊，救救我吧！”忽然，从天上传来一个低沉的声音说道：“你叫我做什么？”他说：“上帝！快救救我！”那个声音说：“你真的相信我能够救你吗？”他说：“是的，我真的相信！”那个声音说：“那就剪断系在你腰间的绳子。”在短暂的沉寂之后，登山者决定还是继续抓住那根救命的绳子。第二天，搜救队找到了登山者已经冻得僵硬的尸体——他被挂在一根绳子上。他的手依然紧紧抓着那根绳子——就在离地面不到一米的地方。

在这个故事中，导致登山者死亡的一个重要原因是其对“绳子”的过分依赖。我们必须对周围的人有一定程度的依赖，才能更好地成长。但是当我们已能够独立成长和发展时，某些无形的依赖就会极大地阻碍自身的发展。所以作为一个成熟的个体，独立是其人格品质中的一个基本品质，也是每个人获得心理自由及良好发展的前提。生命所受的最大束缚来源于生命本身对“绳子”的过分依赖。依赖是一种束缚，依赖在给你幸福的同时，也会给你带来痛苦。比尔·盖茨（Bill Gates）曾说：“依赖的习惯是阻止人们走向成功的一个绊脚石。要想做成大事，你必须把它们一个个踢开。只有靠自己取得的成功，才是真正的成功。”挪威作家易卜生（HJ. Ibsen）说：“这个世界上最坚强的人，是孤独地只靠自己站立的人。”依赖是一种习惯和逃避，是一种安慰和惰性，是一种盲目信任和懦弱。对于追求心灵成长的人来说，必须驱走依赖心理，用轻松的步伐走向自立的世界，用双手创造属于自己的世界。依赖是生命的束缚。要记住：你的命运只掌握在自己的手里，你就是主宰你自己一切的上帝。最大的敌人不在外面，而是我们自己。

本节主要讲述人格概述、人格特征和人格倾向，关于自我意识的内容请参见第四章。

一、人格概述

（一）人格是什么

在心理学中，人格是指一个人的整个精神面貌，是个体具有一定倾向性的、稳定的心理特征的总和。人的各种心理特征不是孤立存在的，而是在需要、动机、兴趣、信念和世界观等心理倾向性制约下构成的，是包括能力、气质及性格等成分的稳定有机整体。

人格包括人格倾向性、人格特征、自我调节系统三个主要结构。其中，人格倾向性是决定了人对客观事物的态度和行为的内部动力，是人格心理结构中最活跃的因素，主要包含需要、动机、兴趣、理想、信念和世界观等。人格特征则是指个体在心理活动中所表现出的比较稳定的心理特点，它集中反映了人的心理活动的独特性，主要包含能力、气质和性格。自我调节系统的核心是自我意识，是指个体对自己作为客体存在的各方面的意识，通过自我感知、自我评价、自我分析和自我控制等对人格的各种心理成分进行调节和控制，使人格的各种心理成分整合成一个完整的结构系统。

（二）人格的类型

虽然人格被分为多种心理成分和特质，但它们并不是孤立存在的，而是密切联系并整合成为一个有机整体。虽然每个个体在心理与行为上具有共同性，但由于遗传、家庭环境及社会文化环境的不同，每个人的人格更具有自身的独特性。例如，在需要、爱好、认知方式、情绪、意志和价值观等上可能存在较大的区别。常见的几种主要人格类型划分有：

1．根据心理活动主要对象的不同，分为内倾型与外倾型。内倾型个体的心理活动倾向于心理活动的内部操作（如思维活动），而外倾型个体则倾向于社会环境中的外部活动（如社会交往活动）。

2．根据人格对疾病的影响，可分为A型人格、B型人格和C型人格。A型人格者有较强的进取心和很强的时间紧迫感，希望获得更多的成就感，易于紧张。B型人格与A型人格特质相反，没有较强的时间紧迫感，追求成就感的动机较弱，万事逆来顺受，并较少产生敌意。C 型人格情绪容易受到压抑，表现为害怕竞争、逆来顺受。

3．根据人格的类型差异，可分为九种人格类型（九型人格）。①完美型：追求不断的进步，主张“我应该是最完美的”。这种类型的人有极强的原则性，不易妥协，常说“应该”及“不应该”，黑白分明，对自己和别人要求甚高，追求完美，不断改进，感情世界薄弱，希望把每件事都做得尽善尽美，希望自己以及这个世界都更进步，并时时刻刻反省自己是否犯错，也会纠正别人的错误。②全爱型、助人型：追求服务于别人，主张“我应该不断帮助别人”。这种类型的人渴望别人的爱或良好关系，甘愿迁就他人，以人为本，希望别人觉得需要自己，常忽略自己。他们很在意别人的感情和需要，十分热心，愿意付出爱给别人，看到别人满足地接受他们的爱才会觉得自己活得有价值。③成就型：追求成果，主张“我应该取得最大的成就”。这种类型的人有强烈的好胜心，喜欢权威，常与别人比较，以成就衡量自己的价值高低，着重形象，工作狂，惧怕表达内心感受，希望能够得到大家的肯定。这种类型的人还是野心家，不断地追求成效，希望与众不同，受到别人的注目、羡慕，成为众人的焦点。④艺术型：追求独特，主张“我是最独特的”。这种类型的人易于情绪化，追求浪漫，害怕被别人拒绝，觉得别人不明白自己，占有欲强，生活风格我行我素，爱讲不开心的事，易抑郁、妒忌，生活上追寻感觉好。他们很珍惜自己的爱和情感，所以想好好地滋养它们，并用最美、最特殊的方式来表达。他们想创造出独一无二、与众不同的形象和作品，所以不停地自我察觉、自我反省以及自我探索。⑤智慧型：追求知识，主张“我应该是博学的”。这种类型的人冷眼看世界，抽离情感，喜欢思考分析，想法很多，但缺乏行动，对物质生活要求不高，喜欢精神生活，不善于表达内心感受。他们想要努力获取更多的知识来了解环境，当面对周围的事物时，他们想找出事情的脉络与原理作为行动的准则。有了知识，他们才敢行动，也才会有安全感。⑥忠诚型：追求忠心，主张自己应该忠实。这种类型的人做事小心谨慎，不轻易相信别人，多疑虑，喜欢群体生活，为别人做事时尽心尽力，不喜欢受人注视，安于现状，不喜欢变换环境。他们相信权威，跟随权威的引导行事，然而又容易反权威，性格上充满了矛盾。他们的团队意识很强，需要亲密感，需要被喜爱、被接纳并得到安全的保障。⑦活跃型：追求快乐，主张生活就是快乐。这种类型的人乐观，喜欢新鲜感和追逐潮流，不喜欢承受压力，害怕负面情绪。他们想过愉快的生活，想创新、自娱娱人，渴望过比较享受的生活，把人间的不美好化为乌有。他们总是不断地寻找快乐、体验快乐。⑧领袖型：追求权力，认为人生就是追求权力。这种类型的人乐于追求权力，讲究实力，不靠他人，有正义感。他们想要话语权，喜欢做大事，是绝对的行动派，一碰到问题便马上采取行动去解决，想要独立自主，一切靠自己，依靠自己的能力做事，在建设前不惜先破坏，希望带领大家走向公平和正义。⑨和平型：追求和平，认为人应该以和为贵。这种类型的人需要花长时间做决定，难于拒绝他人，不懂宣泄愤怒而显得十分温和，不喜欢与人起冲突，不自夸，不爱出风头，个性淡薄。他们想要与人和谐相处，避开所有的冲突与紧张，希望事物能维持美好的现状。他们还会忽视让自己感到不愉快的事物，并尽可能让自己保持平稳和平静。

二、人格特征

人格特征是指在人的心理活动过程中表现出来的比较稳定的心理和行为特征，包括能力、气质和性格三个方面。这三个方面之间的关系错综复杂，相互影响、相互制约。这三种特征的独特结合就形成了各不相同的个性特征。

（一）能力

能力是人顺利地完成某种活动所必备的内在心理特征。人要想顺利、成功地完成任何一种活动，总要有一定的心理和行动方面的条件作保证，而这种心理和行为上的保证就是具有的能力。根据不同的分类方法可将能力分为一般能力和特殊能力。一般能力指完成各种活动都需要的共同能力，如观察力、思维能力、记忆力、想象力、言语能力以及操作能力等。特殊能力指从事某种特殊活动或专业活动所必需的能力，如听觉能力、曲调感和节奏感等。不同个体的能力存在种类及大小差异，同时，能力得到体现的时间也存在早晚的不同，有的“人才早熟”，有的“大器晚成”。能力是个性心理特征的重要方面，在一定程度上决定着一个人的成就。承认能力的差别并对其进行鉴别，才能使人各尽其能，对不同的人也能因材施教。但是，我们也应该看到，能力并不能决定一切。人作为一个整体，心理的各方面之间也存在相互影响。同时，心理因素也与生物及社会因素相互制约。一个人是否能够取得成就，一些非智力因素如意志、性格、动机等也起着相当大的作用，因此，我们不能片面地理解能力的作用。

（二）气质

心理学中所指的气质与日常生活中所指的气质有较大差异。心理学上的气质是指不依赖于活动目的和活动内容，在心理活动中表现出的典型、稳定的动力特性，它与人的生物学素质有关，并使每个人其有独特的色彩，主要表现为个人心理活动过程的速度和灵活性（如感觉的速度、思维的灵活度、注意力集中时间的长短等）等。气质与性格、能力等其他人格特征相比更具有稳定性，俗语所说的“江山易改，禀性难移”即指气质具有稳定、不易改变的特点。但气质在生活环境和教育的影响下，在一定程度上也会发生某些变化。

为了更好地根据不同的气质类型进行不同的教育或选择不同的工作，心理学通常把气质分为四种类型：①胆汁质。这种人情绪体验强烈、爆发迅猛、平息快速、思维灵活，同时又有粗枝大叶、精力旺盛、争强好斗、勇敢果断的特点。他们为人热情直率、朴实真诚、表里如一、行动敏捷、生气勃勃、刚毅顽强，但遇事时常欠思量、鲁莽冒失，易感情用事、刚愎自用。②多血质。这种人情感丰富、外露但不稳定，思维敏捷但不求甚解，活泼好动、热情大方、善于交往，但与人交情浅薄，并有行动敏捷、适应力强的特点。他们的弱点是缺乏耐心和毅力，稳定性差，易见异思迁。③黏液质。这种人情绪平稳、表情平淡，思维灵活性略差，但细致周到、安静稳重、踏踏实实、沉默寡言、喜欢沉思、自制力强、耐受力高、内刚外柔，与人交往适度且易交情深厚。但这种人的行为主动性较差，缺乏生气，行动迟缓。④抑郁质。这种人情绪体验深刻、细腻持久，情绪抑郁、多愁善感，思维敏锐、想象丰富，不善交际、孤僻离群，踏实稳重、自制力强。但他们的行为举止缓慢，且软弱胆小、优柔寡断。

（三）性格

性格是个人对待客观现实稳定的态度及与之相适应的习惯化行为方式，也就是说性格主要包括个人对事物稳定的态度和相应的行为方式。性格是人格特征中的核心内容，受意识倾向性的制约，能反映一个人的生活经历及本质属性。性格的稳定性是由一个人的态度与人格结构的稳定性决定的。通常一个人的性格主要包括四个方面基本特征：第一，性格具有态度特性，性格的主要内容是人们对待客观事物的态度，如勤劳与懒惰、认真与马虎、自信或自卑等。第二，性格包含情绪的内容，不同的性格其情绪活动的强度、稳定性、持久性及主导心境等都存在较大差异。第三，性格也包含意志的成分，不同的性格在行为的自觉程度、自我控制能力、行为的坚持能力等上都存在较大的差异。第四，性格中也含有理智的成分，不同的性格在思维能力、理解能力、记忆力等上都存在明显的不同。以上四个方面是相互联系、相互作用的，并构成统一的性格整体。

三、人格倾向

在人的心理活动过程中，都会或多或少涉及相应的对象。针对不同的对象，不同的个体会表现出不同的行为，而这些心理活动内容是人进行活动的基本动力，也是人格中最活跃的因素。它使人们积极地选择外界对象、追求外界事物，并制约着人的全部心理活动，这就是人格倾向，主要包括需要、动机、兴趣、理想、信念和世界观等。

1．需要　需要是指人们为了获得某一生理或社会事物而在大脑中的表现，是从人们活动的动力性。需要促使人不断调整行动，直到得到这一事物。社会上的每个个体都有很多的需要，在不同的时间、不同的场合，我们也会产生不同的需要。人的需要有很多不同的分类方法，通常把需要分为自然需要和社会需要、物质需要和精神需要等。马斯洛的需要层次理论将需要分为生理的需要、安全的需要、归属和爱的需要、尊重的需要、自我实现的需要。

2．动机　动机是一种驱使人进行活动以满足需要、达到目标的内部动力，动机是人表现出某一行为的直接内部动力，可激发一个人开始进行某种活动，使行动朝着预定的目标进行，并对行为产生激励作用。当然，动机的产生必须以需要作为基础，只有产生了某种需要，动机才有产生的可能。根据动机的内容、性质、作用和产生的原因，可以将其分为不同的种类：生理性动机和心理性动机、正确动机和错误动机、主导动机和辅助动机、短暂动机和长远动机、内部动机和外部动机等。在日常生活中，每个个体都会产生不同的动机，而在某一时间又不可能同时实现所有的动机，所以我们必然会体验着不同动机间的冲突和动机间的斗争。动机的冲突和斗争存在四种基本形式：双趋冲突、双避冲突、趋避冲突和双重趋避冲突。

第三节　人格的形成与发展

一、健全人格的特点

人格是否健全将直接影响一个人是否适应社会及其工作效率。健全人格是指各种良好人格特征在个体身上的集中体现，培养健全的人格对于大学生来说极为重要。

著名的人本主义心理学大师罗杰斯（CR. Rogers）提出了“潜能充分发挥型”人格特征的四条标准：①接受自身体验的意愿。②对自我的信任。③自我依赖。④有作为人而继续成长的意愿。人格心理学家阿尔伯特（HC. Acbert）提出了人格健康的六条标准：①力争自我的成长。②能客观地看待自己。③有统一的人生观。④有与别人建立和睦关系的能力。⑤具有人生所需的能力、知识和技能。⑥具有同情心和对一切有生命的事物的爱。这些阐述都是人格健全者的标志，生活中很多人达不到这个标准，但这些为我们健全人格的培养提供了一种范式。

对于当代大学生来说，人格健康的相关内容包括：①自我悦纳，接纳他人。人格健全的大学生能够积极地开放自我，正确地认识自己，坦率地接受自己的局限并对生活持乐观向上的态度。②人际关系和谐。人格健全者心胸开阔、善解人意、宽容他人，尊重自己也尊重他人，对不同的人际交往对象表现出合适的态度，既不狂妄自大，也不妄自菲薄，在人际关系中具有吸引力，深受大家的喜欢。③独立自尊。人格健全者的人生态度乐观向上，生活态度积极热情，有正确的人生观与价值观，人格独立、自信自尊，能够用理性分析生活事件，非理性观念较少。④能够发挥自己的潜能。人格健全的大学生具有自我发展、自我塑造与自我完善的能力，能够充分开发自身的创造力，发现生命的意义并选择有意义的生活。

当代大学生也存在一定的消极人格特征，表现如下：①缺乏崇高的理想和信念。随着社会多元化进程的加快，现实刺激和诱惑的增多，大学生在理想观和价值观上产生了较多困惑，并出现了一种功利性的价值观，追求个人享乐，不太关心政治时局和整体社会，整体意识、整体观念淡薄。②以自我为中心。因为家庭结构、父母的养育方式及社会文化的影响，现代大学生还存在较明显的以自我为中心现象，做任何事情都以自己的需求、目标及处境为主，较少考虑其他人的需要与观点。③较为浮躁，缺乏求真务实、严谨执着的精神。在现代复杂的社会文化氛围下，造就了相当一部分大学生的浮躁心态。他们只注重最后的结果，较少注意学习的过程；不注意学习能力的锻炼，只关心最后是否过关。有这样态度的大学生较难静下心来学习。④意志较为薄弱，抗挫折能力较差。许多大学生遇到困难就退缩不前，出现矛盾就不知所措，受到外来刺激就容易激动。⑤不注重诚信，不正确控制自我需求。在社会的多样化利益的诱惑作用下，大学生在进行价值选择时，往往只注重视眼前自己的利益，不太关心他人或集体的利益，并采用双重标准对待自己与他人。有的大学生较少控制对名牌、时尚等的不恰当的需求。

二、人格发展的历程

人生的每一个阶段都有一个主要的发展任务，任务解决得好坏将直接导致个体心理向不同方向的发展，从而获得不同的人格品质，而这些品质又将影响到个体目前心理发展的好坏及心理健康的程度。为了更好地认清自己的心理发展过程，解决好发展中还没有解决的问题，维护和促进心理健康，有必要全面地认识人的一生心理发展过程。

根据埃里克森的人格理论，人的一生要经过八个发展阶段。这八个阶段对应着不同的发展任务，如果任务完成得好，则会获得良好的心理品质；如完成得不顺利，则获得不良的心理品质。这八个阶段的具体内容如下：

1．第一阶段　从出生到一岁半左右。这个阶段主要的任务是与哺养者建立安全的依恋关系，从而可以较好地满足婴儿的生存需要。如果婴儿得到了周围人们的精心照顾与关爱，他就会产生信任感，否则就会对外界特别是周围的人产生害怕与怀疑的心理。

2．第二阶段　从一岁半到三四岁。这个阶段主要的发展任务是学会自我控制。这个时期儿童开始有了独立自主的要求，如想要自己穿衣、吃饭、走路、拿玩具等，他们开始去探索周围的世界。这时候，如果父母及其他照顾幼儿的成人允许他们独立地去干一些力所能及的事情，并且表扬他们完成的工作，就能培养他们的意志力，使他们获得一种自主感，能够自己控制自己。相反，如果成人过分爱护他们，处处包办代替，什么也不需要他们动手，或过分严厉，这也不准、那也不许，稍有差错就粗暴地斥责，甚至采用体罚，则会使孩子具有许多失败的体验，就会产生自我怀疑与羞耻感。

3．第三阶段　指3～5岁。这个阶段主要的发展任务是主动地探索外部世界。这个阶段孩子的肢体运动与言语能力发展很快，能参加跑、跳、骑小车等运动，能说一些连贯的话，还能把自己的活动扩展到超出家庭的范围。这时候，如果成人对于孩子的好奇心以及探索行为不横加阻挠，让他们有更多的机会去自由地参加各种活动，耐心地解答他们提出的各种问题，其主动性就会得到进一步发展，表现出很大的积极性与进取心。反之，如果父母对儿童采取否定与压制的态度，他们就会认为自己的表现是不好的，自己提出的问题是愚笨的，自己在父母面前是让人讨厌的，而导致孩子产生内疚感与失败感，这种内疚感与失败感还会影响下一阶段的发展。

4．第四阶段　从6岁到十一二岁。这个阶段主要的发展任务是学习。这个时期的孩子很关心物品的构造、用途与性质，对工具和某些技术也很感兴趣。这些方面如果能得到成人的支持、帮助与赞扬，则能进一步加强他们的勤奋感，使之进一步对这些方面发生兴趣，使他们相信自己是有能力的、聪明的，任何事情都能做得很好，他们就会拥有一种成就感。相反，如果父母采用过分批评、责备的教育方式，那么孩子就会否定自己的能力而产生自卑感。

5．第五阶段　从十一二岁到十七八岁。这个阶段主要的发展任务是形成稳定的统一的自我认识。青少年对周围世界有了新的观察与思考方法，他们经常考虑自己到底是怎样的一个人，他们从别人对他的态度和自己扮演的各种社会角色中逐渐认清了自己。此时，他们逐渐疏远了父母，从对父母的依赖关系中解脱出来，而与同伴们建立了亲密的友谊，从而进一步认识自己，对自己的过去、现在、将来产生一种内在的连续感，也认识到自己与他人在外表与性格上的相同与差别。认识自己的现在与未来在社会生活中的关系，这就是同一性，即心理社会同一感。同一感可以帮助青少年了解自己以及了解自己与各种人、事、物的关系，以便能顺利地进入成年期，否则就会产生同一性混乱。如，怀疑自我认识与他人对自己认识之间的一致性；做事情马虎，看不到努力工作与获得成就之间的关系；对领导与被领导之间的共同点与差异看不清，要么持对立情绪，要么盲目顺从。在两性问题上也会发生同一性混乱，认识不到两性之间的相同与差异。

6．第六阶段　从十七八岁至25岁。该阶段主要的发展任务是学会与异性和他人交往与相处。在这个阶段如果一个人不能与他人分享快乐与痛苦，不能与他人进行思想和情感的交流，不能相互关心与帮助，就会陷入孤独寂寞的苦恼情境中。反之，如果能与他人建立较好的关系，能顺利地进行思想和情感的交流，个体就会获得亲密感。

7．第七阶段　指中年期与壮年期。该阶段主要的发展任务是成家立业。这一阶段有两种发展的可能性，一种可能是向积极方面发展，个人除了关心家庭成员外，还会扩展到关心社会上的其他人，关心下一代以至于子孙后代的幸福。他们在工作上勇于创造，追求事业的成功，个体获得繁殖感；另一种可能性是向消极方面发展，就是只顾自己以及自己家庭的幸福，而不顾及他人的困难和痛苦，即使有创造，其目的也完全是为了自己的利益，这样易于产生停滞感。

8．第八阶段　指老年期，该阶段主要的任务是进行人生的总结。如果前面七个阶段中的积极成分多于消极成分，就会在老年期汇集成完美感。他们回顾一生，会觉得这一辈子过得很有价值，生活得很有意义。相反，如果消极成分多于积极成分，就会产生失望，感到自己的一生失去了许多机会，走错了方向，想要重新开始却又感到为时已晚，痛不胜痛，于是产生绝望的感觉，精神萎靡不振，马马虎虎混日子。

三、人格发展的影响因素

（一）遗传对人格发展的影响

1．原始的本能对人格发展的影响　弗洛伊德认为在人的心理活动中，起决定作用的是人的遗传性本能和潜意识中的冲动（本我），因为这些遗传本能和潜意识冲动是按照快乐的原则进行活动，所以必然会与现实环境及社会道德和法律相冲突。为了管理这些冲突，个体必须要正常地发展人格的现实成分（自我）和道德成分（超我），从而使个体可以很好地适应现实生活和社会生活。所以对一个完整的人格来说，本我的本能冲动、现实自我和道德超我之间应是相对均衡、协调的。本我在于体现自我的生存，追求本能欲望的满足，是必要的原动力。超我在于监督、控制和约束自己的行为，使自己不至于违反社会道德标准，以维持正常的人际关系和社会秩序。自我对上要符合超我的要求，对下吸取本我的力量，并处理、调整本我的欲望；对外要适应现实环境，对内要保持心理平衡。人格的动力学就在于本我、自我和超我三者之间的交互作用。无论是正常人还是有心理疾病的患者，在内心世界总是进行着冲突和斗争。本我的冲动随时受到在超我指导下的自我压制，它要想得到满足和表现，往往需要在潜意识领域内通过各种玄妙的潜意识的精神过程进行乔装打扮，以求蒙混过关。如果一个人的本我、自我、超我三者彼此交互调节、和谐运作，就会形成一个发展正常、适应良好的人；如果三者调节失衡，或者彼此长期冲突，就难免导致个体社会适应困难，甚至演变成心理异常。

2．人的潜能和自我实现本能对人格发展的影响　马斯洛认为人的本性是积极的，人有能力意识到自己的问题，解决自己的问题。所以心理学应把重点放在健康人的个性和健康人的生活方式上，关心人的需要，重视人的价值和尊严，注重人的自我和自我意识，并研究如何发挥人的潜力。自我实现是指个体在成长中，其身心各方面的潜能获得充分发展的过程和结果，也就是说，指个体本身生来具有但是潜藏未露的良好品质得以在现实生活环境中充分展现出来。这包括两层含义：一是完满人性的实现和个人潜能的实现，二是超越型自我实现，即经常意识到内在价值、生活在存在水平或目的水平而具有丰富超越体验的人。

马斯洛对希望能成为自我实现的人提出了 7 条建议：①把自己的感情出口放宽，要有宽广的心胸。②在任何情境中都尝试从积极、乐观的角度看问题，从长远的利益做决定。③对生活环境中的一切要多欣赏、少抱怨，如有不如意的地方，设法改善。④设定积极而可行性的生活目标，然后全力以赴去实现自己的目标，但是也绝对不能期望未来的结果一定不会失败。⑤对是非的争辩，只要自己认清真理和正义之所在，就算违反多数人的意愿，也应该挺身而出，站在正义的一方，坚持到底。⑥不要使自己的生活僵化，要为自己在思想上和行动上留一些弹性空间，偶尔放松一下身心将有助于潜力的发挥。⑦与人坦率相处，让别人看见自己的长处与缺点，也让别人分享自己的快乐与痛苦。

（二）环境对人格发展的影响

环境包括家庭、社会环境及同伴环境等，它是影响人格发展的最主要因素，要分析人格的主要特征就需要更多地从其所处环境入手，而要改善人格的发展状况，最主要的方法也是改变个体所处的各种环境。那么，环境是如何影响人的心理与行为的发展呢？

首先，环境刺激分为两类，一类是由先天遗传因素所决定的能自然地引发反射的刺激，称为非条件刺激。由非条件刺激所激发的反射称为非条件反射。另一类是伴随无条件刺激而施加的，最终也能单独引起反射的刺激。这类刺激本身并不能直接地引发特定的反射活动，它要单独激发反射必须具备一定的条件，即必须要与无条件刺激反复结合才可能单独引发反射活动。在人类复杂的社会生活中，言语、情境也可以成为条件刺激，引起情绪、行为的条件反射。每个人都有其特殊的社会生活情境，所以每个个体会习得自己独特的情绪、行为反应模式（即独特的人格特征）。如果这种模式可以较好地适应社会生活，那么这个人就会正常地生存，而如果这种模式不符合他所在的文化背景或社会行为规范，那么，他的情绪或行为反应就是适应不良性的或病态的。

其次，当外界环境刺激被个体赋予一定意义后，个体就会对其产生喜欢、讨厌或中性的情感，而选择性利用这些刺激又可以反作用于行为，通过给予个体一定的其喜欢或讨厌的刺激可以使个体的行为增多或减少，也就是所谓的操作性条件反射。操作性条件反射是指人们运用环境刺激及行为的后果来控制个体行为的过程。控制行为的过程分为：①强化，行为结果使积极刺激增加或消极刺激减少，进而使该行为反应逐渐加强。②惩罚，指通过厌恶刺激的增加使动物或人的某一行为发生减少的过程。我们在所处的环境中都会因为父母、老师及同伴的因素，接受一些我们的行为带来的奖励或惩罚，而是先奖励还是惩罚会在无形中影响我们的情绪或行为，从而使人格特征向着外界环境所要求的方向发展。当然，这样的过程可以使我们更容易适应社会环境，但这种适应的方式可能会因为环境变化而使个体产生新的不适应，从而使个体产生问题甚至疾病。

再次，社会环境的刺激不一定都需要通过直接刺激个体才使其获得某一行为。在社会生活中，人们大多数的心理行为都是通过观察而习得的。在人的行为获得过程中，观察学习非常重要，这是现代社会学习的主要方式之一。同时，观察既可以是直接的，也可以借助于语言或文字符号间接进行。在观察学习的过程中，人自身有主观能动性，个体可以根据自己的具体情况调节学习的过程。人类的行为主要是通过直接或间接观察他人的行为及其后果再进行模仿而获得的，这是在社会交往和实践的过程中不知不觉地为人们所采用的一种更为高级的学习方式。通过这种方式，人类能够学会使用复杂的器械，掌握许多生产和生活技能，但也能学会许多不健康或适应不良的行为方式，如吸烟、酗酒、吸毒、攻击和自杀。

总之，社会环境是对人格发展产生重要作用的因素，特别是社会文化环境。社会文化环境包含了人类文明的所有成果，人们通过习得社会文化中的相应思维方式、行为模式及情绪等，使个体的心理不断向高级发展，使个体心理的随意性、概括性、抽象性及主动性不断增强，从而使个体更高效地适应社会环境。但由于环境存在不同，其习得的人格品质也会产生较大差异，并表现为不同的人格品质和行为模式。

【案例导读】

衙役的儿子读书

从前有一个衙役，靠吃了原告吃被告这个办法挣了不少钱。后来他想想儿子也大了，也该读读书，以后当个官儿什么的，也换换门面，于是请了个先生来家里教书。儿子从小在衙门里，随父亲长大，已经沾染了很多衙门里的习气，改也改不了。有一天，老父亲摇着鹅毛扇走进来，要考考儿子，看看他有没有什么进步。先生看到这个情形，马上说了一句“大伯手中摇羽扇”，要学生对下句。学生想了想，对道“老爸头上戴鹅毛”。先生又出一题“读书作文写字”，学生对道“传呈放告排衙”。先生一听急得不行，又出一题“读书宜朗诵”，学生马上接“喝道要高声”。先生又出四字对：“七篇古文”，学生对道：“四十大板”。先生气得要命，说：“打胡说”，学生说：“跪下来”。先生说：“放屁！”学生说：“退堂！”先生说：“哼！”学生说：“呸！”这个故事充分显示了环境对人格发展的重要性。

（三）自我认知对人格发展的影响

自我是人格的核心内容，它统领着人格的其他内容。个体对自我的认识评价情况直接影响着心理健康状况，影响个体的心理发展过程。贝克（AT. Beck）认为认知思维是情感和行为的中介，情绪和行为的障碍主要与适应不良的认知有关，而不是外部事件的直接后果。适应不良的认知是指个体忽略积极的信息而总是注意消极的信息。这样，来访者通过夸张消极的方面而歪曲了事实，把事件看成非黑即白。从信念到图式，再通过关键性事件的影响，最后就产生情绪、行为和生理反应，这就是贝克所说的认知发展模式。贝克还认为情绪障碍通常伴有消极的认知，它们与情绪障碍互相加强，形成恶性循环，从而导致情绪障碍经久不愈。他还认为具有情绪障碍的患者的认知常常蕴含着大量曲解，如果这些曲解得到识别和修正，其情绪和行为也会随之改善。贝克认为常见的认知歪曲有以下五种形式：任意推断、过度引申、夸大或缩小、“全或无”思维。艾利斯（A. Ellis）也认为人绝对不应该放弃自己，不应该让自己成为早期经验或生物本能的受害者，人类应该善于利用自己所拥有的巨大的、未经发挥的潜能来进一步改变自己与社会的命运。当然，艾利斯并不否认人在很小的时候就有某种特别的倾向，如坚持自己所希望和所需求的都能得到满足，否则他们就会谴责自己或怪罪别人，但是艾利斯相信这种倾向是个体所处文化背景和家庭环境强化的结果，这是一种非理性的观念，它会导致出现伤害自己的习惯或其他不适应的行为方式。他提出了认知的ABC理论。A是诱发事件，诱发事件可分成两部分，第一是发生了什么，第二是个体感觉发生了什么；B是个体对事件产生了某些想法；C是这些想法使个体出现了某些情绪或行为后果；D是对个体这些想法或后果进行辩难、驳斥；E是在D的基础上从而出现疗效，最后使个体出现新的感觉。这个过程就是采用积极的、说教的、指导性语言，指出个体认知系统中的非理性成分，促使个体领悟到三个内容：第一，造成情绪不良的原因不是外界，而是自己的非理性信念；第二，目前的情绪障碍是因为自己仍在沿用过去的非理性信念；第三，只有改变自己的非理性信念才能消除情绪行为障碍。

【知识链接】

自我实现的人格

自我实现是指人都需要发挥自己的潜力，表现自己的才能。只有当人的潜力充分发挥并表现出来时，人们才会感到最大的满足。充分发挥自己的潜力，并体验最大满足的状态即为自我实现。自我实现人格则是指要达到自我实现所应具有的人格特征。这些概念最初是由著名心理学家马斯洛研究杰出人物的人格特征时提出来的。虽然在日常生活中具有这一人格特征的个体非常少，但他们为我们的人格完善提供了一个重要的参照系。虽然这个参照系不尽全面，但是它的积极意义是显而易见的，它使人们认识到个人和人类进步的阶梯性、阶段性和方向性，这样就给个人和人类的进步以充分的信心和希望。我们可以参照自我实现者的人格特征，发掘自己的潜能，积极完善人格。

下面简要地介绍一下自我实现者人格特征的具体内容：

1. 认识和正视现实　对现实有较强的洞察力，能够辨别人格中的虚伪、欺骗、不诚实，具有正确而有效地识别他人或事物的不寻常的能力。

2. 对自我、他人和自然的接受　能够坦然地接受自己，悦纳自我，同时毫不懊悔、抱怨，尽管自己的人性有弱点，与理想有种种距离，但他们仍可以从本质上接受而不感到忧虑。

3. 自然地表达自己　他们的生活在数量与质量上与普通人有所不同，不仅是一般意义上的自我奋斗，而是发展的、日臻完美的和日益全面的。

4. 以问题为中心　他们一般都强烈地将注意力集中在他们自身以外的问题上，以问题为中心而非以自我为中心。

5. 具有超然独立的特性和离群独处的需要　自我实现者可以离群独处而不会使自己感到不舒适，他们常常可以超然于物外，泰然自若地保持平静。

6. 意志自由　他们对于文化与环境具有独立性。对于自然条件和社会环境的相对独立性是贯穿于自我实现者的始终的，他们自己的发展和持续成长是依赖于自己的潜力以及潜在的资源所实现的。

7. 日常生活的欣赏和审美体验　自我实现者具有奇妙的反复欣赏的能力，他们带着敬畏、兴奋、好奇甚至狂喜，精神饱满、天真无邪地体验人生的乐趣。

8. 高峰体验　自我实现者有一种极为神秘的主观体验，这是一种漫无边际、视野无垠的神秘体验。

9. 同情与关心他人　他们有较强的同情、宽容和理解能力，虽然会常常感到没有人能真正地理解他们，但仍然能够表现出宽容与理解。

10. 有理想的人际关系　自我实现的人具有更深刻和深厚的人际关系，拥有更崇高的爱、更完美的认同以及更多的摆脱自我限制的能力。

11. 民主的性格结构　自我实现的人具有明显的民主特点，他们不愿意超越某种最低程度去降低、贬损或侮辱别人的人格。

12. 区分手段和目的　自我实现者能够很好地区别手段和目的，他们致力于目标，手段则相当明确地从属于目的。

13. 富有哲理的、善意的幽默感　自我实现者的幽默是更加紧密地与哲理相连。

14. 富有创造力　自我实现者表现出非常强的创造力，并给人以启发。

15. 不随波逐流　他们能够与文化和睦相处，但从某种深刻的意义上来说，他们抵制文化，并在某种程度上超脱于他们所处的文化。

当然，自我实现者是现实的人，因而他们也有着世俗的欲望与人性的弱点。他们也会不时地暴露出易怒、暴躁、乏味、自私、沮丧等弱点，也会因自身的坚强而显得有些无情，也会因仁慈而犯错误，也会有罪恶感、焦虑、悲伤、自责以及内心的矛盾和冲突。自我实现者也会犯错误，但重要的是他们能够恰当地加以纠正。

第四节　人格的完善

一、常见的人格缺陷

人格缺陷是介于正常人格与人格障碍之间的一种状态，是人格发展的不良倾向。所谓“人无完人”，绝大多数人或多或少都会存在这样或那样的人格不足。无论从遗传或环境的角度来说，我们都可能存在一些缺陷与不足。例如，抑郁质的人敏感、细致，但易于形成抑郁、自卑、孤僻、固执、多疑等人格缺陷；胆汁质的人有活力和毅力，但易形成冲动、狂躁、攻击性等人格缺陷。同时，每个人的成长环境、受教育的方式也存在较大差异，从而使每个人在人生观、价值观、道德观上存在很大差异，从而导致人格上的独特性。但独特的人格并不是完善的人格，都可能存在不成熟和偏差的方面，而这些不成熟和偏差就可能会影响我们的活动效率，妨碍正常的人际关系。下面是一些常见的人格缺陷。

1．悲观　切斯特顿（GK. Chesterton）说：“悲观主义像鸦片一样，是一种有毒的物质。”莎士比亚（W. Shakespeare）说：“明智的人绝不会坐下来为失败而哀号，他们一定乐观地寻找办法来加以挽救。”人生不如意者十有八九，有些人遇到挫折、失败时便垂头丧气、怨天尤人，对前途失去信心、心灰意冷，而有些人则能够迅速地重新振作精神，在失败中吸取教训，并会看到失败对将来成功的好处，不断坚持，直到取得最后的胜利。之所会出现如此大的区别，就是因为不同的人格有不同的对外部事物认识倾向。悲观的人会更多地看到事物的消极方面，更多地用消极的认识指导消极的行为，从而导致其特征性的人格行为模式。但如果长期运用这种模式去适应社会，则会使个体的行为、观念及社会交往等越来越消极，并危害个体的身心健康。那么，怎样才能改变悲观状态，走出情绪低谷，培养乐观的人生态度呢？

悲观的应对策略有：① 越担惊受怕就越容易遭受灾祸，因此，一定要懂得积极的态度带来的力量，要坚信希望和乐观能引导你走向胜利。② 即使处于危难中也要寻找积极因素。这样，你就不会放弃争取微小胜利转机的努力。你越乐观，那么你克服困难的勇气就会倍增。③ 以幽默的态度接受现实中的失败。有幽默感的人会有更多的能力轻松地克服厄运，也不会接受现实的摆布。④ 既不要受到逆境的困扰，也不要幻想出现奇迹，而是要脚踏实地、坚持不懈、全力以赴地去争取胜利。⑤ 不管面临多么严峻的形势，你都要发现有利的条件。不久，你就会发现，在很多地方你都会取得一些小成功。这样，你的自信心自然也就增强了。⑥ 不要把悲观作为保护你失望情绪的缓冲器。乐观是希望之花，能给予人力量。⑦ 虽然你失败了，但是你要想到，你曾经获得过多次成功，这才是值得庆幸的。如果 10 个问题里你做对了 5 个，做错了 5 个，那么你不是完全没有理由庆祝一番的，因为你已经成功地解决了 5 个问题，凡事要多往好处想。⑧ 在闲暇时努力接近乐观的人，观察他们的行为，通过观察培养你的乐观态度，乐观的火种会慢慢地在你的内心点燃。⑨ 要知道，悲观不是天生的。像人类的其他态度一样，悲观不但可以减轻，而且通过努力还能将其转变成一种新的态度，这就是乐观。⑩ 如果乐观态度使你成功了，那么你就应该相信这样的结论：乐观是成功之源。此外，培养多方面的兴趣与爱好，多参加集体活动，加强体育锻炼，多看幽默剧、相声等能给人带来笑声的节目，都有助于培养乐观的性格。

【案例导读】

悲观的路易斯

路易斯是某运输公司的调车员，他工作认真、做事勤快。但他有一个致命的缺点，那就是悲观，他常以消极的眼光看待遭遇的一切。有一天，路易斯不小心把自己关在了一辆冰柜车里。他在冰柜里拼命地敲打着、叫喊着，可全公司的职员早已下班给同事过生日去了，根本没有人在。路易斯的手掌敲得红肿，喉咙叫得沙哑，也没人理睬，最后只得绝望地坐在地上喘息。他越想越害怕，心想，冰柜里的温度在 –20℃以下，多待几刻钟就会被冻死，现在公司没人，这下肯定必死无疑了。于是他只好用发抖的手找来纸笔，写下了遗书。第二天早上，公司里的职员陆续来上班，当他们打开冰柜时，发现路易斯倒在里面。他们将路易斯送去急救，但他已经没有生还的可能。大家都很惊讶，因为冰柜里的冷冻开关并没有启动，这个巨大的冰柜里也有足够的氧气，而路易斯竟然给“冻”死了。

2．羞怯　羞怯在大学生中并不少见。羞怯的大学生不敢在大众场合发表意见，害怕与陌生人打交道，路上见到异性同学会手足无措，见到老师便会感到难为情，说话时感到紧张等。羞怯心理的产生与遗传、家庭教育环境及个人的社会经历有关。一般而言，害羞之心人皆有之，但过分地害羞会阻碍人际交往，影响一个人正常才能的发挥，还会导致压抑、孤独、焦虑等不良心态。通常，羞怯是自我防御心理过强的结果，其特点为：①过于胆小被动，过于谨小慎微。②过于关注自己。羞怯者特别注意自己在别人心目中的形象，总觉得自己时时处于众目睽睽之下，于是感到敏感和拘束。③自信心不足。羞怯者对自己的社交能力、表达能力、做事能力乃至自我形象缺乏信心，因而使本来可以做到、做好的事难以如愿。

羞怯的应对策略有：①要对自己做具体分析，找到自己的所长和所短，发扬所长可增强信心并补偿不足，特别是要多看到自己的长处以增强信心。②放下思想包袱。事实上每个人都有害羞心理，只是有些人善于调节而已。金无足赤，人无完人。一个人说错话、办错事没有什么可怕的，也不必感到难为情，错了就改，没什么了不起。③不要太在意别人的议论。所谓“人多口杂，金子也会融化”，总是把别人说的话放心上便会寸步难行，也就什么也不敢做、不敢说了。只要自己看准的就大胆去做，但要明白，无论你做得多好，也不可能得到每个人的称赞。④有意识地锻炼自己，胆量和能力都是锻炼的结果。要敢于说第一句话，敢于迈第一步，一旦这样做了，你会发现自己不仅有能力把事情干好，而且有潜力把事情干得更好。

3．猜疑　培根说：“猜疑之心犹如蝙蝠，它总是在黄昏中起飞。这种心情是迷惑人的，又是乱人心智的。它能使人迷惘，混淆敌友，从而破坏人的事业。”所谓猜疑，疑是建立在猜的基础上的，因而往往缺乏事实根据，有时也缺乏合理的思维逻辑。猜疑是一种不良的认知方式，它就像月夜空中飞过的一抹阴云，遮住了我们欣赏星星和月亮的眼睛，让我们的眼前只是一片朦胧，影响了本应清亮的心情。在日常生活中我们或多或少地都会运用这种方式去处理自己遇到的事情。但正常情况下，我们会很快地根据实际情况调整思维方式，改变原来错误的认知。但部分学生由于受到人格其他方面的影响，较少地进行事实检验，并一直运用这种错误的认知去指导其行为，从而表现为猜疑的人格特征。猜疑是很有害的一种人格缺陷，它会导致人际关系紧张、伤害他人感情、无事生非等，而自己则会陷入庸人自扰、苦闷、惶惑的不良心境中。

猜疑的应对策略有：①当产生猜疑时先不要外露，可留心观察所疑的人和事，若猜疑被证实，也不必因此感到震惊；若猜疑不成立，应打消疑心，不使疑心外露也不会伤害他人。②加强沟通。猜疑常常是由于误会或他人搬弄口舌引起的，碰到这种情况时应主动地和被猜疑者沟通交流，这样有助于消除误会，改善、增进彼此的信任感。③抛弃成见和克服自我暗示，学会全面、发展地看问题，改变封闭的思维方式。④“心底无私天地宽”。无私则无畏，坦坦荡荡地做人，和同学、朋友坦诚相处，不要过分在意别人如何看自己，要相信“日久天长见人心”。

4．急躁　急躁是大学生中常见的不良人格品质，表现为碰到不称心的事情便会马上激动不安，没有做好充分准备就盲目行动，缺乏耐心、细心和恒心。性情急躁之人说话和办事的速度快、竞争意识强、容易冲动，做事情常常处于紧张状态。日常生活中有急躁特点的人为数不少。他们常常什么想都学，而且想在短时间内学会，生怕比别人落后，急于求成，但实际上常常达不到期望的目标，从而泄气、发怒，既影响了自己的健康和工作效率，又妨碍了人际关系。

急躁的应对策略有：①协调思与行。首先要加强自我涵养，自觉地养成冷静沉着的习惯。在学习、生活中，对非原则性问题，尽量避免与人发生矛盾以至于激化，把精力用到积极思考中。②改变行为。养成细心、认真行事的习惯，吃饭时间不得少于20分钟，细嚼慢咽；说话时控制语速，想好了再说，不随意打断别人的谈话；看书时要一字一句细读，边读边想；走路、骑车时有意不超过别人；工作中改掉冲锋陷阵式的习惯，要按部就班、有条不紊地干。③控制发怒。性格急躁的人容易发怒，应把格言“能忍则自安，退一步则海阔天空”铭记在心，时时提醒自己遇事时要冷静。④松弛疗法。坚持静养训练，在工作和学习之余，常听轻松恬静的音乐、赏花观草、打太极拳、练气功、闭目养神等，使肌肉、神经处于放松状态。

二、人格的自我管理

（一）自我意识的管理

自我意识是人格的核心内容，对人格的发展起着极其重要的作用，所以进行人格管理的首要内容就是自我意识管理。

1．善于接纳自我　自我接纳是指个体对自身以及自身具有特征所持的一种积极的态度，不因自身优点而骄傲，也不因缺点而自卑，即能够坦然接受现实中的自己。要做到自我接纳，就必须在肯定自己优势的同时正视自己的缺点，在认同自己积极情绪的同时更多地理解自己的负性情绪，并且学会无条件地接纳自己，接纳自己的外在与内心、优点与缺点、美丽与丑陋，并在此基础上积极进取，接纳可能的挫折。

2．培养积极心态　积极心态主要指积极的心理态度或状态，是个体对待自身、他人或事物的积极、正向、稳定的心理倾向，是一种良性、建设性的状态。积极心态是个体获得希望和自信品质的基础，只有学会积极地思考、处理及应对面临的问题，才能更幸福地生活，并得到良好的发展。

3．学会自我平衡　无论是人的内心，还是我们生活的外在世界，都会使我们体验到矛盾、冲突及困惑。内心的多种需求、外在条件的差异及环境的变化都会使自我处于失衡状态，从而使我们产生焦虑、烦闷及抑郁等。要解决这些问题，就应该学会知足、量力而行并且不过分追求名利，学会减轻心理负担，重新获得心理平衡。

（二）自我目标的管理

人生目标是在个体的人生观和价值观的指导下，在学习、工作和生活上制订想要追求的内容。

1．确立并实现目标　首先，要设定科学合理的整体总目标。总目标的确定是目标管理的起点。此后，由总目标再分解成每年、每学期、每个月的具体目标。具体目标是构成和实现总目标的充分而必要的条件。其次，目标管理必须制订出周详严密的计划。健全的计划既包括目标的制订，也包括实施目标的方针、政策、方法和程序，使各项工作有所依据，循序渐进。计划是目标管理的基础，可以使各方面的行动集中于目标。它规定了每个目标完成的期限，否则，目标管理就难以实现。

2．获得成就感　成就感是前进的动力。保持每天创造和感受成就感的要点有：①要事当先。最先做喜欢的事、为自己做的事、满足自己的事、能获得成就感的事。人只有先满足了自己，才能帮到别人。先利己，才能做到利他。自己的能量值高，才有可能帮别人提升能量。②量化。像学英语这样的计划，想要获得成就感是很难的。人是以完成任务和计划获得成就感的。所以对于当天的计划要有一个量的标准。对自己要宽容，制订没有压力的下限。天天超额比天天完不成任务要让人开心得多。③排序与取舍。笔者的经验是一天只列一件重要的事，再加上几件不太花时间的小事，于是就可能舒舒服服地去做最重要的事。人越是放松，就越容易高效率、高质量地完成任务。越是对自己宽容，上天给予的赏赐就更多。取舍的方法是，把要在一段时间里想做、要做的事都列出来，每天挨个审视，感受自己已经完成它时能够带来的成就感和满足感，然后把明天想做、要做的事挑出来，放在明天的计划表上。④休息。每周末留 1 ~ 2 天休息，想做什么就做什么，这对于蓄积下一周的能量和激情有着至关重要的作用。

3．脚踏实地，增强综合能力　对于大学生来说，培养和锻炼学习能力、创新能力、就业能力、创业能力等各种能力是促进人格完善的重要方面。要完成各种能力的培养，就需要持续的动力，而核心的动力就在于理想和信念。理想和目标可以持续地促进大学生的发展。但理想与目标应落实到学习和工作的具体内容上，不能空谈。既要仰望星空树立理想，也要脚踏实地培养能力，这样既可让学生在遇到任何困难的时候能够坚守，也能在学习和工作上明确方向，不至于感到迷茫。

（三）自我情绪的管理

面对复杂多变的社会生活，大学生很有必要建立和完善自己的情绪管理体系。

1．理智　即建立正确的世界观、人生观和价值观，扩大知识视野，积累经验，以冷静、理智和科学的态度去分析与化解挫折和心理冲突，确立正确的态度和选择最佳的处置方案。这是最重要的心理防御机制，也是最有效的解决挫折和心理冲突的方法。

2．正当宣泄　是指人在不能用理智的行动消除不良情绪时，改用语言宣泄，以取得心理平衡的一种方法。可以向组织或要好的同学或亲密朋友尽情地诉说自己的恼怒、委屈和不平，将积蓄在内心的破坏性能量尽可能地释放出来，而后再冷静地处理问题。

3．升华　是指被压抑的欲望或冲动不以社会所反对的形式表现出来，而是升华为符合社会要求的高级行为，如从事科学研究、勤奋工作、参加文体活动、竞技、运动等，这样被压抑的欲望或冲动变为从事健康活动的动力，既有益于社会和他人，也使无意识的欲望获得了满足。

4．转移 指一时排解不了心理冲突时，通过转移大脑兴奋中心去缓解不良情绪的方法。不良情绪在大脑形成了一个兴奋灶，而转移刺激物或情境又在大脑建立了一个新的兴奋灶，用以抵消和削弱不良情绪兴奋灶。可以选择做自己喜欢的并可能有所成就的事，也可以脱离挫折情境，进入新环境。

5．合理补偿 指一个人在生理或心理上有某种缺陷时，主动用某种方法弥补，以减轻其心理压力和不适感的方法。补偿活动应适可而止并选择正确的方向，否则会导致心理畸形。如一个自惭形秽的人可能发展为自高自大、好斗和富于攻击性的个性，这称为过度补偿。

【团体心理训练】

人格完善——悦纳自我，理解他人

[团体性质] 封闭式、结构式、志愿式、发展性团体。

[团体目标] 提升成员的整体心理和谐程度，更深刻地认识自己，完善人格。善于理解他人，改善沟通。增强对社会环境的适应能力，排除生活中内心的困扰。

[团体领导者] 设团体领导者一名。

[团体对象及条件] 愿意参与活动的各班级学生。

[参加条件] 在了解团体工作目标的基础上自愿参加，有积极参与的动力；能够遵守团体基本规章，与其他成员积极互动；成员能完成正常的人际互动，无明显的人格障碍，无其他严重破坏团体的特质（如精神病性症状、神经症、情绪不稳定以及处于危机状态中等）。

[团体人数] 10 ~ 12 人为宜。为了便于分组活动，团体人数最好为偶数。

[活动场所] 宽敞清洁、空气流通、气温适当、隔音条件好、没有固定桌椅的大房间。

[团体活动环节] 开始—过渡—工作—结束。

[时间频率及次数] 每周一次，每次约 1.5 小时，共 8 ~ 10 次。

[基本规章] ①成员坚持参加团体的所有活动，在活动过程中应积极参与。②成员必须保持对其他成员的信任，愿意与他们分享自己的内心世界。成员之间真诚相待，对他人表露的认识或情感提供反馈信息。③进行团体活动时，把注意力集中在此时此刻，对事不对人，严禁对他人进行人身攻击，同时，也应避免自我攻击。④团体成员在活动中的所言所行对外要绝对保密，在活动以外不做有损于团体成员利益的事。⑤成员应认真地完成家庭作业。⑥活动中严禁吸烟、吃零食及从事其他与团体活动无关的事。⑦禁止迟到早退。

[理论依据]

1．群体动力学理论 一个良好运转的团体具有吸引各个成员的凝聚力。这种力量来自成员们对团体内部建立起来的一定的规范和价值的遵从，它使个体的动机需求与团体目标紧密相连，使得团体行为深深地影响个体的行为。群体动力学的研究者——德国心理学家勒温认为整体比部分重要。群体作为一种内在的关系组成的系统，其影响力或作用远大于孤立的个体。个体在群体中生活，不仅取决于个体的个人生活空间，而且也受到群体心理场的制约，因此，团体心理辅导比个别心理辅导有更大的影响力和更好的效果。本团体通过团体目标的引导、团体规则的约束，使团体在领导者的带动下，为团体成员创造一个安全、可暴露、积极参与的氛围，为团体成员在团体动力推动下产生积极改变提供了一个“群体心理场”，最终成功地使团体成员的整体心理达到和谐状态。

2．人际沟通理论 人际沟通是指人与人之间运用语言或非语言符号交换意见、传达思想，表达感情和需要的交流过程，是人们交往的一种重要形式和前提条件。罗杰斯认为在团体中，营造良好的人际关系需要三种基本态度——真诚、共情和无条件积极关注。本团体通过建立真诚而温暖的团体气氛，帮助成员建立良好的团体内部人际关系，在互相关心和帮助中建立安全感，完善自我认知，提升自我状态。同时，在这样的团体中可以使人更多地开放自己，得到更多的人际交往机会。团体通过相关活动不仅仅可以提升团体成员间的人际交往状态，也关注团体成员在生活中其他的人际交往状态，使得团体对于成员的人际交往状态有所改善。

3．社会学习理论　班杜拉在社会学习理论中指出，学习是直接经验学习和间接经验学习的综合。实验表明，观察他人的行为及其结果有替代强化的作用。人从一出生开始就处于不断成长及改变自身的过程中。人的潜能随着对社会的适应与再学习而不断增长。团体成员主要选取人格形成阶段的青少年，这一群体正处在学习社会文化规范的关键时期。成员在团体心理辅导中获得了有指导性的社会学习情境，使得团体成员能够在人际互动中通过观察等方法间接地完善自己的人际交往技能、社会认知等，从而更加积极、全面地看待各种社会现状。

【小　结】

人格是一个人的整个精神面貌，是个体具有一定倾向的、稳定的心理品质的总和。其对人的心理健康、做事效率及人际交往等都会产生重要的影响。本章在分别对人格结构、人格发展及其与心理健康的关系进行论述之后，具体给出了人格完善的具体方法，并针对常见的人格缺陷提出了一些相应的完善途径。本章主要的知识点有：①人格的概念、影响及人格的主要类型，人格特征的概念和分类，人格倾向的概念和分类。②个体一生人格发展经历的主要阶段，人格发展的动力及影响因素，大学生人格发展的特点。③人格完善的具体方法，常见的人格缺陷及调适方法。

【思考题】

1．请结合人格结构、人格发展阶段和影响因素，简要地分析自己人格状况及形成的可能原因。

2．结合自己的人格特点，论述大学生如何进行自我的人格完善和调适。

第三部分

心理健康与未来

第六章　自信描绘人生：大学生涯规划与发展

人生重要的事情是确立一个伟大的目标，并决心实现它。

——歌德

“大学生活是怎么样的？”

“我将如何度过我的大学生活？”

“我要为我的将来做好哪些准备呢？”

……

大学是走向社会的预备期，大学生未来的发展需要大学期间的铺垫。大学生要明确自我的现实状况，了解未来世界的能力需求，确立自己未来的发展目标，明确大学期间的阶段性目标，发展自我适应的能力，为自己的大学生涯做出规划并做好时间管理，制订和实施生涯规划，不断地提高和发展自我，在未来的社会竞争中形成自己的核心竞争力。

【知识链接】

初入大学的迷茫

从中学到大学，大学生们的生活发生了很大的变化：由一个见识、交往、活动范围较为狭窄的天地进入一个见识较为广博、交往活动范围较为广阔的天地；由上课、作业、考试及活动均由老师统一安排，转化为需要自己来设计和安排学习和生活等。初入大学的新生们会产生各种彷徨和无奈。我们总结了几个新生会遇到的迷茫。

1．目标实现后的迷茫　对于大一新生而言，入学前最重要的就是跨入大学校门，而一旦目标实现，又没有树立起新的切合实际的目标时，也就失去了内在动力和方向。在高中时代，他们对大学生活的了解主要是通过书本或其他传播媒介，这样难免会对大学的期望值过高，抱有各种不切实际的幻想。进入大学后，理想与现实的差距不可避免地造成新生们的失落感。

2．教学方式的不适应　高中时的学习方式主要是“老师牵着走”，每天的学习时间都被上课和课后作业排满了，学生们每天只要根据老师的安排做就行了。进入大学后，在学习上更多的是靠自己，没有很多强制性的作业和学习计划，一切都由自己来支配。再加上有些课程本身也难以激发起学生学习的兴趣，于是有些同学就开始逃课，只是为了期末考试能及格而在考前几天临时抱佛脚。

3．人际关系的失衡　首先，与大学里的新同学接触时，他们常会不自觉地拿高中时的好友为标准来加以衡量，由于有老朋友的存在，会觉得新面孔不太合意，因此，宁愿采取被动接受的态度，从而阻碍了学生间的相互沟通和交流。其次，在高中阶段，上大学几乎是所有高中生最迫切的目标，在这个目标下，找到志同道合的朋友是很容易的，而进入大学后，每个人的目标和志向会有很大的差别，要找到一个有共同追求的朋友就需要较长时间的努力了。再次，大学里的绝大部分同学都是住校的，同学们的学习和生活都在一起，与来自不同地方、有着不同生活背景的同学在一起时，不可避免地会有一些摩擦和不习惯，容易产生矛盾，需要同学之间更多的体谅和理解。

4. 自我同一的矛盾　很多考上大学，尤其是考入一流大学的同学，在高中阶段应该说都是学习上的佼佼者。老师的青睐、同学们的羡慕使他们成为同龄人的中心，无形中可能会产生过高的自我评价。然而进入大学后，全国各地成绩优异的同学汇聚一堂，相比之下，很多新生会发现自己显得比较平常，因为各方面比自己更优秀的同学比比皆是。这一突然的变化会使很多新生一时难以接受。

第一节　着手大学生涯规划

一、认识大学生涯规划

1. 生涯　“生涯”一词源自《庄子·养生主》：“吾生也有涯，而知也无涯。”这里，“生”为生命，“涯”为边际的意思。这句话可理解为“我的生命是有限的，但我的学习和探索却是无边无岸的”。“生涯”的英文为“career”，意思是指两轮马车，引申为道路，也就是人生的发展道路。“生涯”一词原指生命有边际、限度，后引申为人终其一生的过程，是指一个人从蹒跚学步到步履艰难，从年幼无知到洞悉天命的持续一生的过程。生涯在本质上是持续一生的过程。在这个过程中，每一个个体都承担着不同的角色和责任。在走向社会前，个体是一个成熟的过程。在成熟之前，社会不会对个体有更多的责任和要求，而个体一旦走向社会，情况就会大不一样。

2. 生涯规划　生涯规划是指个人发展与组织发展相结合，在对影响一个人生涯的主、客观条件进行评估、分析、总结和研究的基础上，对自己的兴趣、爱好、能力、特长、经历及不足等各方面进行综合分析与权衡，并结合时代特点，根据自己的个人倾向，确定最佳的奋斗目标，并为实现这一目标做出行之有效的安排。事实上，生涯规划就是一个人从生到死的规划。生涯规划不仅指工作和职业生涯规划，还包含职业之外人生中更多方面的规划，如家庭生涯规划、社会生涯规划、生活生涯规划、休闲生涯规划等。

对生涯规划的一个直观理解就是回答三个方面的问题：“我是谁”“我的生涯目标是什么”“我怎样实现我的生涯目标”。这三个问题生动而又具体地概括了生涯规划的三要素：自我评估、目标设定和实现目标。自我评估主要是指了解自己，对影响自己生涯发展的兴趣、能力、性格特征、身体条件、价值观、情绪智力、家庭条件等自身因素进行评估、分析和总结。制订生涯规划的前提就是要了解自己。如果不了解自己，最终可能导致要么眼高手低，一事无成；要么妄自菲薄，抱憾终身。目标设定是基于自我评估和环境分析的基础上，选择自己未来的发展方向和发展目标。美国学者坎贝尔（D. Campbell）曾经指出：“目标之所以有用，是因为它能帮助我们从现在走向未来。”目标设定是生涯规划的核心。分析自我、了解自己，分析环境、了解世界，找到与自己的性格、兴趣和特长相吻合的生涯目标对大学生来说非常重要。如果我们没有明确的目标，就永远实现不了自己的愿望。生涯规划就像一个项目的设计，要为实现目标制订翔实、具体的行动计划，逐步实现阶段性目标以缩小与长远目标之间的差距。但是，实现目标是一个相对长远的过程，其中的诸多条件有可能发生变化，因此，要审时度势、因势利导、与时俱进，对自己的行动计划做出相应的调整和修正。

【知识链接】

确立目标的重要性

哈佛大学曾对一群智力、学历、环境等条件都差不多的年轻人进行了长达25年的关于目标对成功影响的跟踪调查。调查结果如下：① 3%的人有清晰且长期的目标，25年来他们从未改变过目标，总是朝着同一个目标不懈努力，25年后他们几乎都成了社会各界的顶尖成功人士。他们中不乏白手创业者、行业领袖和社会精英。② 10%的人有清晰的短期目标，他们绝大多数生活在社会的中上层。他们的共同特点是，不断地完成预定的短期目标，生活状态步步上升。25年后他们成为各行各业不可或缺的专业人士，如医生、律师、工程师、高级主管等。③ 60%的人目标模糊，他们能安稳地生活与工作，但都没有什么特别的工作。④ 27%的人25年来都没有目标。他们几乎都生活在社会的最底层，生活过得很不如意，常常失业，靠社会救济，并且常常都在抱怨他人、抱怨社会、抱怨世界。

3．大学生涯规划　大学生涯规划是主要针对大学这一特殊时间段，根据学校的教学计划和自己的专业特长、知识结构以及对未来的认知，在对个人生涯的主观条件和客观条件进行评估、分析、总结的基础上，对自己的兴趣、爱好、能力、特点进行综合分析与权衡，制订出大学期间个人在学习、思想、择业、就业等方面的知识、素质、能力等培养的总目标和阶段性目标，并通过逐步实施、考核、反馈、调整等行动方案，顺利、充实地度过大学生涯，为实现人生生涯目标和人生的持续发展奠定坚实基础的过程。大学生涯规划与常说的学习计划有些相似，但并不完全等同。大学生涯规划是对自己的一个整体规划和综合规划，而不仅仅是学习计划。学习计划只是其中很重要的一个部分，而大学生涯规划立足于对未来的定位和展望，以大学后的人生阶段为主要的参照系和落脚点，从整体上来安排自己的整个大学学习和生活。大学生涯规划的目的是提高自己的综合素质，为未来的发展做好知识和能力上的准备。大学生涯规划应该与人生规划互为一体、前后呼应。

二、理解大学生涯规划

大学生涯规划是大学生为自己成才和发展订立的心理契约，是自己对未来美好的承诺。大学生为了实现自己的规划目标，就会制订大学阶段的学习、素质和能力培养计划，并根据自己的爱好、实际能力和社会需求制订有效的实施步骤，比如某个时间达到什么目标等。最后，根据目标和进程不断总结并完善自己的计划，对不和谐之处进行纠正。人作为社会的主体，其职业活动、社会关系、人的需要、潜能素质等是一个永恒的追求和发展过程。生涯规划诠释的正是强调以人为本的原则，并以人的自由、全面发展为终极目标。

大学期间做好生涯规划有助于大学生在校期间知识技能和经验的积累。重视大学期间的生涯规划有助于给自己准确定位，找准自己的发展目标，寻找差距，并充分利用大学期间的学习机会，积累知识、技能和经验，为将来的发展做好铺垫，并有助于大学生实现自己的人生价值。按照马斯洛的需要层次理论，人的需要的最高层次是自我实现的需要。做好大学期间的生涯规划，了解自己的兴趣、能力、气质、性格等，充分发挥自己的才能，才能实现自己的人生价值。

三、制订大学生涯规划

【知识链接】

规划生涯，从现在开始

大学，是梦开始的地方。大一是大学的开端，进入大学的第一步要走好，只有做到步步为营，才能步步高升、步步为赢。

一、大一时期可能出现的问题

1．过多地与高中同学保持友情，反而忽略了大学同学关系的维护。

2．拥有的自由太多，导致出现无人引导的迷茫和目标的缺失。

3．拼命挤进院校学生会，进入后却无所事事。

4．盲目参加各种社团，但参与活动时只有3分钟热度。

5．困扰于专业与自己的兴趣矛盾，自暴自弃、不思进取。

6．过度娱乐放纵自己，耽误了基础课的学习。

7．沾染了游戏等难以自控的活动，浪费了大好时光。

8．过早涉足爱河，贪恋一时之快而葬送更多的时间与机会。

二、大一时期面临的阶段与任务

（一）校园环境熟悉期

1．熟悉校园环境，摆脱陌生感。

2．明确校园资源，充分为我所用。

3．了解城市资源，利用校外资源。

4．借助互联网，获得全面支持。

（二）个人反思定位期

1．定位个性自我，培养能力和素质。

2．树立职业理想，制订圆梦计划。

（三）大学关系建立期

1．熟悉本班本系，建立良好关系。

2．了解更多校友，寻找有益朋友。

3．增强师生交流，寻找发掘良师。

4．拓展校外关系，寻找人生贵人。

（四）学校生活适应期

1．学好基础课程，掌握必要能力。

2．养成良好习惯，高效利用时间。

（五）专业了解期

1．细问专业老师，确定专业方向。

2．咨询相关人士，了解来龙去脉。

3．学习专业课程，培养兴趣能力。

（六）专业体验确定期

在这个时期，大学生在老师的指导下从事相关的专业实践活动，如理科学生随教师去实验室做大量的专业实验，文科学生开始撰写专业论文或做社会调查等。

（一）大学生涯规划的基本步骤

1．认识自我　自我评估是对自己做出全面的分析，主要包括对个人的需求、能力、兴趣、性格、气质等的分析，以确定什么样的职业比较适合自己，以及自己具备哪些能力。

2．评估环境　对自己所处环境进行分析，以确定自己是否适应组织环境或社会环境的变化，以及怎样调整自己以适应组织和社会的需要。短期规划比较注重组织环境的分析，长期规划更多地注重社会环境的分析。

3．确定大学生涯发展的目标　生涯目标包括人生目标、长期目标、中期目标和短期目标，它们分别与人生规划、长期规划、中期规划和短期规划相对应。一般来说，我们首先要根据个人的专业、性格、气质和价值观，以及社会的发展趋势确定自己的人生目标和长期目标，然后再把人生目标和长期目标进行分化，根据个人经历和所处的组织环境制订相应的中期目标和短期目标。

4．制订并实施行动方案　在确定以上各种类型的职业生涯目标后，就要制订相应的行动方案来实现它，把目标转化成具体的方案和措施。这一过程中比较重要的行动方案有职业生涯发展路线的选择、职业的选择以及相应的教育和培训计划的制订。

5．评估与反馈　在人生的发展阶段，由于社会环境的巨大变化和一些不确定因素的存在，会使我们与原来制订的职业生涯目标与规划有所偏差，这就需要对职业生涯目标与规划进行评估，做出适当的调整，以更好地符合自身发展和社会的需要。职业生涯规划的评估与反馈是个人对自己不断认识的过程，也是对社会不断认识的过程，是使职业生涯规划更加有效的手段。

（二）大学生涯规划的常用方法

1．六“What”法

（1）What are you? 首先问自己——你是什么样的人？这是自我分析过程。分析的内容包括个人的兴趣爱好、性格倾向、身体状况、教育背景、专长、以往经历和思维能力。这样就能对自己有全面的了解。

（2）What do you want？你想要什么？这是目标展望过程，包括人生目标、职业目标、学习目标、名望期望和成就感。特别要注意的是学习目标，只有不断地确立学习目标，才能不被激烈的竞争淘汰，才能不断超越自我，登上更高的职业高峰。

（3）What can you do？你能做什么？自己的优势技能何在？最好能学以致用，发挥自己的专长，在学习过程中积累与专业有关的知识和技能。同时，个人工作经历也是一个重要的经验积累，它能够帮你判断你能够做什么。

（4）What can support you？什么是你的支撑点？你具有哪些社会竞争能力？你的各种资源和社会关系如何？个人、家庭、学校、社会的种种关系也许都能影响你的选择。

（5）What do you fit most？什么是最适合你的？每一种工作的待遇、名望、成就感、压力及劳累程度都不一样，这就要看个人选择了。选择最好的并不是合适的，选择合适的才是最好的。这就要根据前 4 个问题再回答这个问题。

（6）What can you choose in the end？最后你能够选择什么？通过前面的问题，你能够做出一个简单的生涯规划了。机会偏爱有准备的人，做好了你的生涯规划，为未来的生活做好准备，当然比没有准备的人机会更多。

2．“SWOT”法　SWOT 的意思就是 Strength（优势，S）、Weakness（劣势，W）、

Opportunity（机会，O）、Threat（威胁，T），常用于职业规划与就业选择。其中，S、W是内部因素，O、T是外部因素。我们不妨采用这一工具对自己进行一番全面的体检，同时对外部环境进行认真的洞察和分析，进而评估我们获得该职位的可能性，并制订相应的职业生涯规划实施方案。

（三）大学生涯规划书

1．大学生涯规划书的结构　大学生涯规划书的主要内容通常包括以下项目：①标题。包括姓名、年龄跨度、起止日期。②引言。包括规划的目的以及自己对规划意义的认识。③自身条件及潜力测评结果。④发展环境分析。包括对政治环境、经济环境、学校环境的分析，还包括专业发展前景分析、相关的职业与行业环境分析、所在班级与院系的情况分析。⑤大学生涯发展方向及总体目标。⑥目标分解及目标组合。⑦目标评估。听取老师、亲人、同学、朋友以及其他可能了解或帮助自己的人的意见，征询他们对自己大学生涯目标的建设性意见。⑧目标与现实的差距分析。指评估自身现实状况与实现目标要求之间的差距。⑨确定目标实现或成功的标准。⑩缩小差距的方法及实施方案。⑪后记。

2．大学生涯规划书的类型　撰写大学生涯规划书其实没有固定的格式，它只不过是人生和生活理想的文字化和条理化，常用的类型有文字型和表格型。

（1）文字型：文字型生涯规划书主要以叙述的方式按照某种逻辑编写。如下所示。

我的大学生涯规划

1．引言　步入大学生活，我第一次感到了迷茫，不知道该往哪里走。直到接触了大学生涯规划，我才重新找回了方向。通过对自己兴趣及能力的了解，我确定了现实性的奋斗目标，从此我将有目标地生活、有目标地学习，使我的每一天都能有意义。

2．自我分析　我对研究型和社会型工作都比较感兴趣，对富有创造性的、分析性的定向任务性质的职业比较感兴趣，这一点也在霍兰德职业兴趣测量中得以证实。我的社交水平一般，但有一定水平的分析能力，创造能力较强。我比较安静，在同一时间一般只专注于一件事情。我重感情，忠于自己的价值观，但有时候会过于追求完美和固执，容易走极端，做一些不切实际的事。我有时也很敏感，因为太在乎别人的看法及感受而改变自己的行为和看法。

3．未来发展目标　我的专业是计算机技术。根据自己的兴趣和所学专业，在未来我希望向管理和技术两个方面发展，最终能成为技术型的管理者。

4．大学期间的发展目标　为了成为成功的技术型管理者，我在大学期间需要做到的是：

（1）在政治思想和道德素质方面，树立正确的人生观、价值观和道德观，坚持正确的人生价值取向。积极向党组织靠拢，定期递交对党的章程的学习、认识及实践的体会，以及自己言行感受的材料，积极参加党团活动，争取早日加入中国共产党。

（2）在学业方面，上课不迟到、不早退，绝对不旷课，注意预习和复习，保证学习和听课的时间和质量。安心、专注地攻读职业方向类和专业类书籍。毕业前通过计算机等级考试和英语四、六级考试。

（3）在技能培训方面，积极参加多种社会实践活动，锻炼自己的人际交往能力，辅修管理和经济类课程，扩大知识面，提高管理能力。关注计算机科学领域的更多新知识，考取微软认证的部分证书。

（4）在身心发展方面，积极参加校内外的各项活动，锻炼自己的胆量和能力。积极参加体育锻炼，保持良好的身体素质。

5. 大学期间的行动计划

（1）一年级：每天抽出1个小时来提高英语的听说能力，每天背诵20个单词，增加词汇量。每周一至周五上晚自习，完成当天的作业并预习第二天的功课，确保每门功课的期末考试平均分达到85分以上，争取获得一等奖学金。参加学生会竞选，提升自己的服务意识，锻炼自己的能力。参加兴趣协会，尝试开展科技创新。

（2）二年级：确保上学期顺利通过英语四级考试，之后坚持学习，争取下学期通过英语六级考试。如果失败，确保在三年级上学期通过英语六级考试。开始辅修经济学和管理学的课程。积极准备，力争通过计算机三级考试。不放松专业课程的学习，保证成绩在80分以上。参加数学建模大赛和电子科技大赛，培养自己的合作精神和创新能力。

（3）三年级：确保通过英语六级考试。考取部分微软认证的资格证书，为将来求职增加砝码。积极参加社会实践和实习。

（4）四年级：广泛了解招聘信息，掌握求职技巧，积极参加招聘会，力争尽早获得工作岗位。保持优异的专业成绩，完成毕业设计和毕业论文，顺利通过答辩，获取毕业证书和学位证书。

6．结束语　任何目标只说不做到头来都只是一场空。我愿意向着自己的理想和目标努力奋斗，不怕困难和失败，为自己的大学生涯交上令自己和所有关爱我的人满意的答卷。

（2）表格型：表格型生涯规划书主要以表格的方式按照某种逻辑编写，如表6-1所示。

表6-1　我的大学职业生涯规划表

我的SWOT分析	内部因素	优势因素（S）	弱势因素（W）
		分析能力、策划能力较强，对工作有耐性，认真、负责，积极主动，富有进取精神	不太会处理人际关系，英语能力有限，较为固执
	外部因素	机会因素（O）	威胁因素（T）
		学校提供的就业机会较多，所读专业未来市场前景巨大	社会环境不断变化，就业竞争激烈，就业形势日益严峻，所读专业定位不明
我的职业路径	职业目标	根据职业兴趣和个人能力，我希望能成为一名出色的电子商务师	
	职业发展策略	进入网络营销行业	
	职业发展路径	先走技术路线，再转向行政主管路线	
	具体路径	企业电子商务平台开发人员—企业电子商务平台管理人员—企业电子商务高级管理人员	

我的大学规划	一年级	养成早起习惯，每天坚持背单词，不断提高英语水平，学好各门课程，多参与学校组织的各项活动，增加人际交往能力
	二年级	在保证各门课程成绩优异的情况下自学掌握本专业所需的网络技术。对整个市场宏观与微观环境有全面的认识，并了解企业的管理运作
	三年级	参加社会实践，寻找更多的实习机会，拓宽视野。利用周末学习专业技能，考取助理电子商务师
	四年级	收集、了解工作信息，积极参加招聘活动，强化求职技巧
我的职业发展规划	毕业后5年内	在技术型职位上努力工作，加强沟通、虚心求教，使自己成为业务精湛的技术骨干，积累管理经验
	毕业后5～8年	大胆工作、敢于创新，充分发挥自身的技术优势，注意管理方法的总结和提高，能在技术管理的岗位上有所成就
	毕业后10年	顺利实现转型，成为技术型管理者
	毕业后10～20年	在技术和管理上同时完善自我，达到事业的顶峰

四、实施大学生涯规划

1．适应了解阶段　大学生涯的初始阶段是从大一开学至大一下半学期。大学生在这一阶段的主要任务是了解有关生涯规划的理论知识，适应刚刚开始的大学生活。通过学校的教育和自身的思考，大学生意识到生涯规划的重要性和必要性，并对自己的未来有了一个初步设想。在这个基础上，我们应进行自我认识，具体应做到以下几点：

（1）认识自己的个性倾向性和心理特征，包括兴趣、价值观、气质、性格、能力等，以及与自己的个性特点相适应的职业及发展方向。

（2）掌握自我认识及有关自我概念与价值的知识。确认个性品质，找出影响个人自我概念的重大事件；明确个人的兴趣与能力，尤其是自我的优势与不足。

（3）理解和掌握交际技能。了解不同的人看待问题的方法；认识和描述同学的性格特征；学习有感召力的同学的交际技能；学会尊重他人的情感与利益；学会处理自己或他人的心理冲突、缓解心理压力、应对情感问题的方法。

2．选择定向阶段　是大学生涯的第二个阶段，大概从大一下学期至大二上学期。大学生在了解了生涯规划之后，应对自身情况有了一个较为全面、客观的认识，此时可以进一步明确自己的发展方向。此阶段大学生需要进行的是环境评估及职业探索。评估环境因素对自己生涯发展的影响，分析环境条件的特点、发展变化情况，把握环境因素的优势与限制。要充分了解本专业、本行业的地位、形势以及发展趋势，分析内外组织环境、政治环境、社会环境、经济环境、政策法律、人力资源需求、行业特性、发展前景、工作内容、所需能力、薪资待遇等因素对自己未来生涯发展的影响，以利于在复杂的环境中趋利避害。经过这一阶段，大学生在获得的大量信息中进行整合和筛选，并对专业和职业环境有了一定程度的了解，因此，能够渐渐明确自己的生涯目标，找准自己的定位。接下来就可以针对既定目标，有所选择地对某些所需能力进行集中培养。

3．能力加强阶段　是大学生涯的第三阶段，主要从大二下学期至大三或大四。在确定了选择方向之后，在既定目标的指引下，便进入了生涯规划的实战阶段。此阶段大学生要为一年或两年后的就业准备阶段积累相关的技能。这里的技能不仅包括专业课程的学习和消化，还应在成果方面有所收获，如通过英语四、六级及计算机考级，获得各类奖励，积极参与社会实践，发表论文等。能力强化阶段的主要任务是明确规划的方法和技巧，获得确立目标和做出适当决策所需要的认识与技能。具体包括知识储备、实践能力的培养及心理状态的调整，同时，大学生还要注重培养改革意识和应付生活变迁的技能。

4．就业准备阶段　从大四或大五开始，就进入了最后一个阶段——就业准备阶段。经过 3 ~ 4 年的努力，此时应是展示成果的时期了。大学生将通过实际行动，完成大学生涯规划第四个阶段的任务，为就业做好充足的准备。

大学各阶段的规划任务表见 6-2。

表 6-2　大学规划任务表

时期	任务	实施措施
适应了解阶段	认识自我，了解所学专业的特点及方向，制订目标	参加学校活动，培养沟通能力；熟读学生手册，了解相关规定；与老师、学长们交流；学习有关生涯规划的内容；询问就业情况
选择定向阶段	进一步明确个人选择，注重专业学习及个人能力、技能培养	细化目标，参加学生社团，锻炼各种能力；提高英语、计算机等实用技能；学习选修课程等充实自己
能力加强阶段	加强综合素质的培养，强化专业课程的学习	重视专业学习；尝试兼职和社会实践活动
就业准备阶段	完成专业实习，提高个人综合技能，做出考研或就业的抉择	认真完成实习期的学习、工作及毕业考试或毕业论文；了解就业信息，学习写简历，做好择业准备；为考研做准备；审视自己的目标，明确自己的选择

在制订生涯规划时，由于对自身及外界环境的了解并不全面，最初确定的生涯目标往往都是比较模糊或抽象的，有时甚至是错误的。在经过选定生涯路线、积极行动培养职业能力、做好就业准备后，由于外界环境和自身素质的变化，有必要在这些因素发生变化后，重新对自我进行剖析和评估，并对自己的生涯目标进行修正。

【知识链接】

成功生涯规划十诀

1．生涯规划就是规划人生的远景，描绘生命的蓝图，发挥自己的才能，写出自己的剧本。

2．生涯包括如何成长、学习、谋生，是思考、选择、计划、打拼、发展的终生历程。

3．人生像演员，不同的场合扮演不同的角色，重要的是，演什么，就要像什么。

4．人生最重要的事，不是你现在站在何处，而是今后要朝哪个方向走，只要方向对就不怕路远。

5．生涯规划的步骤是先觉知、有意愿、量己力、衡外情、定目标、找策略、重实践、善反省、再调整、重出发的循环历程。

6．幸福生活路　事业有成、婚姻美满、家庭和睦、生活健康、人际关系和谐、时间管理高效等。

7．快乐工作路　尽职尽责、舒解压力、精益求精、寻找乐趣、追求创新等。

8．丰富学习路　修身养性、自我进修、短期进修、在职进修、网络学习等。

9．职业生涯成功路　终身受雇、职位晋升、发展专长、绩效创高等。

10．人生的地图画满了各式各样的关卡，每过一关都是成长，能够过关便是幸运，经历种种关卡所累积的教训及经验更是人生的智慧。

第二节　大学生适应能力的发展

一、适应能力

适应能力是指个体独立处理日常生活与承担社会责任，并达到他的年龄和所处社会期望的程度，也就是个体适应自然和环境的有效性。这里的适应包括两个方面：其一是个体自己独立生活和把握自己的能力程度；其二是对个人和社会所提出的文化要求自己所能满足的程度。社会适应能力是一种社会实践能力，其特征不仅包括个体改变自己以适应环境，也包括个体改变环境使之适合自身的需要。适应能力可以从以下几个方面来认识：①生活方面，包括日常生活技能和习惯，如自理能力、饮食、穿戴等。②人际沟通方面，包括表达和理解他人的能力，如人际交往能力、语言表达能力等。③社会技能方面，包括和他人共同生活及合作必需的技能、顺应社会行为规范的能力以及实践能力等。

大学生适应包含大学生在校学习和生活期间的各种适应，如学校生活环境的适应、学校学习环境的适应、学校人际环境的适应等，以及在大学期间找到和社会的衔接点。大学生适应能力是大学生在学校和在社会生活中为达到与所处环境的和谐状态而必须具备的一种综合能力。大学校园环境是社会环境的一部分，如果把大学作为进入社会的最后一个缓冲带，那么，大学生在校期间培养的各种能力和适应大学校园环境的程度如何，将对大学生将来适应社会大环境产生一定的影响。在大学校园环境中，大学生除了学习上的适应之外，还要在生活习惯、行为方式上做出相应的改变，以适应大学生活的特点。这种适应的范围越广泛，对大学生的影响就越明显。这些改变不仅仅是大学生所需要的，任何一个处于这一年龄段的人都必须在新环境下做出改变，因为这是个体发展不可缺少的一步。大学生在应对校园生活中一系列问题的挑战时，其社会认知的能力、独立生活的能力、人际交往的能力以及实际操作的能力都得到了相应的提高。这些能力在处理现实问题时，又都是相互制约、相互促进的。对大学校园生活环境的适应可以看作是大学生进入社会前的一次模拟演练，它最大的好处是使大学生开始独立解决生活中出现的重大问题，自己教育自己，自己管理自己，因此，培养大学生的适应能力是现代社会的需要，也是教育改革和为社会培养人才的趋势。

【知识链接】

新生活，心适应

由于学习和生活等方面的变化，大学新生会面临诸多问题。怎么处理好这些问题，尽快理顺各种关系，愉快地开始新的征程呢？有如下建议以供参考。

1．多一点自信，少一点自卑　中学时期你可能是班里和学校的佼佼者，但大学里人才济济，你突然发现自己有不少不如他人的地方，心理上会产生较大的失落感。这时要多看自己的长处，保持信心，不要一味地自卑而看不起自己。多学别人的长处，迎头赶上就行了。

2．多一点自主，少一点依赖　离开父母独自生活，好多事情要自己处理。要对自己说“我能，我行”。不要总有等、靠、要的思想。老生的经验值得借鉴，但不能事事问人、事事照样子去做。况且每个人的情况也不同，重要的是靠自己。

3．多一点主动，少一点被动。在与老师和同学交往、对待班级里的事或参加活动时，应该主动，不要凡事总让人推着你，总让别人照顾你。要时刻想到我能为别人做什么，我该为这件事出什么力。

4．说话多一点和气，少一点脾气　同学们来自五湖四海，方言、习惯、思维等多有不同，免不了会出现误会。这时，与人说话时要和气，心平气和地商量着解决问题，不要动不动就发脾气，并要使用普通话。

5．多一点好行为，少一点坏习惯　不能不分场合大叫大嚷、乱吐乱倒、乱扔乱放、不遵守作息时间、便后不冲干净、不值日等，只图自己方便而不管他人，既不文明又容易引发矛盾，搞得自己和他人都不愉快，也影响了自己的学习。所以，要多讲一点道德，不做不文明的事情。

6．多一点自制，少一点放纵　读高中时很苦，进了大学后适当放松一下是可以理解的，但要自制。通宵上网玩游戏、没完没了地聚餐、逃课去旅游玩耍、觉得迟到早退无所谓等，是不可取的。如果有空的话可以去做许多有意义的事，要严格要求自己。

7．多想一点父母挣钱不易，少一点大手大脚　上大学的开销比上中学的大，因此，该花的花，不该花的尽量不花。不能为了所谓面子而比吃比穿、比玩耍论潇洒，增加父母的负担。

8．多一分清醒，少一点糊涂　外面的世界有很多诱惑，自己要有脑子。要清醒一点，不要糊糊涂涂陷入传销，避免因急于在双休日打工而上当受骗，避免自己的好心被人利用而失去金钱甚至受到伤害。

9．多一点坚强，少一点软弱　新的矛盾、新的挫折、新的委屈、新的打击等随时会发生，随时会遇到，不要唉声叹气，不要痛哭流涕，不要心灰意冷，要坚强，要放眼未来，要态度积极。要是钻牛角尖、往窄处想、寻死觅活的话就太软弱了，对自己和别人都不好，做人要学会坚强。

10．多一点时间意识，少一点浪费生命　有的大一新生不知道自己的目标是什么，不知道上完几门课后该干什么，不知道业余时间该做点什么。那样，就浪费了生命，因此，要珍惜时间，心中有目标，不断地为美好的未来奋斗。

二、大学生活的特点

与中学阶段相比，大学在学习内容、学习方法、生活方式、生活习惯、课外生活等方面有较大的变化，具有鲜明的特点，表现在以下几个方面。

（一）学习上的主动性与创造性并存

学习是大学生活的主要内容，也是首要任务。大学阶段的学习，知识的广度和深度普遍增加，专业方向基本确定，学习方法由“学什么”转变到“怎么学”，学习态度由“要我学”

转变到“我要学”，培养自学能力就成为其中的关键问题。这就需要大力发挥学习的主动性和创造性，由被动学习转向为主动学习。

此外，大学主要实行的是学分制，除了公共科目、基础课和专业课属于必修之外，各专业都开设了选修课，同学们可以根据个人兴趣和能力选修相关课程。自由支配学习的机会增多了，学习的自主性也大大增强。大学的图书资料和各种信息非常丰富，获取知识的渠道更加多样化，熟悉并利用图书馆与互联网搜索学习资料和掌握信息成了必备的学习技能，很多学校开设了《文献检索》课程。广泛涉猎相关领域知识，掌握科学的学习方法，培养独立思考问题、分析问题和解决问题的能力，是大学阶段学习的重要特点。

（二）生活上的集体性与自理性并存

大学的生活环境与中学相比发生了很大变化。中学生大多不住校，过着走读的生活，基本是从家门到校门，接触的对象一般局限在老师、同学、家庭成员之间，生活空间比较狭小。而进入大学之后，生活空间扩大，开始由封闭型转向松散型。来自不同地区、不同民族的同学们共同在一起学习和生活。由于大家来自不同的地域，生活方式和生活习惯难免会有些不同，兴趣爱好也会有所不同，甚至还有宗教信仰的不同，这就需要大学生学会过集体生活，要融入集体中去；学会如何与他人共处，不要总是以自我为中心，要学会严于律已、宽以待人。大学生活是一个全新的天地，学习、生活的新变化要求同学们尽快适应新的环境。他们既要学会过集体生活，又要学会独立处理学习和生活中遇到的问题。大学里不再有固定的班级和教室，不再有统一的作息时间，很少有统一的集体活动，个人自由支配度增大，衣、食、住、行、经济开支等都要靠自己安排和料理。生活自理能力反映了一种对生活的态度和对其他人的尊重。自理能力强的同学会很快适应，应对自如；自理能力弱的同学则可能会碰到各种困难。所以，我们应该学习和掌握一些必要的生活自理能力，逐渐从依赖别人的生活方式转变为独立的生活方式。

（三）课外活动的丰富性与多样性并存

大学的课外活动是丰富多彩的，因为在大学更注重对学生个人能力的锻炼和培养。课外活动的开展可以培养我们的组织能力、协调能力、管理能力，这也就是为什么现在好多用人单位都优先录用在大学时担任过学生干部的毕业生。在大学，课堂上是学习，课外也是学习。课堂上学习理论知识，课外学习实践知识。大学里有各种各样的课外活动，如文艺晚会、演讲比赛、辩论赛、运动会，还有各种学生社团活动等。大学生参加这些活动后就可以在无形中锻炼自己，所以我们要积极地参加各种课外活动，但是要注意不能耽误正常的学习，否则就是捡了芝麻，丢了西瓜，得不偿失。

（四）人际关系的重要性与广泛性并存

在中学由于我们的生活基本上由父母帮忙料理，所以人际关系的重要性并没有突显出来。而到了大学，远离了父母，一切都要靠自己，这时人际关系就显得十分重要。大学生的人际交往由“一元化”转向“多元化”。所谓“一元化”是指中学阶段的重点是在学业上互帮互助、互相讨教。而进入大学后，大学生的视野和活动的范围开拓了，同学们参加各种社会活动的机会大大增加，使他们广泛结交了与自己志趣相似或利益、需求相近的人，形成开放的交往圈。党团组织、学生会、班委会等组织活动增多；由志趣、爱好相同的学生自愿组织的各种学生社团也丰富多彩；人际关系交往，诸如同学交往和师生交往等活动也随之增加，因此，同学们可以根据自己的特点和爱好、时间和精力等情况积极参加各种活动，合理安排课余生活，锻炼组织与交往能力，在相互交往中增进同学间的情谊。

（五）情绪反应的强烈性与不稳定性并存

情绪是人们对环境刺激的一种内在反应，是由身体各部分发生变化而产生的一种复杂状态，表现为快乐、愤怒、悲哀、恐惧等形式。在日常生活中，大学生热情奔放，情绪体验来得快而强烈，感染性大，可因一件小事而高兴，也可因一件小事而失落，或许能从高度兴奋立刻转入沉默和抑郁中。不但如此，情绪体验与动作的联系很密切，既可能具有极大的建设性，也有可能具有极大的破坏性。如看到打架斗殴或欺侮妇女事件，有正义感的大学生常上前制止，这种行为具有良性的社会效应；也可能有的大学生因为“哥们义气”“朋友之情”而大打出手，或寻衅报复、打架斗殴，这样的行为则具有破坏性。

三、大学生适应相关的心理问题

大学生适应不良不仅涉及面广，而且不同的年级表现不同，侧重点也不同。其中，适应不良在大学新生和毕业生中表现地尤为突出。

（一）大学低年级学生的心理适应问题

通过调查，相当比例的大学新生认为，最烦恼的问题主要有：对环境不适应，感到孤独和寂寞；学习上不适应，心理压力大；人际关系不适应，感到同学之间、师生之间没有在中学时那么融洽。大学新生的心理适应问题主要可以归结为以下几个方面：

1．环境的适应性问题　入学前，许多学生为了应付考试，全身心地投入学习中，父母也为此给予了无微不至的关怀。特别是作为独生子女的当代大学生，从小就一直受到父母的溺爱，对家庭有较强的依赖性，缺乏必要的生活经验与处理问题的能力，自理能力较差。面对生疏的人群和陌生的环境时，他们不知如何去应对、策划、处理，从而产生孤独、焦虑、不安和沮丧等心理问题。

2．学习的适应性问题　中学教育为基础教育，教学内容基本上是围绕高考展开的，在教学方式上以课堂灌输为主，整个学习过程都依赖教师的安排，学生处于被动的学习状态。大学教育则强调自主学习，注重学生独立思考与创新能力的培养。从中学到大学，面对这种学习方式的转换，由于缺乏必要的过渡，一些大学新生不能很快地适应变化，也不知道该怎么学，久而久之就会带来一定程度的心理压力，表现出厌学、紧张、自卑等消极的心理状态。

3．自我认知的矛盾问题　大多数大学生在中学时在学习上是优秀者，通常受到老师的关爱和同学的敬重，自我感觉良好。进入大学后，面对从四面八方汇集而来的优秀学子，有的同学发现周围同学在学习及其能力方面都比自己强，明显觉察到自己的不足，以前所有的那种优越感荡然无存。面对理想与现实的冲突，有些同学开始怀疑自己的能力，并产生了某种程度的失落感与自卑情绪。当学习和生活中遇到一些小的挫折时，他们往往不能正视现实矛盾，而是采取逃避或对抗等消极态度，如悲观、失望、怨天尤人、嫉妒等。

4．人际交往中的困惑　与父母的远离和陌生的环境使大一新生对人际交往产生了前所未有的渴求。面对来自五湖四海的同学、朝夕相处的室友、不同年级的老乡、不同院系学生组织的校内社团组织，学生们人际交往的内容更为丰富，对人际交往中的细节也更为在意。

由于各种因素，使人际交往引发的心理不适在大一新生中表现得特别明显。

5．期望与现实不相符的困惑 每个人都有自己的梦想和追求，特别是对于大学生来讲，大学是实现理想至关重要的一环。然而在高考选择专业时，由于家庭、社会、就业等各种因素的影响，有些大学生所选择的专业与他们的兴趣、性格和能力优势并不相符，经过一段时间的学习以后，依然无法培养兴趣或适应学习。有的大学生只是被动地应付考试，表现出厌学、空虚、无聊、烦躁等消极心理状态；有的对未来丧失信心，缺乏学习动力，表现为怠学或逃避学习等现象，甚至放任自流，沉溺于网络游戏中。

（二）大学中年级学生的心理适应问题

中年级大学生一般指二、三年级的大学生。此时的大学生经历了入学之后的种种不适应和困惑，经过调整，心态有了较大变化。入学时的种种不适应已基本消除，各方面的关系已趋于稳定，开始进行良好的新的生活和学习秩序，并正在建立新的心理平衡。但在这个看似平静的阶段，大学生依然会遇到一些新问题，出现一些新情况。

1．学习和生活上的再适应问题 随着知识的增长和眼界的开阔，大学生与社会现实不断贴近，于是他们便发现，原有理想中不切实际的幻想成分太多，需要调整和重新确立人生理想与奋斗目标。有的需要在发展方向上重新定位；有的需要在时间安排上科学计划；有的则需要在学习内容的选择上科学把握；有的需要提高自身的判断力、鉴别力和抵抗诱惑的能力。

2．性和情感的心理适应问题 在大学这一年龄阶段，性的欲望已经明显地有所表现，恋爱已经成为常见现象。许多中年级大学生在情感方面都会感到一些说不清、道不明的心理困惑。有的会错误地认为恋爱就是性、性就是恋爱，甚至把握不住自己，酿成恶果，给自己和他人的身心带来了伤害；有的会因为自己还没有恋人而感到自卑，认为自己对异性没有吸引力，或者别人瞧不起自己，不敢坦然与异性交往，更害怕在异性面前出现失误，只好用回避与异性接触的办法保护自己的自尊心，并极力掩盖内心深处的痛苦与失落；有的会因为追求未果而陷入极端、失去理智甚至造成悲剧。

（三）大学高年级学生的心理适应问题

所谓高年级是指临近毕业的大学生。对于即将毕业的大学生来说，大多数人会面临适应社会不良的问题，这将阻碍他们顺利就业及就业后的发展，也会影响国家对人才的培养和使用。

每一位大学生在大学生涯里都会考虑自己未来的职业和前途。他们在求职择业过程中必然会遇到各种各样的心理压力与冲突，出现消极的情绪反应和心理失衡，产生求职适应性障碍，这是对社会环境适应的不良反应。部分大学生毕业后因不能顺利地完成从大学生到社会人的角色转换，以致不能很快地适应社会。大学毕业生的适应问题主要有以下几点：

1．知识结构与社会需求不符 一方面，进入大学以后，在学习压力大大减轻的情况下，大学生们普遍只注重完成学校安排的必修任务，只注重知识的增长和学历的提高，而忽视了个人能力的培养，以致出现社会交往能力欠佳、应变能力不足、动手能力不强等问题。另一方面，随着社会的发展、科技的进步，要求劳动者不仅成为智能型、复合型人才，而且要成为社会型和创造型人才。这使大学生的学习和交往环境一下子变得复杂多样，分数已不再是唯一的追求目标，更重要的是成为社会型、创造型劳动者，但现实是，大学生的知识结构与社会需求不符的矛盾日渐突出。其中一个突出的表现就是面临择业难的问题时，往往处于高不成、低不就的尴尬境地。

2．实践操作能力与社会需求不符　现在的大学生从小缺乏实践锻炼的机会，在成长过程中又长期受“成绩至上”观念的影响，特别是对于从小就有着优秀成绩的大学生来说，他们总以为自己是能人，眼高手低，有的甚至除了学习不知道自己想干什么、能干什么，总以为自己志向远大，往往瞧不起没有名气的部门和单位。很多大学生想找一家比较理想的单位，但是他们的眼光也很高，工资少了不会去，福利差了不愿去，没有住房不能去，不准考研不敢去，甚至单位所在的城市规模小了、位置偏僻了也不考虑去。在高眼光的背后，一些大学生其实并不具备高能力。突出表现在有的毕业生错误地估计自己，把自己的目标定位过高，不愿意从底层做起。

3．盲目求职与用人单位要求的矛盾　在就业形势严峻的当今社会，大学毕业生常常出现普遍撒网、盲目就业的情况。有的毕业生只要看到企业或单位招聘相关专业毕业生的信息就投简历、送信函，有的干脆把眼光放在“大专业”范围上，只要招聘岗位与自己的专业沾边的都要试一试，还有一些毕业生甚至不了解自己的性格、兴趣和能力，不清楚职业发展面临的优势与劣势，不了解单位的具体情况，不知道自己喜不喜欢这一职业，只要有招聘就盲目投递简历，最后石沉大海。

4．就业意识、就业方式与发展趋势的不适应　面对当今严峻的就业形势，许多学生在多次碰壁之后，干脆采取推迟就业或不就业的态度，以父母不能为其安排工作为由，顺理成章地进入“啃老族”行列。在许多人感慨就业难的情况下，“推迟就业族”也在悄然增多。他们并非找不到工作，而是主动放弃了一些机会。除了出国、考研之外，自主择业、个人创业也是推迟就业族为自己规划的出路。还有的大学生心理承受力日益增强，他们对自己的专业水平很有信心，对自己的未来有全面的考虑，因而不急于就业。近年来有少部分女生准备毕业后结婚，婚后成为全职太太，加入“不就业族”。还有一个不就业的原因是部分毕业生潜意识里不愿面对职场上严格的体制和复杂的人际关系，选择要么继续待在相对单纯的校园环境里，要么游离于传统的就业体制之外。这种逃避的态度也反映出当代大学毕业生社会适应能力方面存在的问题。

5．不良心理反应　对处于求职择业阶段的大学毕业生来说，过度焦虑是一种比较突出的适应性障碍。引起焦虑的主要问题有：担心不能找到理想的单位，或到了单位后不能胜任工作，或者不能和恋人分配到一个城市等。尤其是对于一些长线专业学生，或来自边远地区、性格内向或成绩不佳的大学毕业生，表现得尤为严重。过度焦虑往往使大学毕业生们精神紧张、心神不宁、无所适从、心慌失眠、不思饮食，进而演变成为心理障碍。

此外，在职业尚未最终确定之前，大学毕业生还可能会出现急躁情绪，有的匆匆签约，事后又追悔莫及；有的盲目攀比，择业时没有明确目标。很显然，这些都是我们所说的适应不良的表现。作为大学生，完成学业只是人生成长道路上的一小步，适应社会才是最重要的人生环节。大学毕业生应准确地把握自己，尽快地适应从校园到社会的重大转变，踏入新的征程。

【心理测试】

大学生心理适应能力测试

心理适应能力是指一个人在心理上进行自我调节、自我平衡，以适应社会生活和社会环境的能力。下面的问题能帮助你对自己的心理适应能力进行自我判断。请认真阅读并确定其与实际情况的相符程度，然后从每个题目后面所附的备选答案中选出一个并打上“√”。

1．我最怕转学或转班，每到一个新的环境，我总是要经过很长时间才能适应。
A．是　　B．无法肯定　　C．不是
2．每到一个新的地方我很容易同别人接近。
A．是　　B．无法肯定　　C．不是
3．在陌生人面前，我常无话可说，以至于感到尴尬。
A．是　　B．无法肯定　　C．不是
4．我最喜欢学习新的知识或新学科，它给我一种新鲜感并能调动我的积极性。
A．是　　B．无法肯定　　C．不是
5．每到一个新地方，我总是睡不好。
A．是　　B．无法肯定　　C．不是
6．不管生活条件有多大变化，我也能很快习惯。
A．是　　B．无法肯定　　C．不是
7．在越是人多的地方我越是感到紧张。
A．是　　B．无法肯定　　C．不是
8．我的考试成绩多半不会比平时练习的时候差。
A．是　　B．无法肯定　　C．不是
9．全班同学都看着我的时候，我的心都快跳出来了。
A．是　　B．无法肯定　　C．不是
10．对同学有看法时，我仍能与其正常相处。
A．是　　B．无法肯定　　C．不是
11．我做事时总是有些不自在。
A．是　　B．无法肯定　　C．不是
12．我很少固执己见，常常乐于接受别人的意见。
A．是　　B．无法肯定　　C．不是
13．同别人争论时，我常常感到语塞，事后才想起来该怎样反驳对方。
A．是　　B．无法肯定　　C．不是
14．我对生活条件要求不高，即便条件艰苦，我也能过得很愉快。
A．是　　B．无法肯定　　C．不是
15．有时自己明明把课文背得滚瓜烂熟，可在考试时还是会出错。
A．是　　B．无法肯定　　C．不是
16．在决定胜负或成败的关键时刻，我虽然很紧张，但总是能很快地进入状态。
A．是　　B．无法肯定　　C．不是
17．我不喜欢的东西，不管怎么学也学不会。
A．是　　B．无法肯定　　C．不是
18．在嘈杂混乱的环境里，我仍然能集中精力学习，并且效率较高。
A．是　　B．无法肯定　　C．不是
19．我不喜欢陌生人来家里做客，每逢这种情况，我就有意回避。
A．是　　B．无法肯定　　C．不是

20. 我很喜欢参加社交活动，我感到这是交朋友的好机会。

A. 是　　　　B. 无法肯定　　　　C. 不是

评分规则：

凡是奇数号的题，选“A”为 –2 分，选“B”为 0 分，选“C”为 2 分；
凡是偶数号的题，选“A”为 2 分，选“B”为 0 分，选“C”为 –2 分。

结果分析：

35 ~ 40 分：心理适应能力很强，能很快地适应新的学习和生活环境，与人交往轻松大方。给人的印象很好，无论进入怎样的环境都能应付，左右逢源。

29 ~ 34 分：心理适应能力良好。

17 ~ 28 分：心理适应能力一般，当进入一个新的环境时，经过一段时间的努力，基本上能适应。

6 ~ 16 分：心理适应能力差，依赖于好的学习和生活环境，一旦遇到困难则易怨天尤人，甚至消沉。

5 分以下：心理适应能力很差，在各种新环境中，即使经过一段时间的努力也不一定能够适应，常常感到困惑，因与周围事物格格不入而感到十分苦恼。与他人的交往中总是显得拘谨、怕生或手足无措。

四、有效的心理适应策略

当面对新的生活环境、新的教学风格、新的学习方式，以及严峻的就业形势、残酷的竞争机制和不良的社会现象时，有的大学生感到极度不适应，有的哭过，有的骂过；有的失望过，有的悲观过；有的消沉过，有的郁闷过……这些本是正常的心理反应。但如果无视这些反应而一味地让它蔓延，必将影响大学生的学习和生活，甚至会出现心理问题。

大学生应从自身实际出发，充分挖掘自身的潜力，发挥主观能动性，努力调整自己的心态，使之更快、更好地适应需求，进入角色，学会学习和交往，懂得就业和生活。具体说来，在不同的学业阶段应当把握不同的适应策略。

（一）低年级大学生的心理适应策略

从中学升入大学，会给大学新生带来一些压力。能否尽快适应这一重要的环节，不仅直接影响到大学生当前的心智活动和学习效果，还会影响到他们成年期人格的发展。很多大学新生由于进入新的环境后不能很快地转换角色，出现了心理不适应的现象。心理上表现为失望、孤独、郁闷、苦恼、焦虑、困惑、烦恼等，生理上表现为头晕、失眠、肠胃不适、消化不良等症状。如果此时缺乏成熟的应对策略，就有可能使大学生不可避免地产生心理困惑，出现心理障碍。作为一名大学新生，要想尽快地适应大学生活，身心健康地投入学习，并成功地迈向未来的人生发展之路，需要注意以下几点：

1. 进行角色定位，树立明确的目标　有的新生入学后往往有意放纵自己，导致目标、理想和方向的迷失，这是诱发心理问题的根本原因。新生入学后要尽快认清自己的角色，树立明确的目标，经常问自己“我来大学干什么”“我在今后应该成为一个什么样的人”“我是一个什么样的人”“我有什么样的优势和不足”“我有什么样的能力和潜能”等。大学生既要确立近期的短暂的目标，也要确立长期的远大的目标。有了一个明确而现实的目标，会使心理指向集中于一处，就可以消除新生所面临的迷茫感，从而有利于各种心理问题的解决和心理障碍的消除。可以向高年级同学咨询或向老师请教，结合自身制订一个恰当的总体计划，必然有利于学业的完成和自身的成长。

2．正确地认识自我、悦纳自我　心理健康的标志之一是认识自我、悦纳自我。承认、接受和肯定自我也是大学生的一大心理追求。在人生路途中，每个人都会遇到困难，每个人都会有不如意，如家庭条件不好、考场失意、人际关系不融洽等。在同样的困难面前，有的人积极面对，在克服困难的过程中得到锻炼和提高；有的人却悲观失望、怨天尤人，甚至出现精神崩溃。若要积极面对，就必须正确地认识自我、悦纳自我，看到自己的优势和长处，找到自己的潜能所在。认识自己，可以在自我分析之后把自己的优点说出来、写出来甚至是喊出来，也可以向朋友、老师和父母寻求帮助，听取他们的分析和评价。

3．学会交往，建立良好的人际关系　良好的人际关系有利于大学生顺利完成学业，有利于大学生能力的增强和人格的完善。只有建立了良好的人际关系，才会获得支持的力量，才会有归属感和安全感，心情才会愉快，学习效率也会提高。大学生在交往中应坚持真诚、宽容和平等的待人原则，应学习和掌握交往的技巧，还应当把握交往的度。人际交往中的“度”就是指交往的方向、深度和广度等。另外，丰富的课外活动也能为大学生提供更多的与人交流的机会，锻炼大学生的人际适应能力。

4．积极参加社会实践，增强自身的综合素质　当代大学生很少经受挫折的磨炼，抗挫能力较差。通过积极参加课外社会实践活动，如公益活动、勤工助学活动等，大学生能够丰富阅历、了解人生、经受磨炼、体会挫折和困难，从而培养良好的意志品质。大学生只有具备良好的意志品质，才能承受挫折、克服困难，才能排除因挫折所造成的不良心理影响，减轻和排除精神压力，有效地防止心理失调，才能在环境剧烈变化时胸怀坦荡、从容应对。

（二）中年级大学生的心理适应策略

1．科学地把握和利用时间　就业是大学生踏入社会的重要一步，合理地利用和安排时间成为能否实现大学职业目标的关键。怎样才能做好时间上的管理工作呢？一是要做好大学生活的总体规划，避免学校的上课安排与自己的课外活动安排相冲突。二是要分清事情的轻重缓急，做到有的放矢，力求事半功倍。三是要合理安排时间，如清晨起床时背诵外语单词，在去教室的路上听外语，课间休息时阅读时事新闻，午休前看一些课外读物，周末参加社会实践活动或体育锻炼都是不错的选择。四是充分利用寒假和暑假，每年寒假和暑假的时间加起来有 3 个月，4 年的假期加起来有 12 个月。如果能合理安排、充分利用，定会受益匪浅。

2．培养健康的恋爱心理行为　大学生恋爱是不可避免的，而恋爱的过程时常会伴随各种矛盾和冲突。这些矛盾和冲突的解决有赖于人格的成熟和心理的健全。同样，矛盾和冲突的解决状况又会促进或阻碍人格发展和心理健全。具体来说要注意以下几点：一是要认识恋爱的本质和特征，把握恋爱的原则，正确处理恋爱与学业和事业的关系。二是要培养爱的能力。成熟的爱情应当以自爱为基础，知道自己需要怎样的爱，并且具有给予爱的能力和拒绝爱的能力。三是要树立积极的人生观和价值观，培养独立的人格，确立恰当的择偶标准。四是要学习和掌握性生理和性心理卫生知识，把握健康的恋爱观念和恋爱行为。

（三）高年级大学生的心理适应策略

就业、走向社会是大学生学习和生活的目标。但是，大学毕业生的数量年年递增，导致择业难度和就业压力增大。双向选择、自主择业的就业方式对大学毕业生来说既是压力，也是动力，大学毕业生能否适应社会或适应程度如何，无论对于个体的成长，还是对于社会的需要和社会发展都有着非常重大的意义。面临毕业、走向社会的大学生应把握如下适应策略：

1．科学地评价自己，树立的良好心态　在求职过程中，主观评价过高可能会导致处处碰壁、求职无路、就业无门，而主观评价过低可能导致信心不足、犹豫不决，甚至坐失良机，因此，毕业生应该了解自己的气质、性格和能力。尺有所短，寸有所长。每个人都有自己的优点和长处，也都有自己的缺点和短处。每个毕业生对自身能力都应有客观和正确的认识，做到“自知”和“自明”。只有这样，才能保持良好心态，在求职中抓住机遇，从而避免盲目，减少失败。

2．努力转变求职择业观念，适应当前的就业形势　大学毕业生应该主动适应社会主义市场经济的要求，努力克服自身的心理障碍，进一步解放思想，转变观念，勇敢地面对社会的选择。毕业生不仅要改变依靠国家和政府的观念，也要改变就业一步到位的观念，树立“先求生存、再谋发展”的新型就业观念，做好自主就业、多次择业的思想准备。

3．克服求职择业中的心理障碍　择业是大学生人生中的一次重大选择，会给他们带来很大的思想和心理压力，背上沉重的精神负担，也使部分学生产生多种心理障碍，如焦虑、怯懦、自卑、幻想等，这既不利于就业，也影响了大学生的工作和学习。大学生要学会开导自己，择业时只要尽了自己最大的努力，失败了也不要觉得遗憾。如果抱有这样的心态，各种心理问题也就容易迎刃而解。

4．积极参加社会实践活动　大学生毕业前心态复杂、情绪激动，很容易受他人或环境的影响，情感上具有明显的两极性和爆发性，容易出现心理问题。如果能够有目的地参加一些积极健康的社会实践活动，则有助于调整心态，保持心理健康。社会实践活动的积极作用主要表现在：一是可以有效地帮助大学生转移消极的思想、松弛紧张的神经、调整心态、稳定情绪。二是通过形式多样的活动可以抒发情感、展示才华，修正和重塑自己在老师和同学心目中的形象。三是通过丰富多彩的社会实践活动营造一种积极向上的良好的心理氛围，使自己置身其中，获得情感上的交流和共鸣，增进与老师、同学之间的相互理解和沟通，以一种积极健康的心态迎接各种挑战，进而成功地走向社会。

第三节　学会时间管理

【案例导读】

碎石、沙子和水的故事

有一天，一位时间管理专家对着一群商学院的学生演讲。他在面前的桌子上放了一个4升的宽口玻璃罐，然后拿出十几个拳头大的石头，一个个小心地放进罐子里。当罐子装满，再也不能放进任何石头后，他问：“这个罐子满了吗？”课堂上的学生齐声说：“满了！”然后他问：“真的吗？”接下来他从桌下拿出一篮碎石子，把这些碎石子倒进罐子里面，再摇一摇，让一些小碎石能进入石块与石块之间的空隙。

他再次问全场："罐子现在满了吗？"这一次，全场学生都了解他的意思了。"可能还没有满。"有一位学生这么回答。"很好！"他大声说。于是他再从桌子下拿出一篮沙子，把沙子倒进罐子中，让沙子滑入碎石间剩余的空间。他再次问这个问题："罐子满了吗？""没有！"全班一起喊。"很好！"他回应。此时他再拿出一瓶水，把水倒入罐子中，直到水满到罐口。

他看着全班问："我所要表达的是什么意思？"有一位学生举手回答说："你的意思是，不管时间安排多么紧凑，如果你努力找，一定能在其中加入一些东西。""不对，"这位专家说，"重点不是在此。这个表演要教导我们的是，如果不先放进大石块，你永远没有办法把它们都放进去。"这个罐子的最大容量象征着在一段时间内一个人的最大工作量；碎石象征着既重要又紧急的事务；石块象征着重要但不紧急的事务；细沙象征着紧急但不重要的事务；水象征着不紧急也不重要的事务。

1．碎石型事务　对于危急、紧迫的任务，有期限压力的计划，应该立即处理，不要拖延。

2．石块型事务　处理石块型事务可发掘新机会，防患于未然。应该分阶段处理，计划好什么时候开始做，需要花费大量时间。

3．细沙型事务　对于某些信件、电话的处理，或某些必要而不重要的会议、活动，应该马上就做，但应在尽可能短的时间内完成。

4．水型事务　对于一些可做可不做的杂事，或者一些不必要的应酬或有趣的活动，应该灵活处理，尽量控制时间，在完成了所有重要的事情之后再酌情考虑。

如果罐子里早已装满了碎石、沙子和水，那么我们就再也没有机会把石块装进罐子里了，因此，有效率的时间管理需要首先分清楚什么是石块，什么是碎石、沙子和水。碎石是由石块破碎而来的。偏重于石块一类事务的人，他的碎石会很少。偏重于碎石一类事务的人，他的碎石会源源不断。偏重于石块一类事务的人才是真正有效率的人。他善于审时度势，能够抓住问题的关键，当机立断并防患于未然。尽管有时也会有燃眉之急，却能设法将其降到最低，因此，这类人显得有远见、有理想、守纪律、自制力强、生活平衡而有规律，而且能成大事。

一、时间管理的内涵

时间管理学者杰克弗纳（J. Venner）对时间管理的定义是：有效地应用时间资源，以便有效地达成个人的重要目标。也就是说，一个人要实现自己的目标，时间管理是非常重要的关键因素。时间管理就是在同样的时间消耗情况下，为提高时间利用率和有效性而进行一系列的控制工作。时间管理包括：加强时间观念，自觉珍惜时间；选定目标，制订计划；利用多种方式和方法，使时间安排合理，并千方百计地节约时间；诊断时间利用情况，总结时间消耗经验，找出并克服浪费时间的原因；利用现代系统科学和定量方法来控制自己的时间。总之，时间管理就是要使人们对时间的使用从被动且随意的打发，转而系统、集中、有计划、有目的地主动分配和使用，进行高效能的富有创造性的活动。

二、大学生时间管理不良的表现

大学生在校期间的时间主要由日常生活琐事、上课、学习和娱乐四部分组成，另有部分时间用于兼职和社团活动等。大学生时间管理不良常有以下表现：①具有一定的时间意识，但不能够很好地利用时间，时间浪费现象普遍。②时间的计划性普遍偏弱，很大一部分学生对时间没有计划或有计划但实施困难。③时间安排不合理，时间分配存在问题。④做事目标不明确。⑤作风拖拉。⑥缺乏优先顺序，抓不住重点。⑦过于注重细节。⑧做事有头无尾。⑨没有条理，不简洁，将简单的事情复杂化。⑩事必躬亲，不懂得授权。⑪ 不会拒绝别人的请求。⑫ 消极思考。

【知识链接】

一组关于时间的数据

人们一般每8分钟就会受到1次打扰，如果每小时大约有7次，那么每天有50 ~ 60次。如果平均每次打扰用时大约是5分钟，总共大约是4小时。有50% ~ 60%的打扰是没有意义或者极少有价值的。如果每天自学1小时，一周7小时，一年共365小时，一个人可以像全日制学生一样学习，3 ~ 5年就可以成为专家。一个人如果桌上、衣柜里乱七八糟，他平均每天会为找东西花1.5个小时，每周要花10.5个小时。善于利用时间的人不会把时间花在不需要的事情上。时间管理中最有用的字是“不”。做一件事情实际花费的时间往往会比预期的时间多1倍。如果你让自己一天做1件事情，你会花一整天去做；如果你让自己一天做2件事情，你也会完成它们；如果你让自己一天做12件事情，那么你会完成7 ~ 8件……

数字往往会揭示一些人们意想不到的真相。这些数据是否令你吃惊？我们可以找出一些和自己有关的时间数字，使自己始终保持危机感，警惕时间的流逝，抓紧利用好每一分、每一秒。

三、有效地运用时间

（一）大块时间

大学生每天都要用大部分时间来面对当天重要的事情——学习。他们至少需要3 ~ 4个小时的大块时间学习当天课堂上讲的内容，课后花2 ~ 3小时理解消化，还要阅读与自己专业有关的书籍并查阅相关资料。所以这个大块时间是可以灵活分散地安排的，除了上课时间，如果把自习的时间分配到早上、下午和晚上，这样你会觉得能够更好地完成，而且会产生一种成就感。

（二）首要时间

首要时间指每天早晨的那段时间。“一日之计在于晨”。清晨时人的思维处于兴奋、清醒的状态，所以把这段时间用来学习、运动或做一些重要的思考十分适宜。

（三）过渡时间

大块时间之间的短间隙或许做不了什么大事，但是可以用来做一些小事情。如在课间及时复习一下听课笔记，巩固所学到的内容，加深理解，理清线索，或者整理一下笔记，回忆老师讲过的内容，与同学探讨，或向请教老师问题。

（四）零碎时间

零碎时间看起来好像不太重要，但是如果能够把那些小块时间充分利用起来，以很少的时间来做一些学习中的小事，如记忆英文单词，练习英文听力、口语等，坚持下来，收效也是非常可观的。另外，在公交车或地铁等交通工具上也可以看书、看新闻、听音乐等，以扩充知识量，充实、提升自己。

（五）固定时间

我们可以根据自己的学习习惯或生物钟制订时间计划，如果觉得在某个时段内进行学习或感兴趣的活动最好，就把它固定下来，长此以往就形成了自己的规律。如清晨时读英语、下午打篮球、晚上学习等。

（六）弹性时间

时间安排最好留有余地，即安排的预估时间应稍微宽裕些。在任务解决之后，安排一个弹性时间，一方面能用来做以前还没有做完的事情，或是留作中途被干扰、打断以后的调节时间，另一方面能用来休息，使自己张弛有度。弹性时间不能太长，10 ~ 20 分钟比较适当。

（七）个人时间

个人时间是用来修身养性、充实自我，完全属于个人独自享受的时间。每个人都需要一段不允许被侵犯的个人时间，可以利用这个时间充实和调整自己。

（八）思考时间

在思考时间中我们可着重用于计划自己未来的发展，也可用于反省自己以前所做的事情是否正确、是不是值得、如何改进、如何调整、如何让自己变得更好等，也可以天马行空地想象或胡思乱想，如果发现了一些好的想法或理念就立刻记下来。

（九）运动时间

体育锻炼应当以有氧运动形式为主，运动强度也不要过大。一般来说，以一天为时间单位，运动时间宜选在清晨、下午和傍晚，每次运动持续时间不超过 0.5 ~ 2 小时。如果学习较忙，每天无法挤出整段时间段来进行锻炼，可以采取化整为零的办法，即每次 10 分钟，每天若干次，也能取得较好的锻炼效果。可根据身体的实际情况、生活习惯及生理周期等来安排运动次数。建议在周末或假日再进行大运动量的体育活动。

（十）休闲时间

休闲时间是我们生命和生活的一部分。我们要懂得放松，安排好自己的休息时间，才能把自己的身体状况调整到最佳状态。每天可安排 1 ~ 2 小时，如中餐、晚餐、下午课后及晚上自习结束后的时间段作为休闲时间。周末、双休日、法定节假日可安排得多一些，如一整天或几天的时间，用来全身心地放松自己，做一些自己喜欢的事情。

【知识链接】

巧用生物钟

生物钟是生物体内的一种无形的“时钟”，实际上是生物体生命活动的内在节律性。人体在体力、情绪及智力上存在节律性变化，这三者的周期性变化会影响个体在不同时期的学习和工作效率。了解人体生物钟的运行情况后，按照生物钟的节律来安排相应的工作与学习，按“点”行事，就可做到事半功倍。

一般人在一天中生物性变化的规律为：

8 时：身体状况逐步开始进入兴奋状态。

9 ~ 11 时：精力充沛，注意力和记忆力达到高峰。

12 ~ 13 时：开始午餐，午饭后感到困倦。这是主要的消化时间。

14 时：这是一天 24 小时中第二个状态最低点，反应迟钝。

15 时：情况开始好转，学习能力逐渐恢复，运动最为灵巧，是较好的动手制作时间。

16 ~ 17 时：学习和工作效率提升，思路比较清晰，运动的训练量可以加倍。

18 ~ 19 时：神经活性降低，精神最不稳定，甚至一些小事都有可能引起口角，需要注意情绪的调整。

20 ~ 21 时：“记忆力增强，此时最适于学生背诵，可以记住不少白天没有记住的东西。

22 时开始：身体的多种功能均处于最低潮，激素分泌最少，学习效率最低。

根据以上一天人的体力、情绪及智力的变化，可有效地安排一天的学习与工作：

清晨起床后：大脑经过一夜的休息，消除了前一天的疲劳，脑神经处于活动状态，并且没有新的记忆干扰，学习一些难记忆的内容较为适宜，如语言、定律等。

8 ~ 10 时：这是第二个学习高效期，体内肾上腺素等激素分泌旺盛，精力充沛，大脑具有严谨而周密的思考能力、认知能力和处理能力，此刻是攻克难题的大好时机。

18 ~ 20 时：这是用脑的较佳时刻，可以利用这段时间来回顾、复习全天学习过的内容，可以加深印象，并进行分门别类、归纳整理，这也是整理笔记的黄金时机。

入睡前 1 小时：这是学习和记忆的第四个高效期，可利用这段时间来加深印象，特别对一些难以记忆的东西加以复习，则不容易忘记。

四、时间管理的技巧

（一）设立明确的目标

成功需要目标，时间管理的目的是在最短的时间内实现更多的预期目标，必须把规定期限内需要实现的若干目标写出来，确定一个核心目标，并按照重要程度，把目标依次排列，进而制订详细的计划，其中的关键是要严格执行既定计划。

（二）列一张总清单

把自己要做的每一件事情都写下来，这样做能随时明确自己手头上的任务。不要轻信可以用脑子把每件事情都记住，况且在看到长长的清单时，也会让人产生紧迫感。列好清单后，要进行目标切割。首先，将年度目标切割成学期目标，列出学期目标清单，即每一学期要做哪些事情。其次，将学期目标切割成月目标，并在每月初重新再列一遍，以便碰到突发事件而需要更改目标时能及时进行调整。最后，每个星期天把下周要完成的每件事列出来。每天晚上把第二天要做的事情列出来。把一周、一个月、一年的时间安排好十分重要，这些安排会保证整体计划不偏离方向，使我们能够比较清晰地看到远景目标，从而有助于合理有效地利用和管理时间。把一天的时间安排好更是关键中的关键，它可以使我们每时每刻都集中精力处理要做的事情，这也是实现远景目标的基础和保障。

（三）运用二八定律

巴累托法则是指 80%的价值通常由组成部分中的 20%产生，即 80%的成就感来自 20%的成功事件，而人们经常将时间耗费在 80%的低价值事件上。生活中肯定会有一些突发困扰和迫不及待要解决的问题，如果发现自己每天都在处理这些事情，那么表示时间管理并不理想，应该用 80%的时间来做最重要的事情，因此，一定要了解，就个体而言，哪些事情是最重要的。成功者一般花最多的时间做最重要但不紧急的事情，然而一般人都是做紧急但不重要的事。

【知识链接】

80/20 定律

1897 年，意大利经济学家帕累托（V. Pareto）在研究英国人的收入分配问题时发现，大部分财富流向小部分人一边，某一部分人口占总人口的比例与这一部分人所拥有的财富的份额具有比较确定的不平衡的数量关系。帕累托的研究结果是：20%的人口享有 80%的财富，因此，80/20 成了这种不平衡关系的简称。习惯上，80/20 讨论的是顶端的 80%而非底部的 20%。经济学家把这一发现称为“帕累托收入分配定律”，认为是帕累托最引人注目的贡献之一。后人对于帕累托的这项发现进行了不同的命名，例如帕累托法则、帕累托定律、80/20 定律、二八原理、二八法则、最省力法则、不平衡原则等。

帕累托“80/20 定律”的典型表现是：80%的产出来自于 20%的投入，80%的成绩归功于 20%的努力，80%的结果归结于 20%的起因。它告诉人们这样一个道理，即在投入与产出、努力与收获、原因与结果之间普遍存在着不平衡关系。少的投入可以获得多的产出，小的努力可以获得大的成绩，关键的少数往往是决定整个组织的效率、产出、盈亏和成败的主要因素。这实际上反驳了“一分耕耘一分收获”的道理，强调的是“一分耕耘多分收获”。“80/20 定律”同样适用于生活，如一个人应该选择在几件事上追求卓越，而不必强求在每件事上都有好的表现；锁定少数能完成的人生目标，而不必追求所有的机会。

（四）安排不被干扰的时间

假如能有 1 个小时完全不受任何人干扰，把自己关在房间里或找个安静的地方思考一些事情或是做一些重要的事情，那么这 1 个小时也许可以抵过多个小时的工作效率。

（五）每一分、每一秒都做最有效率的事情

我们必须要思考做好一件事情分为哪几个步骤会最有效率，然后把它们列出来，再合理地分配时间。这里要注意，以学习为例，学习时要精神饱满、全神贯注、心无杂念，能 1 个小时学完绝不拖 2 个小时，学会把精力最充沛的时间用在最需要付出的课程上。

（六）严格规定完成期限

巴金森（CN. Pakinson）在其所著的《巴金森法则》（*Parkinson's Law*）中有这样一段话："你有多少时间完成工作，工作就会自动变成需要的那么多时间。"如果有一整天的时间可以做某项工作或作业，人们就会花 1 天的时间去做它。而如果只有 1 小时的时间可以做这项工作或作业，人们就会更迅速有效地在 1 小时内做完它。

（七）最好一次做完同一类的事情

如果是做纸上作业，就应坚持在那段时间里都做纸上作业；如果是在思考，就用这段时间只做思考。重复做一件事情时，效率会有所提高。

（八）向优秀人士学习

一定要向优秀人士学习，因为这会节省很多时间。假设与一个成功者在一起，他花了 40 年的时间取得了成功，那么向 10 个这样的人学习，就浓缩了 400 年的经验，也就提升了生命的价值。

（九）明确价值观是前提

要想有效地管理大学生涯，明确价值观是前提。也就是说，首先要确立自己的价值观，假如价值观不明确，就很难知道什么对自己是最重要的，时间分配就要受到影响。因为时间总量不变，那么如何分配时间至关重要。如果强迫自己去做那些不适合自己的、模仿别人的事情，就无法从内心深处投入足够的精力和激情。在这种状态下即使尽了 200%的努力，也往往事与愿违。所以成功就是按照自己设定的目标有效地学习和生活，始终沿着自己选择的道路，做一个快乐的、追随兴趣并能发掘出自身潜能的人。时间管理也要遵循这一原则。

【案例导读】

分身有术——一例大学生的时间管理

小李是班级的学习委员，又是校学生会的干部，还是文学社的骨干，平时总是需要面对许多学习与工作任务。一个周二的早晨，小李刚走进校门，便碰到几个邻班的好朋友，他们对小李说："今天吃完午饭，12：15 我们一起去图书馆看体育杂志啊，听说新的一期又到了。"可踏进班级之后他又看到教室黑板上写着"今天中午 12：20—13：10 学校进行'英语百词竞赛'"。他这才想起自己是班里推荐的 10 位参赛选手之一。这时门外突然一个学生会的干部找上来说："小李，团委温老师让你今天中午 12：30 召集大一全体学习委员开会，商量明天演讲比赛的事情，他也要来参加的。"刚坐到位子上，文学社的社长跑过来对他说："今天中午 12：35 我们文学社成员碰个头，商量一下周六外出采访的事，你可有主要采访写作任务啊。"社长刚走，老师走进教室，对同学们说："今天中午 12：25 我们集中讲一下上节课的作业，错的人很多，只有小李等几个同学做得不错。"小李一听，顿时觉得，今天怎么这么多事情都凑到一起了啊，于是小李进行了信息提炼。

信息提炼——今天中午要做的事情：① 12：15 看体育杂志。② 12：20 学校英语百词竞赛，自己是班级 10 位推荐选手之一。③ 12：25 作业讲评，自己做得不错。④ 12：30 召集学习委员开会，商量明天的演讲比赛。⑤ 12：35 文学社商量周六的采访事情，有主要任务。

问题：如果你是小李，那天中午你将选择去做哪件事情呢？为什么？有什么办法可以把这五件事情中的内容都安排好吗？方法：①我必须要做，且不能耽误的事情——重要紧急的事件。②可以让别人帮助做，但不能耽误的事情——紧急的事件。③我必须要做，但有充足时间的事情——重要的事件。④可做可不做的事情——不重要、不紧急的事件。⑤重复、价值不大的事情——可以放弃的事件。

用计划“超越”时间，我们的原则是：首先考虑做好重要、紧急的事情；其次是安排好紧急的事情，自己做好重要的事情，放弃重复、价值不大的事情；最后再考虑不重要、不紧急的事情。需要争分夺秒，重视事件的目标（表 6-3）。

表 6-3　事情重要性排序表

时间段	计划内容	重要性排序	要做的事情	希望完成的时间和达到的效果
中午休息时间（11：40 ~ 13：15）	看体育杂志			
	学校英语百词竞赛			
	听作业讲评（已掌握）			
	召集学习委员开会（委托他人）			
	文学社讨论外出采访事情（周六）			

【小　结】

本章从阐述大学生涯规划的含义、目的和意义开始，介绍了大学生涯规划的常用方法、步骤及大学生涯规划书的结构与类型，对大学生涯规划的实施进行了较详细的描述；而后概括了大学生适应能力不良的表现及相对应的适应策略，使我们较全面地了解制订大学生涯规划的必要性；最后学习了时间管理的有关内容，列举了时间管理不良的表现，介绍了怎样有效地运用时间及时间管理的技巧等。通过本章的学习，使我们正确地认识大学生涯规划，学会大学生涯规划的制订及实施，学会时间管理，规划大学的生活及学习，调整自我，适应大学环境，提高及培养自我的适应能力，为步入社会乃至实现自己的人生价值做出积极的努力。

【思考题】

1．什么是生涯规划？大学生涯规划的步骤与方法有哪些？
2．你要如何适应大学生活？
3．列举一些你在时间管理上的不良表现。

第七章　乐学致用，活学致远：学会学习

自从出现人类以来，人类创造的知识财富如同浩瀚的海洋一样博大精深。如何使自己的希望之舟在知识的海洋上乘风破浪，顺利地到达理想的彼岸，这是当今每一个立志成才的大学生都必须认真思考的问题。美国著名未来学家托夫勒（A. Toffler）曾说过："未来的文盲将不再是不识字的人，而是没有学会学习的人。"对步入象牙塔的大学生来说，未来 4 ~ 5 年的主要任务依然是学习，所以我们有必要重新认识不一样的大学学习，了解大学学习活动的基本特点，探索并掌握一套适合自己的学习方法，从而能够快乐而卓有成效地徜徉于知识的海洋。

第一节　科学地理解学习

【案例导读】

自学成才的本杰明·富兰克林

本杰明·富兰克林（Benjamin Franklin）出身寒微，8 岁时入学读书，虽然学习成绩优异，但由于家中孩子太多而无法负担。所以，他 10 岁时便辍学回家做工，12 岁起在印刷所当学徒和帮工。但他从未间断过学习，节衣缩食买书看。同时，利用工作之便，他结识了几家书店的学徒，将书店的书在晚间偷偷地借来，通宵达旦地阅读，第二天清晨便归还。在掌握印刷技术之余，他广泛地阅读了文学、历史、哲学方面的著作，自学了数学和 4 门外语，潜心练习写作。所有这一切为他在一生中取得多方面的成就打下了坚实的基础，使他最终成为 18 世纪美国的实业家、科学家、社会活动家、思想家和外交家。

一、学习概述

从小学开始，学习就成为学生生活中的主导活动。在十多年的学习生涯中，我们几乎每天都要学习，那么大家想过什么是学习吗？今天就让我们来认识一下这位老朋友吧！

（一）学习的概念

有的同学说，学习不就是坐在教室里，认真听老师讲课，把书本上的知识转化为自己的知识吗？其实不尽然。"学习"一词，最早见于《礼记·月令》："鹰乃学习"。学，是仿效、效法、模仿。习，是反复、练习、强化。学习的本意是指鸟类反复学飞，后来扩大到所有其他动物及人类的学习行为。孔子说："学而时习之，不亦说乎。"是指从老师那里学到的东西要经常复习和练习。"学习"的概念可以从狭义和广义两个不同层次来理解。

从广义上说，学习的范围就宽泛得多了，它包括人和动物后天获得一切经验的过程，是动物和人类生活中的普遍现象。所以凡是以个体经验的方式发生的个体的适应都是学习，比

如老鼠走迷津、导盲犬在盲人行走时给予其提醒、人的语言的获得等，因此，广义的学习既可以包括动物的习得行为，也可以包括幼儿学习走路或学习说话，还包括学生在学校里学习知识、技能和完善个性品质等。

狭义的学习指的是学生的学习，即在各类学校环境中，在教师的指导下，有目的、有计划、有组织地进行的学习活动，是在较短的时间内系统地接受前人积累的文化经验，以发展个人的知识技能，形成符合社会期望的道德品质的过程。大多数同学对学习的理解都是在这个层面上进行的。本章我们主要讨论狭义的学习。

（二）学习的特征

学生的学习是整个人类学习的重要组成部分，也是人类学习的一种特殊形式，具有以下特征：

1．计划性　教育是有目的、有计划地培养人的活动，因此，学生的学习就要根据培养目标的要求，按照教育计划的具体要求来进行。这就提示我们在日常学习中，要重视学习计划的拟定和执行，如大学期间的学习计划，每学年、每学期、甚至每天最好都有所规划。

2．间接性　人的认识可以分为直接认识和间接认识两大类。间接认识是指人们虽然没有亲身参加某种现实的实践活动，但却通过某些中间环节（如书刊、网络媒体、他人讲授等）获得有关这种现实的认识。根据学校教育的特点，学生要在有限的时间内掌握人类最基本、最主要的知识、技能和技巧，因此，学生的学习活动，既没有必要也不可能时时事事都直接参加实践，必须以间接学习知识为主。

3．高效性　学生的学习活动是在教师的指导下进行的。他们按照一定的教育目的和要求，根据一定的计划，有系统、有组织地进行教育工作，这样就使学生的学习比在日常生活中的学习有效得多。教师的指导和传授可以使学生的学习避免走弯路，并且能够在较短的时间内取得更有效的学习成果。

二、大学生的学习

【案例导读】

被遗忘的学习

阿亮是一名大学一年级新生，自从接到重点大学录取通知书后，他认为船到码头车到站，再也不用为学习而感到压力重重，终于可以彻底放松了。所以从进校起，他就将大部分精力放到了学习以外的活动上去，比如参加各种聚会、上网聊天、打游戏、谈恋爱等。他将自己每天的课外活动都安排得满满的，还时常在网吧玩到通宵达旦，夜不归宿。对学习他却越来越不感兴趣，拿起书就烦，上课时注意力不集中、打瞌睡，还经常逃课和旷课，故而学习成绩一落千丈，第一学期就有五门功课不及格，直到学校对他亮起红灯，他才幡然悔悟。

阿亮的例子告诉我们：在大学里，学习仍然是学生生活的重心，只不过没有了家长和老师的监督，更需要我们加以重视和自律。一分耕耘一分收获，只有坚持付出了，我们才能在毕业的时候得到丰硕的回报。下面就让我们来看看大学的学习任务以及特点。

（一）大学生的学习任务

大学生的学习任务包括两个方面：一是获得知识，二是培养获取知识的能力。

一般来说，大学生的知识需求包括事实知识、原理知识、技能知识和人际知识四个部分。事实知识是有关事实方面的知识，如临床医学专业的学生需要了解人体的解剖结构等。原理知识，即有关原理的知识，指了解和掌握自然发展、社会运作以及人的思维法则和规律。技能知识或相关专业知识主要指从事某些专业方面的工作和能力知识，大部分专业属于隐性知识的范畴。人际知识，即有关人际交往的知识，为我们获得其他方面的知识提供了捷径。

能力是指人们顺利完成某种活动所必备的个性心理特征。任何一种活动都要求参与者具备一定的能力，而且能力直接影响着活动的效率。知识不等同于能力，如不注意培养能力，即使知识再多，也不一定能成为有用的人。培养与学习相关的能力对大学生而言非常重要，这些能力包括思维能力、研究能力、表达能力、自学能力、组织管理能力等。大学生要勤于思考、勇于实践、活学活用、开拓创新，这样才能在获得知识的同时培养自己获取知识的能力，继而成为受社会欢迎的实用型人才。

（二）大学生的学习特点

与中学生相比，大学生的学习有明显不同的特点。同学们只有真正领悟到了其中的不同，才能更好地投入到大学学习中去。这些特点有：

1．自主性　在大学阶段，学习以自学为主，课堂学习为辅，学习虽然也有一定的强制性，但较中小学要少得多。在学习时间上，大学生有更多的自由支配时间。据调查，除上课外，大学生约有45%的时间可以由自己安排。在学习内容上，大学生具有更大的选择性，可以根据自己的专业需要、兴趣、爱好选择选修课。这一切都要求大学生的学习活动必须具有独立自主的精神，合理安排自己的学习、娱乐和休息时间，切合实际地选择选修课程和辅修专业，逐步提高自己的自学、自理和自律能力。

2．专业性　大学教育的目标是培养高层次的专业人才，因此，大学学习的专业性十分明显。大学生的学习实际上是专业学习，学校的课程设置是围绕培养目标和专业特点进行安排的。每个大学生进入校门之前，都要根据自己的兴趣、爱好、特长选择不同专业的学习方向。步入大学后，都要在专业定向的基础上学习基础课程和专业课程，努力把自己培养成未来社会的教师、医生、建筑师、工程师、经济师等各种专业人才。

3．多样性　大学生的学习不像中学生那样单一、机械地从课堂教学中获取知识。除课堂学习外，为了完成实验作业和论文设计任务，他们还需要到图书馆、资料室查阅并收集大量资料，到实验室进行各种实验，积极参加有关的学术报告、专题讲座和社会调查。大学生应该从图书馆、资料室、报告厅以及社会实践中获得大量信息，吸取人类的文明成果，从而扩大自己的知识范围。

4．探索性和研究性　高等学校既是教育中心，又是科研基地。国内外无数的事例证明，在科研工作开展得好的大学，其培养的学生水平也更高，在未来工作中取得的成就也更大。大学的教学内容由结论确定的论述逐步转向介绍各派理论观点和最新学术发展动向，而人文学科的内容变化更大，知识更新更快。这就要求大学生的学习观念从正确再现教学内容向汇集百家之长并形成个人见解的方向转变。大学学习的重要环节——毕业论文和毕业设计要求大学生不仅要在学习中理解、巩固、掌握知识，还要在学习中培养独立思考、探索创新的精神。

【知识链接】

医学生的学习特点

1．基础理论知识学习贯穿全程　医学课程体系由公共基础课、专业基础课和专业课三大模块组成。专业基础知识贯穿于各专业课之中，掌握好专业基础知识才能学好专业课，因此，在后期专业课的学习中也要坚持学习基础理论知识，不断学习、不断巩固，坚持专业基础理论知识学习不断线。

2．团结协作精神的培养　医疗工作是一种特殊的技术服务性工作，能否顺利完成医疗工作决定于医生、护士、患者三者之间的密切配合，因此，要学会协调医护关系、医患关系和护患关系。相互协作、谦让对方是做好医疗工作的前提，因此，医学生要在大学期间自觉培养良好的团结协作精神，避免我行我素、一意孤行。

3．注重实践动手能力　医学知识强调实践操作，需要学生亲自动手，如实验操作、各项检查、手术等。医疗服务的对象是人，在临床诊疗过程中的诊断性、治疗性操作都不允许有丝毫马虎，因此，要求学生具有较强的实践动手能力。在学校安排的相关培养学生动手能力的教学环节，学生应该充分关注和参与。

4．见习、实习多　与理工、文科相比较，医学教学的见习、实习时间较多，一般有 1/3 以上的学习时间用于见习和实习。见习一般安排在课间，主要任务是在教师的指导下，学生到医院熟悉医疗环境，理论联系实际，以看为主。实习时间一般为一年，学生在带教老师的指导下开展医疗工作，进行各临床科室的轮转，这是学生理论联系实际、学习各科临床诊疗技术、形成良好医德和医风的重要过程。

第二节　积极有效地学习

【案例导读】

大学里到底教些什么?

20 世纪 90 年代末，著名华裔企业家李开复在美国纽约哥伦比亚大学任助理教授时，曾有一位中国学生的家长向他抱怨说：“你们大学里到底在教些什么？我的孩子读完了大二计算机系，居然连 VisiCalc（第一款商用电子表格办公软件）都不会用。”

李开复回答道：“电脑的发展日新月异。我们不能保证大学里所教的任何一项技术在 5 年以后仍然管用，我们也不能保证学生可以学会每一种技术和工具。我们能保证的是，你的孩子将学会思考，并掌握学习的方法，这样，无论 5 年以后出现什么样的新技术或新工具，你的孩子都能游刃有余。”

家长接着问：“学习最新的软件不是教育，那么教育的本质究竟是什么呢？”

李开复借用教育家斯金纳（BF. Skinner）的名言回答道：“如果我们将学过的东西忘得一干二净时，最后剩下来的东西就是教育的本质了。”李开复在给中国学生的信中解释说，所谓“剩下来的东西”，其实就是自学的能力，也就是举一反三或无师自通的能力。大学不是“职业培训班”，而是一个让学生适应社会、适应不同工作岗位的平台。

在大学期间，学习专业知识固然重要，但更重要的还是要学习独立思考的方法，培养举一反三的能力，只有这样，大学毕业生才能适应瞬息万变的未来世界。上中学时，老师会一次又一次地重复每一节课里的关键内容。但进了大学以后，老师只会充当引路人的角色，学生必须自主地学习、探索和实践。走上工作岗位后，自学能力就显得更为重要了。

微软公司曾做过一个统计：在每一名微软员工所掌握的知识内容里，只有大约10%是员工在过去的学习和工作中积累得到的，其他知识都是在加入微软后重新学习的。这表明，一个缺乏自学能力的人是难以在现代社会中立足的。

自学能力必须在大学期间开始培养。许多同学总是抱怨老师教得不好、懂得不多，学校的课程安排也不合理。李开复通常会这样劝这些学生："与其诅咒黑暗，不如点亮蜡烛。"大学生不应该只会跟在老师的身后亦步亦趋，而应当主动走在老师的前面，善于举一反三，学会无师自通，这是大学生涯中你送给自己最好的礼物。

一、学会学习的重要性

学会学习是时代的要求。美国著名未来学家奈斯比特（J. Naisbitt）曾指出："在一个不断变化的世界里，没有一个学科或一组学科能够为你的将来服务一生。现在需要学会的最重要的技能是学会怎样学习。懂得怎样学习的人，无论发生什么样的技术、经济和社会变革，他都可以适应并随之改变。"因此，当代大学生必须学会学习，即学会快捷、准确地学习，这样才不会被时代所淘汰。

学会学习是现代人素质和能力的体现，也是未来最具有价值的能力，它已经成为现代教育追求的最高目标之一。大学生必须深刻地认识到：大学期间的学习不只是为分数、知识或文凭，更重要的是为了学会学习。我们不但要掌握知识、发展技能，还要能够在新问题或新情境中应用知识，在掌握学习迁移技巧和学习策略的基础上能自己学习。因为在现代社会生活中，如果不具备学习的能力，终将成为固守一隅、无力应变的"现代文盲"。

所以，当今的大学生不仅要努力学习，而且要学会如何学习。不只是要获取"黄金"，更重要的是学会"点金术"。学会学习不仅对顺利完成大学学业有帮助，而且对未来的事业和发展也将产生深远的影响，使人终身受益。

二、大学的学习方法

"工欲善其事，必先利其器。"为了更好地适应大学学习，让自己在大学生活期间快乐地徜徉学海、学有所成，就必须掌握一套行之有效、事半功倍的学习方法。

（一）认识自己的学习风格

"学习风格"指的是个人收集、理解、组织和思考信息时所偏好的方式和特点。比如，有些学生偏好独立学习，而有些学生则在团队中更得心应手。有些学生习惯于通过阅读吸收知识，而有的则擅长于通过主动的实践进行学习。下面让我们看一下学习风格主要有哪些类型，并请大家对照一下自己属于哪种学习风格。

1．环境独立型与环境敏感型　环境独立型的学习者倾向于通过对完整的或典型的要领想法的分析来达到学习目的，他们更喜欢独立学习。环境敏感型的学习者倾向于通过对文本查阅来完成学习任务，更喜欢小组学习。

2．感知型　一般认为，学习者有四种基本的学习感知模式：视觉学习模式、听觉学习模式、动手操作学习模式和体验学习模式。学习者往往在某一种学习模式方面表现得最为突出：通过视觉刺激手段来获取信息使学习更为有效的学习者可以称之为“视觉型学习者”；以听觉为最有效的学习方式的学习者可以称之为“听觉型学习者”；动手操作型学习者通过可触及的实物，通过动手获得最有效的学习成果；体验型学习者通过亲自体验才能获得最有效的学习成果，需要全身投入。后两种感知学习模式的学习者被有的研究者合二为一，称为“触觉型学习者”。没有哪一种学习风格被证明优于其他的学习风格，也不是单独采取哪一种风格就能够取得更好的学习效果，但大学生都应当了解自己的学习风格，以便找到更适合自己的学习方法。

（二）树立目标、合理计划

【案例导读】

爱迪生读书

伟大的科学家爱迪生童年时被视为“低能儿”，他只上过3个月学便离开了学校。12岁那年，他当上了火车上的报童。火车每天在底特律停留几个小时，他就抓紧时间到市里最大的图书馆去读书。不管刮风下雨，从不间断。当时，他随着兴致所至，任意在书海里漫游，碰到一本就读一本，既没有方向，也没有目标。有一天，爱迪生正在埋头读书，一位先生走过来问：“你已读了多少书啦？”爱迪生回答：“我读了4米多的书了。”先生听后笑道：“哪有这样计算读书的？你刚才读的那本书，和现在读的这本完全不同，你是根据什么原则选择书籍的呢？”爱迪生老老实实地回答：“我是按书架上图书的次序读的。我想把这图书馆里所有的书一本接着一本都读完。”先生认真地说：“你的志向很远大。不过如果没有具体的目标，学习效果是不会好的！”这席话对爱迪生的触动很大，成为他确立学习方向的一个转机。于是他根据自己的爱好、兴趣和专业目标，把读书的范围逐步集中到自然科学方面，特别注重电学和机械学，进行定向读书，使自己掌握了系统、扎实的知识，最后成为一名伟大的科学发明家。

爱迪生的故事告诉我们，学习要有方向、有目标。有计划地学习是成绩优秀学生的共同特点，因为一个富有魅力的目标能有效地刺激我们的热情，提高效率，增加成功概率。而那种凡事无计划，属于“脚踩西瓜皮，滑到哪里算哪里”的学习态度往往不能对我们的学习活动起到统领、监督、调整等作用，故而这类同学的成绩往往不理想。那么大学生如何制订合理的学习计划呢？

1．从实际出发，切实可行　制订计划时不要脱离实际，要从自己的实际出发，在正确估计自己的知识与能力、可供自己支配的时间，以及认清自己知识缺漏的基础上，制订切实可行的学习计划。学习的难度、深度要适中，学习的数量要适当，比如想用半个小时去看30页比较难懂的书，就不切合实际了。另外，还要考虑老师的教学安排，这样才能收到好的学习效果。

2．要长短结合　就是要做到长计划短安排。长计划可以使具体任务有明确的目的，短安排是为了使长计划的任务逐步实现。为了实现总的目标要求，在一段较长的时间里应当有一个大致安排，每星期、每天做些什么，也应有一个具体计划。要在晚上睡觉之前就安排好第二天的学习和生活计划。

3．要突出重点　所谓重点是指自己的弱科、弱项和知识体系中的重点内容。学习时间和内容部是有限的，所以，做计划时不要平均使用力量，必须要有重点，做到保证重点、兼顾一般。

4．任务要具体　任务要尽可能定量化，不要过于宽泛。比如，晚自习要复习哪几门功课、看多少页，或者背多少英语单词等，一开始就要计划好，以便监督执行。

5．要留有余地　一方面，不但要安排好课内外学习的时间，还要安排好休息、锻炼、娱乐等的时间，把绝大部分时间都用来学习往往得不偿失，做到劳逸结合才能更有效率。另一方面，把计划变成现实还要经过一个努力的过程，在这个过程中会遇到各种预料不到的情况。所以，计划不要安排得太满、太紧、太死，要留出机动时间。如果情况变了，计划也要做相应的调整。

（三）灵活记忆

【案例导读】

一项记忆实验

心理学家做过这样一个实验：他们请老师给两个班的同学布置了默写课文的作业，并说第二天要测验。第二天果真测验了，结果两个班的成绩差不多。测验后，只告诉 1 班同学在 2 个星期后还要测验一次，但不告诉 2 班同学。在其他情况相同的前提下，2 个星期后又进行了测验。结果显示 1 班同学的成绩比 2 班同学要好得多。事实上，并不是 1 班同学比 2 班同学更聪明或记忆力更好，而是由于老师在第一次测验后，对 1 班提出了更长久的记忆目标，结果 1 班同学就记得长久些。这个实验告诉我们，在学习中明确记忆目标，才能有好的记忆效果。

在学习的过程中，我们常常希望能记住更多的知识，遗忘得越少越好，但每个同学记忆的能力和效果是不同的，比如有的人善于机械记忆，有的人善于理解记忆，有的人更容易记住英语单词，有的人则对某些专业知识（比如物理、化学等）的记忆更拿手。那么如何尽可能地避免遗忘呢？这里给大家介绍一些培养记忆能力的方法。

1．提高对记忆内容的兴趣　实践证明，人们对感兴趣的内容记得快、记得牢，对不感兴趣的内容总是也记不清，就是一时记住了，也会很快忘记。这是因为带着兴趣去学习时，大脑皮质常处于兴奋状态，能使人全神贯注、精力集中，甚至达到废寝忘食的境地，因而学习内容就会在脑子里留下深刻的印象。反之，被强迫学习时，人会产生一种“苦役”的感觉，大脑皮质处于抑制状态，所以，我们要努力培养对记忆内容的兴趣。

2．树立“能记住”的信心　一些同学对自己缺乏信心，常常还没开始学习就消极地暗示自己“我没有这个天分”“记单词太困难了”等，这是不可取的。心理学研究表明，消极的自我暗示可误导个人的判断和自信，使人对外界事物的认知形成某种心理定势的作用，为人处世偏听误信，凭直觉办事。相反，如果我们反复告诉自己“这个学习任务比较简单”“我一定能记住老师讲的所有重点内容”“这次考试我一定能考出好成绩”等，在同样努力的条件下，有信心的同学往往收效更大。

3．明确记忆的目的和任务　无论干什么事情，如果目的和任务明确，积极性就高，效果就好，记忆也是如此。如果老师在讲课前告诉同学们，这堂课讲的某些知识课后要提问，或者要测验，或者是今后考试的必考点，那么大家对这些知识记忆的效果就特别好，就如同前述案例一样。所以，要提高记忆效果，必须在记忆前有明确的记忆目的。

4．善于抓住规律记忆　一位初中数学老师在课堂上要求同学们在1分钟内记住如下数字：112358132134。结果大部分同学记不住或记不完整，但有一个同学记住了。这个同学为什么能记下来呢？因为这个同学发现了这些数字的组成规律。就是从第三项开始，每一项都等于前两项之和，原来这就是著名的斐波那契数列。这个事实告诉我们，有规律的知识容易记忆。

5．在理解的基础上记忆　所谓理解就是要懂得记忆内容的实际意义，即对某些知识不仅“知其然”，而且要“知其所以然”，不仅能回答“是什么”，而且能回答“为什么”。理解是记忆的前提，只有对理解了的知识才能抓住实质，记准、记牢。反过来，记忆又能帮助理解，知识多的人也往往是理解能力强的人，所以，在学习中我们不能只流于表面，而要尽量深化。

6．及时复习　德国心理学家艾宾浩斯（H. Ebbinghaus）通过研究发现人的遗忘是先快后慢的，每次记忆后，大约70%的内容会被迅速遗忘，只有30%的内容才能以缓慢的方式被逐渐遗忘。也就是说，每次记忆时，实际上只能记住材料的20%～30%。比如，当你在晚上记忆，第二天早上醒来时，会觉得大部分都忘掉了，这是遗忘规律所致。为此，要想提高记忆效果，就需要每隔一段时间复习一次，而且复习的频率要先密后疏。通过及时复习、反复复习，才能使被遗忘的内容得到巩固，使记忆的内容保存得更长久，记忆效果更好。

7．善于分类和归纳记忆　人的大脑工作记忆容量有限，如果想要在短时间内记住课本上的所有内容，显然难以实现，也没有必要。所以在学习中我们要善于把握重点，要抓住每一学科、每一章节的重点内容进行记忆。记住了这些重点内容，其他的内容就可以按照知识结构一并梳理起来了，因此，在学习中，对于学到的知识要不断进行分类、归纳和整理，使学习到的知识有序、有组织，便于记忆。另外，平时的学习一般是零碎的、分散的，所以要把它们“组装”起来，形成网络纳入系统，这样就不易失散，也便于巩固记忆。

【知识链接】

科学记忆六法

1．联想记忆法　指利用事物间的联系通过联想进行记忆的方法。例如运用联想记忆老舍的作品，可以这样想：把他的房舍改成了《茶馆》，并告诉《骆驼祥子》不要去《龙须沟》，要回老家过《四世同堂》的日子。这样，这四篇作品的名称就比较容易记住了。

2．口诀记忆法　口诀记忆法能把没有内在联系的材料用合辙押韵的口诀组织起来，形成“顺口溜”，使人轻松愉快地记住很多难记的材料。例如，我国黄河流域流行的数九歌是这样唱的：“一九二九不出手，三九四九冰上走，五九六九沿河看柳，七九河开八九雁来，九九加一九耕牛遍地走。”数九歌朗朗上口，易背易记。

3．图形法　记忆时一般涉及人的五种感觉通道，尤其是视觉。美国图论学者哈拉里（F. Marary）有一句名言：“千言万语不及一张图。”在脑中以图形形式出现的印象对我们的记忆起着重要作用。人们总是能很容易地记住一个人的面貌，而不是其名字就是这个原因。如果尽可能多用图解来帮助记忆，就会使枯燥、困难的记忆过程变得有趣而简单。例如，学习人体解剖学时，结合人体解剖学图谱记忆肌肉的分布、神经的走行将更加容易。

4．比较记忆法　通过对相似而又不相同的识记材料进行对比分析，把握它们的差异点和共同点，既能够帮助我们准确地辨别识记对象，又可以帮助我们从事物之间的联系上来把握记忆对象，从而提高记忆效率。例如，英语中 answer、reply、respond、retort 这几个动词均有“回答”之意。但 answer 更为常用，指用书面、口头或行动对他人的请求、询问、质问等做出反应。reply 较少用于口语，侧重于经过考虑的较正式答复。respond 是正式用词，指即刻的以口头或行动对外来的请求或刺激等做出响应。retort 指对不同意见、批评或控诉做出迅速、有力的反驳。通过这样的比较，我们就能分清这 4 个单词了。

5．分解记忆法　对记忆较长的、较复杂的事物非常有用。在记忆英语单词时，我们就可以使用这种方法，从词根比较法入手，一下子可以记住一连串的词。还可以从前缀、后缀入手，记住同义词和反义词等。这样，记起来就非常省力，而且也不容易遗忘。

6．回忆法　在复习当天学过的知识时，先不忙于看书，而是合上书本，尝试着回忆老师讲的内容，记不起来时，再翻开书本看一看，然后继续回忆，这就叫尝试回忆记忆法，俗话叫“过电影”。这种方法实际上就是自己考自己，它可以帮助我们自己检查掌握知识的程度，了解记忆的难点，从而集中力量攻破难关。

（四）培养创造性思维

【案例导读】

法拉第发现电磁感应定律

1820 年丹麦的奥斯特（H. Oersted）就已发现通电导线能使旁边的磁针偏转，说明通电导线周围能产生磁场（电可以产生磁）。同年法国的安培（AM. Amepre）也发现两根通电导线之间有相互作用，电流同方向时相斥，异向时相吸。法拉第（M. Faraday）知道这个消息后立即想到：既然电可以产生磁，那么反过来，磁也应该可以产生电。这就是逆向思维、求异思维、创造性思维。正是在这种思维的指引下，法拉第经过 11 年的努力，终于用实验证实了这一假说，并且发现了感生电动势大小与磁通量变化率成正比的电磁感应定律。

创造性思维是指思维主体独到而新颖的思维活动，即通过思维不仅能揭露客观事物的本质及内在联系，而且要在此基础上产生新颖的、前所未有的思维成果，具有求异性、灵活性、反常规性、突发性和新颖性等特点。大学阶段是创新能力培养的重要时期。脑科学和心理学研究表明：年龄在 18 ~ 25 岁的青年，大脑的内部结构和技能复杂化过程急剧发展，大脑皮质的发育在一定程度上出现了一种类似“飞跃”的状态，为思维发展提供了有利的生理条件。加上大学生的个性心理进入相对稳定的状态，为培养创造性思维提供了良好的条件，因此，大学生要在这一时期加强创新能力的培养。具体的方法有：

1．强化创造意识　有的大学生比较自卑，加上对创造性思维的狭隘理解，总是认为创造仅存在于少数杰出的科学家和艺术家身上，与自己无关。其实不然，心理学家通过大量的实验和研究证明，人人都有创造性思维的“闪光点”。事实也证明，只要肯动脑，即使是没有接受良好教育的人，也同样能有所创造和发明。所以，培养创造性思维首先要强化创造意识，树立坚定的信念，有了自我肯定，再加上自身不断的刻苦努力，创造性思维的水平就会与日俱增。

2．扩大知识领域　学习是创造的前提。在任何领域的创造活动中，要有所创新，就必须以该领域已有的知识和成果为起点。知识联系越全面，就越容易产生新见解。所以，大学生在校期间，除了学好基础知识外，还应努力扩大知识面，尽力掌握一些与自己专业有关、甚至无关的知识，力求形成一个合理的知识结构体系。这样更有助于开阔眼界和思路，有助于我们从新的角度去看待熟悉的问题，从而产生创造性设想。

3．学会创造技法　创造技法既是创造性思维的表现形式，也是激发创造性思维的有效手段。世界上的创造技法已有数百种，常见的有头脑风暴法、列举法和设问法等。“头脑风暴”的概念源于医学，原指精神病患者头脑中短时间内出现的思维紊乱及产生各种各样的胡思乱想的现象。创造学中借用这个概念来比喻思维高度活跃、打破常规的思维方式而产生大量的创造性设想的情况。其原理是通过强化信息刺激，促使思维者展开想象，引起思维扩散，在短期内产生大量设想，并进一步诱发创造性设想。列举法是遵循一定的规则，罗列研究对象有关方面的各种性质，进而诱发创造性设想的创造技法，有特性列举法、缺点列举法等。设问法是通过多角度提出问题，从问题中寻找思路，进而做出选择并深入开发创造性设想的一种创造技法，主要类型有检核表法、“5W2H 法”（why、what、who、when、where、how、how much）以及“和田 12 动词法”等。有兴趣的同学可以查阅相关资料，加以认识和掌握。通过创造技法的训练，可以提高思维速度，拓宽思维的广度和深度，达到增强创造性思维的目的。

4．及早进入创造角色　大学生要在学习的过程中及早进入创造角色，进行创造实践，增强创造性思维能力。在学习中，要不满足于书本上的标准答案，尝试一题多解，训练创造技能。同时，多参加各类研究活动，如教育部在“十二五”期间实施的国家级大学生创新创业训练计划或各省、市、校级大学生创业创新项目，也可以是教师组织的各种现场调查或实验室实验等。力图在研究的过程中寻找创造机遇，萌发创造性思想，孕育创造成果。

（五）高效阅读

【案例导读】

名人读书的方法

宋代大诗人苏东坡学识渊博，他有一种“各个击破”的读书法。他认为一本书每读一遍，只要理解和消化一个问题就行了，一遍又一遍地读，就能获取多个方面的信息。比如想探究各个朝代兴亡治乱的原因，那么就从这个角度去读；要探究史实典故，就换另一个角度，再读一遍。

当代数学家华罗庚有一种奇特的读书方法。他拿起一本书，不是从头至尾一句一字地读，而是先对着书名思考片刻，然后闭目静思：设想这样一个题目，如果要让自己来写应该怎样写……想完后再打开书，如果作者写的和他的思路一样，他就不再读了。用这样的方法，通常一本需要十天半个月才能读完的书，他一两夜就读完了。

现代社会是一个信息爆炸的社会，呈现给人们的信息量过多，很多人常常无法在较短的时间内获取尽可能多的重要而准确的信息，所以学会像苏东坡、华罗庚那样用自己的技巧来提高阅读速度和效率就变得非常重要了。

阅读有方法问题和技巧问题，这与一个人的知识水平、知识结构、能力、文化修养等有关。每一部著作、每一篇文章都有阅读重点，所以要正确分配注意力，聚焦在重点的实质问题，不要将注意力过多地浪费在感知文章结构上，这样可以使理解系数提高 30%～40%。高效阅读的方法很多，如预读法、略读法、跳读法、错序读法、前后交叉读法、逆倒闭法等。在此我们给大家介绍 SQ3R 高效阅读方法，同时谈谈克服快速阅读障碍的方法。

SQ3R 是一种提升研习能力的方法，由美国心理学教授罗宾逊（F. Robinson）设计，旨在帮助学生获得把握重点的技巧以及掌握减轻遗忘的方法学。SQ3R 学习法的具体步骤包括：

第一步：Survey（浏览）。迅速浏览图书标题，通过快速的预习或浏览掌握文章的大意。有几个浏览重点：①绪言，有助于你有效地利用这本书。②扉页，告诉你该书的时效性。③目录，你能从中快速知道这本书主要讲什么，以及作者是如何组织论题的。④浏览正文，通读标题和副标题，阅读每章末尾的总结，查看图表，阅读特殊的句子。通过上述信息了解文章的风格和结构。

第二步：Question（提问）。在浏览时，对值得仔细阅读的内容提出你的问题。提出问题能使你在阅读时像猎人寻找猎物一样，阅读者会变得更为积极主动，具有更多的目标，更具有批判性和警觉性，成为深层含义的积极探寻者而不是消极吸收者。

第三步：Read（阅读）。带着提出的问题仔细阅读全书。寻求语句背后蕴藏的主题思想，并把作者的思想和你自己的体验和逻辑观念进行对比和验证。在阅读阶段尽量不做笔记，把笔记留到复述阶段去做。

第四步：Recall（复述）。读完后，尽量复述出主要论点。不时地暂停一下，合上书，告诉自己到目前为止书中所讲述的主要思想是什么。记下要点能使自己更为有效地掌握内容。

第五步：Review（复习）。通过复习全书检查自己对该书的掌握程度。重复一遍上述四个步骤，即浏览每个章节的总体结构，回忆你提出的问题，重读全书，以检查是否复述了所有重点，补充了笔记中的遗漏并校正了错误。

【知识链接】

克服快速阅读障碍的方法

1．改正用手指字的阅读习惯　因为用手指、铅笔或尺子指着逐字逐句地读这种单纯的机械运动会减慢阅读速度。

2．避免阅读时头脑摆动　因为眼睛不需要借助颈部肌肉的运动就可以灵巧地从一个字移到另一个字。

3．避免读出声音　言语听觉系统的灵敏度比视觉分析系统的灵敏度要低得多。人们每分钟能说出的词大约为 100 个，但却能以 2～3 倍于此的速度进行阅读。可尝用将舌头抵在唇间或口含东西等方法来机械地控制发音量，尽量使阅读速度达到声音不可能发生的程度。

4．避免心读　心读指把文字符号转换成声音来理解，是一种最难察觉出的出声阅读形式，它会严重妨碍阅读速度。

5．避免或减少回读　回读是阅读者的双眼在以一系列停顿方式进行移动时，间或折回去重读已经读过的词句，是一种不自觉的机械运动，也是一种无效劳动。但如果回读是有目的、有意识地再获取信息并出现新思想，那就另当别论了。

6．增加词汇量　尽可能在阅读过程中减少生词的数量将会有效地提高阅读速度。

7．集中注意力去阅读　注意力高度集中，阅读效率自然也就提升了。

（六）注重实践

【案例导读】

小文的实习经历

大四下学期，某高校临床专业的学生小文和同学们一起被安排到某三甲医院转科实习。在校期间小文已经学习了医学基础及临床相关的专业课程，听老师说临床实习非常重要，所以她希望能把握这次机会，多请教、多实践、多收获。然而真正的实习却与小文的想象相差甚远。在医院里，老师们的工作很繁忙，很少有时间来顾及这帮年轻的医学生们。到医院实习的学生人数众多，有时候老师连学生的名字都记不起来。同时，由于学生们的操作技术生硬、经验不足，加上患者对学生不信任等原因，他们更是极少有机会能亲自上阵，绝大部分时间都只是按照老师的指导写病历、开化验单、送血、跟随查房，或者手术时站在旁边观望等。

为此，大部分同学都感慨现实和理想差距太大，实习的热情一落千丈，开始迟到、早退，甚至干脆缺课或旷课，即便到了医院也是消极待命，或者玩玩手机，消磨时光。但小文却始终坚持自己的初衷，她告诉自己不管别的同学怎么样，自己都要严格要求自己，积极主动，多思多学。每当有她不懂的问题就查阅书籍、虚心请教、认真总结，对老师交代的简单琐碎的事情从不挑拣，一一认真完成，很快便得到了老师和同学们的认可。不管在哪个科室她总是很快就能得到锻炼的机会，收获自然也比其他同学更多。一年的实习期下来，小文做到了理论与实践相结合，对临床各科的工作都有了一个初步的了解，也会初步诊断和治疗一部分常见病了。

大学生的实践活动可促进知识的转化和拓展，有利于增强他们的社会意识和社会技能，发展创造才能和组织才能，提高修养，完善个性品质，以及加速社会化进程。高等教育的一个重要特征就是强化实践环节，而且实践环节几乎占到整个课时的一半。如何利用好实习、实训环节以提高专业技能是十分重要的。在技能训练中应注意以下几点：

1．复习理论知识　要把课堂教学中学习的理论知识在实践中进行验证，经过理解和总结，彻底转化为自己的知识。

2．提倡综合性思维　综合运用有关学科的知识，分析和思考观察到的现象。

3．注意关键细节　关键细节往往反映了现象或事物的特点，是实践教学的精华。

4．提高观察能力　在现场教学中，导致某个现象出现的因素很多，要自觉、主动地分析各种因素，抓住主要因素，提高自己的观察能力。

5．撰写好实习报告　实习报告不仅是实习过程的总结，也应该是一篇好的调查报告，撰写实报告也是训练文字表达能力的手段。

（七）尝试科研

1986年的诺贝尔化学奖获得者李远哲曾说："最好的学习是研究，真正的学问是经过研究得来的学问，而做研究真正需要的是独立思考，是独立地解决问题，学会'你自己去探求'"。

大学生从事科学研究是培养和提高创造力的重要学习形式。在当今的大学校园里，学生进行科研活动已变得越来越普遍。我国大学一般都设有大学生科技协会，举办各种学生科技活动和学术讲座，开展一年一度的科技文化月活动。许多学校还设立了大学生科研基金，对学生的科研项目进行资助，建立学生科研导师制度，为高年级的学生配备科研指导教师，指导学生查找资料、阅读文献、观察和思考问题。同时，也鼓励学生参加教师的科研项目，通过研究实践的锻炼，使学生了解科学研究的思路，熟悉实验操作技术，培养学生的思维能力、动手能力和创新意识。大学生做科学研究的步骤和重点包括：

1．选择科研课题　这是进行科学研究的起始环节，也是一个困难的环节。爱因斯坦说过，提出一个问题往往比解决一个问题更重要。特别是对在校的大学生来讲更是如此。大学生选题时可以考虑以下几个来源：从专业理论学习中选题，在研究大量文献后选题，根据自己知识结构的优势选题，在已有研究课题的基础上进行引申、扩展研究，或选择自己感兴趣的课题。创新可以异想天开，甚至有点儿荒谬都是可以的，不要受老师思维的局限。

2．查阅大量文献资料　在短时间内查阅、分析、整理、消化大量文献资料，寻找到更多的灵感和创新的方法，同时了解国内外相关研究的进展情况，与别人的东西进行对比，把自己的创新思想体现出来。

3．设计与计划科研课题　在选定了主题、收集好了资料后，研究者就可以根据已有的理论、自己的知识经验、所掌握的材料来计划和设计自己的课题了。课题研究设计与计划的质量直接关系到整个科研的质量，是科研课题顺利进行的保证，因此，每个研究者都必须知道如何科学地设计和计划一个课题的研究。需要明确围绕核心所要做的主要工作（即研究内容），思考如何做，并有清晰的思路和技术路线。

4．进行科学验证　根据之前的课题设计，我们需要进行实验室实验、现场实验或文献分析等。通过这些方法收集、整理数据，对其进行科学分析，以便得出结论，形成科学事实。

5．撰写科研论文　科研论文是研究成果的真实记录，它的撰写不同于一般的文章。一份完整的科研论文通常应包括题目、摘要、关键词、前言、正文、结论、引文注释、附录等。论文或研究报告以文字的形式保存下来，可供他人学习、借鉴和探讨。

第三节　学习与心理健康

【知识链接】

学海无涯乐作舟

人们常说：“学海无涯苦作舟。”不可否认，求知的确是一个十分艰苦而漫长的过程，离不开苦学精神。但是，一味强调“苦学”却未必能有好的效果。因为苦学和乐学是一个事物的两个方面，如果在学习中只一味强调苦学，就会使学生掉进题海，加重心理负担，产生厌学情绪。

其实，学习本是一件快乐的事，在孔子倡导“学而时习之，不亦说乎”的时候，他的弟子们一定觉得学习是一件乐事。如果真正地投入学习中，就能体会到求学的乐趣。颜回“居陋巷，一箪食，一瓢饮”也能乐在其中，这就是“学海无涯乐作舟”的典范。

“学海无涯乐作舟”应该成为每一个处在学习中的人的新目标。所谓的“乐”，并不是享受，而是一种乐观、积极向上的精神。以“乐”为舟，就是在学习中培养自己的兴趣，在快乐中使自己学到更多的知识。古语云：“学之者不如好之者，好之者不如乐之者。”可见，乐学是最有效的。我们敬爱的周总理不也曾经强调“寓学于乐”吗？

这是一个终身学习的年代，只有将学习变成一件快乐的事，我们才能泛舟学海，扬帆远航。如果我们不善于甚至不能从学习中得到快乐，那才是可怕的，因为时间久了会影响到一个人的身心健康。

一、学习与心理健康的关系

大学生的学习对心理健康具有积极的影响。第一，学习能够开发个体的智力和潜力。每个人都有与生俱来的智力和潜力，通过学习中才能得以最大程度的发挥。第二，学习能够提高大学生的各种能力。随着社会的发展，竞争越来越激烈，需要大学生同时具备人际交往、动手操作、创新、语言表达、组织协调等多种能力，而这些能力只有在各种活动中不断学习才能得以提高。第三，学习能够带来满足和快乐。大学生在学习过程中从事智力活动，感受到成功的喜悦，体验到自己的价值，自我实现的需要得到了充分满足，就会带来很多快乐。第四，学习能使心理健康的水平不断提高。心理健康水平是在不断学习和实践的过程中得以提高的。大学生还可以通过学习有关心理学和心理健康方面的知识，调节自己的心理状态，从而提高心理健康水平。

但学习也是一项艰苦的脑力劳动，需要消耗大量的生理和心理能量，如果处理不当也会带来一些消极的影响。比如，学习压力过大、学习负担过重，会使学生产生紧张和焦虑；学习内容不健康，易使学生的心理受到污染；学习难度过大，易使学生产生畏难情绪；学习方法不当，学习效率不高，易使学生产生自卑心理等。

二、常见的学习心理问题及其调适

（一）学习动机不当

学习动机是激发个体进行学习、维持已引起的学习活动，并使其行为朝向一定学习目标发展的一种内在的心理过程或内部心理状态。学习动机在大学生的学习过程中具有重要的作用。一般来说，学习动机越强烈，学习积极性越高，则越能发挥学习的潜能，学习的效率亦越佳。那么，学习动机处于何种强度时才能使学习效率达到最佳水平呢？

根据心理学家耶基斯（RM. Yerkes）和多德森（JD. Dodson）的研究，各种活动都存在着动机的最佳水平，学习也是如此。首先，在一定范围内，学习动机的增强有利于学习效率的提高，特别是在学习力所能及的范围内的课题时，这种效应尤为明显。其次，学习动机处于适宜强度时，学习效率最佳。再次，学习动机的强度超过一定界限时，学习效率会下降。

学习动机不当主要表现在学习动机不足和学习动机过强两个方面。

1．学习动机不足　学习动机不足指的是学习没有内在的驱动力量，没有明确的学习方向，无知识欲求，厌倦学习。众所周知，大学生的主要任务是学习，可是在某大学的课桌上有一首打油诗是这样写的：“刚进大学想发奋，不到一年开始混，一看书本头发昏，是否自己真很笨？”大学里没有了升学的压力，同学间的竞争也较小，学习主要靠自觉，使部分学生感到学习没有了动力，失去了目标，也失去了乐趣。同时，家庭因素、经济因素等外部原因的影响也会导致动机不足。学习动机不足的表现为：学习目标模糊，缺乏理想，纪律观念淡薄，自制力差；上课时对教师讲授的知识毫无兴趣或玩手机、打瞌睡，甚至逃课，一旦离开课堂就眉飞色舞。

【案例导读】

荒废了学业的小伟

小伟是一位来自山区的家庭经济困难的大学生，学业成绩一直非常优异。上了大学后，他忽然感到心中茫然，学习没有动力，生活也没有了目标。小伟有时候想到辍学在家的妹妹和年迈的父母也恨自己不争气，可他的确找不到奋斗的目标与学习的动力，学习上得过且过，生活上马马虎虎、漫无目的，上课时打不起精神……小伟不是因为喜欢上网而荒废了学业，而是因为实在觉得没劲才去上网、聊天、打游戏。他不知如何才能摆脱这种状态。

大学生学习动机缺乏的调适方法主要包括：①强化学习动机。前苏联心理学家列昂捷夫（AV. Leontyev）说过：学生学习的自觉性是和动机分不开的。事实上，有正确学习动机的学生会产生学习的自觉性，激发起强烈的求知欲、稳定的兴趣和高度的社会责任感，因而能专心致志、勤奋学习。而动机不正确的学生，对待学习往往是投机取巧，甚至出现抄袭、考试作弊等。②培养学习兴趣。爱因斯坦曾经说过：对一切来说，只有兴趣和爱好是最好的老师，它远远超过了责任感。大学生要想在学习中发挥积极性和创造性，只有对自己所学的知识培养浓厚的兴趣，才会心向神往，保持积极的学习态度。学习兴趣是可以在学习过程中逐步培养的。可以通过多种方式，如通过具体事例或从克服困难中唤起好奇心等，从而可以改变由于“没兴趣”而缺乏学习动机的状况。③端正学习态度。学习态度是影响学习效果的一个重要因素。端正学习态度的根本是要有正确的学习目标。在我们确立奋斗目标时，不妨站得高一些，看得远一些，从而全力以赴。这样的学习才能显示出强有力的动力。④改善学习的外部条件。针对学生学习动机缺乏的外部原因，应通过多方面的努力改善外部环境和条件。除了学校创造良好的学习氛围、提高教学质量、注意更新知识、严肃学校纪律和奖惩条例等以外，大学生也应主动寻找改善学习的外部条件。

2．学习动机过强　学习动机过强同样不利于学习。由于自我评价不恰当，个性追求完美、好强、固执等内部原因，以及学校评价体系不完善、过于重视成绩等外部原因，部分同学出现以下表现：①自我期望过高。一旦遇到挫折或失败，自尊心和自信心就会被严重挫伤。②学习焦虑。精神上长期处于紧张状态，在学习过程中出现注意力减弱、记忆力下降、思维迟缓，严重时会引起头痛、头昏、耳鸣、心悸、失眠等身体不适。③考试作弊。学习动机过强会导致部分学生过于担心自己的成绩不理想而丢面子，或者为了能拿到奖学金及各种荣誉称号而铤而走险，在考试中作弊。深深的自责和成功后的沾沾自喜又会使他们产生心理压力，久而久之造成沉重的心理负担，对学习产生怀疑。另外，一旦在作弊时被发现，作弊者的自尊心将会严重受挫，进而引发学习情绪波动。

【案例导读】

高要求的小敏

小敏今年已经大三了，一直优秀的小敏一向对自己要求很高，当然这也与家庭的期望有关。她的父母都是具有高级职称的知识分子。在他们的言传身教下，小敏从小就知道要努力与奋斗。在大学，小敏进行了认真细致的生涯设计，一步一个脚印地向前走，并要求自己成绩要拔尖。要求自己英语在二年级通过国家六级和托福考试，为将来出国留学做好准备，三年级要入党，开始自己的政治生命，同时要锻炼自己在各方面的能力。于是，在大学时小敏像一只陀螺飞速地运转着，珍惜分分秒秒，因为小敏相信，付出总有回报。但当小敏发现离自己的目标越来越远时，她忽然怀疑起自己的学习能力，感到自己学习上的优势在消逝，甚至多年来积累的自信也受到了挑战。对未来，她忽然担心起来。

大学生学习动机过强的调适方法主要包括：①加强自我认识。大学生应注意通过各种途径，如自我反思，搜集家人、老师和同学对自己的评价等，对自己的能力和水平做出一个客观的认识，制订符合自己实际情况的目标，以避免好高骛远。②多参加社会活动。大学生应积极参加校园里多种多样的活动。这些活动既能丰富大学生活，给大学生提供发展个人整体素质的舞台，又能让大学生在学习以外体验成功的愉悦，弱化过度的学习期望。③注重过程。一味强调学习的结果，会诱发比较、攀比心理，因此，大学生要多关注过程，重视对学习活动的主动参与和亲身体验，关注学习经验的形成、积累和建构，慢慢就会形成积极的学习态度。这时的学习动机往往是合理的、持久的，同时也会带来良好的学习效果。

（二）学习主动性不强

【案例导读】

只要弯弯腰

夜深了，一位巴格达商人走在黑漆漆的山路上。突然，有一个神秘的声音传来：“弯下腰，请多捡些小石子，明天会有用的！”商人决定执行这一指令，便弯腰捡了几颗石子。到了第二天，当商人从袋中掏出“石子”时，才发现那所谓的“石子”原来是一块块亮晶晶的宝石！自然，也正是这些宝石，使他立即变得后悔不迭：天！昨晚怎么就没有多捡一些呢？

这是科学家巴甫洛夫讲的一个故事。他在讲完故事后说：“教育就是这么回事——当我们长大成人之后，才会发现以前学的科学知识是珍贵的宝石，但同时，我们也会觉得可惜，因为我们学的毕竟太少了！”不是吗？教育送给我们的明明是瑰丽的“宝石”，可总有人因为嫌弯腰太累而对其视而不见，结果白白地错过了许多机会。

所谓“学习的主动性”是指学生在主体意识的支配下，有目的地自觉自愿地学习。进入大学后，由于离开了父母的“监视”，没有了老师的严格要求，也不再有升学、毕业的压力，不少学生变得不再用功好学了。他们认为获得毕业证书就完成了读大学的任务。学习已不再重要，而与社会“接轨”才是当务之急。所以学习时十分被动，有的学生几乎不预习，也很少复习课本知识，只是在考试前才临时抱佛脚，突击对付一下考试。然而大学恰恰是培养学生自主学习能力的关键时期，对学习的主动性有非常高的要求。在这期间学生是自我学习的实践者。所以，提高学习的主动性，对自己的学习负责是大学生们需要正视和解决的问题。我们可以通过以下方式来提升自己学习的主动性：

1．增强主体意识　主体意识是指作为认识和实践活动主体的人对于自身的主体地位、主体能力和主体价值的一种自觉意识，是主体的自主性、能动性和创造性的观念表现。增强主体意识是大学生主动学习的关键。大学生主体意识的强弱在某种意义上决定着大学生对自己身心发展的自知、自控和自主程度，从而决定着其身心的发展水平。大学生的主体意识越强，参与自身发展、在学习活动中发挥自己的潜在力量的自觉性就越大，从而就越能在教育活动中充分发挥自身力量，不断地调整、改造自己的知识结构、心理状态和行为方式，所以，大学生要培养自己的独立学习能力，具有学习主动性，而不仅仅是应付学校的课程安排和老师布置的作业。

2．培养良好的学习习惯　作为当代大学生，要紧紧地抓住大学就读的机遇，学会学习，善于学习。在课堂教学、记录课堂笔记、阅读、自学能力、学习动力等方面养成良好的习惯。充分利用外部条件去发展自身，让自己成为学习的主人，在课程和教学活动中充分发挥、发展我们的主体性，积极探索周围的世界，在探索中不断发现和提高，并因而感到自信。

（三）学习自卑

【案例导读】

一名自卑学生的来信

我感觉我很自卑，很不自信。我的自卑主要体现在我的学习方面。从初中开始我的成绩就一直处于中上水平，可是我觉得自己很差，总感觉在别人面前低人一等似的。每次和那些成绩比我好的人在一起玩，总是玩得很不开心。进入大学后，这种自卑感更加强烈了，因为学校里都是来自全国各地的精英，看见他们上课时积极而正确地回答问题，用流利的英语对话，我就觉得自己的成绩很差，总感觉别人认为我很笨。也不知道这是不是我的错觉？我知道自信对人来说是很重要的，因为如果没有自信，做事的成效跟自信的人比起来肯定是差远了，但是我就是自信不起来。我该怎样才能不自卑？请老师帮帮我摆脱这个心理障碍！

自卑是一种轻视、怀疑自我能力与价值的心理，在学习中的表现就是学习自卑。从心理学分析，自卑是一种心理防御机制，只是这种“防御”是消极的。案列中这种学习自卑的情况在不少大学生中存在，对大学生的学习将产生不利影响。拿破仑说：“默认自己无能，无疑是给失败制造机会。”所以大学生必须克服自卑，超越自卑。

1．大学生学习自卑的表现　①自我评价过低。总认为自己的智力或能力不如别人，处处低人一等。②不自信。对自己的学习能力持怀疑态度，患得患失，遇到困难时就找借口掩饰，马虎、粗心、随便、敷衍。③孤僻、敏感多疑。十分在意别人对自己学习方面的评价，往往别人的一句玩笑也能长时间地影响自己的情绪。④消极暗示。关键时刻总是容易气馁。⑤逃避、退缩。上课时，喜欢坐在教室后排或角落里，眼睛不敢正视前方，尤其是不敢和老师对视。老师提问时，自己明明知道答案，却不敢举手回答。课堂讨论时不敢积极发言，不愿参加各种学习竞赛活动。

2．大学生学习自卑心理形成的主要原因　①长期的生长和学习环境所导致的自卑心理在大学学习中的继续和延伸。有的学生在幼时受到老师过多的指责和惩罚，或遭到父母的压制，或者在中小学阶段因学习成绩不好，长期受不到重视甚至受歧视而形成了自卑心理。进入大学以后由于大学里优秀人才更加集中，竞争更加激烈，从而加剧了这种心理。②挫折和失败所致。多次失败的体验容易导致学习自卑。如有的大学生外语考试屡次不及格，就认为自己不是学外语的材料；有的同学经常考试总成绩排在倒数几名，就容易产生不如别人的想法。③目标和期望值过高。有的同学对自己的学习能力和水平缺乏正确的认识，知识基础薄弱，制订的学习目标又过高，即使经过努力也很难达到，这样常常陷入“失败”的境地。多次自我否认后，就容易丧失进取心，走向自卑。

3．大学生学习自卑心理的自我调适　①正确认识自己的学习能力和水平，善于发现自己的优势和长处，并加以珍视，不能妄自菲薄。②制订切实的学习目标，稳扎稳打，逐渐进步。大学里精英云集，想要在这里崭露头角其难度可想而知。所以同学们要根据自己的情况，制订可行的中期目标，再把目标细化，逐个击破。③正确对待困难和挫折，树立战胜困难的勇气和决心。面对学习中的困难和挫折，不要畏惧和退缩，而是要冷静分析，寻找对策。每战胜一次困难就多一分信心，长此以往就能逐步消除自卑心理。④虚心向别的同学学习，不断改进学习方法，提高学习效率，增强信心。自卑的人往往内心比较封闭，因此，要勇于与其他同学交流，探讨好的学习技巧，摸索适合自己的学习方法，也有利于人际关系的建立。

（四）考试焦虑

【知识链接】

考场上的“克拉克现象”

“克拉克现象”是指平时训练水平高、成绩好的运动员在赛场上屡屡失常的现象。克拉克是澳大利亚的一名长跑健将，1963—1968 年他曾 17 次打破世界纪录，被称为田径场上的奇才。然而，他在运动巅峰期的两届奥运会上却连连失常，与金牌无缘。由此，人们以这位运动员的名字来形容大赛中的失常现象。其实，克拉克现象并不奇怪。据心理学家测试，75%的学生临考前都有紧张、焦虑、恐慌情绪，学生的精神压力和心理负担很重，容易怯场，表现为一进考场就心跳加快，头脑晕乎乎的，面对试卷时头脑中一片空白，一走出考场，又感到题题会解，但一切已追悔莫及。考试结果也说明，许多同学的考试成绩不佳并不全是因为考题太难，而是因为思想过于紧张，从而导致记忆混乱、思维阻滞而发生失误。可见，考场不但是对所学基础知识和基本技能的考验，也是对学生心理素质的考验。

考试焦虑是一种比较复杂的情绪现象。曼德勒（G. Mandler）指出，考试焦虑是处于无助和紊乱状态下的一种情绪。沃尔普（J. Wolpe）强调，考试焦虑是一种习得的、条件性的情绪反应。考试焦虑产生的原因是多方面的，有学校的因素、家庭的因素、社会的因素和学生自身的因素。就学生自身而言，身体的健康状况和成熟水平、遗传素质、学习水平、考试动机等都会影响到考试焦虑的发生。对大学生来说，考试成功的标准应该是以诚实的态度对待考试，发挥正常，考出真实水平。但是很多大学生却因考试心理的异常而影响了考试的正常发挥，因此，调控好考试心理，使自己在考试中发挥出实际水平是十分重要的。考试心理的调适可以从以下几个方面着手：

1．端正考试态度　考试只是对知识掌握程度的一种检验，远远不是对一个人全面素质的评价。它与未来的就业、人生的成就没有完全一致的必然关系，因此，大学生在校期间要正确认识考试的意义，不必把考试成绩看得太重，而是要把注意力放在知识的学习、理解、掌握和巩固上，树立良好的学风和诚实守信的人格品质。

2．确定恰当的目标　要实事求是地根据自己的原有基础及现有潜力制订适当的考试目标，千万不可眼高手低、好高骛远、脱离实际，也不应该过分追求虚荣及功利，盲目制订过高的考试成绩目标，否则一旦遇到困难，就会导致情绪紧张、压力过大，从而影响考试发挥。

3．系统、全面地复习　系统、全面的复习能巩固、深化所学知识，是顺利完成考试的保证。在具体复习时，要根据教学大纲重点和自己的薄弱环节，有的放矢地进行复习，要学会合理地安排时间，要善于寻找良好的复习方法和科学的记忆方法，勤于总结、归纳，理清知识体系，高效率地掌握知识。只有做到胸有成竹，才能自信、从容地面对考试。

4．掌握必要的考试技巧　学生应该在考前对考试的基本模式有所了解，以便做到心中有数。如在英语四、六级考试等重要考试前，应该熟悉题型，通过自我模拟测试把握考试时间，通过背诵高频词汇减少生词量等。掌握一些必要的答题技巧可以使大学生在能力相同的情况下获得更高的分数，也有利于减轻考试焦虑。

5．学会处理考试怯场的技巧　如果考试时出现怯场，要尽量保持冷静，不要为此过分担心而加剧焦虑程度。应暂时停止答卷，并通过闭眼、放松、做深呼吸、反复自我暗示、适当地舒展身体等进行自我调节，待情绪恢复平衡后再继续考试。

6．保持健康的体魄　在考试期间，大学生要加强营养，保证充足的睡眠，劳逸结合，根据天气冷热的变化增减衣物，保持乐观的情绪、充沛的体力、清醒的头脑以及良好的身体状态。适当参加一些户外的文娱体育活动，劳逸结合，有助于考前放松、稳定情绪，营造良好的考试状态。

（五）专业抗拒

【案例导读】

源自专业的苦恼

小李入学前由父母和老师做主填报了现在的专业，可进来后，他发现虽然这是一个热门专业，但自己既不擅长这方面的学习，也对它提不起兴趣来。他考虑转专业，却又达不到学校要求的学业条件，因此，他感到非常郁闷，学习时提不起精神，整天唉声叹气。到后来他经常逃课，期末时甚至不想参加考试，结果挂了科。

经过高考的选拔后，并不是所有的学生都能选择自己喜欢并且适合自己的专业，有相当一部分人像小李一样对自己所学的专业并不感兴趣，于是便产生了矛盾心理，感到前途一片茫然，不知道自己该何去何从，并时常表现出紧张和焦虑，这就是专业抗拒。

引发学生产生专业抗拒的原因主要有：①因专业错位而感到苦恼。专业错位有两种情况：一是由于分数或其他方面的原因，未能如愿地选择自己想学的专业。二是所学的专业正是自己所报考的专业，但是当真正接触这个专业时，却发现与想象的相差甚远。这样就会产生沮丧、懊悔等消极情绪。②对专业前景持悲观态度。有一些专业，比如一些基础学科被称为“冷门”，报考的人数不多。这主要是因为人们对这些专业的就业前景不看好，或者这些专业的就业市场已接近饱和，将来不好找工作。有了这种消极心理，选择“冷门”专业的人自然不会对本专业产生兴趣。③追求热门专业。有的大学生觉得自己的专业课太陈旧，所讲的理论都已过时，因而花更多的时间去学英语、电脑、金融等“热门”知识。为了开阔视野，跨专业去涉猎其他方面的知识是好事，但为此而放弃本专业知识的学习却是一种损失。④忽视学习方式的调整。在学习上大学对学生的要求与中学不同，中学要求的是服从性学习，而大学要求的是学生能够质疑和创造。有一部分大学生由于未能及时适应，而导致学习成绩不理想，但同时又没有及时调整学习方法，从而造成被动学习，以致失去学习兴趣。

那么该如何解决这一问题呢？心理专家建议从以下几个方面来调适：

1．了解大学学习的真谛，全面看待专业学习的意义　大学本科阶段学习的目的主要是提高综合素质。本科生教育更多注重的是基础知识和能力的培养，如研究方法、思维习惯、基本技能等，后期的可塑性还非常强，跨专业考研究生或就业的机会非常宽泛。就参加实际工作而言，很多专业知识和能力还要通过研究生阶段或实际工作去学习和提高，所学专业不一定能成为终身的职业。所以，从长远的角度来看，暂时的专业不对口并不能决定一个人今后工作成就的大小。

2．自觉培养专业兴趣　大学生要有意识地去了解本专业相关学科的发展史和前沿科学知识。要想对某一专业感兴趣，首先要对该专业有所了解。可以参加各种知识应用性活动，运用自己所学的理论知识解决几个实际问题，这样就能够体验到专业知识的价值和趣味所在。每个专业之所以能独立设置，就是因为有其独特的重要性，深入了解就会发现它们独特的魅力。

3．正确处理专业与兴趣的关系，利用学校提供的机会，尽量满足自己的愿望　专业错位实际上是专业选择与个人兴趣的不符。当专业与兴趣相冲突时，可以在不放弃自己专业的同时，再选修自己喜欢的专业，甚至在学有余力的情况下考取第二专业学历。此外，目前高校为专业不满意的同学提供的机会还有辅修专业、转系，甚至退学复读等。当然，大学所学专业的选择还不可能达到完全的自由，很多机会还是有很严格的条件限制的，如很多学校规定若要转系需要保证第一学年的学习成绩达到一定标准。所以，一方面，要积极了解所有相关的政策；另一方面，要保持清醒，要想赢得以后的机会，必须先适应好当前的现实生活。

4．坚信事物的发展都是曲折上升的，做好蓄势待发的准备　大学生应该明白一个道理，一切事物的发展规律都是曲折上升的。专业不理想的同学要保持积极的心态，不妨把大学的学习看成是一个曲折上升的过程，只要能一直保持自己的理想，一直奋发努力，不同的成功路之间是相通的，说不定哪一天你就会惊喜地发现东方不亮西方亮，原来成功的人可以殊途同归，当年学的东西不是没有用，而恰恰是为今天的成功奠定了必要的基础。

【量表测试】

大学生学习动机自我诊断量表

请你根据自己的实际情况，逐一对每个问题做“是”或“否”的回答，在赞同的句子前面划上“√”。为了保证测验的准确性，请你认真作答。

（　）1．一读书就觉得疲劳与厌烦，极少主动学习。
（　）2．除了老师指定的作业外，不想再多看书。
（　）3．如果别人不督促的话，极少主动学习。
（　）4．看书时，需要很长时间才能进入状态。
（　）5．在学习中遇到不懂的地方时，根本不想设法弄懂它。
（　）6．心里常想：自己不用花太多时间，成绩也会超过别人。
（　）7．迫切希望在短时间内大幅度提高自己的学习成绩。

( ) 8．为了及时完成某项作业，宁愿废寝忘食、通宵达旦。
( ) 9．为了学好功课，放弃了许多感兴趣的活动，如体育锻炼、看电影与郊游等。
( ) 10．常为短时间内成绩没能提高而烦恼不已。
( ) 11．课本上的基础知识没啥好学的，只有看高深的理论、读大部头的作品才带劲。
( ) 12．花在课外读物上的时间比花在教科书上的时间要多得多。
( ) 13．把自己的时间平均分配在各科上。
( ) 14．觉得读书没意思，想去找个工作。
( ) 15．平时只在喜欢的科目上狠下工夫，对不喜欢的科目则放任自流。
( ) 16．给自己定下的学习目标，多数因做不到而不得不放弃。
( ) 17．总是为同时实现好几个学习目标而忙得焦头烂额。
( ) 18．几乎毫不费力就实现了自己的学习目标。
( ) 19．为了实现一个大目标，不再给自己制订循序渐进的小目标。
( ) 20．为了应付每天的学习任务，已经感到力不从心了。

评分标准：

将上述 20 道题目分成组，它们分别测查你在四个方面的困扰程度：1 ～ 5 题测查学习动机是不是太弱；6 ～ 10 题测查学习动机是不是太强；11 ～ 15 题测查学习兴趣是否存在困扰；16 ～ 20 题测查在学习目标上是否存在困扰。

假如你对某组中大多数题目持认同的态度，则说明你在相应的学习欲望上存在一些不够正确的认识，或存在一定程度的困扰。

从总体上讲，选“是”记 1 分，选“否”记 0 分，将各题得分相加，算出总分。

总分在 14 ～ 20 分：说明在学习动机上有很严重的问题和困扰，必须调整。

总分在 11 ～ 13 分：说明在学习动机上有较严重的问题和困扰，需要调整。

总分在 6 ～ 10 分：说明在学习动机上有一定的问题和困扰，可调整。

总分在 0 ～ 5 分：说明在学习动机上有少许问题，必要时可调整。

【量表测试】

考试焦虑自评

下面的每一个句子都是你可能有的或曾出现过的一般感受或体验，请认真阅读每一个句子，这里的答案无正确或错误之分。回答每一个问题时不必用太多时间去思考，但选择回答时必须是最符合你通常感受的情况，每一个问题都要回答。每道题有 4 个备选答案，根据自己的实际情况在相应字母上画圈，每题只能选择一个答案，其相应字母的意义是：

A．很符合自己的情况　　B．较符合自己的情况

C．不太符合自己的情况　　D．很不符合自己的情况

1．在重要考试的前几天，我就坐立不安了。 (A B C D)

2．临近考试时，我就泻肚子。 (A B C D)

3．一想到考试即将来临，我的身体就会发僵。 (A B C D)

4．在考试前，我总是感到苦恼。 (A B C D)

5．在考试前，我总是感到烦躁、脾气变坏。 (A B C D)

6. 在紧张的复习期间，我常会想道：“这次考试要是得到个坏分数怎么办？”
(A B C D)
7. 越临近考试，我的注意力越难以集中。 (A B C D)
8. 一想到马上就要考试了，我参加任何文娱活动时都感到没劲。 (A B C D)
9. 在考试前，我总是预感到这次考试将要考坏。 (A B C D)
10. 在考试前，我常做关于考试的梦。 (A B C D)
11. 到了考试那天，我就不安起来。 (A B C D)
12. 当听到开始考试的铃声响了，我的心马上紧张得快速跳起来。 (A B C D)
13. 一遇到重要的考试，我的脑子就变得比平时迟钝。 (A B C D)
14. 看到考试题目越多、越难，我就越感到不安。 (A B C D)
15. 在考试时，我的手会变得冰凉。 (A B C D)
16. 在考试时，我感到十分紧张。 (A B C D)
17. 一遇到很难的考试，我就担心自己会不及格。 (A B C D)
18. 在紧张的考试中，我却会想一些与考试无关的事情，注意力集中不起来。
(A B C D)
19. 在考试时，我会紧张到连平时记得滚瓜烂熟的知识也一点儿回忆不起来。
(A B C D)
20. 在考试时，我会沉迷在空想之中，一时忘了自己是在考试。 (A B C D)
21. 在考试时，我想上厕所的次数比平时多一些。 (A B C D)
22. 在考试时，即使不热，我也会浑身出汗。 (A B C D)
23. 在考试时，我紧张得手发僵，写字不流畅。 (A B C D)
24. 在考试时，我经常会看错题目。 (A B C D)
25. 在进行重要的考试时，我的头会痛起来。 (A B C D)
26. 要是发现剩下的时间来不及做完全部考题，我就会急得手足无措、浑身大汗。
(A B C D)
27. 如果我考了个坏分数，家长或教师会严厉地指责我。 (A B C D)
28. 在考试后，要是发现自己懂得的题却没有答对时，我就十分生自己的气。
(A B C D)
29. 有几次在重要考试之后，我腹泻了。 (A B C D)
30. 我对考试十分厌烦。 (A B C D)
31. 只要考试不记成绩，我就会喜欢进行考试。 (A B C D)
32. 考试不应在像现在这样的紧张状态下进行。 (A B C D)
33. 要是不进行考试，我就能学到更多的知识。 (A B C D)

评分：统计你所圈的各个字母的次数，A 得 3 分，B 得 2 分，C 得 1 分，D 得 0 分，然后计算出你的总得分：总得分 =3 乘以圈 A 的次数 +2 乘以圈 B 的次数 + 圈 C 的次数

看你的总分符合以下哪个范围，就可知你的焦虑水平。

焦虑水平分析：

0 ~ 24 分：镇定。你总是以较为轻松的方式对待考试，只有在特别重要的考试前你才会有些激动。但是如果得分少于 10 分则说明你对考试不在乎，学习动机较低。

25 ~ 49 分：适度焦虑。你面对考试时有些激动，有时会有点紧张和不安。这时你的脑细

胞被充分调动起来了，这种程度的焦虑有助于考试的超常发挥，只是不要让焦虑持续太久。

50～74分：中度焦虑。你面对考试比较紧张，这种焦虑如不及时调整，会导致你无法静下心来复习，考试时还会影响你的发挥。

75～99分：过度焦虑。你可能有“考试焦虑症”。一到考试你就会感到莫名其妙的恐惧，甚至会有生理反应，如头痛、失眠等。如果你无法降低自己的焦虑程度，建议找心理老师进行辅导。

【小　结】

狭义的学习指的是学生的学习，即在各类学校环境中，在教师的指导下，有目的、有计划、有组织地进行的学习，是在较短的时间内系统地接受前人积累的文化经验，以发展个人的知识技能，并形成符合社会期望的道德品质的过程。它具有计划性、间接性和高效性的特点。大学生阶段的学习与中小学相比，具有自主性、专业性、多样性、探索性和研究性等明显不同的特点。对大学生而言，掌握一套高效的学习方法非常重要，比如：认识自己的学习风格，树立目标，合理计划，灵活记忆，培养创造性思维，高效阅读，注重实践，尝试科研等。大学生的学习与心理健康关系密切，我们要认识学习动机不当、学习主动性不强、学习自卑、考试焦虑、专业抗拒等学习心理问题，并积极地加以调试。

【思考题】

1. 大学生学习的任务和特点是什么？
2. 学习与心理健康有何关系？
3. 大学生常见的学习心理问题有哪些？
4. 请反思自己的学习方法，找出其中的优点和不足，并总结适合自己的科学学习方法。

第八章　多彩情绪我做主：大学生情绪管理

【案例导读】

沙漠中的仙人掌

有一位叫塞尔玛的美国妇女，她的丈夫奉命在沙漠里参加军事演习，她不得不每天一个人待在屋子里。沙漠的干燥和炎热令她头昏脑胀，语言不通及寂寞乏味令她烦躁不安。正在此时，她收到了父亲的来信。父亲在信中告诉她："两个犯人同时从牢房的铁窗口望出去，一个人看到的是荒凉的沙漠，另一个人看到的是闪烁动人的繁星。"她反复阅读了父亲的信之后，恍然大悟，开始重新调整自己的情绪，改变心态。这时她发现沙漠中顽强生长的仙人掌真是生命的奇迹，于是她开始研究沙漠中的植物生长状况以及小动物们的生存法则，还交了许多朋友。这些朋友送给了她许多买不到的精致陶器和纺织品。她写下了一本书，叫《快乐的城堡》，她也终于寻找到属于自己的"繁星"。

这是一个小小的认知改变，是关于调节情绪后成功改变自己处境的故事。我们可以体会到正确的认知决定着好的心态，好的心态能影响个人成功与否的命运。

第一节　解读情绪的奥秘

一、认识情绪

人的情绪丰富多彩，我国自古把情绪分为喜、怒、忧、思、悲、恐、惊，即七情。现代学者将情绪总结为人对客观事物的态度体验及相应的行为反应。当客观事物或情境符合主体的需要和愿望时，就能产生积极、肯定的情绪体验。比如，你初到一个陌生环境，内心渴望获得他人的关心和帮助时，遇到了很多友好的人，这样你对新环境产生的就是积极情绪。当客观事物或情境不符合主体的需要和愿望时，就会产生消极、否定的情绪，如考试未取得预期的好成绩，则容易使你出现苦恼、懊悔情绪。

情绪是由主观体验、外部表现和生理唤醒三种成分组成的：①主观体验，是指个体对不同情绪状态的自我感受。每种情绪都有不同的主观体验，它们代表了人们不同的感受，构成了情绪的心理内容。②外部表现，通常称为表情。它是在情绪状态发生时身体各部分的动作表现形式，包括面部表情、姿态表情和语调。面部表情是所有面部肌肉变化所组成的模式，比如，高兴时眉头平展、面颊上提、嘴角上翘。面部表情能精细地表达不同性质的情绪和情感，因此，是鉴别情绪的主要标志。姿态表情是指面部表情以外的身体其他部分的表情动作，包括手势、身体姿势等，如人在痛苦时捶胸顿足、愤怒时摩拳擦掌等。语调也是表达情绪的一种重要形式。语调是通过言语的声调、节奏和速度等方面的变化来表达的，如高兴时语调高昂、语速快，痛苦时泣不成声、语调低沉、语速慢。③生理唤醒，是指情绪产生的生理反应。不同情绪的生理反应模式是不一样的，如满意、愉快时心跳正常，恐惧或暴怒时心跳加速、血压升高、呼吸频率增加等。

二、情绪的作用

1. 有助于个体适应　情绪是个体适应生存和发展的一种重要方式，是人类早期赖以生存的手段。婴儿在出生时，还不具备独立的维持生存的能力，这时主要依赖情绪来传递信息，与抚育者交流。抚育者也正是通过婴儿的情绪反应，及时为婴儿提供各种生活条件。在成人的生活中，情绪直接反映着人们生存的状况，是人们心理活动的晴雨计，如通过愉快表示处境良好，通过痛苦表示处境困难。人们还通过情绪进行社会适应，如用微笑表示友好。通过情绪还可以维护人际关系，识别对方的情绪状况，采取适当的措施或对策。总之，人们通过各种情绪了解自身或他人的处境与状况，适应社会的需要，以求得更好的生存和发展。

2. 可促发动机　情绪是动机的源泉之一，它能够激励人的活动，提高人的活动效率。适度的情绪兴奋可以使身心处于活动的最佳状态，进而推动人们有效地完成工作任务。研究表明，适度的紧张和焦虑情绪更能促使人积极地思考和解决问题。

3. 对其他心理活动具有组织作用　表现为积极情绪的协调作用和消极情绪的破坏、瓦解作用。中等强度的愉快情绪有利于提高认知活动的效果，而消极的情绪如恐惧、痛苦等会对认知产生负面影响。情绪的组织功能还表现在人的行为上，当人们处在积极、乐观的情绪状态时，更容易注意事物美好的一方面，行为比较开放，愿意接纳外界事物；而当人们处在消极的情绪状态时，容易失望、悲观，甚至产生攻击性行为。

4. 传递信息、沟通思想　这种功能是通过情绪的外部表现，即表情来实现的。如用微笑表示赞赏、用点头表示默认等。表情也是言语交流的重要补充，如手势、语调等能使言语信息表达得更加明确。实际上，表情的交流比言语交流要早得多，如婴儿期孩子与成人相互交流的唯一手段就是情绪，情绪的适应功能也正是通过信号交流作用来实现的。

5. 影响健康　中国自古就有很多关于情绪影响健康的说法，比如“内伤七情”说，认为当人的喜、怒、忧、思、悲、恐、惊七种情绪过度时，就会产生相应的疾病。《黄帝内经》中有怒伤肝、思伤脾、忧伤肺、恐伤肾的记载。现代医学研究发现，情绪的变化能直接影响人体内的各种生理活动。积极情绪对人体健康有促进作用，而消极情绪则会给人体健康带来不良的影响。“笑一笑，十年少；愁一愁，白了头”，这句谚语形象生动地说明了情绪与健康之间的关系。

【知识链接】

愤怒的危害

美国生理学家爱尔玛（RG. Elmer）开展的“心理状态对健康的影响”的研究表明，愤怒是对人体健康最有危害的负性情绪。他发现，人在愤怒时体内会分泌毒素。他将人愤怒时呼出的气体收集起来制作成“生气水”，并注入大白鼠体内，没过几分钟大白鼠就死了。研究人员还指出，由于愤怒时的生理反应十分剧烈，此时人体分泌物的成分比其他任何情绪反应的成分都更为复杂，也更具有毒性。以上研究揭示了情绪与身体健康有着密切的关系。

三、大学生的多彩情绪

进入大学后，个体面临的学习和生活环境较高中阶段更加多元化，大学生需要在学习、社交、实践能力等方面全面提升自己，从而产生了更多新的需要，这些新的需要使大学生的情绪日益丰富。从自我发展来看，大学生对自己的能力高低、性格特点等有了更深刻的自我认识和评价，容易产生自卑、自负等各种情绪体验。从社交方面来看，大学生的交际范围日益扩大，与同学、朋友及师长之间的交往更深入、更复杂。另外，由于生理成熟和性心理的发展，他们强烈地希望了解异性并与异性交往，向往美好的爱情体验，受性意识困扰的比例也非常大。

大学时期是人生面临多种选择的时期，社会、家庭、学校及生活事件都会对大学生的情绪产生影响。由于大学生的人格发展尚未完全成熟、生活经验不足等原因，大学生相对敏感，情绪带有明显的波动性。他们往往对符合自己信念、观点和理想的事件或行为产生积极情绪，对不符合自己信念、观点和理想的事件或行为则易出现负性情绪。成功时手舞足蹈，一旦遇到挫折就垂头丧气；喜欢时花草皆笑，悲伤时草木都会流泪。他们的情绪像波动曲线一样忽高忽低。

大学生处于迅速走向成熟而又未真正成熟的发展阶段，他们年轻气盛、自尊心强，对外界事物比较敏感，情绪活动不稳定，情绪体验来得快而强烈，情绪容易被激发，激动起来犹如暴风骤雨，有时情绪一旦爆发就难以控制。当理想化的未来憧憬与客观现实之间发生矛盾和冲突时，大学生往往容易产生焦急和浮躁情绪，时常表现为兴奋、焦虑之情。再加上缺乏自制力，在难以抑制的情境中易出现冲动性和爆发性情绪而造成不良后果，因此，学会如何控制、管理好自己的情绪就成了大学生走向心理成熟的必修课程。

四、情绪与大学生活

（一）情绪与学习

情绪不仅与大学生的身心健康有关，而且与他们的学习、工作效率有关。良好情绪状态下的大学生乐于行动，有兴趣开展学习、工作和活动，他们思路开阔、注意力集中、富有创造性。研究发现，精神愉快、心情舒畅、紧张而轻松是思考和创造的最佳状态。心理学家用实验的方法研究了情绪与学习成绩的关系，结果表明，适度焦虑能使大学生获得最高的学习效率，焦虑程度过高或过低均难以取得优异的学习成绩。在生活中常有这种现象：有的大学生在考试时过分紧张，结果出现“晕场”现象；而有的学生对考试不以为然，也难以取得好成绩。

（二）情绪与人际关系

良好的情绪特征如乐观、热情、自尊、自信是人与人之间产生相互吸引的重要条件，能缩短彼此的心理距离和促进情感融洽；而自卑、情绪压抑、爱发怒的人往往不能与他人和谐相处。情绪具有感染性，具有积极、稳定、适度的情绪的个体在人群中更受欢迎，更容易获得别人的赞赏，容易形成良好的人际关系。一位大学生这样形容宿舍里的一位同学：“他的情绪如六月的天，喜怒无常，无法把握。与他相处，我们有些如履薄冰，时刻要受他的情绪的支配与感染。我们认为，他没有用坏情绪影响我们好心情的权利，因而我们选择逃避，尽量少与他交往。”由此可见，大学生在人际交往中，要适度控制与调适自己的情绪，做情绪的主人，才能拥有良好的人际关系。

（三）情绪与行为

心理学家埃普斯顿（D. Epston）对大学生的情绪与行为变化之间关系的研究表明，当体验到积极情绪时，如高兴、亲切、安全、平静，大学生的行为目标也往往是积极、主动的，对新经验的接受和开放、对周围人的尊重和理解、对价值和长远目标的献身精神等都有明显增强；当体验到的是痛苦、愤怒、紧张或受威胁等消极情绪时，部分大学生的社会兴趣下降，反社会行为增加，对新经验持审慎甚至闭锁的态度。另有一些大学生的行为并没有向消极方面转化，而是吸取教训，准备重新来过。可见，积极的情绪体验与积极的行为变化总是有一致的关系，在大学生活中要尽可能多地建立起这种关系，培养为长远目标和价值献身的精神。

第二节　大学生常见的情绪困扰与调适

【案例导读】

情绪与自救

有几个矿工终日在地下极深的坑道中工作。有一天，矿灯突然熄灭了，他们顿时惊慌失措，开始胡乱寻找出路。在一阵混乱的摸索后，他们竟然迷失了方向。几个人走得精疲力竭，只好坐下来休息。大家谁也不说话，空气中是令人窒息的恐惧，好像死亡即将来临。一些人坐不住，烦躁地走动着。这时，一个处事冷静的老矿工开口说话了：“与其这样盲目乱找，不如坐在这里，看看是否能感觉到风的流动，因为风一定是从坑口吹来的。”听了他的话，大家似乎看到了希望，都稳稳地坐了下来。刚开始时没有一点感觉，可是在一段时间后，他们逐渐感受到阵阵微弱的风轻抚到脸上。他们顺着风的来处，终于找到出路了。

一、大学生常见的情绪困扰

（一）焦虑

焦虑是一种源于内心的紧张和压力感，常表现为内心不安、心烦意乱，有莫名其妙的恐惧感和对未来不良的预期感。人们在面临潜在或真实的危险或威胁时，都有可能产生这种体验。过分焦虑会使人处于一种无所适从的状态，总是担心将要发生的事情，坐立不安，注意力分散，办事效率低下。焦虑是大学生常见的情绪状态，当他们在学习、生活各方面遭受挫折或担心需要付出巨大努力的事情来临时，便会产生这种体验。焦虑对大学生的影响是复杂的，既可以成为大学生成才的内驱力，起促进作用，也可以起阻碍作用。如前所述，适度焦虑能使学生维持适度的紧张状态，注意力高度集中，提高学习效率，而过度焦虑则会对学生带来不良的影响。如有的大学生在临考前夜失眠或考试时“怯场”，在竞赛中不能发挥正常水平等，多是由高度焦虑所致。被过度焦虑困扰的大学生常常会感到内心极度紧张不安、惶恐害怕，注意力不能集中，甚至出现记忆力下降，同时还容易出现头痛、失眠、食欲不振、胃肠不适等不良生理反应。大学生常见的焦虑有自我形象焦虑、学习焦虑与情感焦虑等。自我形象焦虑是指担心自己不够漂亮、没有吸引力、身材过胖或矮小等，也有的是因为粉刺、雀斑等影响自我形象而引起的焦虑，这主要与自我认知有关，需要通过调整自我认知重新接纳自我。与学习有关的焦虑（如学习焦虑、考试焦虑）情绪反应强烈，需要引起重视。情感焦虑多是由于恋爱受挫引发的自我否定，个体认为自己不具备爱人与被爱的能力，因过度担心而引起焦虑。

（二）自卑

自卑是一种因自我评价偏低、过多地自我否定而产生的负性情绪体验，也可以表述为自我效能感低。自我效能水平低是指个体在特定情境中对自己是否有能力的预期比较低。自卑的学生由于自我评价过低，导致行为畏缩、瞻前顾后、多愁善感、自尊心极强、过于敏感，严重影响各方面的正常发展。大学生的自卑情绪容易使他们感到压抑、孤独，易使他们遭受挫折，严重影响学习与生活。理想与现实自我的差距是导致自卑的主要原因，由于学习环境和生活环境的改变，部分大学生由高中时期的佼佼者变成大学校园中的普通一员，这种改变是造成部分大学生产生自卑的重要原因。还有一些学生由于家庭条件差或学习、交际、性格、文体活动等方面与他人存在差距感到自卑。有自卑心理的大学生往往性格内向、不善言辞，对他人的评价过于敏感，自信心不足。事实上，自卑者不一定能力低下，而是凡事期望过高、不切实际，在交往过程中总想使自己的形象理想完美，害怕出丑。这种心境也使自卑者将自己的社交圈子局限在狭小的范围内，常因为与身边的人缺乏必要的交流而导致社会适应困难。

（三）抑郁

抑郁是一种持续时间较长的低落、消沉的情绪体验，它常常与苦闷、不满、烦恼、困惑等情绪交织在一起。抑郁的个体往往对所有活动失去兴趣，离群独居，并存在认知改变，消极地看待世界、自我和未来，很难唤起美好的记忆。此外，抑郁者还会伴随身体症状如乏力、睡眠问题，还会出现食欲紊乱以及随之而来的体重激增或剧减。产生抑郁情绪的大学生大多性格内向、敏感多疑、依赖性强、不爱交际。生活遭遇挫折，或有人际关系处理不当、失恋等问题的大学生也会产生抑郁情绪。心理学研究表明，运动是克服抑郁情绪的理想方式。此外，认知的调整、练习转变自身的消极认知模式等也是调节抑郁情绪的重要方法。

（四）嫉妒

嫉妒是由于别人胜过自己而引起的消极情绪体验。嫉妒在大学生中普遍存在，表现为当看到他人的学识、能力、品行、荣誉甚至穿着打扮超过自己时内心产生不平、痛苦、愤怒等感觉；而当别人身陷不幸或处于困境时则幸灾乐祸，甚至落井下石，在人后恶语中伤和诽谤。嫉妒扭曲人的心灵，妨碍人与人之间正常、真诚地交往。法国文学家巴尔扎克（H. Balzac）说："嫉妒者比任何不幸的人更为痛苦，因为别人的幸福和他自己的不幸，都将使他痛苦万分。"嫉妒心强的人容易陷入消极情绪中而损害健康。《三国演义》中的周瑜身为东吴大将，才华出众，但却在"既生瑜、何生亮"的嫉妒心理困扰下郁郁而终。嫉妒情绪影响大学生的自我发展，会大大降低学习效率。

要想克服嫉妒，首先，要开阔视野和心胸，懂得天外有天、人外有人，学会平静、客观地面对现实。其次，要学会转移注意，积极进取，使生活充实起来，以使自己变得优秀。培根（F. Bacon）说："每一个埋头深入自己事业的人，是没有工夫去嫉妒别人的。"再次，要学习并欣赏别人的长处，化嫉妒为动力。一个人在嫉妒别人时，总是关注别人的优点，忽视自己的优点。要采取正确的比较方法，有意识地想想自己的优势，客观看待自己不如他人的方面。建立正确的自我意识，客观地评价自己和别人。要克服待人处事中以自我为中心的思维，摆正自身的位置，努力驱除嫉妒心，就会逐渐感到“心底无私天地宽”。

（五）愤怒

愤怒是由于客观事物与主观愿望不符合时人们内心产生的一种激烈的情绪反应。处于愤怒情绪下，人的自制力减弱甚至丧失，思维不清、行为冲动，甚至会导致个体血压升高、心跳加快、心律失常，进而表现出躯体性疾病。血气方刚的青年大学生在情绪上往往具有易激动、易动怒的特点。先天气质类型及个性方面的不足也是部分大学生易动怒的原因。如胆汁质的大学生就更具有冲动、易怒的情绪特征；自我评价偏高、鲁莽、冲动的大学生也容易发怒，会因为一句刺耳的话或一件不顺心的小事而暴跳如雷。愤怒情绪对大学生的影响极大。当出现引起不快的事件时，首先，要有意识地克制自己，降低外界刺激在大脑中引起的兴奋程度；其次，要学会尊重、理解和包容他人的利益和需要，降低心理的不适；再次，即使遭受不公正的待遇，也要学会主动控制自身情绪，避免出现冲动行为。

（六）恐惧

恐惧是对某种特定事物和情境所产生的强烈惧怕，以及主动回避的心理体验。一般而言，恐惧感可以引起我们对危险的警觉，调动机体能量来应对危险，这是人类自我保护的本能。但人们有时会表现出非理性、非现实的恐惧，即对一般人不害怕的事物感到恐惧，或者恐惧体验的强度和持续的时间远远超出常人的反应范围。具体表现为对某类特定的事物、活动或情境产生持续紧张、难以克服的不安等心理反应，并伴有出冷汗、心跳加快、身体颤抖及逃避行为，例如，恐惧社交场合、怕见陌生人或者怕见异性、害怕看别人的眼睛等。恐惧会严重影响与他人的正常交往，不少同学为此感到烦恼不堪。恐惧往往来自于内心，学会正视和克服恐惧，才能享受心理上开放、自由、愉悦的状态。

二、探索情绪困扰的源头

（一）客观因素

客观环境中存在多种诱发个体情绪反应的刺激物，那些个体意识到的，并且自身能力和经验不足难以克服的刺激，会变成个体的心理压力，威胁情绪的稳定与身心健康。生活事件对情绪健康造成影响的大小关键在于对生活事件的认知和觉察到的威胁与压力。在大学生活中，大学生面临着学业、人际交往、恋爱、就业等多种复杂的外界刺激，会使大学生压力倍增，如处理不好就容易产生严重的情绪困扰。

（二）主观因素

个体情绪困扰的主观因素主要包括：①适应能力不足。大学生的独立意识日益增强，凡事想依靠自己的力量，处处彰显个性。一方面，他们积极参加校内外的各种活动，希望在各方面取得成功；另一方面，大学生还缺乏社会经验和独立生活能力，过强的自尊驱使他们不愿意接受生活自理差、能力不如人的事实，对生活中的困难估计不足，缺乏必要的心理准备。这种矛盾会使部分学生对大学生活出现不适应，而陷入孤独无助、悲伤和抑郁的情绪状态。②认知偏差。很多大学生对自己缺乏正确客观的认识，往往习惯于过高或过低地评估自己，不能摆正自己的位置，不能正确地评价自我，对学习、工作、生活条件和环境及人际关系常常提出不恰当的要求，而忽略了客观条件的限制。一旦遇到挫折，容易导致情绪低落、萎靡不振、自暴自弃的心理或对他人的敌对情绪。③具有不良的性格特点。易产生情绪困扰的大学生常见的性格特点包括内向、自卑、自负、敏感、懦弱、孤僻或以自我为中心等。具有这些性格特点的大学生必然会比别人有更多的挫折体验，承受更多的痛苦，还可能因为长期积累的消极情绪体验而不到大学生活的美好，甚至产生严重的心理问题。

三、情绪管理的艺术

【案例导读】

扇子与雨伞

从前，有一位奶奶，她有两个儿子，大儿子卖雨伞，小儿子卖扇子。每逢下雨天，老奶奶就发愁地说："哎！我儿子的扇子卖不出去了！"天晴了，老奶奶还是发愁："哎！这大晴天，哪里还有人来买我儿子的雨伞呀！"老奶奶一天到晚愁眉不展，吃不下饭，睡不着觉。邻居见状，便对她说："老奶奶，你好福气呀！一到下雨天，你大儿子的雨伞就卖得特别好；天一晴，你小儿子的店里顾客盈门，真让人羡慕呀！"老奶奶一想："对呀！"从此不再发愁。

情绪管理是指一个人对自己情绪的自我认知、自我控制、自我激励能力和对他人情绪的识别与适度的反应能力。它包括如何准确了解自己的真实情感；如何克服冲动、延迟满足；如何调适情绪，避免因过度沮丧而影响思维；如何设身处地地为他人着想，真诚地去理解别人；如何激励自己越挫越勇，对未来永怀期望等。情绪管理与我们能否适应社会、获得事业成功和更好地享受生活有着密切的联系。一个善于管理、调节情绪的人，面临困难和挫折时往往能够及时地调整自己的情绪，合理地看待困难和挫折，从而使自己能够保持乐观、自信的心态，并最终战胜困难和挫折。对大学生而言，管理、调节好自己的情绪，做情绪的主人，不仅是维护身心健康的需要，也是自我发展和人格成熟的条件。

（一）给负性情绪一个排泄口

过分压抑会加重情绪困扰，而适度宣泄则可以把不良情绪释放出来，从而使紧张情绪得以缓解、放松，因此，遇到不良情绪时，最简单的办法就是宣泄，一般有：①哭泣法。哭是人的一种本能，是不愉快情绪的外在流露。人们常把哭当作懦弱的表现，也总是教育男孩子"男儿有泪不轻弹"，这不仅是一种错误的认识，更是对心理健康的一种损害。爱哭的人不一定就是弱者，不哭的人也不一定坚强。人在激动时流泪后可以减轻乃至消除人的压抑情绪。②倾诉法。可尽情地向至亲好友倾诉自己承受的不平和委屈等，一旦倾诉完毕，心情也就随之平静下来。③运动法。体育运动能使不良情绪得到合理的宣泄，可以使人的注意力发生转移，紧张得到松弛，情绪趋向稳定，可以为消极情绪提供一个合理的发泄口，从而消除情绪障碍，达到心理平衡。④喊叫法。当个体情绪不好时，可以选择一个相对安全、适宜的场所（比如空旷的田野、大山、一望无际的大海边）大声地叫喊，喊出内心压抑的事情来，这样对调适不良情绪能起到较好的效果。⑤模拟宣泄法。将一些物件（如枕头、报纸等）假想成使你产生不良情绪的对象，通过打骂模拟对象而发泄怨气、消除愤怒。采取宣泄法来调节自己的不良情绪时必须有一定的自制力，不要随便发泄不满或者不愉快的情绪，要采取正确的方式，选择适当的场合和对象，以免引起意想不到的不良后果。

（二）做点别的事来取代它

我们都有这样的感受，自己越是伤心沮丧的时候，那些让我们痛苦的事情就越是时时刻刻萦绕在我们的心头，正如一首流行音乐的歌词“不知道为了什么，忧愁它围绕着我”。遇到这样的情况时，我们应该学着转移注意力，做点别的事情，把注意力从让我们感到不愉快的事情转移到其他事情上，有助于我们从消极情绪中解脱出来。转移注意力可以通过改变注意的焦点来实现，当自己情绪不好时，可以做一些自己平时感兴趣的事，如听音乐、看电影或电视、读书、打球、下棋等，使自己从消极情绪中解脱出来，还可以多回忆高兴、幸福的事，使消极情绪转移到积极情绪上去。此外，我们还可以通过改变环境来实现转移注意力，当自己情绪不佳时，到室外走一走，到风景优美的环境中玩一玩，会使人精神振奋、忘却烦恼。如果把自己困在屋里，不但不利于消除不良情绪，而且可能加重不良情绪的危害。即便不走出去，如果能够改变一下自己所处的环境，如收拾一下房间，改变一下格局，点缀一些花草，也是一种好办法。

（三）积极暗示有力量

当一个人遭遇不幸或挫折时，为了避免精神上的痛苦或不安，可以找出一种合乎内心需要的理由来说明或辩解。比如，为失败找个冠冕堂皇的理由来安慰自己。一个人无法达到自己追求的目标时，常常会像伊索寓言里那只聪明的狐狸一样，吃不到葡萄就说葡萄是酸的，以冲淡内心的欲望，减少沮丧的情绪。同时，还可用“甜柠檬心理”来肯定自己的成绩和价值，认为凡是自己所拥有的东西都是最好的、最重要的，以减轻内心求而未果的痛苦。这种方法对于帮助我们在大的挫折面前接受现实、保护自己、避免精神崩溃是很有益处的。但是由于自我安慰的“理由”往往是不真实或次要的，会影响对现实的正确认知，如果长期过多地使用这种方式，会使自己放弃对自我的认识和改造，甚至降低积极适应环境的能力，因此，当人们遇到情绪问题时，可以采用“胜败乃兵家常事”“塞翁失马，焉知非福”“坏事变好事”等来进行自我安慰。当你发怒时，可以反复地暗示自己“不要发怒，发怒有害无益”；当你陷入忧愁时，可以暗示自己“忧愁没有用，无济于事，还是振作起来吧”。在保持情绪稳定的基础上，总结经验、吸取教训、自我完善。

（四）知心朋友是避风港

快乐有人分享，就会加倍；痛苦有人分担，就会减半。无论何种心情，只要有人懂，就是最好的安慰。当我们遇到不顺心、不如意的事，有了烦恼时，一个人独处时会胡思乱想、自怨自艾，往往会放大我们的烦恼。如果我们能主动找亲朋好友交流、谈心，则能使我们的困扰得到宣泄，来自朋友的理解和支持也会让我们增添战胜困难的力量，因此，在情绪不佳的时候可以多参加集体活动，多与同学、朋友交往，找人聊一聊，具有缓和、抚慰、稳定情绪的作用。另外，人际交往还有助于交流思想、沟通情感，增强自己战胜不良情绪的信心和勇气，能更理智地去对待不良情绪。

（五）为负性情绪赋予正能量

把消极的情绪转化为积极的行为，使消极的情绪成为自己前进的推动力，会使消极情绪得到升华，给我们增添满满的正能量。塞万提斯在早年不幸的基础上，写出了《堂吉诃德》，歌德在早年失恋的基础上，写出了《少年维特之烦恼》。很多作家、诗人们那些脍炙人口的经典作品也往往来源于他们曾经失败痛苦的人生经历和体验。高尔基曾经说过一句名言："苦难是一所最好的大学。"如果我们能将困境带来的痛苦转化为推动我们努力前行的正能量，这是一种最有价值的情绪调节方法。

（六）学会情绪 ABC

美国心理学家艾利斯（A. Ellis）在 20 世纪 50 年代创立了理性情绪疗法，其核心是去掉非理性的、不合理的信念，建立正确的信念。艾利斯的理论认为：引起人们情绪困扰的并不是外界发生的事件，而是人们对事件的态度、看法、评价等认知内容，因此，要改变情绪困扰，不是致力于改变外界事件，而是应该改变认知，通过改变认知，进而改变情绪，这被称为情绪的 ABC 理论。A 是指外界诱发性事件。B 指个体遇到诱发性事件后产生的相应信念，即他对这一事件的想法、解释和评价等认知。C 指个体相应产生的情绪及行为的结果。比如，当一名大学生因考试成绩平平（A）而感到焦虑甚至产生抑郁情绪时（C），这是因为他有这样的信念（B）：自己应当在各方面都是优秀的、出类拔萃的，否则就非常糟糕。而合理的解释是每个人未必能在各方面都是优秀的，在学习过程中尽力即可，一次成绩的失败并不代表永远的失败，这个结果并非是糟糕透顶的。

ABC 理论的应用步骤为：①一一列出引发不良情绪的事件和认识。②找出引发不良情绪的非理性观念。③通过对非理性观念的认识和纠正，找出合理的观念。④通过建立合理的信念，最后达到情绪感受的改变。例如，一位大学生叙述了一次被朋友伤害的经历："在我的朋友遇到困难时，我主动帮助他，而当我遇到困难时，他却视而不见，为此我感到被欺骗了，很愤怒。"我们可以找出其不合理观念是"我帮助了他，他就应该帮助我"，而理性的信念应该是"我朋友有困难我帮了他，是我主动而且愿意的。我希望当我遇到困难时，我的朋友同样会帮我，但每个人的个性和所处环境是不同的，我不能强求别人达到我的期望"。从"应该"到"希望"的认识就是从不合理到合理的转变。有了这种想法，那么，当他遇到困难时，即使朋友没有帮他，他可能会感到遗憾，但不会有愤怒等强烈的情绪波动。

（七）学会放松

放松训练又称松弛反应训练，是一种通过机体的主动放松来增强人对自我情绪控制能力的有效方法。它的基本原理是通过训练放松所产生的躯体反应，如减轻肌肉紧张、减慢呼吸节律和使心律减慢等达到缓解紧张、焦虑等不良情绪的目的。

放松训练的方法有多种，下面介绍三种常用的简便易行的放松训练：

1．腹式呼吸放松法　操作要领：①安静，静下心来。②用鼻孔慢慢地吸气，想象"气体从口腔顺着气管进入腹部"，腹部随着吸入的气体的不断增加慢慢地鼓起来。③吸足气后，稍微屏息一下，想象"吸入的氧气与血管里的浊气进行交换"。④用口和鼻同时将气从腹中慢慢地自然吐出，腹部慢慢地瘪下去。⑤睁眼，恢复原状。如果要连续做，可以保持安静的姿态，重复呼吸。这种呼吸方式称为腹式呼吸。呼吸放松的特点是见效快。在紧张时，只要进行深呼吸 2 ～ 3 次，就可以起到放松的作用。

2．肌肉放松法　具体的操作步骤如下：在一个较为安静的环境中，舒适地坐在或仰卧在沙发或床上。①步骤一：让自己初步体验肌肉的紧张。操作要领：伸直并绷紧双臂，握拳；

绷紧双臂肌肉，握紧双拳，用力，并保持数秒钟；放松双臂，松拳，放松休息数分钟。②步骤二：在上一步骤的基础上进一步绷紧肌肉。操作要领：伸直双臂，握拳；伸直并绷紧双腿，双脚脚尖内勾，呈倒钩式；上述各部位肌肉同时用力，并保持数秒钟；放松上述各部位肌肉，放松休息数分钟。③步骤三：在前两个步骤的基础上达到全身肌肉紧张。操作要领：伸直双臂，握拳；伸直并绷紧双腿，双脚脚尖内勾，同时紧皱前额部肌肉，紧皱眉头，紧闭双眼，皱起鼻子和脸颊，咬紧牙关，紧收下颚，紧闭双唇，紧绷两腮，梗直脖子，胸部、腹部肌肉绷紧，躯干用力挺起；全身各部分用力绷紧，并保持数秒钟；放松上述各部的肌肉，放松休息数分钟。④步骤四：在全身肌肉紧张的前提下，配合呼吸加强对紧张的体验。操作要领：深吸一口气（用腹式呼吸），憋住气；伸直双臂，握拳，头向后梗，伸直并绷紧双腿，双脚脚尖内勾，胸部、腹部肌肉绷紧；屏住呼吸，全身各部分用力绷紧并保持，直至身体和呼吸到最后极限；放松呼吸，并放松上述各部的肌肉。⑤步骤五：紧接步骤四，通过指导语暗示全身的肌肉、呼吸乃至身心放松。肌肉放松指导语：头部肌肉放松，面部肌肉放松，脖子放松，双肩放松，双臂放松，双手放松，手指放松，胸部放松，腹部放松，双腿放松，双脚放松，脚趾放松。呼吸放松指导语：呼吸在变慢，变得越来越慢、越来越深、越来越沉。身心放松指导语：自己感到身体变得很沉、很重，感到全身越来越沉、越来越重，感到全身很累、很疲倦，好像有一种昏昏欲睡的感觉，自己什么都不去想，什么都不愿意想，感到身心很放松。⑥步骤六：让自己体验此时此地的放松感受。

3．想象放松法　是通过想象一种让人身心得以放松的情景，使人似是身临其境，进而身心得以放松。回想一个自己曾经经历过的、给自己带来最愉悦的感觉，有着美好回忆的场景，可以是海边、草原、高山等，用自己的多个感觉通道（视觉、听觉、触觉、嗅觉、运动觉）去感觉、回忆。

【知识链接】

想象放松训练

操作要领主要有两个，一是在整个放松过程中，要始终保持深慢而均匀的呼吸，二是要真能体验到随着想象有一股暖流在身体内流动。显然，要想掌握好这两条要领必须要经过多次练习和反复认真的体会。在轻柔的背景音乐下，用放松的语调朗读：“周围的环境很安静，我的四肢伸展而舒适，闭上眼睛，深慢均匀地呼吸。我仰卧在水清沙白的海滩上，沙子细而柔软。我躺在温暖的沙滩上，感到非常舒服。我能感受到阳光的温暖，耳边能听到海浪拍岸的声音，我感到温暖而舒适。微风吹来，使我有说不出来的舒畅感觉。微风带走我所有的思想，只剩下一片金黄的阳光。海浪不停地拍打着海岸，我的思绪也随着它的节奏飘荡，涌上来又退下去。温暖的海风轻轻吹来，又悄然离去，它带走了心中的思绪。我只感到细沙的柔软、阳光的温暖、海风的轻缓，只有蓝色的天空和蓝色的大海笼罩着我的心。温暖的阳光照着我的全身，我的全身都感到暖洋洋的。阳光照着我的头，我的头感到温暖和沉重。轻松的暖流流进了我的右肩，我的右肩感到温暖和沉重。我的呼吸越来越慢、越来越深。轻松的暖流流进了我的右手，我的右手感到温暖和沉重。我的呼吸越来越慢、越来越深。轻松的暖流又流回我的右臂，我的右臂感到温暖和沉重。轻松的暖流流进了我的整个后背，我的后背感到温暖和沉重。轻松的暖流从后背又转到了脖子，我的脖子感到温暖和沉重。我的呼吸越来越慢、越来越深。轻松的暖流流进了我的左肩，我的左肩感到温暖和沉重。我的呼吸越来越慢、越来越深。轻松的暖流流进了我的左手，我的左手感到温暖和沉重。我的呼吸越来越慢、越来越深。轻松的暖流又流回我的左臂，我的左臂感到温暖和沉重。我的呼吸越来越慢、越来越深。我的心跳也越来越慢，越来越有力。轻松的暖流流进了我的右腿，我感到温暖和沉重。我的呼吸越来越慢、越来越深。轻松的暖流流进了我的右脚，我的右脚感到温暖和沉重。我的呼吸越来越慢、越来越深。轻松的暖流又流回了我的右腿，我的右腿感到温暖和沉重。我的呼吸越来越慢、越来越轻松。我的心跳也越来越慢，越来越有力。轻松暖流流进了我的左腿，我感到温暖和沉重。我的呼吸越来越慢、越来越深。轻松的暖流流进了我的左脚，我的左脚感到温暖和沉重。我的呼吸越来越慢、越来越深。轻松的暖流又流回了我的左腿，我的左腿感到温暖和沉重。我的呼吸越来越深、越来越轻松。我的心跳也越来越慢，越来越有力。轻松的暖流流进了我的腹部，我的腹部感到温暖和轻松，轻松的暖流又流到了我的胃部，我的胃部感到温暖和轻松。轻松的暖流最后流到了我的心脏，我的心脏感到温暖和轻松。心脏又把暖流送到了全身，我的全身感到温暖和轻松。我的呼吸越来越深、越来越轻松。我的整个身体都已经变得非常平静。我的心安静极了，已经感觉不到周围的一切，四周好像没有任何东西，我安然地躺卧在大自然中。我非常地放松，十分地自在。”

第三节　情商为成功插上翅膀

【案例导读】

蒙巴尔大桥上的自杀者

美国报纸上曾有一篇轰动一时的新闻报道：在蒙巴尔大桥上，一个30岁左右的男子快速越过桥上的护栏，纵身跃入距桥35米高的蒙巴尔河。这个看似一件普通的自杀事件之所以会一石激起千层浪，成为当时人们议论的焦点，是因为自杀的人并不普通。这是一位名叫伊顿的年轻人，他在自杀的3年前已从著名的斯坦福大学取得了博士学位。正是这个名校博士的身份引起了人们的极大关注，按理说这样一个高学历的人才应该拥有很棒的人生，轻生这种事情不应该发生在他的身上。可是人们很快就通过一系列的追踪报道发现，伊顿并没有人们所羡慕的人生。他在博士毕业后一直在一家不知名的企业工作。在3年多的时间里，老板和所有的同事竟然对他没有太深的印象，只知道他孤僻、冷漠，除了工作，从不与人交往。而且，他的职位也很一般，他只是一位普通的管理人员而已。媒体不厌其烦地走访了伊顿的母校。令人难以置信的是，伊顿在校时表现得十分优异，而且，他与他的导师同是数项重要研究成果的拥有者。正是这样一个能力出众的高才生，却把自己的人生过得一塌糊涂，甚至草草收场，这究竟是为什么？如果仅仅根据大学的那些学习课程，显然无法得出令人满意的答案。可是如果我们把它列入情商的范畴，那么问题就很清楚了——因为他的情商太低。这个答案看上去非常不近人情，可是这就是事实。优异的学业成绩并不意味着你在生活和事业中都能获得成功。成功不仅取决于个人的谋略和才智，在很大程度上还取决于正确处理自身与他人情绪之间关系的能力，也就是自我管理和调节人际关系的能力。

心理学家认为，对自己和他人情绪的评估能力是一个人最基本的情商。哈佛大学通过对历届学生一生成就的调查研究得出，在促使一个人成功的要素中，智商占20%，情商占80%。哈佛大学教授、著名心理学家戈尔曼（D. Goleman）认为：成功 =20%的智商 + 80%

的情商。

一、揭秘情商

（一）情商的起源

对于一个人能否取得成功，以前人们一直认为这是由一个人的聪明程度，也就是智商决定的。为了证明这一点，科学家们发明了各种关于智商的测试。第一次世界大战期间，约有 200 万人被要求通过智力测验来判断他们的能力，然后根据结果被安排以适当的职位。在第二次世界大战后的美国，智力测验已成为社会文化的一个重要组成部分，一个人在智力测验上的得分成为指导其一生职业选择的主要依据。比如，在部队和一些大型企业里，谁当军官、谁接受训练也与智商测验的分数密切相关。然而，智商出现的百余年来，其能在多大程度上预测一个人的未来，一直是心理学家广泛争论的问题。1981 年，美国心理学家做过一项有趣的研究：他们挑选了伊利诺伊州某中学 81 位毕业生代表，这些人的平均智商是全校最高的。研究发现，这些学生在进入大学后都取得了很好的成绩，但到 30 多岁时却表现平平。从中学毕业算起，10 年后，只有 1/4 的人在本行业中达到了同年龄段的最高水平，很多人的表现甚至远远不如同龄人。20 世纪 70 年代中期，美国某保险公司对雇用的 5000 名推销员进行了职业培训，每名推销员的培训费用高达 3 万美元。谁知雇用后第一年就有一半人辞职。4 年后，这批人只剩下不到 1/5。该公司向宾夕法尼亚大学心理学教授塞里格曼（MEP. Seligman）讨教，希望他能为公司的招聘工作提供帮助。在接受该保险公司的邀请之后，塞里格曼对 1.5 万名新员工进行了两次测试，一次是该公司常规的以智力测验为主的测试，另一次是塞里格曼自己设计的，用于测试被测者的乐观程度。在乐观测试中取得高分的个体在智力测验中不一定是高分。跟踪研究的结果表明，乐观测试中取得“超级乐观主义者”成绩的人工作任务完成得最好。第一年，他们的推销业绩比“一般悲观主义者”高出 21%，第二年高出 57%。塞里格曼的“乐观测试”实际上就是情商测验的雏形。“乐观测试”在一定程度上证明，除智力之外，与情绪有关的个人素质—— 一个人的乐观程度在预测能否成功中起着重要作用。

1990 年，美国耶鲁大学的萨洛维（FJ. Sulloway）教授和新罕布什尔大学的梅耶（JD. Mayer）教授正式提出了“情商”这一术语。2 年后，他们将“情商”定义为社会智力的一种类型，并对其应包含的能力内容做出界定。这三种能力是：区分自己与他人情绪的能力；调节自己与他人情绪的能力；运用情绪信息引导思维的能力。“情商”这一概念立刻在心理学界引起了广泛的重视，并开始受到一些企业界人士的注意。1995 年 10 月，美国《纽约时报》（*New York Times*）专栏作家戈尔曼出版了《情感智商》（*Emotional Intelligence*）一书，把“情商”这一研究新成果介绍给大众，该书迅速成为世界性的畅销书。一时间，“情商”这一概念在世界各地得到了广泛的宣传。

（二）情商的内涵

情商（emotional quotient，EQ）又称情绪智力，是一个度量情绪能力的指标。情商不同于智商，它不是天生注定的，而是由下列 5 种可以学习的能力组成的：

1. 认知自己情绪的能力　当自己出现某种情绪时，能觉察并对其进行审视，了解情绪产生的原因，这是情商的核心。这种感知情绪变化的能力是了解和理解自己的基础，不能认识自身真实感受的人必然沦为情绪的奴隶，只有把握住自己的情绪才能成为生活的主人。要认知到自己情绪的能力是可以通过训练得以建立并不断完善和提高的。当我们在生活中出现感觉不舒服、思维不连贯、走神、苦闷压抑、老出差错或坐立不安等情况的时候，一般都有相应的不良情绪。有了认识自身情绪的能力，就可以随时发现问题并及时地对其加以解决，于是就能获得更多的快乐和健康。

2．控制自己情绪的能力　有效地调控自我情绪，使之适时、适地、适度。这种管理能力必须建立在自我认知的基础上。进行自我安慰，并有效地摆脱焦虑、沮丧、激怒、烦恼等消极情绪对人来说是极其重要的。这种能力低下会使人时常陷于痛苦情绪的旋涡之中，反之，则能使人迅速走出生命的低潮，重新投入生活。由于社会的复杂性，人们在生活中难免会遇到不顺利的情况，情绪就免不了会时好时坏。应尽可能提高控制自身情绪的能力，让每天的日子多一些快乐。

3．自我激励的能力　自我激励是指能够调整情绪，使自己朝着一定的目标努力的能力。一个人要想集中注意力，激励自我、把握自我，发挥创造性，就必须具备这种能力。有人对世界级大师、奥林匹克运动员以及其他名人进行研究发现，这些人共同的特征是善于自我激励，激励给他们以坚持下去的力量和战胜困难的勇气。自我激励包含两个方面：一是通过自我鞭策保持对学习和工作的高度热忱。二是通过自我约束以克制冲动和延迟满足。能够自我激励的人，心中涌动着激情，做任何事情都会坚持不懈地完成。

4．理解他人情绪的能力　能否设身处地理解他人的情绪是了解他人需求和关怀他人的先决条件。要使人际关系协调融洽，理解是一个很重要的因素，理解是沟通的基础。在心理学中，一般用“同理心”来概括这种理解能力，它是一种设身处地、感同身受式的同情、关怀和帮助。具有同理心的人常能从细微处体察他人的需求，仔细倾听别人说的话，能够喜欢周围的人，在交流中开放而坦率，不轻易对人提出批评。或者即使用批评的方法，也是以对方感受到善意并乐于接受为前提，因此，总是能与他人和平地交流。在人际交往中，许多隔阂与误解、各种矛盾的发生都是因为互相理解不到位而造成的。理解是双向的，交往中只要有一方不能做到真诚地理解他人，就会妨碍交往的顺利进行。

5．维系融洽人际关系的能力　人际关系状态在一定程度上意味着一个人情商的水平，情商可以体现在人际交往的过程中。人际交往是指个体与周围人之间的一种行为和心理的沟通过程。一个人从出生来到人世间的那一天起就开始了人际交往的过程。人际交往是人类生存的方式，没有人际交往便没有人类社会。研究表明，我们越是善于体察别人的交际信号背后的情绪，也就越善于控制自己发出的信号，和谐地处理人际关系。

以上情商的五大成分中，前三个涉及自身，是对自身情绪的认知、管理和激励；后两个则涉及他人，要求设身处地理解他人的情绪，并通过妥善管理自己和他人的情绪来达到人际关系的和谐。总的来说，情商的内涵实际上包括两个方面：一方面是要随时随地认识、理解并妥善管理好自身的情绪，另一方面是要随时随地认识、理解并妥善协调好他人的情绪。

（三）情商的功能

现代心理学家认为，情商与智商同样重要，如果说智商更多地被用来预测一个人的学业成绩，那么情商则被用于预测一个人能否取得事业的成功。情商的功能主要有以下几点：①情商具有评价与表达功能。首先表现为对自己情绪的识别、评价和表达，也就是对自己的情绪能及时地识别，知道自己情绪产生的原因，还能将自己的情绪准确地表达出来。人们不仅能够觉察自己的情绪，还能觉察他人的情绪，理解他人的态度，对他人的情绪做出准确的识别和评价。这种能力能够增进人们的相互理解，使人与人和谐相处，有助于建立良好的人际关系。②情商具有调节功能。人们在准确识别自我情绪的基础上，能够通过一些认知活动和行为策略，有效地调整自己的情绪，使自己摆脱焦虑、抑郁、烦躁等不良情绪。同时，人们也能在觉察和理解别人情绪的基础上，通过一些认知活动或行为策略，有效地调节和改变其他人的情绪反应，这种能力也是情商的体现。③情商具有解决问题的能力。在人们解决问题的过程中，情商促使人们正视各种情绪，审视和调整内外要求，激发动机来解决问题。

【量表测试】

国际标准情商测验

这是一组在欧洲流行的测试题，可口可乐公司、麦当劳公司、诺基亚公司等世界500强企业曾以此为员工情商测试的模板，帮助员工了解自己的情商状况。本测试共有33题，测试时间为25分钟，最大情商为174分。如果你已经准备就绪，请开始计时。

第1～9题：请从下面的问题中选择一个和自己最切合的答案。

1．我有能力克服各种困难：__________

A．是的　　B．不一定　　C．不是的

2．如果我能到一个新的环境，我要把生活安排得：__________

A．和从前相仿　　B．不一定　　C．和从前不一样

3．一生中，我觉得自己能达到我所预想的目标：__________

A．是的　　B．不一定　　C．不是的

4．不知为什么，有些人总是对我回避或冷淡：__________

A．不是的　　B．不一定　　C．是的

5．在大街上，我常常避开我不愿打招呼的人：__________

A．从未如此　　B．偶尔如此　　C．有时如此

6．当我集中精力工作时，假使有人在旁边高谈阔论：__________

A．我仍能专心工作　　B．介于A、C之间

C．我不能专心且感到愤怒

7．我不论到什么地方，都能清楚地辨别方向：__________

A．是的　　B．不一定　　C．不是的

8．我热爱所学的专业和所从事的工作：__________

A．是的　　B．不一定　　C．不是的

9．气候的变化不会影响我的情绪：__________

A．是的　　B．介于A、C之间　　C．不是的

第10～16题：请如实选答下列问题，将答案填入右边横线处。

10．我从不因流言蜚语而生气：__________

A．是的　　B．介于A、C之间　　C．不是的

11．我善于控制自己的面部表情：__________

A．是的　　B．不太确定　　C．不是的

12．在就寝时，我常常：__________

A．极易入睡　　B．介于 A、C 之间　　C．不易入睡

13．有人侵扰我时，我：__________

A．不露声色　　B．介于 A、C 之间　　C．大声抗议，以泄己愤

14．在和人争辩或工作出现失误后，我常常感到震颤、精疲力竭，不能继续安心工作：__

A．不是的　　B．介于 A、C 之间　　C．是的

15．我常常被一些无谓的小事困扰：__________

A．不是的　　B．介于 A、C 之间　　C．是的

16．我宁愿住在僻静的郊区，也不愿住在嘈杂的市区：__________

A．不是的　　B．不太确定　　C．是的

第 17 ~ 25 题：在下面问题中，每题选择一个和自己最切合的答案。

17．我被朋友、同事起过绰号、挖苦过：__________

A．从来没有　　B．偶尔有过　　C．这是常有的事

18．有一种食物使我吃了后呕吐：__________

A．没有　　B．记不清　　C．有

19．除了看见的世界外，我的心中没有另外的世界：__________

A．没有　　B．记不清　　C．有

20．我会想到若干年后有什么使自己感到极为不安的事：__________

A．从来没有想过　　B．偶尔想到过　　C．经常想到

21．我常常觉得自己的家人对自己不好，但是我又确切地知道他们的确对我很好：____

A．否　　B．说不清楚　　C．是

22．每天我一回家就立刻把门关上：__________

A．否　　B．不清楚　　C．是

23．我坐在小房间里就会把门关上，但我仍觉得心里不安：__________

A．否　　B．偶尔是　　C．是

24．当一件事需要我作决定时，我常觉得很难：__________

A．否　　B．偶尔是　　C．是

25．我常常用抛硬币、翻纸、抽签之类的游戏来预测凶吉：__________

A．否　　B．偶尔是　　C．是

第 26 ~ 29 题：下面各题，请按实际情况如实回答，仅需回答“是”或“否”即可。

26．为了工作我早出晚归，早晨起床时我常常感到疲惫不堪：__________

是　　否

27．在某种心境下，我会因为困惑陷入空想，将工作搁置下来：__________

是　　否

28．我的神经脆弱，稍有刺激就会使我战栗：__________

是　　否

29．晚上睡觉时，我常常被噩梦惊醒：__________

是　　否

第 30 ~ 33 题：本组测试共 4 题，每题有 5 种答案，请选择与自己最切合的答案。

答案标准如下：

1　　2　　3　　4　　5

从不　几乎不　一半时间　大多数时间　总是

30．在工作中我愿意挑战艰巨的任务。　1 2 3 4 5

31．我常发现别人好的意愿。　1 2 3 4 5

32．我能听取不同的意见，包括对自己的批评。　1 2 3 4 5

33．我时常勉励自己，对未来充满希望。　1 2 3 4 5

参考答案及计分评估：计分时请按照计分标准，先算出各部分得分，最后将几部分得分相加，得到的那一分值即为你的最终得分。

第1～9题，回答一个A得6分，回答一个B得3分，回答一个C得0分。计____分。

第10～16题，回答一个A得5分，回答一个B得2分，回答一个C得0分。计____分。

第17～25题，回答一个A得5分，回答一个B得2分，回答一个C得0分。计____分。

第26～29题，回答一个“是”得0分，回答一个“否”得5分。计____分。

第30～33题，从左至右分数分别为1分、2分、3分、4分、5分。计____分。

总计为____分。

(1) 得分在90分以下：你的情商较低，你常常不能控制自己，极易被自己的情绪所影响。很多时候，你容易被激怒而动火或发脾气，这是非常危险的信号，因为你的事业可能会毁于你的急躁。对于此，最好的解决办法是能够给不好的东西一个好的解释，保持头脑冷静，使自己心情开朗，正如富兰克林所说：“任何人生气都是有道理的，但很少有令人信服的理由。”

(2) 90～129分：你的情商一般，对于一件事，不同时候你的表现可能不一样，这与你的意识有关。你比前者更具有情商意识，但这种意识不是常常都有，因此，你需要多加注意、时时提醒。

(3) 130～149分：你的情商较高，你是一个快乐的人，不易感到恐惧或担忧，对于工作你热情投入、敢于负责，你为人更是正义、正直，并同情和关怀别人，这是你的优点，应该努力保持。

(4) 150分以上：你就是一个情商高手，你的情绪智慧是你事业的帮手，更是你事业有成的一个重要前提条件。

二、情商的培养

（一）了解自我，是成功的前提

善于了解自己情绪的人大多善于将自己的情绪调整到一个最佳位置，在人际交往中懂得协调或顺应他人的情绪基调，能尽量做到共情。这样的人在交往中是受欢迎的。认识并把握住自己的情绪，便能主宰自己的人生。

（二）调控坏情绪，挪开绊脚石

消极情绪会给人带来负面影响，我们应该学会运用各种情绪管理技巧，灵活地调控自己的情绪，化解矛盾，保证情绪的稳定和行为的积极。研究表明，乐观的人更容易获得事业成功。乐观的人自信、精力充沛，能更多地释放自己的潜能，提高学习和生活效率；相反，坏情绪则会阻碍人的潜能的发挥，也会导致效率降低。我们怎样做才能拥有乐观的心态呢？

1．学会自信　要想保持乐观积极的心态，最重要的是要学会自信。自信的人可以勇敢地面对困难，并且主动思考解决问题的办法，而不会被动地等待别人来处理。

2．学会调节　生活中难免会遇到难以预料到的状况和困难，我们不要害怕那些苦难，应该学会及时调整自己的心态，并且学会积极的自我暗示，凡事多往好处想。

3．学会宽容与感恩　注意培养自己的宽容心和感恩心。胸怀宽广的人更容易拥有积极乐观的心态，遇到困难时通常不会逃避，而是积极地想办法解决。

4．锻炼耐心，培养细心　遇到困难并不可怕，要学会放松心态，用耐心和细心来处理，这样，即使困难再大，你也可以很轻松地应对。

（三）激励自我，为成功插上翅膀

一个人若没有受到激励，仅能发挥自身能力的10%～30%，若受到正确而充分的激励，就能发挥自身能力的80%～90%甚至更高。最方便而有效的激励来自于自我激励。自我激励是行动的催化剂和兴奋剂，掌握了自我激励，就相当于把主动权掌握在了自己的手里。

1. 改变思想，改变人生　爱默生（RW. Emerson）说："一个人就是他整天所想的那些。"你想什么，你就是怎样的一个人。因为每个人的特性都是由思想而来的，每个人的命运完全取决于他的心理状态。思想就是一个雕刻家，它可以把你塑造成你想成为的人，或者你最不想成为的人。思想之所以能够改变一个人的命运，是因为它会在人的心灵深处形成心理暗示，而心理暗示的好坏决定了一个人情商的高低。也就是说，情商高的人在心理暗示中正面的成分居多，而情商低的人在心理暗示中负面的成分占了上风。道理很简单：如果你心里都是快乐的念头，你就能快乐；如果你心里想的都是难过的事情，你就会难过；如果你想到一些可怕的情况，你就会害怕；如果你脑子里都是失败，你就会失败；如果你有不好的念头，你恐怕就会心烦意乱；如果你喜欢顾影自怜，那么大家就会给你方便，离你很远……心理学家曾经给出过一个"小巷思维"的定义，意思是说那些一直生活在小巷中为了生活疲于奔命的人们，即使在一个偶然的条件下离开了小巷，过上了富裕的生活，但当他们遇到问题时，又会很快回到生活在小巷时的那种状态。他们用当时形成的思维习惯去思考和看待问题，它的狭隘和消极阻碍了人们开放式的思维，也阻碍了小巷中的人走向成功的道路。如果你想摆脱"小巷思维"的摆布，取得更大的成就，那么就需要用积极的心理暗示取代消极的心理暗示，并且长期坚持，无论遇到什么状况都用正面的方式去思考。因为只有长期坚持积极的心理暗示，才能进入人的潜意识，进而影响人的意识。潜意识就像一块肥沃的土地，如果不在上面播下成功意识的良种，就会成为一片荒芜或野草丛生。自我暗示就是播撒种子的控制媒介。只有让自我暗示变得积极起来，你的潜意识才会改变，潜意识改变了，才会成为习惯。

2．克服自卑　每个人的心中都有一个讨厌的小家伙，叫"自卑"，它时不时会跑出来搞个恶作剧。貌美如花的女子会烦恼自己不够聪明，生活惬意幸福的人会抱怨自己没能力赚大钱，创业成功的企业家会因为自己没有受过良好的教育而纠结……虽然原因迥异，但自卑人人都会有。自卑的人总是习惯于拿自己的短处和别人的长处相比，结果越比越觉得不如别人，以致陷入其中不可自拔。著名的新闻出版家邹韬奋说："若自觉有所短而存在自贱的心理，便是自甘居于卑劣的地位，所得的结果只能是颓废。"自卑对一个人的成长与发展极为不利，只有拿出足够的勇气和毅力，才能远离自卑、获得成功。

3．做有自信的人　自信是指在不断超越自己的过程中产生的一种源于内心深处的强大力量。自信是积极心态的核心，当我们受到挫折感到悲观失望时，自信会使我们重新燃起斗志；当我们感到孤独、焦躁时，自信会使我们平静下来；当我们感到成功的喜悦时，自信会使我们更加振奋……自信就像能力的催化剂，它可以将人们的一切潜能都调动起来，将人们的各项“功能”都调整到最佳状态。自信的人在自信心的驱动下，敢于对自己提出更高的要求，能够在失败中看到希望。满怀自信的人，不管在什么地方，都能保持一颗积极向上的心，他们总是能取得别人无法取得的成就。如何才能提高自信？首先，要正确地认识自己，不要拿自己的短处去比较别人的长处，要对自己有一个清醒的认识，不要妄自菲薄。其次，要找准自己的位置。要想让自己有价值，就要做到物尽其用，让自己从事适合的工作，才能创造出最大的价值。只要有信心，我们每个人都是独一无二、不可战胜的。

4．做有勇气的人　想变得更有勇气，那就制订一个目标，然后为目标而奋斗。苏联作家奥斯特洛夫斯基说过：“勇气是在每天对困难的顽强抵抗中培养成的。”当你克服了自己内心的恐惧，勇敢地迈出第一步之后，你就会发现困难没有那么可怕，人生的路也没有那么难走。每天出门之前，一定要做三件事：①对着镜子整理并欣赏自己的容貌和仪表。②对镜子里的那个人说“我今天真漂亮”。③信心十足地大声对自己说“我是最棒的”。

（四）完善自我，掌握命运

1．学习谦卑　谦卑是一种发自内心的自信，它不需要与外人争夺，更无须夸耀。在生活中，有这样一个有趣的现象，那就是成功的人通常很少吹牛。一个人越是成功，他的谦卑指数越高。看一个人是否谦卑，还要看他怎样对待别人。谦卑的人对所有的人都很尊重、很有礼貌，他们不会去在意别人的地位或等级。海伦·凯勒说：“我渴望完成一项崇高的事业，但谦卑是首要的，因为它本身是崇高伟大的。”懂得谦卑是一种美德。培养谦卑的方法有：①克制骄傲的滋生。当发现自己处于稳操胜券的境地时，可以考虑培养一些技巧，以确保自己不会失去应有的风度。有些时候，你可以尝试这么做：自己保持沉默，让别人成为焦点。如此一来，谦卑就会得到显现。如果你现在正值春风得意，那么也不要被胜利冲昏了头脑。②假如你的谦卑被当作是一种退却，那么有一句话可以给你带来思想上的平静，即“你做得很对”。③随时反省自己，当发现自己无意识地将自己的观点强加于人时，要立刻控制自己。④处于领导地位的人，切记多咨询他人的意见，别人就会感受到你的谦卑。⑤在和他人分享成功的时候，应该强调他人的功劳，这样才能被人敬重。

2．懂得感恩　感恩并不是特指“感谢施以大恩大德的人”，它在本质上是一种生活态度，是一种善于发现美并欣赏美的道德情操。一个懂得感恩的人会是一个快乐的人，因为在他的心里盛了满满的爱。一个懂得感恩的人会感谢父母给了他生命和无私的爱，感谢老师给了他知识和看世界的眼睛，感谢朋友给了他友谊和支持，也会感谢伤害他的人磨炼了他的心志。感恩能创造快乐，也只有感恩才能延续快乐，时常怀着感恩之心的人肯定是快乐的。成功学大师安东尼·罗宾（Anthony Robbins）说：“成功的第一步就是先存有一颗感恩之心，时时对自己的现状心存感激，同时也要对别人为你所做的一切怀有敬意和感恩之情。”感恩能让我们放下心灵的重负，在生活中发现乐趣。应该感谢那些给予我们帮助的人，是他们让我们感受到更多的温暖；还应感谢那些给自己带来阻力的人，是他们磨炼了我们的意志。

3．做诚实正直的人　每个人都希望自己诚实正直，希望自己能做到言行一致，那么到底怎样才能算诚实正直呢？真正的诚实是做正确的事，而不管别人知不知道。特瑞莎修女是这样告诫年轻的一代的：“孩子，你听我说：如果守规矩、讲良心、有道德会使你蒙受损失和遭受打击，那不是你错了，一定是这个社会出了问题，但不管怎样，你要守规矩、讲良心、有道德；如果你做善事，不一定就会有善报，或许还有人说你虚情假意、别有用心，但不管怎样，你要做善事；如果你成功，身边不一定会簇拥着鲜花和掌声，或许还会招来假的朋友和伪装的敌人，但不管怎样，你要努力成功；诚实和坦率会让你受到伤害、受到打击，但不管怎样，你要诚实和坦率；破坏比建设容易得多，也许你多年的努力创建不起你的大厦，一朝的破坏却让你声名远扬，但你仍要建设；只要你努力，犯错误是难免的，有些错误会令你刻骨铭心、伤痛难愈，但你仍要努力；将你最好的东西奉献时，你可能会被踢掉牙齿，但你仍然要将你最好的东西奉献。”因为正直而无私，特瑞莎修女获得了1979年诺贝尔和平奖。要想做到诚实正直，那么就要在大脑中形成协调一致的原则，保持言行与思想一致。但凡是诚实正直的人，在做事情和个人信念方面都以同一套价值观为基础。他们言行一致，他们的所作所为直接反映自身的价值观。这类人很可靠，他们绝对不会背叛朋友，让人百分之百地相信。

4．克服完美主义倾向　追求完美是人类与生俱来的一种天性，或者说在渐渐成长的过程中养成的一种心理特点。事实告诉我们，人生不可能事事都如意，也不可能事事都完美。追求完美的确是一种积极的人生态度，但如果过分追求完美，而又达不到完美，则必然会滋生烦恼。过分追求完美不仅会得不偿失，而且可能变得毫无完美可言。科学家认为，过分追求完美是一种强迫症，这些人喜欢严格要求自己，同时又有些墨守成规。由于过分重视事物的细节而忽视全局，所以他们总是谨小慎微；由于优柔寡断，他们面临意外时总是不知所措。他们的行为表现得过度认真、拘谨和执拗，缺少灵活性；他们过度关注自我、自律和刻板，很少有自由悠闲的心境，缺乏随遇而安的潇洒，他们总是长期处于紧张和焦虑中。现代生活中要处理的事情越来越多，能否有效地避免追求完美的不利影响也越来越重要。关于克服完美主义倾向，我们有三点建议：①做事情没有必要追求完美，也不要吹毛求疵。要想从99.9%跨越到理想中的100%并不容易，这最终的0.1%可需要付出比正常标准多许多倍的时间和精力。②尽量分散和转移对完美的关注。在坚持正常的学习和工作的前提下，我们可以使生活节律紧凑有序，培养广泛的兴趣和爱好。借助社交及文体活动，我们就可以克服对过分完美的追求。③金无足赤，人无完人。我们必须知道，这世上不存在十全十美的事物。莫利·琼法斯特说：“完美深藏在不完美之下，要学会接受不完美。”接受平常，才能常处快乐之中。

5．培养责任感　如果一个人对自己的行为都无法负责，那么他不可能有很高的情商。当某人缺乏责任感时，他往往会说：“生活本来就不公平，我们怎么能把握自己的生活呢”“生活实在是令人沮丧，我的运气太差了”“要是我出生在一个更有钱的家庭，去更好的学校读书，那么就能找一份更好的工作，或许一切就不一样了”。社会学家戴维斯（K. Davis）说：“放弃了自己对社会的责任，就意味着放弃了自身在这个社会中更好的生存机会。”每个人的肩上都有一定的责任，对工作、家庭、亲人、朋友，我们都有不可推卸的责任。正因为存在这样或那样的责任，我们才会对自己的行为有所约束。美国前总统杜鲁门的桌子上摆着一个牌子，上面有一行字——“Book of stop here”（责任到此，不能再拖）。一个人是否有责任感不仅决定了他对待工作是尽心尽责还是浑浑噩噩、敷衍了事，还决定了他做事情的好坏。

（五）了解他人，提高洞察力

懂得换位思考、善于了解他人，知道他人的所思、所想、所感，是拥有高情商的表现。

高情商者在社交生活中不盲目、不糊涂，他们能够根据对方的行为举止、语言谈吐、心理活动等识别对方的情绪并采取相应的对策，因而能获得良好的人际关系。完成生活中的每一件事都离不开协商、沟通、影响等社交能力。高情商者的一个最显著的表现就是通过娴熟的交际和沟通能力，给他人造成很强的影响力，并游刃有余地影响自己的上级、下级、朋友、同事等人，很好地建立和维护了强大而宝贵的人脉网络，从而最终成就了自己。

【团体训练】

情绪气球

[活动目的] 热身、感受情绪的影响力。

[活动时间] 10 分钟。

[活动步骤] ①教师分发给每位同学一个气球。②学生将气球吹到大小适中，慢慢地放出一些气体后再捏紧。持续进行，直到所有的气体都从气球中释放出来，观察气球的变化。③尽可能地吹大气球，观察出现什么情况。或者用牙签轻轻触碰气球，观察出现什么情况。④学生分组讨论活动体会，派代表发言，教师总结。

[活动评价] 将气球比作我们的身体，不良情绪比作充满气球的气体，通过活动能直观地认识到不良情绪的蓄积对身体造成不可估量的影响，学会正视情绪和管理情绪。

【团体训练】

情绪温度计

[活动目的] 了解身边同学的情绪状况及背后的成因。

[活动时间] 15 分钟。

[活动步骤] 将情绪温度计分为 0 ~ 10 度，分别代表不快乐到快乐的程度。每 10 个学生组成一个大组，组员们以 0 ~ 10 度表示自己这一周的情绪温度，依据温度分布分为高、中、低三个小组。各组同学分享自己的情绪温度，谈一谈影响情绪温度的最主要因素。各组派代表发言，总结自己所在组的情绪温度及本组中让人印象最深刻的分享。最后由教师进行总结。

[活动评价] 通过此活动，在小范围内自由交流自身的情绪状态，了解身边同学的情绪和产生的原因，加深对情绪及影响情绪因素的理解，有助于学生正视自身存在的情绪问题。

【团体训练】

情绪信念签

[活动目的] 了解信念与情绪的关系，学习使用合理信念来管理情绪。

[活动时间] 20 分钟。

[活动步骤] ① 每 8 个人组成一组。组员们在纸条上写下哪些事让你高兴，哪些事让你不高兴，关于这些事你的想法是什么，是什么控制了你的情绪。②组员们各自把自己的纸条折叠起来放在一起（注意：在纸条上不要写上自己的名字，但要自己做好鉴别的标识，以避免抽到自己的纸条）。相互抽出纸条，仔细阅读并分辨引起相应情绪的合理想法或不合理想法。如果是合理想法，不必举手；如果是不合理想法，请举手，组内进行讨论，说明哪里不

合理。③各组派代表发言。最后由教师进行总结。

［活动评价］匿名形式有助于学生敢于吐露自己的心声，从而交流一些平时不好意思表达和感到困惑的想法和情绪。通过相互分析，有助于了解同龄人的心声，能够换个角度认识和分析问题，认识到自己认知中不合理的信念，进而达到合理调节情绪的目的。

【小　结】

良好的情绪状态是心理健康的表现之一。焦虑、抑郁等情绪问题会影响大学生的适应与发展，学会管理自身情绪是大学生亟须解决的问题。本章首先介绍了情绪的概念、功能，以及大学生的情绪特点及其影响，引起大学生对认识自身情绪及管理情绪的重视。在此基础上，介绍了大学生常见的情绪困扰并分析其原因，引导学生学会管理自身情绪。最后，引导大学生走近“情商”，重视自身情商的培养，为迈向成功、幸福的生活打下基础。

【思考题】

1．你最近1周是否出现过情绪困扰？对你的学习和生活有影响吗？你是怎样解决的？

2．当你出现情绪问题时，尝试采用本章介绍的方法进行调整，看看是否有效并记录下来。

3．什么是情商？情商包括哪5种能力？结合自身情况，谈谈怎样培养自己的情商。

第九章　轻启心扉，搭建心灵纽带：学会与人交往

德国教育学家和哲学家斯普兰格（E. Spranger）曾说过："在人的一生中，再也没有像青年时期那种强烈的被理解的愿望。没有任何人会像青年那样感受到自己处在孤独之中，渴望被人接近与理解，也没有任何人会像青年那样站在遥远的地方呼唤。"

作为刚从紧张、繁重的高中学习生活中走出来的青年大学生，原以为自己已经长大了、成熟了，但迈进大学校园后，才发现大学生活是一种完全不同于高中的生活。面对这既陌生又新鲜、既清新又茫然的校园生活，我们该如何调适自己？

大学生思维活跃、精力充沛、爱好广泛，力图通过人际交往去认识世界、获得友谊，满足自己物质和精神上的各种需要。他们需要学会与人交往，搭建心灵纽带。

第一节　大学生的人际交往

【案例导读】

我跟同学相处为什么这么难？

王某，女，19 岁，某大学一年级学生，生性好强。入学已快一年了，但她和同学的关系总是处不好。个人自诉："刚和新同学认识时，觉得还合得来。但不久就发现，放学、去食堂吃饭、晚自习时，同学们好像故意找借口不和我在一起，感觉同学们好像都不喜欢我。看到同学们三三两两、有说有笑的，我心里挺难受的，也感觉很委屈，可我觉得没有做错什么呀，为什么和她们相处这么难呀？"

案例中的小王显然是为人际关系问题而烦恼。人际关系是我们生活中的一个重要组成部分，如果人际关系不好，对我们的学习、生活、工作甚至健康都会有不良的影响。小王有与同学友好相处的愿望，但又缺乏人际交往相关的知识。学习一些人际交往的基本原则和必要知识，掌握与人交流的基本技巧，是大学生活的重要主题之一。

一、人际交往的本质

社会性是人类最本质的属性。从原始人围猎、种植、语言产生这些活动中我们可以看出人的群体性和社会性。为了更好地生存和繁衍，人类学会了群体合作，彼此互通信息。早在公元前 328 年，亚里士多德（Aristotle）就指出："人在本质上是社会性的动物。那些生来就缺乏社会性的个体，要么是比人低级，要么是超人。社会实际上是先于个体而存在的。不

能在社会中生活的个体，或者因为自我满足而无须参与社会生活的个体，不是兽类，就是天神。”马克思也说：“人的本质不是单个人所固有的抽象物，在其现实性上是一切社会关系的总和。”

社会性的核心特征可归纳为关系性。关系性可理解为：任何个体只要存在于社会环境中，就必然受制于各种社会关系，任何行为都要受到各种关系的限制，受到调整关系的各种规范的制约，如血缘关系、人际关系、角色地位、责任、权利与义务，并且人的价值也只有处于社会关系中才能体现。关系是人的社会属性的结构性表现，而合作是人的社会性的过程，其目的是实现发展的最优化和利益最大化。人际关系是社会关系，这意味着要想在社会上更好地生存或取得成功，就离不开他人的帮助与合作，良好的人际关系是一生中永恒的资本。

人际交往是形成和建立人际关系的过程，是人们之间相互联系、沟通、作用的一种特有的行为方式。人们在日常生活、学习和工作中，无时无刻不在与他人发生联系。没有人际交往，人也就失去了社会属性。同时，人际交往总是呈现出双向、相互的特点，所谓“来而不往非礼也”。只有在相互的交流中，人际关系才能健康地发展下去。马克思曾说，交往是人类的必然伴侣。交往使人类产生了语言，发展了思维，启迪了智慧；交往使人们结成了一定的关系，共同从事物质生产与交流，推动了生产力的发展；交往使人与人之间相互认识、理解和合作，推动了社会的进步。人的一生几乎都是在与他人的交往中度过的。交往使人学习知识，掌握技能，成家立业，建功立业。积极的社会交往有助于人的个性形成和社会适应，消极的社会交往会导致心理冲突、人格变异，阻碍其适应社会，影响人格发展。人是社会的人，是社会的主体，社会交往是人们的一种本质需要。

二、大学生人际交往的重要性

人际交往具有沟通信息、交流情感、协调行为、提高人际知觉准确性的作用。从人生发展的角度看，人际交往对大学生个体成长和发展有着直接的影响，对大学生素质的提高、人格的完善有着密切的关系。在一次大学生生活状况的调查中，大学生普遍反映最难以处理、最让人头痛的就是人际关系。的确是这样，我们常说“和人打交道太难了。”大多数大学生在大一时都有怀念高中生活的现象，他们会说：“高中多好啊！我有那么多知心朋友。”可是你想过吗？高中时最大的任务就是高考，是考入一所理想的大学，所以大家根本就没有刻意地注意和处理人际关系。其实，只有进入大学，大家才真正独立起来，有了自己的生活圈子，开始学习各个方面的技能，当然也包括人际交往。

战国时期的思想家荀子曾精辟地指出：“人生不能无群。”美国著名的人际关系学大师卡耐基说过：一个成功的企业家只有15%是靠他的专业知识，而85%是要靠他的人际关系，由此可见良好的人际交往的重要作用。

（一）人际交往有利于大学生的社会化

从自然人到社会人，这是每个人都必须经历的人生历程。当一个新生儿从母体中呱呱坠地时，就有了衣食的需求，但没有获取衣食的能力，犹如一个无能为力的小动物，因此，他只是生物意义上的人，即一个自然人。只有在亲人们的帮助下，在一定的社会环境的作用下，在社会交往中，他才有可能成为社会意义上的人。动物心理学家曾以恒河猴做过一个著名的“社会剥夺”试验：将猴子喂养工作全部自动化，隔绝猴子与其他猴子或人的交往。结果与有正常交往机会的猴子相比较，缺乏交往的猴子明显缺乏安全感，不能与同类进行正常的交往，甚至本能的行为表现也受到严重影响。猴子如此，人更胜之。

大学生正处于青年中期向成年期转变的阶段，处于走向成熟而又未真正成熟的阶段，也正处于社会化的初步阶段。这个时期，大学生的交往性质和交往水平直接影响着大学生的社会化水平。在用人单位看重求职者的各项能力中，与人际交往相关的就有人际交往能力、口头表达能力、文字表达能力等。有调查已充分反映了人际交往能力在人才中的重要地位和作用，同时也反映出大学生的文明修养、合作精神等方面的不足，市场对大学生的人际交往能力以及与之相关的写作能力和语言表达能力的不满。

青年大学生的社会化的主要内容是：掌握作为社会成员应具备的生活基本知识和技能，掌握社会关系有关的行为规范和准则，确立生活目标，培养社会角色，明确责任。大学生要使自己的社会化程度不断提高，就必须进行人际交往，在人际交往中发展自我、完善自我，使自己成为社会所需要的合格人才。

（二）人际交往有利于完善大学生的自我意识

歌德说过："人只有在人们中间才能认识自己。人对自己的认识总是在与他人交往中完成的，总是需要通过与他人进行比较，把自己的形象反射出来而加以认识。离开了交往对象或供比较的对象，就失去了衡量自己的尺子和明鉴自己的镜子。"唐太宗李世民曾说过："夫以铜为镜，可以正衣冠；以史为镜，可以知兴替；以人为镜，可以明得失。"正确对待他人评价，虚心接受他人批评，"择其善者而从之，其不善而改之"，是自我认知的主要途径，也是取得进步的前提。

大学生的自我意识对于个体的人格发展起着非常重要的作用，是大学生责任感形成的前提条件和升华责任感的内在动力。自我意识使人们对外界事物进行一定的选择，进入大学后，随着生活和学习环境的改变以及自身具有丰厚的知识基础和良好的教育背景，大学生自我意识的发展会发生很大的变化，并形成自己的特点。与人交往能使我们从别人的个性中找到自己的相似之处，发现别人身上好或不好的东西，以人为镜，并在现实中不断进行反思、调整自己，朝着对自己有益的方向发展，从而完善自我。

（三）人际交往有利于大学生的心理健康

心理健康是大学生必备的素质之一，也是大学生更好地适应社会、发展自我、完善自我的重要条件和保证。心理健康是随着人的生理发展、社会化程度和人际交往的发展而逐渐发展和提高的，它不是一种固定的状态，需要不断调适、发展和完善。

大学生正处在人生的重要阶段，这个阶段是心理矛盾、冲突和需要最多、最剧烈的阶段，如会出现孤独感、自卑感、归宿感、认同感，并会面对友谊、爱情、成才等问题。要获得心理健康，就必须不断调适心理矛盾和冲突，不断满足心理需要，而良好的人际交往、和谐的人际关系正是大学生心理健康的重要条件。在良好的交往中，大学生可以从中获得他人的信任、尊重、理解和认同，建立真诚的友谊和爱情，从而减少或消除孤独感。通过交往与他人建立起平等、融洽的人际关系，才能使大学生进一步认识自我、完善个性、健全人格，从而获得精神上的升华，体会到人生的快乐和幸福。

（四）人际交往有利于大学生获取新信息

当今社会是一个以现代科学技术为核心，并建立在知识和信息的生产、存储、使用及消费上的时代。为了适应社会，大学生的成长一方面需要大量的书本知识信息作为积淀，另一方面需要大量新信息来充实自己。书本上的知识毕竟是有限的，由于知识的局限，加上社会经验不足，大学生看问题难免会陷入僵局。而人际交往是获取新知识的有效途径，在与老师、同学的交往中，畅所欲言，进行思维撞击，就会产生新的思想火花，使自己茅塞顿开，同时，人际交往中的信息交流也有利于启迪思维、开发智能。

大学生在交往的过程中，都在自觉或不自觉地传递、接受来自不同载体的知识和信息。信息含量高、传播速度快已成为当代大学生人际交往的一个新特点，因此，大学生在交往中应该很好地利用和把握这一特点，以便不断拓宽自己的知识面，丰富自己的人文内涵，与他人相互学习、相互补充，使自己成为一个全面发展的人才。

三、大学生人际交往的特点及原则

（一）大学生人际交往的特点

1．交往愿望强烈　与中学相比，在具有人文精神和科学精神熏陶的大学校园里，大学生的人际交往具有更大的广泛性、互动性和多样性。大学生对人际交往的愿望比中小学生更为迫切，他们十分关心自己所扮演的社会角色以及在集体中的位置，关心自己的情感，更加渴望真挚的友谊与别人的理解。在远离了家乡、父母及中学同学进入大学后，大学生们迫切地需要走出去。通过结交更多的新朋友，接受更多的新思想，去开阔视野、丰富知识、学会处世以及表现自己各方面的才能，同时也迫切地希望与同龄人分享和交流自己在学业、成长和情感方面的体验，以获得情绪的稳定，保持足够的自尊心和自信心。

【知识链接】

我们为何彼此亲近？

著名的人本主义哲学家、精神分析心理学家弗洛姆（E. Fromm）在《爱的艺术》（*The Art of Love*）一书中指出：“如果人不能从他的监狱中解放出来，如果他不能以这种或那种方式，同他人或周围世界结合在一起，他就会疯狂。”为了证实人能否与世隔绝地生活，美国社会心理学家沙赫特（S. Schachter）曾于1959年进行了一项实验。他设计了一个没有窗户的封闭房间，里面有一桌、一椅、一个马桶、一灯，除此之外什么也没有了。一日三餐由人送到房门底下的一个小洞口，关在屋里的人伸手即可拿到食物。如果有谁能在这样的房间里待上一年，就可得到一笔可观的报酬。有5名大学生被吸引来充当被试。结果，其中一个人只待了20分钟就受不了了，要求放弃实验，有2个人待了2天，最长待了8天。这个实验表明，人很难无止境地孤立下去。那么人为什么会有这种与人亲近的需求呢？许多学者都对此问题进行了探索，如以古希腊哲学家柏拉图（Plato）为代表的生存论认为亲近以求生存；以古希腊哲学家亚里士多德和近代英国心理学家麦独孤（W. McDougall）为主要代表的本能论认为人类生而相互亲近；霍曼斯（GC. Homans）提出了社会交换理论，认为通过亲近以图社会酬赏；社会心理学家菲斯汀格（L. Festinger）提出的社会比较理论认为通过亲近以求自评；心理学家沙赫特的实验证明恐惧引发了亲近需求。

2．交往时注重自立　大学生的性格日趋成熟与稳定，对于家庭往往已不再依赖，而是以成人的眼光参与和处理家庭事务，其价值观、世界观基本成型。这个时期，他们在很多问题上都表现出以独立的人格和态度处事，表现为一定程度的坚持性，不仅理性地思考、判断和处理自身的问题，也关心社会，批判地接受知识和看待其他事物，有着强烈的体现个性的见解和疑问，这使得大学生更容易接受新事物和新东西，也更容易受社会思潮的影响。

3．交往范围扩大　随着社会的发展，大学生人际间的交往由以前的亲戚、邻居、成长伙伴转向大学同学和在社交场合认识的其他人，其中又以同学交往为主。大学生过着朝夕相处的集体生活，众多的交流机会、相似的人生经历、共同的学习任务使得大学生的交往对象主要选择在同寝室、同班级、同乡和同学之间，围绕学习、娱乐、思想交流、感情交流而展开。交往能力强的同学的交往范围不局限于同班同学，而是发展到同级、同系甚至是同校、外校的同学及社会上的朋友。大学生之间的交往不仅包括同性，也包括异性。另外，电子网络的发展为大学生的交往提供了更加广阔的交往空间，使大学生的人际交往变得更方便、更快捷，交往距离更远，交往范围更广。

4．交往内容多元化　从交往方式看，大学生虽然主动追求开放式的人际交往，但由于时间、精力、生活环境、经济条件等方面的限制，交往的主要场所仍然在校园内，以学生寝室为中心，社会工作和网络社交（如QQ聊天）占主导。从交往的目的看，情感交往与功利交往并重。随着社会的发展变化，大学生的社交目的趋于“理性化”，选择什么样的人交朋友并不纯粹是出于情感和志同道合，交往的动机已变得很复杂。可以说，大学生的人际交往在注重情感交流的同时，越来越注重与自身社会利益相关的务实性，从而呈现出情感交往与功利交往并重的趋势。

（二）大学生人际交往的基本原则

只有进行积极的人际交往，才能在交往中收到良好的效果，从而建立良好的人际关系。“欲知平直，则必准绳”。大学生的人际交往也需要遵循一定的交往原则。

1．平等交往的原则　“君子上交不谄，下交不渎”。我们每个人都有自己独立的人格、做人的尊严和法律上的权利与义务，人与人之间的关系是平等的。在交往过程中，如果一方居高临下、盛气凌人、发号施令、颐指气使，那么他很快便会遭到孤立。大学生往往个性很强，互不服输，这种精神是值得提倡的，但绝不能高人一头，更不能因同学的出身、家庭、经历、长相等方面的客观差异而对人“另眼相看”。

2．尊重他人的原则　一般来说，大学生的自尊心都比较强，因此，大学生在人际交往中尤其要注意尊重的原则，不要损害他人的名誉和自尊，而应该承认或肯定他人的能力与成绩，否则容易导致人际关系的紧张和冲突。在人际交往中，有的大学生往往要求别人尊重自己，自己却不懂得尊重别人。如老师在讲台上讲课，他却头戴耳机听音乐或英语；同学在课堂上讲演，他却在下面高声说笑等。这样做既伤害了他人的自尊，也是不尊重自己的表现。

3．真诚待人的原则　俗话说“将心比心，以心换心”。只有以诚相待，才能相互理解、相互接纳、相互信任，所谓“精诚所至，金石为开”。真诚是成功交往的基础，知心朋友和牢固的友谊是通过真诚相处获得的。那么，怎样才能做到真诚待人呢？简单地说，一要正直无私；二要说老实话，办老实事，做老实人；三要表里如一，言行一致。

4．互助互惠的原则　互助，就是当一方需要帮助时，另一方要力所能及地给对方提供帮助。这种帮助可以是物质方面的，也可以是精神方面的；可以是脑力的，也可以是体力的。互惠是指交往双方相互满足需要的过程，用一个词来表达，就是“礼尚往来”。作为助人者，不应以获得他人回报为目的。作为受助者，应当对他人“投之以桃，报之以李”。现实生活中，人们都在自觉不自觉地利用这种互酬心理来平衡彼此间的情感，调节人际关系。如果交往双方的心理需要都能获得满足，其关系才会继续发展，因此，大学生在人际交往中要本着互助互惠的原则，努力建立与维护彼此之间良好的人际关系。

四、影响大学生人际关系的心理因素

在生活中大学生总是与形形色色的人接触，某一些人会特别容易让我们产生亲切的好感。我们更愿意与吸引我们的人成为朋友，更愿意帮助他们，与他们分享自己的利益。有些人魅力较强，能吸引更多的人，从而在社交上有显著的优势。这其中是否有规律可循？大学生应了解影响人际关系的相关因素，以便更好地完善自我条件，掌握一定的与人交往的技巧，促进良好的人际交往。

（一）个体的认知因素

现代社会个人的成长和发展离不开有效的人际交往。人际交往中的认知偏差往往不容易被人所觉察，但它可能严重地影响到人际交往的顺利进行和人际关系的良好建立，因此，认清并了解人际交往中的认知偏差既可以规范自己在人际交往中的行为，同时也能更好地了解他人、减少误会，与他人建立良好的人际关系。

1．首因效应　亦称第一印象，是指人在与他人首次接触时，根据对方的仪表、打扮、言语等所做出的综合性判断。对某人的第一印象一旦形成，通常会影响到人们对他以后一系列行为的解释，而且对以后的人际知觉会起着指导性的作用。初次与人见面时，我们通常是没有其他的有关信息可以参照的，但是在以后的交往中我们就会自觉地按照过去得到的有关信息，尤其是用初次的印象来解释当前的信息。可以看出，首因效应反映了人对他人的一种外部的认识，而不是本质的认识。首因效应的产生与个体的社会经历、社交经验的丰富程度有关。如果个体的社会经历丰富、社会知识充实，则会充分利用首因效应。同时，我们也要知道，“路遥知马力，日久见人心”，仅凭第一印象来评价他人的行为和人格，并将其作为进一步交往的基础是不全面的，应当在实践活动中接受检验，纠正因第一印象造成的错觉与偏见，以避免带来不可弥补的错误。

2．近因效应　近因效应就是在交往过程中，我们对他人最近或最新的认识占据主要地位，即人们对于一个人最后所留下的印象记忆比较深刻，最后的印象会冲淡或盖过以往的印象，对行为产生重大的影响。近因效应主要发生于熟人之间，也称为“新颖效应”。关于曾国藩的一个有趣故事可以作为近因效应的典型例子。曾国藩在最初和太平军的交锋中一直处于劣势，于是在奏折中称自己“屡战屡败”。但他麾下的一个师爷看了后将这四个字的位置调动了一下，变成了“屡败屡战”。曾国藩恍然大悟。结果，一个“常败将军”的形象变成了败而不馁、坚忍不拔的形象。

生活中我们是否注意过这样的事情：某人犯了个错误，人们会改变对这个人的一贯看法；某人因做了一件有意义的好事，人们就认为他是浪子回头金不换，以前的不好也都随之而去，从此对他刮目相看；在朋友交往中，有时多年的友谊会因一次小别扭或误会而告终；夫妻之间吵架，可能一气之下全然忘记了对方的好处和过去的恩爱，只想着离婚。生活里，我们总是强烈谴责喜新厌旧的人，认为他们的行为是不道德的，然而在交往中，很多人都有

“喜新厌旧”的习性：重视“新”的信息，而忽视了旧的信息……这些都是心理学上的近因效应在起作用。

那么近因效应是否和第一印象互相矛盾呢？其实，这两者各自有着适用范围。心理学家告诉我们：在与陌生人交往时，第一印象影响较大，而在与熟人交往时，近因效应则有较大影响。这就提醒我们，在人际交往中，不能靠吃老本，要时刻注意近期的表现，时刻注意保持已经树立起来的形象。

3．晕轮效应　亦称月晕效应或光环效应，指在人际交往中对一个人某种人格特征形成印象后，以此推测此人其他方面的特征，从而导致高估或者低估对方。例如，对某人有好印象时，便感到他一切都好，甚至达到“爱屋及乌”的程度，不好时，则认为其一无可取之处。正如鲁迅先生所说：“红肿之处，艳若桃花；溃烂之时，美如乳酪。”

前苏联心理学家包达列夫做过一个有趣的实验：向两组被试分别出示同一张照片，对第一组被试说，这是一个罪犯；对第二组被试说，这是一个伟大的科学家，然后让他们去描述这个人的人格特点。结果，第一组被试认为，这个人深陷的眼窝证明其内心的仇恨，突出的下巴证明其死不悔改的决心；而第二组认为，深陷的眼窝证明其思想深邃，突出的下巴反映了其在求知路上的坚强意志力。一般说来，外貌上的魅力很容易导致晕轮效应。传说杨贵妃死后，一位老太太拾到了杨贵妃的一只鞋子，她把这只鞋子拿到市场上展示，并索要1000文钱以让参观者闻一下，愿意出钱的人竟然络绎不绝，这恐怕是晕轮效应发挥作用的极致了。即便是在强调个人意识的今天，晕轮效应也没有因为人们追求个性化的行动而减弱。青少年追星族就是一个很典型的例子，很多青少年因为喜欢某个歌星或影星而在服装、发型、说话做事的方式上极力模仿。广告片也是如此，虽说歌星、影星与这些商品的质量并没有太直接的关系，但由于晕轮效应，明星做过广告的商品很显然会更容易得到人们的认同。

晕轮效应的成因与我们知觉上的整体性有关。我们在知觉客观事物时，并不是对知觉对象的个别属性或部分孤立地进行感知的，而是倾向于把具有不同属性、不同部分的对象知觉为一个统一的整体。晕轮效应的缺点就在于以点盖面、以偏概全。因为有时事物的个别特征并不能反映事物的本质，但我们却习惯于以个别推及一般，由部分推及整体，这样势必会牵强附会地推出其他特征。晕轮效应多在所获信息较少，又要进行判断的情况下出现。只有多方面地了解一个人以后再进行判断，才能克服看待他人时以偏概全的偏见。

4．投射效应　投射效应是指在交往中一个人总是假设他人与自己有相同的倾向，即把自己的价值观与情感好恶影射到外在世界的人、事、物上的心理现象。心理学家罗斯（EA. Ross）做过一个实验来研究投射效应。他在80名参加实验的大学生中征求意见，问他们是否愿意背着一块大牌子在校园里走动。结果，有48名大学生同意了，并且认为大部分学生都会乐意背。而拒绝背牌的学生则普遍认为，只有少数学生愿意背。可见，这些学生将自己的态度投射到其他学生身上。“以小人之心，度君子之腹”就是一种典型的投射效应。

当别人的行为与我们不同时，我们习惯于用自己的标准去衡量别人的行为，认为别人的行为违反常规。例如，喜欢嫉妒的人常常将别人行为的动机归纳为嫉妒，如果别人对他稍不恭敬，他便觉得别人是在嫉妒自己。这也许是指人往往高估或夸大自己的信念及判断行为，总是把自己的行为和观点特征赋予他人，总是倾向于假设其他人会做出与自己一样的反应。这种认知上的偏差往往会给人际交往带来许多困惑，所以在和他人交往时应当多从对方的立场去考虑，多从交往对象的角度去思考，不能仅凭自己的主观信念来处理事情，否则会让对方觉得你是一个只顾自己愿望、甚至是自私自利的人。

5．定型化效应　也称“刻板印象”，是指人们把在头脑中形成的对某类知觉对象的形象固定下来，形成了对某一类人或事物的比较固定、概括而笼统的看法，并会对以后有关该类对象的知觉产生强烈影响。人们在社会生活实践中不断地感知某类对象，因而对该类对象逐渐地形成了固定化的印象。刻板印象是基于一定的事实，可能产生正确的判断，但很多刻板印象会导致判断歪曲。举一个很明显的例子，一般人认为东北人豪爽大方、不拘小节，上海人机灵聪明却有较重的排外思想。如果我们不具体问题具体分析就很容易产生认知偏差，比如在你的生活中出现了一个上海人，你却怀着这种认知而不去和其交往，不仅会影响人际关系，还有可能失去一个很好的朋友。

刻板印象的产生与我们知觉的选择性有关。当我们面对纷繁多样的客观事物时，不能同时接受所有的信息，而是有选择地以少数事物作为知觉的对象，并且会抓住事物最明显或最典型的特征。同样，在人际知觉中，选择性使我们很快对一个人进行分类，判断出他的典型特征。但是应该看到，这种认识有时仅仅是出于偏见。我们往往把好的特征归为好人所特有，坏的特征归为坏人所专有。应当承认，刻板印象有时是人们认识交往对象时的一种捷径，节省了认知能量，可以使人快捷地对认知对象做出判断。因为“物以类聚，人以群分”，处于大致相同的社会生活背景、经济和文化条件下的人容易产生许多共同特征，但是他们并不是完全相同的，总是有个体差异，有时这种个体差异甚至很大，所以不能以这种刻板印象来看待同一类人中的所有个体。

人在与他人交往时，大脑会自动收集大量的信息并且做出一个基本的判断。可能你即使了解了人际交往中认知偏差的五大效应，也不可避免地会做出错误的判断，因为大脑早就已经形成了处理问题的模式。这样的好处是人在危机的情况下可以快速做出有利于自己的行动，而缺点是会形成固有的思维模式。我们在以后的交往中要好好利用这五大效应，比如说给人留下一个好的第一印象，并避免做一些错事等。当然，也要警觉自己牢记上面提到的避免认知偏差的方法，以便完善自我。同时，当我们被别人误解时，也有可能仅仅是人际交往中的五大效应在作怪。当我们凡事怀着一颗理解的心去看待人际交往时，可能理解和感触也会不一样。

（二）个体的情绪和情感因素

人总是带着某种情绪和情感状态参加沟通活动的。在某些状态下，人们容易吸收外界的信息，而在另一些状态下，则信息很难被输送进去。如果不能有效地驾驭情绪和情感，就会有碍正常的沟通。人际交往中的情绪表现应该是适时、适度的，应当与引起情绪的原因及情境相称，并随客观情况的变化而变化。如情绪反应过分强烈，不分场合和对象，恣意纵情，会给人轻浮的感觉；若情绪变化激烈则会让人觉得过于感情用事；若情绪反应过于冷漠，对本可引起喜怒哀乐的事情无动于衷，则会被认为麻木和无情。这些不良情绪反应都会影响交往。情绪是具有感染力的心理因素，一般而言，轻松、愉快的情绪可增强沟通者沟通的兴趣和能力；焦虑、烦躁的情绪将干扰沟通者传递、接受信息的能力。

（三）个体的态度及能力因素

态度是指个体对他人和事物所持的评价和行为倾向，是一种对待特定的人、团体、思想、问题的相对持续时间较长的情感、信念和行为倾向。我们常说，态度决定一切，在学习、工作或者生活中都是如此。同样，态度的好坏也能够决定我们人际关系的好坏及优良。

态度是人际交往的重要变量，直接影响着人际关系的建立、形成与发展。凡以恰当的认知、健康的情感支配行为的心理倾向，就是科学的态度；反之，则是非科学的不端正的态度。态度不正确，则难以取得理想的沟通效果。例如，迷信权威会带来沟通和判断失误，爱面子会造成判断失误，偏见、歧视将直接影响大学生的人际交往。

对于有的大学生来说，人际交往能力的欠缺是影响人际交往的重要原因。这些同学想关心别人，但不知从何做起；想赞美他人，可怎么也开不了口或词不达意；交友的愿望强烈，然而总是感到没有机会；想调解他人的矛盾，没想到好心办了坏事；在交往中想表现自己却出尽洋相；内心想表现出温柔，但言语是硬邦邦的。人际交往的能力可以通过有意识的锻炼来提高，关键是要多动脑筋、多与人交往。

（四）个体的人格因素

人格是个人对现实的态度和其行为方式所表现出来的心理特征，是影响沟通的重要因素之一。它是人经由社会化而获得的具有内在统一性和相对稳定性的人格特质结构，也是个人思想和行为的综合。社会心理学家做过深入而细致的调查研究，发现人的气质、性格、能力、品德等人格特征对人际吸引产生持久的影响。美国学者安德森（JR. Anderson）研究发现，最受人欢迎的六种人格品质依次是真诚、诚实、理解、忠诚、真实、可靠。

调查表明，在交往中选择朋友时，人们首先考虑的标准是品德好坏，其次才是水平高低、能力强弱等。真诚坦率、热情友好、幽默开朗、谈吐不俗、潇洒自如等人格特征往往具有强烈的吸引力，形成所谓的人格魅力。孔子说："德不孤，必有邻。"意思是有道德的人必有芳邻，必有朋友，是不会孤独的。反之，有些人总是处于人际关系紧张状态，和别人格格不入，搞得自己孤家寡人，这往往与他们具有自私自利、心胸狭隘、虚伪奸诈、冷酷无情、行为怪异、自我封闭等人格特征有关。

心理健康和人际关系状况有着直接的联系。人格健康的人总是乐意与人交往，相处时积极、肯定的态度（如主动、尊重、信任、友爱等）总是多于消极、否定的态度（如被动、怀疑、恐惧、自卑等），因而易于被人所接纳和肯定，较容易建立良好和谐的人际关系。

【知识链接】

人际交往中的常见不良心理

1. 自卑心理　有些大学生有自卑感，甚至瞧不起自己，只知己短、不知己长，缺乏应有的自信心，无法发挥自己的优势和特长。有自卑感的人在社会交往中办事无胆量，习惯于随声附和，没有主见。如不改变这种心态，久之则可能逐渐磨灭人的胆识、魄力和个性。

2. 猜疑心理　有猜疑心理的个体习惯于用不信任的眼光去审视对方和看待外界事物，每每看到别人议论什么，就认为是在讲自己的坏话。猜忌成癖的人往往捕风捉影、节外生枝、说三道四甚至挑起事端，结果只能是自寻烦恼，害人害己。

3. 逆反心理　有些大学生总是与同学、老师抬杠，以此表明自己的标新立异。对任何事情，不管是非曲直，你说好他偏说坏。逆反心理容易模糊是非曲直的界限，使人反感。

4. 排他心理　人类已有的知识、经验以及思维方式等需要不断地更新，否则就会失去活力，甚至产生负面效应。排他心理恰好忽视了这一点，表现为抱残守缺，拒绝拓展思维，只是在自我封闭的狭小空间内兜圈子。

5. 贪财心理　有的大学生认为交朋友的目的就是为了"互相利用"，因此，他们只结交对自己有用、能给自己带来好处的人，而且常常是“过河拆桥”。这种人际交往中的占便宜心理会使自己的人格受到损害。

6．冷漠心理　有些大学生对与自己无关的人和事一概冷漠对待，甚至错误地认为言语尖刻、态度孤傲、高视阔步就是自己的“个性”，导致别人不敢接近，而失去很多朋友。

7．嫉妒心理　有的大学生总是不愿看到别人的进步和成功，而自己又不肯付出艰苦的努力，希望通过别人的失误甚至伤害别人来达到自己的目的，因此，怀有嫉妒心的人表面上看来很平静，而内心却十分忌恨。嫉妒心理是人际关系中一种隐秘的不安定因素，常常由此生出许多是非来。它不仅给自己带来困扰和烦恼，还给人际关系蒙上一层不和谐、不协调的阴影，有时甚至产生伤人的严重事故。

第二节　大学宿舍人际关系

【案例导读】

不被室友喜欢的她

王某，女，19 岁，某大学一年级学生，喜欢在安静的氛围中看书。入学已半个学期了，但她和寝室同学的关系总是处不好。当同学们谈论服饰、网络、明星时，她很想和同学们一起聊，但因对这些不了解所以无法与同学们交流。时间一长，同学们都不愿和她聊天，甚至看到她来了就立刻停止谈话。她从小养成规律做事的习惯，喜欢早睡，爱整洁。寝室同学有时聊天到深夜或把东西乱丢乱放，会令她感到心里烦躁，偶尔因看不顺眼而与同学有争执。现在她感觉被孤立了，不知道如何才能与同学交流，也不知道周围的人为什么不喜欢她。

案例中，王某的苦恼主要表现在人际关系方面，同学关系处不好，不为别人接纳，认为大家都不喜欢自己，为此心烦。一方面她有与同学处好关系、被他人信任和尊重、让别人喜欢的愿望，但另一方面又缺乏必要的方法和经验，因此，建议她学习和掌握一些人际交往的基本原则和必要知识。同时，要冷静地从自己的为人态度、性格特征、思想方法等方面找找原因，也可态度诚恳地主动找几个同学聊聊，请她们帮自己找找原因。另外，要想与同学进行良好的交谈，话题是很重要的，应该懂得寻找话题的办法。

家是冬日的阳光，在失望时带来温暖；家是坚固的小船，在困难时驶向彼岸；家是拂面的春风，在懦弱时带来希望。家在我们每个人的心中永远占有重要位置。为了求学，莘莘学子们不得不远离温暖的家来到了学校为他们营造的另一个新家——大学生集体宿舍。这是一个不同于传统意义上的由血缘关系组成的家庭，而是由一群同龄的、有共同理想和目标的年轻人组成的。某高校工程系 607 室的 6 位姑娘这样理解她们的家：“我们的宿舍如同一张小型化学元素表，仅有的 6 个元素各有各的位置，各有各的极易反应的元素，也有惰性元素。大学生活的每件事都好比催化剂，我们 6 个元素在不同的催化剂下，根据不同的温度、气压，风风火火、热热烈烈地反应了 1000 多个日日夜夜，这 1000 多个日夜的生成物将是我们 6 个人心中最深刻、最珍贵的记忆。”在大学，一个宿舍的舍友们要朝夕相处，共同度过 3 ～ 5 年的大学生活，宿舍便成为他们最重要的生活、学习和休闲场所，因此，宿舍的人际关系处理便成了一个首要问题。

一、宿舍人际关系的类型

宿舍人际关系是指宿舍成员在共同学习、生活中以心理关系为主要内容，以言语、思想、知识、情感为媒介的交往关系。大学生宿舍成员之间由于频繁的交往和长久的互动，往往表现出微妙而复杂的整体关系结构，既有整体的倾向性，又有个别特殊性；既有多样性，又有复杂性。根据大学生宿舍人际关系的特点，可分为融洽型、冲突型和封闭型三种典型类型。

（一）融洽型

融洽型的宿舍人际关系是一种宿舍成员之间互相尊重、彼此理解、互帮互助的交往关系。在这种宿舍中，全体成员彼此尊重、互相信赖、相互谅解，大家彼此比较友好，宿舍气氛融洽、温和，成员之间能正确处理好各种关系，彼此都感到较为满意。宿舍中的多数成员都有较好的道德品质和心理素质，在相互的接触中表现出正直、坦率、诚实、宽容、豁达、无私的品格，整个宿舍风气良好，上进心强。宿舍成员有较好的生活习惯，不会无端地去妨碍他人的生活，能够互相体谅，注重维护集体的和谐。当集体中有成员遇到困难和挫折时，其他成员能够给予主动的甚至无私的帮助。

（二）冲突型

冲突型是指宿舍中的个别成员或部分成员之间表现为情绪对立，甚至彼此仇视的人际关系类型。在这种宿舍关系中，各成员神情沮丧，表现得谨小慎微，他们常常为一些小事而发生口角、冲突，宿舍笼罩在非常紧张、沉闷的气氛中，部分成员与部分成员之间，或个别成员与其他成员之间常常互不往来，或是采取排斥的方法，或是采取逃避的方式。宿舍中的多数成员一般不愿意在宿舍内活动，或是相互疏离，或是早出晚归。成员之间彼此间感到不满意甚至反感，这种不满意感促使双方产生排斥力，形成疏离、忽视、冲突的否定人际关系。宿舍中的部分或个别成员戒备心理特别严重，常常怀有一种无意识的敌视和猜疑，自觉或不自觉地在情感上筑起一道防火墙，在情绪上互相产生消极的影响。宿舍部分成员往往表现为自我观念较强、自我中心、自私、缺乏同情心、嫉妒心严重，对人的态度上表现为冷漠、多疑、排拒。他们的集体观念淡漠，心理素质差，对宿舍环境不能良好地适应。

（三）封闭型

封闭型的宿舍人际关系是指大学生彼此比较冷漠，相互之间缺乏情感交流和信息沟通的人际交往类型。在这种类型的宿舍中，成员之间从表面上看彼此能和睦相处，表现不出有什么矛盾或冲突。但实际上成员之间在心灵上缺乏沟通和理解，彼此之间互不交流思想，情感交流较少，每个人都将自己的思想情感深深地隐藏着。这类宿舍中偶尔会有常见的“卧谈会”，但多是泛泛之谈，有的宿舍甚至完全没有交流，整个宿舍沉浸在一种冷淡的气氛中。这种宿舍的成员多数是由于心理上曾经遭受过挫折或伤害，或存在心理上的不平衡，或者具有不良的人格，因此，在宿舍中更多地体验了消极的情绪体验，相互在感情上忽视、冷淡，并且彼此疏远。

二、宿舍人际关系的重要性

如果大学生的宿舍人际关系比较和谐，那么他们在生活中就会有心理上的安全感，这对大学生的学习和心理发展能产生积极的影响。当宿舍人际关系处于对立、冲突等不和谐状态时，不仅会影响大学生的情绪稳定，使他们产生不安全感，对大学生的心理健康发展也会产生负面的影响。具体地说，融洽的宿舍人际关系具有以下几种意义。

（一）满足大学生的归属感

美国人本主义心理学家马斯洛提出了需要层次理论，认为归属的需要是人基本的心理需要之一。大学生进入高校后，开始从对父母的从属和依赖关系中解脱出来，自主、独立的要求日益强烈，他们一方面试图通过自己的力量解决遇到的各种新问题，同时，他们又急于寻找新的依存对象，形成新的依存关系，渴望找到新的知己以满足心理上的需要，让自己能够有新的归属感，以达到内心的平衡。宿舍作为大学生进入高校后面对的最具有空间稳定性、最重要的休息和生活所在，显然，和谐的宿舍人际关系最能够给予他们心理上的归属感。当宿舍关系不和谐，同学之间存在矛盾、冲突或者冷漠时，也最容易造成大学生的孤独感和无助感。

（二）满足大学生建立人际间密切关系的感情需要

和谐的宿舍人际关系不仅让大学生具有归属感，而且也有满足情感交流的作用。心理学研究表明，人际关系具有满足个体感情需要、包容需要和控制需要的作用。感情需要是指在情感上与他人建立并维持良好关系的欲望，其行为特征是爱慕、亲密、同情、友善、热心、照顾等，当人际关系不和谐时就会产生憎恨、厌恶、冷淡等情感。包容需要是指在交往中与别人建立并维持和谐关系的欲望，在此动机上产生的行为特征是交往、沟通、融洽和参与等，而与此动机相反的行为特征则是孤立、退缩、疏离、排斥、忽视等。控制需要即运用权威以超越、影响、控制支配他人等的需要。在和谐的大学生宿舍人际关系中，大学生相互之间表现得亲密、同情、友善、热心、照顾，而这些恰恰是远离父母的大学生特别渴望获得的重要的感情需要。

（三）促进大学生社会性的健康发展

宿舍仿佛是大学生脱离父母、家庭以后建立的新家庭，他们往往在宿舍成员中寻找依存对象。在这个新家庭中，成员之间从频繁的接触中，往往从对方学到社会需要的价值规范和道德准则，使他们习得社会生活所需要的道德品质，如诚信、勇气、忍耐等。大学生在处理问题的态度上也常常以同伴为参照，所以，和谐的宿舍人际关系也有助于大学生习得正确的社会态度和人际态度，可以说，宿舍成员良好的思想品德和素质对于其他成员的社会性发展都产生了深远的影响，对于其他成员的社会态度、交往心理、社交能力等起着积极的影响。

（四）提高大学生的学习积极性

宿舍是班级群体的一个附属小集体，在宿舍中，大学生彼此通过言语、思想、情感、动作、服饰等有形或无形的交往方式，在成员中产生接纳和排拒、亲密或疏离的关系，从而也直接或间接地影响整个宿舍的风貌，甚至影响到能否构建良好的班集体。在和谐的宿舍环境中，大学生具有上进心，学习积极性比较高，乐于学习，相应地，在宿舍也能形成勤奋好学的“室风”。“室风”作为一种稳定的宿舍学习氛围，极大地影响着大学生的学习态度和学习习惯，能够给予大学生以持续的学习动力。

和谐的宿舍人际关系不仅满足了大学生社会需要的心理需求，而且对于大学生的社会性的发展以及形成良好的学习态度具有积极意义。同时，我们也要看到，大学生宿舍人际关系具有直接影响大学生人格形成及成熟的重要作用，所以，形成和谐的大学生宿舍人际关系非常重要。

三、影响宿舍人际关系的因素

（一）生活习惯的差异

大学生来自全国各地，他们的成长环境和生活经历等各不相同，生活习惯也是千差万别。不同的生活习惯及生活方式容易导致宿舍同学间交流和沟通的障碍，从而产生人际关系矛盾。同一宿舍的大学生在生活上交往极其频繁，在公共物品的使用、个人作息时间的安排、宿舍卫生和个人卫生等许多方面难免会产生大大小小的摩擦，引起人际冲突。如习惯于晚上看书的人会影响早睡的人休息，爱静的人会被朋友多的人搞得异常烦躁。不良的生活习惯更是影响宿舍人际关系的重要因素。不良的个人生活习惯主要表现为：乱堆物品、乱扔垃圾、不爱护公物、未经室友同意就使用他人的生活用品、我行我素而完全不顾及他人感受、爱贪图小便宜等。

（二）贫富差距

家庭贫富差距是影响大学生宿舍人际交往一个不可忽视的因素。一般而言，家庭较为贫困的学生在大学生中属于经济弱势群体。由于家庭经济困难，贫困学生要靠校外打工、勤工助学等途径来维持基本的学习和生活，他们在面对同龄人时，会存在不同程度的贫困焦虑和自卑感。他们在繁华的城市与贫寒的家庭背景间备受物质繁华的诱惑和贫困现实的折磨，这样的心理反差很容易让贫困生在宿舍其他同学面前感到自尊心受到伤害，进而产生敏感、易怒的情绪，甚至造成封闭自己和沉默寡言的个性，这将妨碍他们正常的宿舍人际关系的交往。

（三）个性因素的差异

个性因素也称性格因素。每个人不同的成长轨迹决定了他们不同的个性心理、思维模式和行为方式。同一宿舍的同学在脾气、性格上存在着很大的差异。有的开朗热情，有的内向腼腆，有的个性张扬，有的敏感多疑。不同性格的人在处理同一事情的做法上会存在很大差异，在对待同一事情的看法上会有不同见解。这也是影响宿舍人际关系的重要原因之一。

（四）缺乏人际交往技能

部分大学生对人际交往问题关注较少，人际交往知识和技能较为缺乏，对人际交往的意义、人际冲突的原因、人际冲突应对策略知之甚少。还有部分学生在人际交往中往往只愿意接受正面信息和溢美之词，听不进纠正和鞭策之语，很难适应新环境下的大学生活，导致各种人际冲突的发生。此外，由于宿舍成员大多来自于同一专业或同一班级，因而会在各个方面不可避免地展开一些竞争，这也是导致宿舍人际关系紧张的重要原因。

四、构建和谐的宿舍人际关系

和谐的宿舍人际关系能给大学生带来归属感和幸福感，这需要大学生自身、学校、家长和社会等多方的共同努力与协作，形成合力。大学生可从以下几个方面不断完善自己，掌握人际交往的知识与技能，促进和谐宿舍人际关系的构建。

（一）努力克服自身不足，学会与人愉快相处

1．尊重室友、真诚待人　马克思曾指出：“你希望别人怎样对待你自己，你就怎样对待别人。”真诚与尊重是交往的前提，是建立和发展真挚友情的基础。一方面，大学生在与宿舍成员交往的过程中，应尊重室友的人格和个人所特有的一些生活习惯等。只有尊重他人的人，才能赢得他人的尊重。另一方面，大学生在与室友交往中应克服表里不一、自私自利等不良心理，应以诚待人、以诚感人。心理学家安德森曾列出了多个描写人的个性品质的形容词，让大学生指出哪些个性品质是他们最喜欢的。结果表明，大学生评价最高的品质就是真诚，而评价最低的是说谎和虚伪。可见，待人真诚、言而有信的个性品质导致人际吸引，有利于良好宿舍人际关系的建立、维系和发展。

2．懂得包容、学会感恩　包容就是在心理上能容纳各种不同特征的人。具体讲，一要“容言”，即能倾听、容纳各种不同意见；二要“容过”，即不苛求于人，允许别人犯错误和改正错误；三要“容才”，即不嫉贤妒能。宿舍集体生活中难免发生一些磕磕碰碰之事，这就需要大学生具有豁达的心胸，不斤斤计较，能够站在他人的角度思考问题，理解室友，包容室友的缺点和不足。包容室友有意或无意的过错不仅会让自己感到轻松和快乐，还会赢得室友的尊重与欣赏，最终与室友建立融洽的人际关系。正如恩格斯所说：“没有相互间的让步，我们就永远什么事情也做不成。”一个能够包容他人的人也必然是一个懂得感恩的人。学会感恩是大学生建立良好宿舍人际关系的重要品质之一。古人云：“滴水之恩，当涌泉相报。”常怀感恩之心、常为感恩之行会让爱和幸福传递。

3．严于律己、善于自省　当与他人发生摩擦和矛盾时，严于律己的人能够首先从自身出发寻找原因，而不是责怪他人。“自省”是通过自我意识来省察自己言行的过程，是孔子提出的一种自我道德修养的方法。他说：“见贤思齐焉，见不贤而内自省也。”其目的正如朱熹所说：“日省其身，有则改之，无则加勉。”在宿舍人际交往中，大学生若能严于律己、自我反省，将有助于与室友建立良好的人际关系。

（二）重视宿舍人际关系，掌握人际交往技能

大学生应把宿舍看作是自己的“家”，珍惜室友之间的缘分与友谊，为营造良好的宿舍人际关系而努力，并掌握一定的人际交往知识与技能。

1．学会赞美室友　每个人都希望得到他人的赞美与尊重，渴望被人赏识是人最基本的天性。在《孩子，我并不完美，我只是真实的我》这本书里，著名的心理学家杰丝·雷尔说：“称赞对人类的灵魂而言，就像温暖的阳光一样，没有它，我们就无法成长开花。我们大多数的人只是敏于躲避别人的冷言冷语，而我们自己却吝于把赞许的温暖阳光给予别人。”在宿舍人际交往中，大学生应该学会真诚、恰如其分地赞美室友；所谓真诚地赞美室友是说大学生对室友的赞美应该具体而有针对性，是针对室友的某一具体言行恰当、真诚地称赞。所谓恰如其分地赞美室友是说大学生对室友的赞美应把握一个“度”，不要过分夸大，否则不仅

不会达到赞美的本意，反而可能引起室友的反感与质疑，失去了赞美的真诚与真实。

2．讲究批评的艺术　大学生在与室友的朝夕相处中难免有向他人提出某些建议或意见之时，如何使室友能够乐意接受自己的建议或意见，讲究批评的艺术很重要。韦辛格（H. Weisinger）认为，人们在批评他人之前应该弄清楚以下几个问题：第一，我要批评的是哪一件事？第二，可能改进吗？第三，我的批评有益吗？第四，我期望他改成什么样？第五，我的意思他懂了没有？由此可见，大学生在给室友提意见时应针对具体的某一件事，避免抽象、笼统地批评室友，所提的意见与批评应是室友可能改进的并有助于室友更好地完善自己，并且应向室友表明自己的期望与真实意思。此外，大学生在给室友提意见或批评室友时，应先想想自己是不是以最易于让室友接受的方式表达意见和提出批评的，在向室友提出意见和批评时应尽可能地表现出善意与友好。正确的批评方式应是表明你所说的话只是你个人的看法，并不见得一定是对的，这样，别人也会更容易接纳。

3．学会求同存异　孔子说："君子和而不同。"大学生在与室友的交往中应学会求同存异，要善于找到彼此之间的"同"，以增进情谊。而对于彼此之间的"异"，应相互尊重与理解，做到海纳百川，尽量避免无谓的争论。卡耐基认为，不论对方聪明才智如何，也不可能靠辩论改变他的想法。本杰明·富兰克林同样诚恳地指出："如果你老是抬杠、反驳，也许偶尔能获胜，但那是空洞的胜利，因为你永远得不到对方的好感。"可见，从争论中获胜的唯一秘诀是避免争论。大学生在与室友交往时，应尽可能以双方能够产生共鸣之事为主，如某种共同的需要、认识、态度、行为等，并尊重室友的选择和不同意见。

【知识链接】

宿舍人际关系8句箴言

宿舍问题，理解为先；出现问题，注意沟通；指出问题，态度要好；不怨不骂，别踢别打；宿舍活动，一起做伴；建立制度，人人遵守；学会适应，共同成长；彼此领情，人人受益。

第三节　人际交往的技能

每个大学生都希望自己能够与他人和睦相处。了解和掌握一些人际交往的技能是非常必要的，这是因为一个人的成功不仅来自于他的知识与专业技能、良好的公众形象，而且与利益相关者建立良好的关系非常重要。如果你想在未来的学业、事业和生活中有所成就，就需要有一个良好的人际关系环境。

一、人际交往的基本技能

（一）言语沟通技能

在大学校园里有很多人际矛盾起于言语冲突。大家有时觉得是同学，想怎么说就怎么说，甚至出现讽刺、嘲笑甚至谩骂，很少顾及他人的感受。有的同学得到了别人的帮助后很少说一声"谢谢"。帮助者则觉得很失落，怀疑自己的付出是否值得。说话很简单，但要把话说好，就大有学问。"良言一句三冬暖，恶语伤人六月寒。"这告诉我们在交往时要注意运用语言的艺术。美国《纽约时报》专栏作家萨菲尔（W. Sapphire）说：与人沟通时，必须先理清自己的思路，说话要言之有物，以此说服、引导、感染对方。

在人际交往时要注意应该说的、禁止说的、可以说的事。应该说的必须说，如文明礼貌用语等，“请”“谢谢”“对不起”要常常挂在嘴边。请求同学帮忙做事时都带“请”字。否定语、蔑视语、烦躁语、斗气语等尽量少说。语言艺术运用得好，就能促进人际交往；相反，如果不注意语言艺术，往往无意间就出口伤人，产生矛盾。良好的语言艺术必须要做到适时、适度和适量。

【知识链接】

说话的技巧

着急的事，慢慢地说；大事要事，想清楚说；
小事琐事，幽默地说；做不到的事，不随便说；
伤人的事，坚决不说；没有的事，不要胡说；
别人的事，谨慎地说；自己的事，坦诚直说；
该做的事，做好再说；将来的事，到时再说。

（二）非言语沟通技能

人们在沟通中要全方位地发出信息，既有言语的，也有非言语的。非言语沟通是指用语言以外的非语言符号系统进行的信息交流，如面部表情、身体距离、身体接触、姿势、动作、眼神、声调、音量、仪表、绘画、音乐、舞蹈等。非言语沟通领域的权威梅拉比恩（A. Mehrabian）认为，一次口头沟通的全部含义是：语言占 7%，声音占 38%，面部表情占 55%。言语在沟通中只起到了方向性或规定性作用，而非言语行为才能准确地反映出话语的真正思想和感情。大学生在与他人交流时可通过观察对方的表情、动作、手势等了解对方的心理需求和心理变化，满足对方的生理及心理的需要，促进双方沟通，提高交流质量。

（三）礼仪沟通技能

从古至今，知礼、守礼、行礼是一个人在社会中立足、立事、立人的重要条件和基本前提。孔子曾说：“礼者，敬人也。”强调在人际交往中人人皆不可失去敬人之意。荀子也说：“礼者，养也”，强调礼仪是每个人皆需具备的为人处世的基本素养。大学生礼仪也是大学生的一种交往和沟通技巧。现代社会随着交往的日益增多，人们比以往更加重视自己的穿着打扮和言行举止，这些看上去是小事一桩，却能真实地反映一个人的精神状态及内在素质。

二、人际交往技能自我训练

（一）学会保持微笑——增加自己的亲和力

呆板的表情就像一块挂在路中的木牌，告诉人们“此路不通”，而微笑就等于说：“我喜欢你，是你让我快乐。我很高兴见到你。”微笑表达了你的善意和友好，你的微笑会照亮别人的生活。对于一个看过许多皱着眉头、愁容满面，或者把脸转向一边的人来说，你的微笑就像透过乌云的阳光。那么如何学会保持微笑呢？可利用照镜子进行人际交往技巧训练。请你试着每天照三次镜子，每次照镜子时都要面带微笑并保持，然后自我暗示：我的心情好，很好，非常好，我要微笑着面对今天遇到的每一个人，我要和他们友好相处，和他们成为好朋友。这样试试，你果真会增加很多好朋友的。

（二）会听才会说——加强自己的倾听技巧

【知识链接】

最有价值的小金人

古代曾经有一个小国的使者到中国来，进贡了三个一模一样的小金人，个个光彩夺目，这让皇帝非常高兴。可是这小国的人不厚道，出了一道题目："这三个小金人哪个最有价值？"大臣们左看右看，看了很长时间，也没能看出个所以然来。皇帝和大臣们又想出许多办法，他们请珠宝工匠来检查，称重量、看做工，结果都是一模一样的。

怎么办？使者还等着回去汇报呢。泱泱大国，不会连这个小事都不懂吧？最后，有一位退位的老大臣说他有办法。皇帝将使者请到大殿。老臣胸有成竹地拿来了三根稻草。插入第一个金人的耳朵，稻草从另一边耳朵出来了。插入第二个金人的耳朵，稻草从嘴巴里直接掉了出来。而把稻草插入第三个金人的耳朵，稻草进去后掉进了肚子，什么响动也没有。

老臣对皇帝说："第三个金人最有价值！"皇帝赞许地点了点头，使者也默默无语，表示答案正确。为什么会这样呢？第一个小金人，把稻草插入他的耳朵里，稻草就立刻从另一边耳朵出来了，说明他忽视信息。让信息左耳进、右耳出的人，根本不会去关注别人说的话。这样的人，在组织中常常表现出心不在焉的样子，沉迷于自我的世界，不关注外界的事情。第二个小金人把稻草插入他的耳朵里，稻草从他的嘴巴里掉了出来，说明第二个小金人是那种对信息不加判断的人，长了个大嘴巴，把听来的事情不加判断就进行传播，不知道什么事该传播，什么事不该传播。任何组织中都会有这样的人员，甚至会在传播过程中添油加醋、四处散布，有时候会引来很多是非。第三个小金人，稻草从耳朵进去后掉进了肚子，什么响动也没有。他是那种能够做到善于倾听、分辨是非、消化在心的人，因此，这就是最有价值的人。

由于人人都渴望倾诉，所以常常忽视了听。其实听比说更重要，在人际交往中尤其如此。西方谚语说："用十秒钟时间讲，用十分钟时间听。"中国也有句老话："说三分，听七分。"可见，在语言沟通中，"会听"甚至比"会说"还重要。在对财富排行榜500强企业的一项调查中，59%的被调查公司对员工提供了倾听方面的培训。研究者还发现，在良好的倾听技巧和工作效率之间存在着直接的联系，接受了倾听能力训练的员工比没有经过这项训练的员工工作效率高得多。

莎士比亚说："最完美的说话艺术不仅是一味地说，还要善于倾听他人的内在声音。"

倾听是接收口头和非语言信息、确定其含义和对此做出反应的过程。说到"听"，人们往往想到的是人的听觉器官对声音的生理反应，认为只要耳朵听到对方的话音，就达到了"听"的目的。其实，倾听的内涵非常丰富。在古汉语中，听的写法为"聽"。从字面上分析，首先，是偏旁中的"耳"指的是语言中的信息大多是通过耳朵获取的，语速、语气、语调的变化都能体现出一定的信息，捕捉这些微小的变化都要依靠耳朵。但是，仅仅用耳朵倾听是远远不够的，还需要全身的积极配合，共同来捕捉和解读对方传达的信息。其次，是在偏旁"耳"的下面有个"王"，指的是在倾听的过程中，要关注对方，以对方为主。在部首右边，有个“四”，这是“目”的异体写法，代表眼睛，指在倾听的过程中，一定要用到眼睛，通过眼睛可以和对方保持目光上的交流，传达一些微妙的思想和情感。观察对方的身体姿势也能分析出一些有用的谈话信息。同时，在字的右下方还有一个“心”，指听不仅是外在器官的参与，更是内心的关注，要用心体察对方的真实意图，才能明白对方的意思。

（三）语言有心——培养良好的语言习惯

在人际交往中，培养良好的语言习惯是至关重要的。要做到这一点，就要多读书、读好书，多反思、多动脑，少一些冲动和随意。做到不信口开河、不随便乱讲、不盲目轻信、不轻易允诺、不随波逐流。只要平时多积累、多练习，就一定能养成好的语言习惯。日久天长，就能使自己的语言修养逐步得到提高，达到言之有理、言之有物、言而有信、言行统一，说出的话就能寓情寓理且恰到好处，让周围的人听了舒服。

（四）学会幽默——化解人际矛盾的调和剂

人际交往离不开诙谐与幽默，生活中不都是一本正经与严肃认真。心理学家凯瑟琳（T. Kathlee）说过：“如果您能使一个人对你有好感，那么也就可能使你周围的每一个人甚至是全世界的人都对你有好感。只要你不是到处与人握手，而是以你的友善、机智、幽默去传播你的信息，那么时空距离就会消失。”幽默是以愉悦的方式让别人获得精神上快感的一种语言方式，是最富有喜剧性和审美价值的一种艺术性的交际语言。幽默法的特点是“智”和“乐”。大学生可多看些书，多读些报纸和杂志，记住一些幽默故事和富有哲理的小笑话，适逢恰当的时间、地点和环境时，可制造愉悦的气氛，或达到缓解紧张气氛、消除工作压力、打破人际僵局、改善彼此关系的效果。制造幽默的方法很多，如极度的夸张、反常妙喻、反语、对比、拟人、双关、对偶等。另外，选词的俏皮、句式的奇特也能使得语言富有特殊的幽默感。

（五）学会换位思考——理解他人的良方

在人际交往中有一个重要法则：每个人都是按照自己的意志行事，而不是依照别人的意志行事。英国《联合日报》（*United Daily Newspaper*）总经理说：“编辑所要牢记在心的第一点是人类对自己最感兴趣，第二点也是如此，第三点仍然如此。”因此，要在人际交往中取得成功，就必须学会换位思考，站在对方的角度去思考。换位思考就是按照逻辑推理的原则，用自己的心思去推测别人的心思，设身处地地站在他人的立场上考虑问题。它要求我们以爱己之心来对待周围的人，无论做什么事，都用自己的感受去体会别人的感受，以自己的处境去想别人的处境，将心比心，把自己当作别人看待，合情合理地为对方着想。例如，你不愿意有声音干扰你读书和学习，那么在别人读书和学习时你就不能发出较大的声响；你不喜欢别人挑三拣四，那么你就应该随遇而安；你不喜欢别人说大话，你就要做到言行一致。如果你能够从别人的角度着想，那么你就不难实施有效的沟通，别人也会乐意与你常来常往，因为人家知道你是一个通情达理的人。

随着社会的进步，个性的张扬越来越为人们所接受。崇尚个性、培养个性已经成为现代教育的内涵之一。与此同时，个性的凸显也给人际交往带来了摩擦，因此，在现代人际交往中，学会包容不同的个性，接受不同的价值观念，容忍不同情绪的表达流露，就显得十分重要了。大学生要培养自己的宽容心理，养成良好的平常心态，面对不同的个性与情绪变化能够泰然处之，一笑了之，就能在当今的人际交往中获得成功。

（六）主动关心他人——赢得朋友的有效方法

孟子曾经说过："君子莫大乎与人为善。"那些慷慨付出、不求回报的人往往容易获得成功；那些自私吝啬、斤斤计较的人，不仅找不到合作伙伴，甚至有可能成为孤家寡人。"人们在知道你是否关心他们之后，才会在乎你是否了解他们。"这一句总结了良好人际关系和人生成功的关键所在：无论你有什么本领或特长，受教育的程度有多高，都不如真心实意地关心更能给人深刻的印象。在现实生活中，个人的力量总是有限的，每个人都需要别人的帮助。然而，有些大学生忽略了这样一个简单的道理，他们在抱怨缺少友情的同时，自己却不愿付出友情。对此，卡耐基奉劝道："你想要别人怎样待你，你就先怎样待别人。"

（七）学会凡事感恩——唤起彼此内心的共鸣

羊有跪乳之恩，乌鸦有反哺之情，更何况是人。感恩不仅是一种美好的情感，更重要的是对责任的承担，对道义的坚守。如果你有一颗感恩的心，你就会明白是谁给了你生命，是谁把你养大成人，你就会想到回报，想到奉献。你会感恩父母起早摸黑为你准备早餐和晚餐，供你上学；感恩老师挑灯夜战为你批改一张张试卷、一本本作业；感恩朋友在你困难时伸出友爱和援助之手；感恩生命中出现的荆棘，教会你学会坚强、忍耐、乐观和承受。学会了感恩，你才会尊敬长者，努力去为他们做点什么；学会了感恩，你就会体贴、关心亲人和朋友，理解他们今天的喜悦和哀愁；学会了感恩，你就会珍惜眼前大好的学习时光；学会了感恩，你就会发现世界是多么需要和平与友爱，你才会去热爱生活，回报社会。人是有感情的动物，在人际交往中讲感情就是要有人情味，它有时比理性更有力量，满载情感的谢意与表达更容易让人性回归，使人感动。

（八）学会宽容——开启沟通的绿灯

"宽""容"二字都是宝盖头，可见都是宝贝。"宽"下面是草字头和"见"，也就是说允许存在像杂草一样的看法。可是我们有时连一种意见都无法包容，何况更多乎？"容"是两个"人"和一个"口"，就是你说你的理，我说我的理。我们不妨求同存异，但我不会不让你没有说话的权利。雨果有一句名言："世界上最宽阔的是海洋，比海洋更宽阔的是天空，比天空更宽阔的是人的胸怀。"宽容是成功型人才的个性。如果一个人总是在对别人付出，关心别人、体谅别人，凡事首先考虑到的也是别人，这样的人怎么会得不到人心呢？"人非圣贤，孰能无过"，一个宽容的人必然能得到别人的尊敬，必然在人际交往中获得很高的赞誉。

人际交往中产生误解和矛盾是不可避免的。大学生个性较强，相互间接触密切，不可避免地会产生矛盾。这就要求大学生在交往中不要斤斤计较，而要谦让大度、克制忍让，不计较对方的态度和言辞。宽容克制并不是软弱、怯懦，相反，它是有度量的表现，是建立良好人际关系的润滑剂，能化干戈为玉帛，赢得更多的朋友。在宽容别人的缺点时，也应该看到别人的优点，这样才能赢得别人的尊重和信任。同时，也要清楚地认识到自己身上的缺点和不足。古人说得好："水至清则无鱼，人至察则无徒。"明白了这些道理，就会多一些宽容，多一些真诚，从而获得更多的友谊。

【知识链接】

怎样让自己更有人缘?

美国人际关系研究权威金普琳（S. Kinplin）提出了人际交往的10条最佳准则：

1．要充满自信 在充满自信的状态下行动，就会受到别人的信任。你要让别人喜欢你，就要让对方知道你是一个会成功、有强烈成功意图和行动的人。

2．保持轻松的微笑 容易使人接近的人都经常面带微笑。

3．保持冷静的态度 “静静的回答赶走愤怒”，指的是理智地驱散敌意，远离是非。

4．树立起良好的形象 如果你像一个伟大而有成就的人那样去行动，作为一个进取者，别人也会认可你的形象和价值。

5．关心对方 如果一个人被他人瞩目，就像得到了非常大的赞赏。同样，如果你能关心别人，对方也能够感受到他的重要性得到了承认，这更会增进相互间的友好关系。

6．适当地表现自己 使用“我也……”的技巧，在谈话中插进自己的事，可以得到对方赞同。

7．向别人请教 如果你问：“有关这事，你有何高见？”“如果你碰到了这事，你怎么办？”对方会因为你尊敬他而愿意和你成为朋友。

8．学会说“谢谢” 如果人们得到真诚的感谢和称赞，会觉得精神兴奋。

9．倾听 如果不了解对方的需求和感情，就无法说服他，也就无法与他达成一致了。

10．暗示 采用引而不发、委婉曲折的暗示方法来说服别人，比直截了当地提出要求要高明、有效得多。

良好的人际关系可以给我们带来快乐和好心情，使我们的生活更加和谐。为了提高你的生活质量，请重视这十条最佳准则。

【实操训练】

画图游戏——单向、双向人际沟通

[时间] 5～10分钟，人数：不限。

[目的] 体会单向交流和被迫接受信息的困难，从而强化采用互动的沟通方式进行交流。

[步骤] ①请一位队员背向大家，口头描述一张事先准备好的图，不能有任何手势或动作。其他队员按照描述画图，期间不能提问，一切听从指挥。②游戏完毕后将图展示给大家看，让大家判断所画的图形是否准确。③再请另一位队员上台做这个游戏，但这次允许大家双向交流，看结果如何。

【量表测试】

测一测：你的人际关系怎么样?

请对下列各题做出“是”或“否”的选择。

1．你平时是否关心自己的人缘?

2．在食堂里你一般都是独自吃饭吗?

3. 和一大群人在一起时，你是否会产生孤独感或失落感？
4. 你是否时常不经同意就使用他人的东西？
5. 当一件事没有做好时，你是否会埋怨合作者？
6. 当你的朋友有困难时，你是否时常发现他们不打算来求助你？
7. 假如朋友们跟你开玩笑过了头，你会不会板起面孔，甚至反目？
8. 在公共场合，你有把鞋子脱掉的习惯吗？
9. 你认为在任何场合下都应该不隐瞒自己的观点吗？
10. 当你的同事、同学或朋友取得进步或成功时，你是否真的为他们感到高兴？
11. 你喜欢拿别人开玩笑吗？
12. 和自己兴趣、爱好不相同的人在一起时，你也不会感到兴味索然、无话可谈吗？
13. 当住在楼上时，你会往楼下倒水或丢纸屑吗？
14. 你经常指出别人的不足，并要求他们改进吗？
15. 当别人融洽地交谈时，你会贸然地打断他们吗？
16. 你是否关心和常常谈论别人的私事？
17. 你善于和老年人谈他们关心的问题吗？
18. 你讲话时常常出现一些不文明的口头语吗？
19. 你是否时而会做出一些言而无信的事？
20. 当有人在交谈或对你讲解一些事情时，你是否时常觉得很难聚精会神地听下去？
21. 当你处于一个新集体中时，你会觉得交新朋友是一件容易的事吗？
22. 你是一个愿意慷慨地招待同伴的人吗？
23. 你向别人吐露自己的抱负、挫折以及个人的种种事情吗？
24. 你告诉别人一件事情时，你是否试图把事情的细节都交代得很清楚？
25. 遇到不顺心的事时，你会精神沮丧、意志消沉，或把气出在家人、朋友、同事身上吗？
26. 你是否经常不经思索就随便发表意见？
27. 你是否注意赴约前不吃大葱、大蒜，以及防止身带酒气？
28. 你是否经常发牢骚？
29. 在公共场合，你会随便喊别人的绰号吗？
30. 你关心报纸、电视等信息渠道中的社会新闻吗？
31. 当发觉自己无意中做错了事或伤害了别人，你是否会很快地承认错误并道歉？
32. 闲暇时，你是否喜欢跟人聊天？
33. 你跟别人约会时，是否常让别人等你？
34. 你是否有时会与别人谈论一些自己感兴趣而他们不感兴趣的话题？
35. 你有逗乐儿童的小手法吗？
36. 你平时告诫自己不要说虚情假意的话吗？

评分标准：第1、10、12、17、21、22、23、27、30、31、32、35、36分题答“是”计1分，答“否”计0分，其余各题答“是”计0分，答“否”计1分。

各题得分相加，统计总分。评价方法：

30分以上：人际关系情况很好。

25～29分：人际关系情况较好。

19 ～ 24 分：人际关系情况一般。

15 ～ 18 分：人际关系情况较差。

14 分以下：人际关系情况很差。

【小　结】

刚进入既陌生又新鲜的大学校园生活的大学生渴望被他人接受、理解，这离不开良好的人际交往。人际交往有利于大学生社会化、获取新信息、完善自我意识、促进心理健康，对大学生的个体成长和发展有着直接的影响。大学生在人际交往中应遵循平等、尊重、真诚、互助等原则；应了解影响人际关系的相关因素，认清并了解人际交往中的认知偏差，如首因效应、近因效应、晕轮效应、投射效应、刻板效应，以便更好地完善自我。另外，人际关系对大学生的发展非常重要，大学生应掌握与人交往的技巧，构建和谐的人际关系。

【思考题】

1．人际交往的心理效应有哪些？这提示你应注意哪些认知偏差？

2．分析自己在人际交往方面的成功与不足，并对自己的不足提出实践练习计划。

3．请写出 3 件你看到、听到或亲自感受到的宿舍矛盾，如果你碰到了这样的事情，会如何应对？

第十章　爱的秘密：大学生恋爱心理

【案例导读】

一个浪漫故事的N个结局

青青从小一直是学习尖子。半年前，她如愿以偿地从偏远地区考进了大学。进了大学，青青一时有些不适应。她发觉自己的学习成绩不再是最优秀的。在宿舍里，大家也不是很投缘，经常会闹点小摩擦。青青有点儿失落，也感到孤独。一天，在同乡聚会中，青青认识了比她高一届的彭涛。彭涛看到青青寂寞的神情，觉得自己有责任帮助这个小老乡。于是，彭涛常常约青青一起上图书馆，一起听讲座，给她讲学习方法，还带她到城里去玩。青青感到很温暖，逐渐开朗起来。渐渐地，他们彼此都觉得离不开了，于是，校园里多了一对恋人。

爱情无疑是大学生最为关注的话题之一，它是那样地具有魅力，拨动同学们的心弦，令人寻觅和向往。同时，恋爱问题恰恰又是莘莘学子最感困惑的问题之一，会影响他们的学习、生活乃至人格的健康发展，因此，关注大学生恋爱心理、培养大学生正确的恋爱观显得尤为重要。

第一节　爱情与人生

一、爱情的真谛

爱情是世界上最复杂的情感现象。几乎在所有的文化中，最美丽的故事和传说都与爱情有关。爱情是哲学的，爱情的进行就是生命的进行，爱情诠释了生命；爱情又是文学的，文学中如果没有了爱情，那将乏味的、空洞的。爱情是人际吸引最强烈的形式，是身心成熟到一定程度的个体对异性产生的有浪漫色彩的高级情感。

爱情的特点包括：①相异性。爱情一般在异性之间产生，狭义的爱情专指异性恋。②成熟性。爱情是在个体身心发展到相对成熟阶段时产生的情感体验，幼儿没有爱情体验。③高级性。爱情是一种高级情感，不是低级情感。④生理性。爱情有生理基础（包括性爱因素），不是纯粹的精神上的依恋。⑤利他性。爱情的基本倾向是奉献，衡量一个人对异性有无爱情及强度如何，可以通过“是否发自内心，帮助所爱的人做其期待的事情”这个指标来衡量。

爱情是对彼此最真挚的仰慕，并渴望对方成为自己终身伴侣的最强烈的、稳定的、专一的感情。爱情的本质是人的社会属性与人的自然属性相结合的异性间的崇高感情。在人类文化发展史上，许多不朽的文艺作品都是描写爱情的。在我国的《诗经》、希腊的史诗、罗马的神话及基督教的《圣经》中，都有动人的爱情故事。许多哲学家、心理学家也对爱情有独特的见解。德国哲学家黑格尔（GWF. Hegel）认为，爱情里确实有一种高尚的品质，因为它不止停留在性欲上，而是显示出一种本身丰富的高尚的心灵，要求以生动活泼、勇敢和牺牲的精神和另一个人达到统一。奥地利心理学家弗洛伊德认为，性本能是一切本能中最基本的内容，爱情不过是性本能的一种表达或升华。马克思主义的爱情观认为，男女之间建立在性爱基础上的情感之所以成为爱情，是由人的社会属性决定的，因此，男女之间真挚的爱情不仅是自然生理需求的冲动和相互需要，更是志趣的相投和心灵的相通，而这一切都是以一定的社会历史条件为背景的，受制于特定的社会关系、经济地位和文化背景等。

从本质上讲，爱情是一对男女基于一定的客观物质基础和共同的生活理想，在各自内心形成对彼此的真挚仰慕，并渴望对方成为自己终身伴侣的最强烈的、稳定的、专一的感情，爱情在本质上是人的社会属性与自然属性相结合的异性间的崇高感情。

【知识连接】

爱情三元论

西方关于爱情的理论模型有很多，斯滕伯格（RJ. Sternberg）的爱情三元论是比较有名的。斯滕伯格认为，人类爱情包括三种成分，即亲密、激情和承诺，并将这三种成分形象地比喻为爱情三角形的顶点（图 10-1）。亲密是指在爱情中能促进亲近、归属、结合等体验的情感。换句话说，它能引起温暖体验。激情是指内驱力，这些内驱力能引起浪漫恋爱、体态吸引、性完美等有关现象。或者说，激情成分就是在爱情关系中能引起激情体验的各种动机性唤醒以及其他形式的唤醒源。承诺有两层含义：其一，在短期方面，一个人做出了爱另一个人的决定；其二，在长期方面，指那些能维持爱情关系的关注、义务感或责任心。

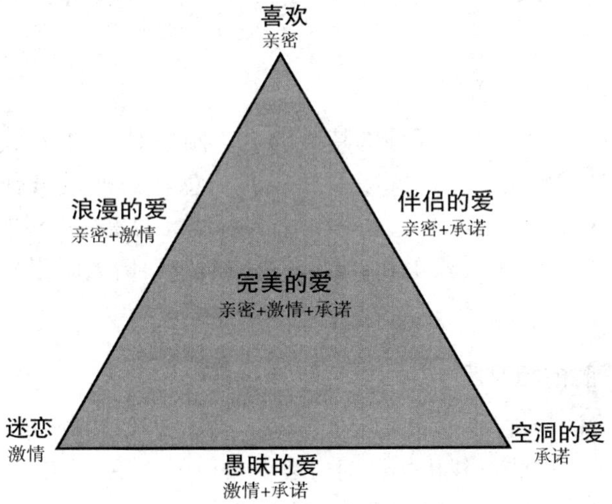

图 10-1　斯滕伯格的爱情三元论

爱情是一种复杂、圣洁、崇高的感情活动，它是由两颗心灵弹拨出来的和弦，彼此互相倾慕、情投意合。在爱情发展中，男女双方始终处于平等互爱的地位。男女一旦相爱，就会要求相互忠贞，并且排斥任何第三者亲近双方中的一方。教育家陶行知曾经很形象地说过：“爱情之酒甜而苦，两人喝是甘露，三人喝是酸醋，随便喝要中毒。”爱情是一棵苍松而不是一枝昙花，爱情所包含的感情因素和义务因素不仅存在于婚前整个恋爱过程中，而且延续到婚后夫妻生活和家庭生活中。爱情的持久性表现在爱情的不断深化、充实和提高上，恰如莎士比亚所说："真正的爱，非环境所能改变；真正的爱，非时间所能磨灭；真正的爱，给我们带来欢乐和生命。"爱情的持久性正是建立和保持婚姻关系的基础，真正的爱情不会随着年龄的增长而减弱，但在人生的不同年龄阶段，爱情的表现会有所不同。

【知识连接】

举案齐眉

梁鸿，字伯鸾，扶风平陵人也。埶家慕其高节，多欲女之，鸿并绝不娶。同县孟氏有女，状肥丑而黑，力举石臼，择对不嫁，至年三十。父母问其故，女曰："欲得贤如梁伯鸾者。"鸿闻而聘之。女求作布衣、麻屦，织作筐缉绩之具。及嫁，始以装饰入门，七日而鸿不答。妻乃跪床下，请曰："窃闻夫子高义，简斥数妇。妾亦偃蹇数夫矣，今而见择，敢不请罪。"鸿曰："吾欲裘褐之人，可与俱隐深山者尔，今乃衣绮缟，傅粉墨，岂鸿所愿哉！"妻曰："以观夫子之志耳。妾亦有隐居之服。"乃更为椎髻，著布衣，操作而前。鸿大喜曰："此真梁鸿妻也，能奉我矣。"字之曰德耀，名孟光。……遂至吴，依大家皋伯通，居庑下，为人赁舂。每归，妻为具食，不敢于鸿前仰视，举案齐眉。

二、爱情的"成长"

爱情的发生与发展是一个复杂的过程，在从开始出现兴趣到投入的递进过程中充满了希望。"人生若只如初见"，爱情是悲喜交加的动态发展过程。一般来说，爱情的发展阶段包括以下几个阶段。

（一）始恋——体验到异性的魅力

在这一阶段，人们开始感觉到异性的特殊魅力，倾慕对方的仪表、风度、气质、言谈、品格、才能等肉体和精神魅力，被深深吸引而迷醉，总有一种从未有过的捉摸不透的亲近欲和冲动，想去接近对方却又不敢贸然采取什么行动。这是一个如痴如醉的失魂落魄阶段。这一时期会把对方的整体形象美化，产生光环效应，情人眼里出西施，对方的一切全是优点。

（二）依恋——朦胧的相互吸引

一旦被某个有魅力的异性所吸引，就会想象对方的一切，并把想象逐渐推近自己的理想形象，并考虑接近对方的办法，找机会向对方表白自己的心思。同时，常常会反复揣摸对方的心理，不断评估双方情感的持续性与成功的可能性。

（三）爱恋——产生爱的冲动

经过前一阶段的想象和揣摸，终于鼓足勇气向对方表白了自己的爱情，才真正意味着进入了恋爱心理状态。主动表白的一方常会神色紧张、心绪不宁，接受表白的一方通常也会不知所措，这是恋爱心理发展最关键的一个阶段。有的青年会因担心遭到对方拒绝而失去信心，有的青年则有可能找不到适当的机会表白或表白不当，这都有可能让即将产生或已经产生的爱情悄悄地溜走。这一阶段比较短暂，却具有很强的震撼力。

（四）相恋——建立恋爱关系

双方经过表白并接受对方的爱慕，恋爱关系便正式建立了，双方立即亲密起来。从形式上，两人形影相随，“一日不见，如隔三秋”。在心理上，双方都把各自的灵魂和世界纳入合二而一的轨道。双方都尽量美化对方，甚至赞赏对方身上在别人看来是缺点的“优点”，并将对方的赞赏视为珍品深藏在心里成为永久的回忆。随着恋爱情感的发展，双方都会产生一种独占欲，认为对方只属于自己。但随着彼此的了解越来越全面、深入，恋爱热情有所下降，并越来越多地发现对方身上存在的缺点，甚至感到这些缺点令人难以忍受。有人会后悔当初的选择，往往会伴随较多的争吵，情绪忽高忽低、起伏较大。这是一个需要双方坚持和努力的阶段，也是恋爱进程的一大考验。

（五）结婚或失恋——爱情的归宿

进入这个阶段，恋爱双方经过了相互磨合，对彼此已经比较知根知底，也有了一定的默契，情侣之间也逐步成熟稳定，初期那些过于理想化、非理性的期望已被平和与温情所代替，到了“铅华洗尽”“平淡从容”的时期。当恋爱双方把感情推到最高潮时，自然产生了结婚的愿望，只要客观条件成熟，结婚就会成为现实，这是恋爱心理发展到一个崭新的阶段，受到了法律的保护。但恋爱双方因各种客观原因，也有可能造成爱情的破裂，这便是失恋。结婚是幸福的，但也埋藏着痛苦；失恋是痛苦的，但也许会因祸得福。尽管有多种多样的恋爱方式，但就爱情萌发的心理条件来讲，真挚的爱情往往经历了一个由好感到钟情、由友谊到爱情的发展过程。

三、爱情与人生

爱情与事业是人生的两大支柱。从社会哲学方面看，爱情具有自然与社会的双重属性，是人的自然性和社会性的统一。人们在对待爱情时往往是与其世界观、人生观和价值观分不开的。爱情是否足以影响到人生？人生中应该包含爱情，二者是整体与部分、一般和个别的关系。爱情比之人生，就好像润滑剂比之发动机，没有了爱情，人生将苦涩无比，难以高速运转并可能会提前报废。有了爱情，人则可以拥有澎湃的动力而努力拼搏。人生离开爱情不完整，没有爱情的人生会在消沉中迷失方向。有的人会因为爱情的远离而结束人生，有的人则会奋起直追，同样的原因会有完全相反的结果。对于大学生而言，如果与爱情相逢，则需要用心呵护、倍加珍惜，处理好与人生的关系，接受爱情与人生的洗礼与祝福。

第二节 恋爱与大学生

【案例导读】

青年男女的恋爱往事

小龙和小洁是大学二年级的学生，二人通过社团活动认识。当时，小洁正与前男友小刚（高中同学）相隔两地，且小洁由于与室友关系紧张，加重了她的孤独感，也迫切地渴望他人的关怀。此时，能言善道、善于体贴的小龙及时给予小洁无微不至的关心和照顾，很快就博得了小洁的好感。两人恋爱之后，小洁与前男友仍保持好朋友的关系。随着对小龙的深入了解，小洁发现小龙在单亲家庭中成长，性格上有诸多缺陷。小洁的心又重新托付给了小刚。但由于小龙的古怪性格，小洁从来都不敢提出分手。直到暑假，小洁回家后才敢在电话里提出分手，说明与小刚已经恢复了恋人关系，这些话深深地刺伤了小龙。小龙在电话里暴跳如雷，时而对小洁威逼，时而苦苦哀求，让小洁害怕不已，并把所有事情经过对小刚全盘托出。小刚则给小龙打电话、发短信，要求他不要再继续纠缠小洁，结果引发了争吵。小龙于是怀恨在心。开学后，小龙找到小洁说想明白了，只想和小洁做一对好朋友。小洁也相信他了，并于当天与小龙一同去市区。途中小洁感到身体不适，小龙借机哄骗小洁到附近的宾馆开了房间，声称安顿好就离开。可是小洁在昏睡中醒来却发现，小龙在侵犯她，撕扯她的衣服。小龙声称并不想强奸她，只想拍小洁的裸照，以此来要挟她。小洁反抗无果，被拍摄了裸照和视频。小洁逃走后报案，但公安机关在调查取证过程中，却发现小洁与小龙在宾馆曾多次开房。

一、恋爱的内涵

一般认为，恋爱是指两个人之间发生强烈且浓厚的喜爱情感，是一种情感与人际关系状态，通常是一种短暂时间内的心理现象。具体而言，恋爱是异性之间在生理、心理和环境影响的交互作用下互相倾慕和培植爱情的过程。对恋爱的理解可以从几个方面入手：第一，恋爱的基本动力是人的性心理欲望。第二，恋爱的本质是满足男女双方的心理需要。第三，环境因素的影响是导致恋爱的外部条件。第四，恋爱的目的是培育彼此之间的爱情。

二、大学生恋爱行为的特点

大学环境有它的独特性，大学生作为一个特殊的群体，具有较高的文化素质，心理自主性很强，同时也存在不成熟和不稳定性，缺乏必要的社会阅历和经济条件，因而往往不能正确对待恋爱中的种种问题。另外，心理发展和生理发育的不平衡也给大学生恋爱带来了困惑。

在恋爱问题上，大学生具有与其他群体不同的特点：

1．浪漫色彩浓厚　大学生的恋爱更多的是互相欣赏、爱慕、依恋及讨论人生，但很少考虑结婚、家庭等具体问题，这是由大学生的客观条件决定的。大学生恋爱的这种浪漫色彩掩盖了理想和现实之间的矛盾，因此，这种爱情缺乏挫折的磨炼和必要的现实基础，比较脆弱，一旦遇到问题很容易破裂，这是导致大学生恋爱成功率较低的重要原因之一。

2．自主性较强　大学生谈恋爱都是自己做主，个性特点强，不信奉某种统一的模式。社会上的青年在明确恋人关系前，一般要征求家人的意见。在明确恋爱关系后，双方家人来往密切，成人会对各个环节予以指引。大学生因离家住校、独立生活，常常自己还没看准对象就去追求，甚至确定关系后家长都不知道。

3．盲目性较大　有的大学生把在校期间谈恋爱作为一种取得生活经验的实践活动，或者作为一种消遣，千方百计想跟异性交往，但他们在与对方谈恋爱中对究竟爱是什么、为什么要爱都没有弄清楚。有的同学甚至一个学期处了好几个对象，并且互相攀比，看谁找的对象多、更漂亮。

4．公开性　随着西方文化和生活方式的冲击，传统观念下的两性关系的幕帘被撩开。过去，许多高校禁止大学生谈恋爱，谈恋爱属于“地下活动”，恋爱双方也不会让其他同学知道，更不希望老师知道。现在，高校对此虽然没有明确赞同，但态度较过去宽松，大学生的恋爱行为便转为公开。

5．情感随意性　与传统的以含蓄、内在、深沉为美的恋爱形式不同，现代大学生谈恋爱时常常在公开场合手拉手、肩并肩，整天形影不离，甚至搂搂抱抱、招摇过市，甚至会使旁人退避三舍。有的同学甚至对婚前性行为不甚在意，偷吃禁果的现象并不罕见。这在一定程度上影响了在校大学生的群体行为规范，同时也为自身的正常学习甚至身体与心理健康埋下了较多隐患。

三、大学生恋爱的心理特征

总体而言，大学生的恋爱表现出以下心理特征：

1．恋爱心态健康，择偶标准以个性为先　调查表明，在现代大学生的择偶标准中，他们最看重的既不是经济能力，也不是社会地位，而是个性和能力。大学生心目中的“白马王子”和“白雪公主”是什么样子？在他（她）们的眼中，学历、外貌、金钱、能力哪一点最重要？针对“选择男（女）朋友时的条件”的调查结果显示，在外表、个性、学历、经济、能力等多项条件中，不论男生还是女生，绝大部分的人都认为“个性”是择偶的最重要标准，其次则是“能力”，“经济”和“学历”因素反而没有受到青睐。在个性要求中，女生对男生的性格要求，首选“专一”，而男生则最喜欢“温柔体贴”和“乐观”的女孩子。对大学生的调查显示，“两情相悦”仍然是80%以上大学生对爱情的选择，说明大学生的恋爱心态基本是健康的。

2．重视恋爱过程，轻视恋爱结果　现在大学校园流传着一首顺口溜：“不求天长地久，只求曾经拥有。”一些大学生把恋爱当作一种感情体验，借此寻求刺激，满足精神享受。“爱恋只是获得经验”，这种观点或者在校园中虽然并非主导，但已开始被越来越多的学生提及。为了获得经验而爱，这份代价是不是太大了？“好聚好散”可以成为爱情的开场白，但分手时可以从容地说一声“谢谢你给予我的成长”吗？一些大学生恋爱的目的是为了满足与异性交往的欲望，寻求刺激或填补精神上的空虚，把恋爱当作一种游离于婚姻之外的享受和消费。还有一部分一些大学生则是为了充实课余生活、排除寂寞、填补空虚，把恋爱当作一种消遣文化。极少数学生为了显示自己的魅力，同时和几位异性同学交往、周旋，搞多角恋爱，但和谁都不确定恋爱关系。

3．恋爱行为失范，恋爱承受力弱　大学生谈恋爱本无可厚非，适当的亲近行为也并非不可。但在校园里搂搂抱抱，甚至上课时也有亲昵行为，这就很值得争议。还有的大学生摒弃了道德方面的考虑，带来了一些社会问题，比如未婚先孕。另外，大学生中失恋者也为数不少。失恋时，不少大学生对彼此都能采取宽容的态度，尊重对方的选择。但也有一部分学生摆脱不了感情危机，失去信心，甚至立下誓言：“横眉冷对秋波，俯首甘为光棍”，放弃了对爱情的追求。也有少数学生因为失恋导致自伤、自杀等行为过失。尽管大学里因失恋而失志甚至失德者为数不多，但依然值得关注。

四、影响大学生恋爱的因素

影响大学生恋爱的因素是多方面的，其中对心理健康影响较大的因素主要包括：

1. 生理因素　满足性冲动的心理因素是促进大学生投入恋爱活动的重要诱因。性意识的发展有一个萌生、疏远异性、向往异性到恋爱的过程。随着性意识的发展，性心理需求会日益强烈，性意识发展过程中弥散化的性冲动会逐渐投射到选定的特殊对象上。出于性冲动的驱使，大学生开始脱离群体化的两性活动而单独约会，这是恋爱产生的重要标志之一。

2. 心理因素　①亲密关系的需要。处于青年期的大学生不再像儿童那样满足于血缘关系带来的亲近，而是有意识地结交一些个人密友。大学生正处于发展迅速的关口，他们不愿向长辈倾诉自己的烦恼，而是希望有一个可相互吐露心声的亲密知己。随着亲密关系的需要进一步发展，倾诉的对象已不仅仅局限于密友。除了父母之外，青年人恐怕不会承认有比恋人更亲密的人。恋人间的亲密在很多方面是父母与子女间的关系所不能比的，因此，对亲密关系的追求把内心孤独的青年引向恋爱是极其自然的事。著名的人际关系心理学家沙利文（HS. Sullivan）说："亲密关系和性冲动最终结合成人类的情爱。"对青年人而言更为明显。②归属的需要。归属的需要是人最重要的需要之一。人从属于社会，总要归属于某个群体并得到他人的承认。即使完全脱离了社会，一段时间内不能与社会交流的人也会在自我认识中保持某种归属感，比如，鲁滨逊在十年荒岛生涯中就是把自己看作拓荒的白人社会中的一位英雄而度过的，他甚至建立起模拟白人社会的小天地。心理学家马斯洛把归属与爱的需求放在一起，认为是更高层次的心理需要。群体活动增加了男女青年的交往机会，对群体的共同归属又增加了两人之间的人际吸引力。在恋爱中，恋人能感觉到自己属于另一个人，或因为与另外一个人建立起亲密关系而感到甜蜜，两人共同分享所有的财产、感情、秘密，恋爱可以直接满足归属与爱的需要。

3. 社会文化因素　①文学作品的影响。文学作品中经常渲染的爱情的纯洁和神圣加强了青年把爱情理想化的倾向。许多人投入恋爱就是为了尝试诗歌、小说所描绘的甜蜜爱情。②经济和社会环境的影响。在商品经济的冲击下，市场经济的利益原则、竞争机制直接或间接地影响了大学生的婚恋价值取向。有的大学生在择偶标准上急功近利、唯利是图、金钱至上，以金钱作为择偶的一项重要指标。与此同时，大学生的就业压力增大，金钱、物质因素在婚恋中占有相当大的比重。如何处理好恋爱与其他事物（如经济、地位）的关系是大多数恋人的艰巨任务，如果处理不当可能会导致恋爱中的内心紧张、压力和焦虑。

五、大学生的恋爱观

恋爱观是指人们关于恋爱问题的基本看法和根本观点。不同的理想、信念、思想以及人生观和心理素质形成了不同的恋爱观。正确地认识爱情的本质特征及爱情在人生中的位置是建立正确恋爱观的基础，也是大学生谨慎驾驶爱情之舟的前提。总体上看，大学生由于社会阅历、生活经验缺乏，人生观、价值观不完善，其恋爱观也表现出不稳定的特点。

有学者认为，大学生的恋爱观概括起来有以下几种：①慰藉型。处在青春期的大学生正值"心理断乳"期，他们渴求社会与他人的理解，常有一种莫名的惆怅和孤独。当周围的条件不能满足这种心理需要时，有的学生往往以恋爱的方式向异性伸出求助之手。在外人看来，他们是在谈情说爱，而实际上是彼此在寻找心理慰藉，以排除内心的孤独。②友情型。

有的恋人原先是中学同学或同乡，本来就有感情基础，双方考上大学后，凭借天时地利发展起恋爱关系。这种恋爱关系一般比较稳定，成功率也比较高。但也有的男女双方虽然长期交往，但在感情上却缺乏共鸣，最终难以发展为爱情。③理想型。有一些同学缺乏冷静的思考，对爱情充满理想的色彩，一旦认定某个异性与自己理想中的偶像吻合，就会不顾一切地去追求，并甘愿为之牺牲一切。这类同学把爱情理想化，感情比较脆弱，一旦遭受挫折便会非常痛苦，易导致心理障碍。④志趣型。这种类型把感情融洽、志趣相投和事业成功作为爱情的基础。这种注重事业和精神生活的恋爱取向，恋爱双方道德高尚、互相尊重，行为端庄大方，感情热烈而举止文明，注重思想上的沟通，以和谐的精神生活和事业的共同追求为最高满足。这些同学一般能较好地处理好感情与学业的关系。⑤功利型。这是一种实用主义恋爱类型。有的同学恋爱时首先看重的是对方的物质条件，或者是毕业后留城市的优势，甚至是对方父母的名利等。这类人往往基于利益关系而谈恋爱，在此之前已把对方算计得一清二楚，把爱情当作谋取功利的手段。⑥情欲型。一些学生个体控制力较弱，受青春期性本能的驱使，或受到有性爱描写的影视文学作品的影响，于是进行模仿尝试或追求性刺激，以满足性欲望为目的与异性同学交往、恋爱，有的甚至把恋爱当作娱乐，逢场作戏、玩弄异性，只注重异性的外表及追求感官上的愉悦，无视爱情中应有的伦理因素。这是一种不健康的恋爱类型。

【知识链接】

健康恋爱行为守则

1. 不过分痴情，不咄咄逼人，不显示自己的爱情占有欲，能够充分尊重对方。

2. 将爱情给予对方，而非一味地向对方索取，以对方的幸福作为自己的满足。

3. 恋爱是彼此独立的个性的结合。

4. 言谈要高雅　要诚恳、坦率、自然，不能有污言秽语或举止粗鲁，而使对方的自尊心受损。

5. 行为要大方　要注意行为举止检点，不过分亲昵而使对方反感，影响感情发展。

6. 恋人间要平等相待　不要拿自身优点与对方的不足比较，炫耀或抬高自己，或者戏弄、贬低对方。

7. 善于控制感情、理智行事　要注意克制和调节恋爱中的心理冲动，把恋爱行为限制在社会规范内，要使爱情沿着健康的道路发展。注意恰当转移和升华，促进彼此的提高。

第三节　大学生的恋爱困惑与应对

爱情虽然甜蜜，但也是独特而微妙的情感体验，成为最容易产生心理困扰的领域之一。每个人都希望在经历甜蜜的恋爱之后有幸福的结果，但并不是所有的爱情都会有预期的收获。恋爱中难免会有坎坷和挫折，大学生要学会应对和调适，提高爱的能力。

一、恋爱选择的困惑

选择的困惑是大学生恋爱中最常见的问题之一，常见的几种情形有：

1．不知道应不应该谈恋爱　部分大学生没有树立正确的爱情观，不知道自己该不该去谈恋爱，只是因为看到许多同学都在谈恋爱，才产生了自己是否也该谈恋爱的想法。对于什么是真正的爱情，大学生应有明确的判断。只有这样，我们才知道是否该去寻找真正的爱情。

2．自己爱上了别人，但不知道对方是否也爱自己，想表明心迹，又怕遭到拒绝，左右为难　这样的困境比较常见，我们要学会正确辨别对方的情感，尤其是对自己的情感反应。经过仔细的观察或巧妙的考验，不难确定“落花有意，流水是否有情”。

3．不知道如何拒绝对方的求爱　一般来说，面对他人的求爱，当你不准备接受时，应当在不伤害对方自尊心的情况下委婉拒绝。如果对方进一步追求，而你无论如何也不可能接受对方的爱情时，那就需要明确地拒绝。但应当注意，不要因为担心伤害对方或为了自己的虚荣而盲目接受对方，这无论对他人还是自己都是一种伤害。

4．在恋爱中发现对方不适合自己，不知道如何提出分手　在这种情况下，彼此要明确爱情是不能强求的，如果发现对方不适合自己而准备结束恋爱关系，这也无可厚非。当然，最好是在对方有思想准备的情况下提出分手，对方可能会感到好一些，受到的伤害也会少一些。

5．能做恋人的异性朋友难寻　这种情况主要在于对友情和恋情的认识还比较粗浅，缺乏对社会中人际关系的科学认识。较好的做法应该是认真审视并调整自己的择偶标准，在追求爱情的过程中，既要有主观上的用心，又要顺其自然，不可强求。

二、单相思与爱情错觉

单相思是指一方倾心于另一方，却得不到对方回报的单方面的“爱情”。爱情错觉是单相思的另一种形式，是指在彼此接触中一方错误地认为对方对自己“有意”，或者把双方正常的交往和友谊误认为是爱情的来临，常使当事人想入非非、自作多情。单相思与爱情错觉都是恋爱心理的失误，会使某些大学生陷入痛苦的境地，如果处理不好会对学习和生活有消极影响。

1．形成原因　主要有：①爱幻想。这是造成单相思或爱情错觉的主观因素。如果在现实生活中难以适应正常的恋爱生活，爱幻想者往往依据丰富的想象力，在幻想中得到异性的爱并感到满足。②信念误区。单相思者往往认为爱仅仅是投入，不要承诺、不要回报，不顾一切的恋爱才是世界上最伟大的恋爱。③认知偏差。有的单相思或爱情错觉者是由于认知偏差造成的，不能正确对待被拒绝的事实，仅仅为了自己的自尊心和虚荣心，就强迫自己追求到底。

2．调适方法　主要是认知领悟和心理分析。在具体的心理调适过程中，应根据不同的情况采用不同的方法。①如果是自己有意而对方并不知情，而且觉得对方有很大的可能也爱自己，就可以大胆地向对方表白自己的感情。当然，也应做好对方不接受自己的情感的心理准备。②如果觉得对方没有可能爱上自己，就没有必要表白，因为这种表白可能给对方造成心理压力，也会使两个人在以后的相处中感到不自然。在有些情况下，适当控制自己的感情还是必要的，并且应当学会尽快从单相思或爱情错觉中解脱出来。

三、失恋的调适

失恋是指恋爱过程的中断，有恋爱就会有失恋。当恋人因为社会现实、他人干预、情意不和等因素而感情破裂时，失恋的挫折就会严重影响大学生的心理、生活和学习。热恋关系中断，一下子失去了与自己最亲密的人，对大多数人来说是痛苦的。失恋带来的悲伤、痛苦、绝望、抑郁、焦虑等情绪使当事人受到伤害，常表现为逃避现实，缩小人际交往圈，在精神生活上既折磨自己又会影响别人的情绪，有的人甚至向恋人进行行为或心理上的报复。失恋的创伤有时会带来严重后果，如自杀、伤害他人等。失恋者可以尝试采用以下方法进行自我调适：

1．适当运用酸葡萄心理机制　当一个人失恋之后，如果难以从失恋的阴影中摆脱出来，不妨运用酸葡萄心理机制。所谓酸葡萄心理机制，就是降低自己无法得到的东西的好感和对自己的重要性，吃不到葡萄就说葡萄是酸的。当一个人失恋之后，要少想或者不想过去恋人的优点，而是想一想其缺点，以寻求心理上的平衡。当然，酸葡萄心理机制毕竟是一种心理防御机制，如过分运用，很容易形成一种不符合实际的观念，久而久之容易导致一些非理性的思维方式，不利于自己的心理健康，因此，只适合于短期应用。一个人要具有足够的心理强度，即使在失恋的时候，也能够客观地分析对方的优点和缺点，不贬低对方，并能够调控自己的消极情绪。

2．学会积极的自我暗示　当一个人失恋之后，如果总是责备自己，觉得是自己不好才导致分手，只会使自己越来越压抑。应学会积极的自我暗示，比如："他/她不爱我，并不是说明我不可爱，只是说明两人的性格和观念不合。"积极的自我暗示能让人冷静地接受失恋的事实。

3．转移注意力　如果失恋后很难从失恋的阴影中走出来，这时就应当设法把自己的注意力从失恋这件事情上转移到自己比较感兴趣、能够分散自己注意力的事情上。例如，听音乐、看电影、跳舞、打球等，以冲淡内心因失恋而造成的挫折感和压抑感。

4．升华法　古今中外有不少著名人物恰恰是受到失恋的打击后发奋追求事业，从而流芳百世、名垂青史的。歌德失恋后，创作了著名的《少年维特之烦恼》。将失恋产生的挫折感、压抑感升华为奋斗的动力是十分有益的，一旦你全身心地投入到一项更有意义的事业中去的时候，你一定会觉得因失恋而痛苦不堪的往事之好笑和不值一提。

5．失恋不失德、失恋不失志、失恋不失命　①失恋不失德。这是一个大学生应当有的态度和人格，也是恋爱的重要原则。要做到不报复、不打击、不伤害、不破坏对方的名誉和人格，不破坏对方恢复生活热情的努力。②失恋不失志。不能因为失恋而丢掉自己的理想和志向。理想是个人进步的动力目标，在为理想而奋斗的过程中，可逐渐平复由失恋造成的心理创伤。③失恋不失命。爱情是人生的重要内容而非全部，因为失恋而结束自己的生命是愚蠢的行为。人生除了爱情之外，还有其他一些美好的东西，爱情虽离你而去，家人和事业却会永远陪伴着你，只要你有追求精神，爱情之花迟早还会为你开放。

【知识链接】

苏格拉底与失恋者的对话

苏格拉底："孩子，你为什么悲伤？"

失恋者:“我失恋了。”

苏格拉底:“哦，这很正常。如果失恋没有悲伤，恋爱大概也就没有什么味道了。可是，年轻人，我怎么发现你对失恋的投入甚至比你对恋爱的投入还要更多呢?”

失恋者:“到手的葡萄给丢了，这份遗憾，这份失落，您非其中人，怎知其中的酸楚啊!”

苏格拉底:“丢了就丢了，何不继续向前走去，鲜美的葡萄还有很多。”

失恋者:“我要等到海枯石烂，直到她回心转意向我走来。”

苏格拉底:“但这一天也许永远不会到来。”

失恋者:“那我就用自杀来表示我的诚心。”

苏格拉底:“如果这样，你不但失去了你的恋人，也失去了你自己，你蒙受了双倍的损失。”

失恋者:“您说我该怎么办?我真的很爱她。”

苏格拉底:“真的很爱她?那你当然希望你所爱的人幸福?”

失恋者:“那是自然。”

苏格拉底:“如果她认为离开你是一种幸福呢?”

失恋者:“不会的!她曾经跟我说，只有跟我在一起的时候，她才感到幸福!”

苏格拉底:“那是曾经，是过去，可她现在并不这么认为。”

失恋者:“这就是说，她一直在骗我?”

苏格拉底:“不，她一直对你很忠诚。当她爱你的时候，她和你在一起，现在她不爱你，她就离去了，世界上再也没有比这更大的忠诚。如果她不再爱你，却要装着对你很有感情，甚至跟你结婚、生子，那才是真正的欺骗呢。”

失恋者:“可是，她现在不爱我了，我却还苦苦地爱着她，这是多么不公平啊!”

苏格拉底:“的确不公平，我是说你对所爱的那个人不公平。爱她是你的权利，但爱不爱你则是她的权利，你在自己行使权利的时候却想要剥夺别人行使权利的自由，这是何等的不公!”

失恋者:“依您的说法，这一切倒成了我的错?”

苏格拉底:“是的，从一开始你就犯了错。如果你能给她带来幸福，她是不会从你的生活中离开的，要知道，没有人会逃避幸福。”

失恋者:“可她连机会都不给我，您说可恶不可恶?”

苏格拉底:“当然可恶。好在你现在已经摆脱了这个可恶的人，你应该感到高兴，孩子。”

失恋者:“高兴?怎么可能呢，不过怎么说，我是被人给抛弃了。”

苏格拉底:“时间会抚平你心灵的创伤。”

失恋者:“但愿我也有这一天，可我第一步应该从哪里做起呢?”

苏格拉底:“去感谢那个抛弃你的人，为她祝福。”

失恋者:“为什么?”

苏格拉底:“因为她给了你忠诚，给了你寻找幸福的新机会。”

四、恋爱情感纠葛

爱情具有专一性和排他性，一般是发生在两个人之间的感情。在恋爱的过程中需要双方都能够自觉地承担起相应的责任，同时有相应的道德约束。但大学生在谈恋爱过程中会碰到很多苦恼，比如，自己并不爱对方，对方却拼命地纠缠；双方很谈得来，但又常常发生争吵；自己喜欢的异性却同时喜欢别人等。我们把这些恋爱中的情感牵扯称为恋爱情感纠葛。恋爱情感纠葛是大学生恋爱中常见的一种挫折，可以尝试运用以下方法进行自我调适：

1．学会拒绝　在恋爱的过程中，有时要学会拒绝。一种情况是当别人追求你，你却觉得对方并非你所爱的人时，要理智地拒绝。你必须态度明确、果敢，不要含糊，不要使对方误解，但也应该注意拒绝的艺术，做到既拒绝了对方又不伤害对方，也给对方留个台阶。另一种情况是当谈恋爱进入心理碰撞阶段后，发现对方并不是你心目中的他（她），也应该理智地拒绝。但此时的分手是痛苦的，容易造成不良后果，因此，拒绝时更应慎重考虑，注意选择合适的时机和方式，也要清醒地分析对方可能出现的情绪和行为，并做好应对准备。

2．理智面对“多角恋爱”　多角恋爱历来被认为是典型的爱情不专一、朝三暮四，视爱情为游戏，把自己的幸福建立在牺牲他人感情的基础之上。不管从哪个角度来讲，多角恋爱为社会和道德所不容许，并且可能产生种种不良后果。多角恋爱会使人陷入你争我斗的境地，给人带来众多的烦恼，耗费许多时间和精力，严重影响生活、学习和人际关系。从大学生的成长与发展的角度看，应尽量避免涉入多角恋爱的尴尬境地，以保护自己的情感不受伤害。

【案例导读】

一段纠缠不清的恋情

军军和小雨是同一所大学的同班同学。在班上寥寥无几的几个男生中，一开始小雨也就是看军军比较顺眼，关注他也就相对多一点。后来知道军军喜欢班上另一个女生，小雨对此虽然不是很开心，也并没有很大的感觉，只是从心底打消了那个念头。可是后来军军和那位女同学并没有成功，小雨也并没有任何想法。渐渐地到了大二，两个人接触渐渐多了些，再加上两边朋友撮合，两个人就这样被拉到一起谈起了恋爱。一切都是这么顺利地发展着，他们每天一起吃饭、一起散步、一起看书，也拥有着他们的梦想………

恋爱进行了一个月，两个人相处地很好，并没有什么问题。他们每天简单而平凡地生活着，这是一段平凡的爱情，并不轰轰烈烈，也没有任何曲折。可是后来事情发生了，出现了另一位男生。他是小雨在认识军军之前就认识的，因为各方面条件的限制，小雨从没想过和他会有可能。可是现实往往在意料之外，这个男生因为她感到痛苦，他没想到小雨这么快就有了男朋友，他向小雨表明了他的真实想法——他喜欢她。小雨忽然之间也感觉很痛心，一切来的是那么偶然，那么不经意。小雨一直处于矛盾和纠结之中。她不知道自己的心里到底爱着谁，两个男生都有感情，谁也放不下。她把事实告诉了军军，她第一次感觉到军军是这么爱她。他哭了，哭得那么悲伤。可是那个男生呢？他在远方，他的难受她看不到，她感到不知所措了。在经历两次选择后，她果断地选择了那个身在远方的男生。而军军对这样的打击也受不了，他一直苦苦哀求她能回到他的身边，可是小雨想跟着自己的心走，不想听任何人的意见。她感觉自己懂了什么是爱而什么是喜欢，军军却说是她让他懂得了什么是爱，他一直不肯放手，也接受不了这个事实。那段时间两个人一直没有心思学习，浪费了好多时间，就这样持续了好久。军军说要等她回心转意，可是不久觉得无望，受身边朋友的影响就放弃了这份等待。但是在这个过程中，因为军军的冲动，不成熟地做出了一些过激的事。他开始恨小雨，说了好多狠话，说“自己看错了人”“曾经的爱已不在”“环境依旧、人心已变”等。

第四节 恋爱与性心理健康

一、培养健康的恋爱观

爱情是一种特殊的人际关系，是人类独有的强烈而美好的一种感情，是一对男女基于一定的客观物质条件和共同的人生理想，在心中形成的真挚爱慕，并渴望对方成为自己终身伴侣的一种最强烈的情感。作为当代青年大学生，应该努力树立正确的恋爱观。

1．提倡志同道合的爱情 在恋人的选择上最重要的条件应该是志同道合，思想品德、事业理想和生活情趣等大体一致，应该是理想、道德、义务、事业和性爱的有机结合。一般情况下，异性感情的发展是沿着熟人、朋友、好朋友、知己、恋人这一线索发展的，当一个人成为你心中任何人都不能代替的角色时，爱情就可能降临了。在分享快乐和痛苦、共同成长的过程中，爱情就会得以产生和发展。

2．摆正爱情与事业的关系 大学生应该把奋斗与创业放在首位，因为它是大学生价值感的主要支柱之一。当你把爱情视为生命的唯一时，爱情就是一株温室中的花朵，虽然娇弱美丽却经不起任何打击。当爱情成为唯一的存在价值时，你就会失去人格的独立和魅力，也很容易失去被爱的理由。

3．懂得爱情是一种相互理解和相互信任，是一份责任和奉献 在爱情中，需要理解对方，为个人和对方营造一种轻松和快乐的氛围，没有人是因为想要被约束而追逐爱情。相互信任是恋爱双方拥有自信的表现。责任和奉献则意味着个人的道德修养，它们是获得崇高的爱情的基础。

二、培养爱的能力与责任

爱情是一种艺术，同样也会考验每个人的能力，大学生需要努力培养爱的能力与责任。

1．具有迎接爱的能力 爱的能力包括给予爱的能力和接受爱的能力。一个人心中有了爱，在理智分析之后，要敢于表达、善于表达，这是一种爱的能力。一个人面对别人的爱时，能及时、准确地对爱做出判断，并做出接受、谢绝或再观察的选择，这也是一种爱的能力。缺乏这种能力的人，或是匆忙行事，或是无从把握。大学生要具有迎接爱的能力，应该懂得爱是什么，有健康的恋爱价值观，知道自己喜欢什么，需要什么，适合什么。当别人向你表达爱时，能及时、准确地对爱的信息做出判断，坦然地做出选择，并能够承受求爱拒绝引起的心理扰乱。

2．具有拒绝爱的能力 对自己不愿意或不值得接受的爱应有勇气加以拒绝。在并不希望得到的爱情到来时，要果断、勇敢地说“不”，因为爱情来不得半点儿勉强和将就。如果优柔寡断或屈服于对方的穷追不舍，发展下去对双方都是不利的。同时，要掌握恰当的拒绝方式，虽然每个人都有拒绝爱的权力，但珍重每一份真挚的感情是对他人的尊重，也是一种自我尊重，更是对一个人道德情操的检验。不顾情面、处理方法简单轻率，甚至恶语相向，结果只能使对方的感情和自尊心受到伤害，这些做法是不太妥当的，要学会和掌握恰当地拒绝爱的能力和策略。

3．发展爱的能力，培养爱的责任　前苏联教育家马卡连柯说："爱的力量只能在人类非性欲的爱情素养中存在。他的非性欲的爱情范围越广，他的性爱也就越高尚。"发展爱的能力并不是具体到对某一个异性的爱，可以是更广泛意义上的爱。我们的亲人、同学、朋友、祖国和人民都值得我们去爱。发展爱的能力就是要培养无私的品格和奉献精神，要培养善于解决矛盾的能力，有效地化解和消除恋爱和家庭生活中的矛盾纠纷，为恋人负责，为社会负责，才能创造出幸福美满的婚恋。

4．提高对恋爱挫折的承受能力　大学生的恋爱受多种因素的制约，因而在追求爱情的过程中遇到各种波折是在所难免的。前面所提到的单相思、爱情错觉、失恋等恋爱心理挫折对大学生的心理承受能力就是一种考验。如果承受能力较强，就能较好地应对挫折，否则就有可能造成不良后果，因此，提高对恋爱挫折的承受能力对心理健康是非常重要的。当爱情受挫后，需要用理智来驾驭感情，分析原因，总结经验教训，寻找解决问题的方法和途径，在新的追求中确认和实现自己的价值，从而提高自己的心理承受能力和思想水平。

三、性心理健康的维护

作为大学生心理健康的重要组成部分，性心理健康对大学生成才同样有着重要的意义。大学生性心理健康的完美塑造依靠内因和外因来实现。内因是指大学生的自身条件，除了具有健康的生理状态外，还要掌握科学的性知识，以科学的态度对待性，以健全的人格调控性冲动。外因是指家庭、学校和社会为大学生的健康成长提供性文明的良好风尚。

（一）大学生常见的性心理反应

1．性困惑、性紧张和性压抑　性困惑是指对性征发育出现的心理不适应。性紧张是指性欲能量逐渐积累而得不到释放的心理紧张状态。性压抑是指性冲动无法缓解，强行以理智和意志去压制性冲动，久而久之会产生严重的心理负担。这些都是大学生常见的性心理反应。

2．性梦和性幻想　性梦是性的生理需求在梦中的反应，在睡梦中与异性亲昵，甚至与异性发生性交。心理学家认为，性梦是性生理和性心理正常的标志。从生理方面来讲，熟睡之后人们白天对性欲的自我压抑暂时消失，本能的性欲望得到了释放。性梦与伦理无关，也是健康的性释放的方式之一。性幻想是潜意识的活动，情节多是跳动的和不连贯的。性幻想的内容与异性交往有关，有情节和人物，当事人可以自编、自导、自演。性幻想在青春期是性冲动的一种发泄形式，是正常的心理现象，不应因此而感到自卑或自责，但是如果不能控制自己，过分沉溺其中，则会有害于心身健康。

3．性羞涩、性羞耻感和性罪恶感　性羞涩是指与异性接触时表现出的胆怯、迟疑和退缩。性羞耻感是指害怕自己的性心理需求为外人所知的一种隐蔽情感。性罪恶感是指个体认为自己的性心理和性行为是一种罪恶的心理感受。

4．性吸引与吸引力缺乏　性吸引是指被异性所吸引（如视觉、听觉、嗅觉），具有普遍性、持久性、强烈性和愉悦性等特征。吸引力缺乏是指个体认为自己很难被异性所吸引。

5．不安全性行为　不负责任的婚前性行为会导致各种严重的不良后果，给男女双方心理上带来极大的压力，影响正常的性心理和性功能。不安全的性行为，尤其是缺乏有效防护措施的性行为有可能导致未婚先孕，对女孩的身心产生无法挽回的伤害。未婚先孕难以得到伦理和道德的认同，一旦怀孕，女性很难保持良好的心态。如果选择人工流产，对女性的身心伤害很大，多次流产还有可能造成终身不孕，如堕胎失败更会导致母婴的双重损伤。

【案例导读】

青春的苦果

案例1 小A:“大一时与男朋友初次发生性行为，那时候我们什么都不知道，根本没有采取什么保护措施。我疼得差点晕了过去，这样的疼痛给我留下了很大的阴影。由于没有采取保护措施，并且听同学说会怀孕，我开始整天过着提心吊胆的生活，并疑神疑鬼，生怕自己怀孕了。在很长一段时间内，我都没有什么精神，学习成绩开始下滑，生活也是一团糟。”

案例2 小B:“大二时我与男友发生了无保护的性行为，结果2个月后我怀孕了。发现怀孕后我很害怕，根本不敢跟同学、朋友和家里人说。最后是男朋友和我一起凑钱去小诊所做了人工流产，做完手术我们就急急忙忙回学校了。做完手术后的一段时间里我的身体很虚弱，但怕缺席被记过，所以我还是每天坚持去上课，那一段时间我觉得很痛苦。”

案例3 小C:“我对女朋友提出发生性行为的要求时，我猜想她一定会反对甚至跟我翻脸，但令我万万没想到的是她很爽快地答应了，当时我很有成就感。事情过后，我开始胡思乱想：她对别人是否也这样？为什么她会这么开放呢？她对我是真心的吗？这些问题一直充斥在我的脑海中，我开始变得很烦躁，经常无缘无故地对她发脾气。我们的争吵不断增加，关系不断地恶化。我很后悔，很希望我们能回到那件事之前，但似乎这是不可能的。”

案例4 女大学生小D与外籍男友交往，并发生了多次婚前无保护的性行为。在男友发病回国后，她很快就被查出染上了艾滋病。小D很后悔，也很痛苦，其父母也是痛不欲生。这个悲剧使一家人都陷入了无底的深渊。

（二）维护性心理健康的途径

1．掌握科学的性知识　众多研究和事例表明，缺乏科学的性知识是大学生出现各类性心理障碍的主要原因。掌握科学的性知识可以帮助大学生以客观的态度面对性问题，正确地对待性心理发展过程中出现的各种现象，避免抑郁、焦虑、恐惧等不良情绪的长期困扰。作为当代大学生，应该对性有一个科学的认识。性是一门综合性的科学，它包括性生理学、性心理学、性社会学、性伦理学、性美学等。大学生们应努力学习和掌握性科学知识，避免性无知，消除把性仅仅看作是生物本能的片面认识。如果没有科学的性知识引导，大学生将受到各种不健康性观念的影响。对于恋爱、性、婚姻，大部分大学生充满了好奇感和神秘感，但是由于对社会、家庭和责任的认知过少，当他们真正地去面对一些问题时，往往会不知所措。科学知识普及可以帮助大学生通过科学的途径去了解恋爱、性和婚姻，培养爱的能力，更好地承担起恋爱的责任，为以后幸福的生活打下基础。

2．培养健康的性心理　个体的尊严感及对他人的尊重在两性关系中十分重要。大学生要培养健康的人格，正确处理爱情与学习、工作的关系，把握人生行程中的航向。①有正确的性别自我认同。男性和女性在生理和心理上各有自己的特点和性别魅力。现代社会的大学生应当在生物、社会、心理、文化、经济、社会参与以及政治上进行合乎科学、道德和时代要求的全面角色认同。性别角色认同是现代人成功适应和发展的重要心理基础。②培养对性行为的社会责任感。性行为涉及许多社会责任，不当的性行为可以给另一方造成心理和肉体上的伤害。每一个成熟的大学生都应当了解性行为给他人、自我和社会带来的后果，并应该尊重他人、尊重自我，对行为负起责任，增强自己的性道德和性法律意识，规范自己的性行为。③培养良好的意志品质。意志作为达到既定目的而自觉努力的一种心理状态，具有发动或抑制行为的作用。尽管青年人具有较强的性心理冲动，但如果个体具有强大的意志力，就可以抑制和调整自我的冲动，而那些放纵自己的人往往缺乏坚强的意志品质。鲁迅说："不能只为了爱——盲目的爱，而将别的人生意义全盘忽略了。"说明良好的意志品质对人生发展极为重要。

3．积极进行自我调节　性心理的发展是青年期的重要标志。对于性心理冲动，除了适度控制外，还可以采取一些积极的、建设性的、符合社会规范的方式予以转移，如投入学习、工作和文体活动中，以及进行正常的男女交往等，并要陶冶个人情操。大学生要尽量避免影视、报刊、网络上过强的性信息刺激，抵制黄色书刊的不健康影响。对于性生理的变化，要克服遗精恐惧和月经焦虑。男生要正确对待遗精，经常清洗床单和内裤，保持个人卫生。女生要了解经期规律，减少经期的不良精神刺激，努力调控自己的情绪。大学生还要正确对待手淫、白日梦和性梦，通过丰富多彩的精神生活和恰当的异性交往来平衡自己的性心理。

4．与异性文明交往　文明、适度地与异性进行人际交往可以满足青年期性心理的需求，缓解性压抑。异性交往有益于扩大信息、完善自我，对个人的恋爱和婚姻及个人成才具有重要的作用，但与异性交往时要准确把握分寸，处理好友情与恋爱的关系。

5．对性骚扰要学会自我保护　大学生应当维护自己自尊、自重、自爱的自我形象，做到举止大方、行为得体、作风正派、衣着打扮不轻浮。同时，大学生应当学会自我保护。女生尽量晚上不要单独外出，不要穿过于暴露的衣服，更不要单独在男性家中或住所长时间停留，面对异性的非分要求要勇敢地说不，要以严厉的态度制止和反抗性骚扰，必要时向别人呼救或向公安部门寻求帮助。对于既往的性骚扰事件不要过分恐惧和自责。为了排除自己的心理困扰，可以向父母、老师、知心朋友宣泄自己的情绪，也可以寻求心理咨询的帮助。

6．主动寻求心理咨询　在心理咨询室中，性不再是一个难以启齿的问题，同学们可以尽情倾诉心中的疑惑。据不完全统计，在大学生前来咨询的问题中，与异性的交往问题占了一半以上的比例，其中大部分或多或少涉及性困惑。

【团体训练】

姑娘与水手

[目的]　澄清个人价值观，探讨性道德。

[时间]　60 ~ 80 分钟。

[准备]　事先印好的顺序选择表（表 10-1）及小组统计表（表 10-2）。

表 10-1　顺序选择表

好感的顺序	出场人物	理由
______	水手	______
______	姑娘	______
______	老人	______
______	未婚夫	______
______	亲戚	______

表 10-2 小组统计表

出场人物＼小组成员	1	2	3	4	5	6	7	8	小组决定
水手									
姑娘									
老人									
未婚夫									
亲友									

[操作步骤] 指导者给全体成员讲一个故事。一艘船遇上了暴风雨，不幸沉没了。船上的人中有5个人幸运地乘上了两艘救生艇。一艘救生艇上坐着水手、姑娘和一位老人。另一艘救生艇上坐着姑娘的未婚夫和他的亲戚。当时气候恶劣，波浪滔天，两只救生艇被打散了。姑娘乘的艇漂到一个小岛上。与未婚夫分开的姑娘惦记着未婚夫，千方百计地寻找，但找了一天，一点线索也没有。第二天，天气转好，姑娘仍不死心，继续寻找，还是没有找见。有一天，姑娘远远地发现了大海中的一个小岛，她就请求水手："请修理一下救生艇，带我去那个岛上好吗？"水手答应了姑娘，但提出了一个条件，必须和他睡一夜。陷入失望和困扰的姑娘找到老人，与他商量："我很为难，怎样做才好呢？请你告诉我一个好方法。"老人说："对于你来说，怎么做正确，怎么做错误，我实在不能说什么。你扪心自问，按你的心愿去做吧。"姑娘万般无奈，寻未婚夫心切，结果满足了水手的要求。第二天早上，水手修好了艇，带着姑娘去了那个小岛。远远地她看到了岛上未婚夫的身影，不顾艇还没有靠岸，从艇上跳进水里，拼命往岸上跑，一把抱住了未婚夫的胳膊。在未婚夫温暖的怀抱里，姑娘想：要不要告诉他昨晚的事呢？思前想后，她下决心说明情况。未婚夫一听，顿时大怒，一把推开她，吼着"我再不想见到你了"就转身跑走了。姑娘伤心地往海边走。见此情景，未婚夫的亲戚走到她身边，用手拍着她肩膀，说："你们的吵架我看到了，有机会找他说说，在这之前，让我来照顾你吧。"

故事讲完后，指导者给每个成员发一张表，要求大家从刚才故事中出现的5个人物中按照自己的好感程度做出选择并排序，然后简单地写下原因。选择完后在组内交流，每个人说说自己的想法，并统计全组的倾向性意见。通过听取他人意见，小组成员受到启发，可以修正自己的意见。每个小组派代表交流。在共同讨论中提出每个人的价值观，也可以了解他人的价值观，促进深入思考，逐渐确立正确的价值观。练习时必须留有充分的时间。

【小　结】

从埃里克森的人格发展理论来看，大学生人格发展的主要任务是亲密感的建立，而真正亲密无间的关系是在恋爱过程中建立的。本章通过对恋爱心理的学习，使大学生了解大学生的恋爱心理及其特点、健康性心理的基本知识，帮助大学生走出恋爱的误区，引导他们树立健康、文明的爱情观，建立良好的恋爱行为，处理好爱情与友谊、学业、人生等的关系，为日后的心理健康发展和人格的完善奠定坚实的基础。

【思考题】

1．如何辩证地看待大学生的恋爱？
2．大学生怎样培养健康的恋爱行为？
3．如何调适常见的恋爱心理问题？

第十一章　掌控压力，照亮人生：大学生压力管理

第一节　压力与人生

【案例导读】

压力，我该拿你怎么办？

小A以优异的成绩考上了理想的大学，可进了大学以后发现自己再也不是当初的天之骄子，身边比她优秀的同学太多了，她于是更加努力地学习。可是渐渐地，她发现自己看不进书，坐在教室里总是东想西想，精神不能集中。她非常烦躁，也很心急，强迫自己去尝试集中精神，但是效果非常不好。就这样，她的心情越来越坏，对任何事情好像都提不起兴趣，吃饭经常没有胃口，睡眠也很糟糕。她去医院检查过，医生说没有什么问题。

小A的父母均为下岗工人，家庭经济收入来源较少，生活水平较低。为了供给小A昂贵的读书费用，父母平时总是省吃俭用，生活十分拮据。父母把未来的希望全寄托在小A身上，对她的期望值很高。她大学毕业后唯一的目标就是考研究生，但现在这种状态让她很着急。

于是小A来到了学校的心理咨询中心寻求帮助。小A对咨询师说："我也不知道自己怎么了，想集中精力却没有办法集中，老师讲的内容我一点也听不进去，我很怕考试会不及格，不能毕业，不能考研究生，这样我怎么对得起辛苦供我读书的父母啊！我觉得压力好大。我现在睡不着觉，吃不下饭，我甚至不想活了，太没有意思了。"

"压力"对个体心理健康的影响是近年来新兴的研究主题。美国的一项民意测验调查发现：89%的美国人都经历过沉重的心理压力。我国国家教委对全国12.6万名大学生抽样调查结果表明，大学生因心理压力患心理疾病的比率达20.23%。大学生前来进行心理咨询时通常第一句话就是："老师，最近我压力很大，您快帮帮我吧。"大学生在日常生活、学习中承受着来自各方面的压力：背负着父辈的人生理想；稍不用功，成绩就不够好；就业市场竞争加剧；人与人之间的内心隔阂；生活中大大小小的挫折常常得不到疏导……这些有形和无形的压力如果得不到缓解或释放，就会严重影响大学生的身心健康。那么，压力有什么样的表现？大学生的压力从何而来？这些压力将会对大学生产生什么影响？有哪些方法能帮助大学生对抗压力呢？本章将与您一起探讨压力及其管理。

一、压力的概念

压力（stress）一词来源于拉丁文"stringere"，最早是物理学中的术语，本意是指是加在物体上的力量。在东方文化中，压力被认为是内心平和的缺失；在西方文化中，压力则是

一种失去控制的表现。1936 年，加拿大心理学家塞利（H. Selye）第一个使用术语“压力”来描述人们受到客观事件刺激时的一种状态。现在，“压力”一词多用来描述人们在面对学习、工作、人际关系、个人责任等的要求时所感受到的心理和精神上的紧张状态。从心理学角度来说，压力是由于事件和责任超出个人应对能力范围时所产生的焦虑状态。从生理学角度来说，压力是身体的疲惫和受折磨程度。不管是从心理学还是从生理学的角度解释压力，只要是压力都可以使人保持警觉、紧张和一定的行为模式。压力对人的影响既有正面的，也有负面的。对压力保持适度的心理反应是大学生健康心理发展的重要方面。

二、压力的表现

压力在心理、生理、行为反应上通常表现如下：

1．心理反应　压力引起的心理反应有警觉、注意力集中、思维敏捷、精神振奋，这是适应的心理反应，有助于个体应对环境。但是，过度的压力会带来负面反应，出现消极的情绪，如忧虑、焦躁、愤怒、沮丧、悲观失望、抑郁等，会使人思维狭窄、自我评价降低、自信心减弱、注意力分散、记忆力下降，表现出消极被动、骄横无礼等。

2．生理反应　在压力状态下，机体必然伴有不同程度的生理反应，主要表现在中枢神经系统、内分泌系统和免疫系统等方面。比如，导致心率加快、血压升高、呼吸急促、肾上腺素分泌增加、消化道蠕动和出汗等。过度的压力会使人口干、腹泻、呕吐、头痛、口吃等。

3．行为反应　压力状态下的行为反应可分为直接反应与间接反应。直接反应是指面临紧张时为了消除刺激源而做出的反应。间接反应是指为了减少或暂时消除紧张而做出的反应，如戒烟、酒等让自己暂时缓解紧张状态。

【知识链接】

压力导致疾病的四种方式

1．给心理和身体施加长期的负担，降低身体的免疫能力，如在考试期间患了感冒，或是长久的工作压力导致溃疡的发生。

2．导致突发性疾病，如心脏病或紧张性头痛。

3．加重已有的疾病，如加重关节疼痛或皮肤病的突然发作。

4．破坏健康行为或改变生活习惯，如抽烟、酗酒、暴饮暴食或剥夺睡眠。

三、压力的特点

压力既有情绪性也有动力性。

1．情绪性　个体有压力时总带有明显紧张的情绪体验。紧张是人在某种压力环境的作用下所产生的一种适应环境的情绪反应。如果个体认为压力事件能满足自己某方面的需要，便可能产生积极的情绪，如探险者乐于冒险，在冒险时，会出现激动、兴奋等情绪。此外，这种情绪性的紧张度和负面性还受两个因素的制约：一是压力的大小；二是个体心理承受力的大小。所谓心理承受力一般是指个体对挫折、苦难、威胁等处理的理性程度。简要地说，心理承受力就是对心理压力应对的理性程度。当心理承受力一定时，压力越大，形成的负面情绪越强烈，心理越紧张，越容易出现抑郁、痛苦、惊慌、愤怒等情绪；反之，若压力小时，只会出现短暂、微弱的负面情绪，如不悦、冷淡等，心理紧张度低。当压力一定时，心理承受力越小，则心理上越会感到紧张，负面情绪越大；反之，心理承受力大时，造成的负面情绪也小，心理上不会感到过度紧张。当压力和心理承受力相当，或略大于心理承受力时，这种压力也称为适度压力或轻度压力。在适度压力下个体情绪虽然有些紧张，但在良好的教育和积极的引导下，往往能振奋精神，激发热情，有利于意志的锻炼和能力的提高。

2．动力性　动力性是压力的另一个重要特性。压力对个体行为的调节作用就是压力的动力性。在日常生活中，人们常说要变压力为动力。之所以能变压力为动力，是由于个体一有压力时，不会无动于衷，而会采取一定的行为处理具有威胁性的刺激情境。压力的动力性表现为对适应行为的积极增力作用以及对不适应行为消极减力作用两个方面。当个体的心理压力过大时，人的理智一般难以控制，个体常表现出两种极端的行为反应，要么呆若木鸡，完全停止行动，要么采取攻击。中等程度的心理压力一般会使人的行为能力降低，产生重复和刻板动作。在适度压力或轻度压力状况下，个体可能在理智的控制下，充分发挥主观能动作用，对压力事件进行较妥善的处理，从而也使自己的心理承受力得到增强，使个体的生物性行为和正向的适应性行为增多，动力性也随之增长。但在适度压力或轻度压力状况下，个体若不能理智控制或失去理智，就不能发挥主观能动作用，而对压力事件漠然置之，不及时妥善处理，只会使自己的心理承受力得不到增强，动力性将随之降低。没有一定的心理压力，人难以提高心理承受力，人的正向适应性行为得不到学习和增进。一旦面临较大的压力，将不知所措，容易造成心理障碍。在面对无法承受的压力时，还会导致个体情绪失控，甚至出现身心疾病或死亡。

四、压力与心理健康

在人的一生中要面对各种压力，承受压力是不可避免的。适度的压力有助于人们提升表现，是有益的，但过度的压力会造成人的身心失衡，影响身心健康，因此，压力是一把双刃剑。

（一）适度压力有利于人的成长

1．压力是生活的需要　塞利（H. Selye）说过："完全脱离压力等于死亡。"适当的压力会给你的生活带来许多意想不到的成果：可以避免懒散，提醒自己向着目标一步一步地靠近；可以让自己变得充实，获得满足感；可以提升学习的动力，让自己更完善；可以调整心态，让自己变得更积极。

2．压力是进步和创造的原动力　合理、适度的压力可以给个体提供完成任务的唤醒动机，是一种挑战，可以促进个人的成长和职业的发展。因为压力产生的紧张状态能促进人的警觉性提高、反应加快、注意力集中、思维敏捷。可以说，人类的许多发明乃至创造都是在压力下完成的，毫无压力的生活不会有效率或产生任何创造力。

3．压力是能力与"心智"的磨刀石　承受压力的过程也是人的能力与心智经受考验和磨炼的过程。从压力事件中饱受磨难并成功地闯过来的人生经历会使得经历者不仅磨炼了意志，开阔了眼界，增长了智慧，提高了勇气和信心，同时也积累了经验。当他再去面对新的压力时会更从容冷静，更有胜算的把握。

（二）压力过度会损害心理健康

如果压力过大，人会由于无力应对而感到无助和无望，导致情绪困扰、行为混乱。或者，即使压力不大，但持续时间长，也会潜移默化地影响人们的情绪和行为，累积起来会对个人身心造成不良影响。相反，如果个体承受力高而压力不足，人们会感到空虚无聊。由于降低了生活的目标，使人们感到自己是无用或无价值之人，也有的人因为空虚无聊而寻求刺激，走上了不良生活的道路。

五、压力认识的误区

在日常生活中，许多人对压力有着错误的认识，当这些错误观念影响我们应对压力的方式时，往往会产生极具破坏力的效果，因此，走出这些常见的误区是非常重要的。

1．压力都是有害的　压力既可能是有益的，也可能是有害的。积极的压力可以给人提供激情和喜悦，也可以为人们在期限前完成工作、进入新的环境、应对紧急事件、达到最佳表现和在面对新的挑战时提供专注力和精力。适度的压力是有益的。

2．压力都应该被消除　压力与我们形影不离，它不能，也不应该被消除。压力管理的目标应该是控制压力，从而降低其转为有害的不良压力的概率，或者缩短压力持续时间。压力是我们生活的一部分，也是我们身体的基本需要，例如吃喝、爱和归属等，出于对这些需要的需求，人们就会有压力，因此，压力是永远存在的，重要的是理解压力并学会控制它，尽可能使它不至于让你感到负担过重，但又能实现个人潜力。

3．压力越少越好　压力并非越少越好。当面临挑战和紧急事件时，压力增大反而会让人能够更加集中注意力，更好地处理遇到的事情。压力也有消极与积极之分，应该说，积极的压力越多越好，而不良的压力越少越好。

【量表测试】

压力自测量表

本量表是根据国外常用的压力量表进行改编的，可以评估自己最近的压力状况、心理承受能力、是否有悲观和厌世情绪等。请根据自身情况如实进行选择：非常不符合选择1，不太符合选择2，有点符合选择3，非常符合选择4。

1．最近我总是莫名其妙地失眠。

2．最近我的脾气变得很差。

3．现在我容易感到悲观或伤感。

4．我觉得非常孤独。

5．我身边能够理解我的人不多。

6．人们看起来并不喜欢我。

7．我缺乏家人或朋友的支持。

8．我需要一个幸福的家庭。

9．最近我刻意回避朋友或家人。

10．最近我经常喝闷酒或抽很多烟。

11．我想把以前最珍爱的东西丢掉或送人。

12．我曾经写过遗书或非常绝望的文字。

13．对于未来我感觉希望渺茫。

14．无论如何也无力改变我的生活现状。

15．我开始怀疑生活的意义。

16．我认为活得没什么意思。

17．我无法做到别人要求我做的事情。

18．有时候我真想解脱这一切。

19．不用极端的办法无法改变我的处境。

20．很多时候我觉得尊严受到了伤害。

解释标准：每题选 1 计 0 分，选 2 计 1 分，选 3 计 2 分，选 4 计 4 分，将 20 道题总分加起来判断您的压力状况。0 ~ 25 分：您是个乐天派，生活幸福。26 ~ 35 分：有一些压力，需要保持乐观心态。36 ~ 49 分：您面对的压力较大，需要得到释放，建议您调整心情，或者休息一段时间。50 ~ 65 分：您的压力很大，建议您走出自我的小圈子并寻求他人的帮助，保持轻松愉快的心情。66 分以上：您承受着巨大的压力，您的心理状况不容乐观，有必要寻求帮助。

第二节　压力是怎么来的

一、压力的一般来源

能导致压力产生的情绪、刺激和活动，都被称作压力源。它们广泛地存在于我们的日常生活中。压力源是压力产生的原因和条件，而压力是个体形成的综合心理状态，是个体内心的体验。压力源可以是短暂的，引起瞬间的兴奋和欢愉；也可以是长期的，使人经常处于戒备状态。压力源可能是从内部产生的，如痛苦、疾病、罪恶感、不良的自我概念等；也可能是从环境中产生的，如毒素、高温、严寒、噪声等。还有一些属于信号性的压力源，诸如地位丧失、自尊威胁、工作超负荷或过度拥挤。当遭遇压力源时，机体会通过改变其生理功能来做出压力反应，压力的副产物也随之出现——血压升高、肌肉收缩度增加、血清胆固醇以及胃内的盐酸分泌增加。如果压力反应成为习惯性的、长期的、非消退性的，便会导致疾病的发生。总的来说，压力源可以分为三种：生活事件、日常烦扰和心理困扰。

（一）生活事件

生活事件是指那些非连续性的、有清晰起止点的、可以观测到的明显的生活改变。生活方面的突然变动是造成压力的主要来源，如家人突然去世、自尊心受到重大打击等。由于变动太突然，人们很难有效地应对。生活事件包括积极事件和消极事件，通常只有消极生活事件与心理问题存在较高的相关性。消极生活事件也称急性压力源，它与慢性压力源（日常烦扰）之间主要是以持续时间的长短作为划分标准的。

（二）日常烦扰

日常烦扰主要是指慢性压力源。日常烦扰可以分为生活小困扰和长期社会事件所带来的烦扰。生活小困扰的严重程度虽不足以造成很大的压力，也不足以构成危害，但累积的压力会对个人身心造成不良的影响。长期的社会事件也称社会环境性压力源，这是一组直接阻碍和破坏个体社会需要的事件，可分为两大类：一是纯社会性的，如重大社会变革、重要人际关系破裂、家庭长期冲突、战争、被监禁、交通拥挤、环境污染、升学竞争等；二是由自身状态（如个人心理障碍、传染病等）造成的人际适应问题（如社交恐怖症、社交不良）等，这些都可能令人产生心理上的压力。日常烦扰有两个特点，一是持续的时间比较长，但一般不会达到压力的高峰点；二是与急性压力不同，慢性压力不是由非连续性事件引起的。

（三）心理困扰

心理困扰也可称为精神性压力源。它是个人内在心理因素的困扰所形成的压力的重要来源，比如错误的认知结构、个体不良经验、道德冲突、长期生活经历造成的不良个性心理特点（如易受暗示、多疑、嫉妒、自责、悔恨、怨恨）、动机或行为的挫折、个人期望值过高、完美主义、对过去经历的追悔以及对人际关系不满意等。在心理困扰中，道德痛苦比其他任何痛苦都要深刻而剧烈。当一个人陷于自责、自卑的痛苦时，他就处于极大的压力之下。道德痛苦作为一种压力源，有时能够完全破坏一个人的价值观和人格，使人陷入不能自拔的困境，甚至导致轻生。比如在现实生活中，性道德观念的冲突、诚信方面的冲突都有可能使人产生严重的恐惧、焦虑和抑郁。心理困扰和前述的两类压力源不同，前两类压力源主要涉及外在因素，而心理困扰与个人的内在心理因素有关，是自我的压力与紧张，是内在的压力。

【知识链接】

了解你的压力源

在希望解决压力之前，首先要知道压力源自哪里，需要精确地找到自己的压力源。可以制作一个压力日志，在这个日志中，你可以记下自己的压力大小以及在这一天中的感受，对那些容易带来压力的事件应当给予格外关注。每小时一次，记录的内容如下：

你有多高兴？（范围是 1 ~ 10）；
你有多压抑？（范围是 1 ~ 10）
你喜欢自己的学习或工作吗？
现在的学习或工作效率如何？
任何时候发生了可能带来压力的事情，都可以记录下来：
发生了什么？
在哪里发生的？
你有多压抑？（范围是 1 ~ 10）
你是怎样处理的？

二、大学生的常见压力源

大学生活是人一生中最重要的时期之一，它为将来的人生奠定了目标方向和事业基础，也对一个人的个人成长和自我修养起着至关重要的作用。大学生所处的这个年龄阶段正是人们要做好准备去承担成人的角色和责任的时期。他们面临的人生课题是适应大学的学习，完成职前教育的最后一个环节，开始恋爱和婚姻，与他人开展良好合作，再次了解和探索自己，发现自己的职业兴趣，从而为进入纷繁复杂的社会做好准备。可以说，大学生在大学的每一阶段都会面临不同的压力。在大一阶段，主要面临着适应新的校园生活的压力；大二、大三阶段面临着情感、交往、学习等各种问题；大四阶段面临着就业、考研等人生的重要难题。当面对大学不同阶段的各种压力时，一些大学生选择不断调整自己的状态和心态，对人生做出科学的规划，直面压力；另一些大学生则把自己封闭起来，一面感叹和后悔，一面不停地逃避。其实压力并不可怕，只要我们学会如何辨识、转化和应对压力，化压力为积极的人生动力，就是面对压力的明智之举。

【案例导读】

小B的情感故事

小B是一位大二学生，是学生会的学习部长。他与女朋友小C从大一下学期开始谈恋爱，转眼已有2年，感情一直很好。在大三快要结束时，小B有两个打算：第一，他想把小C带回农村的老家和父母见见面，而且他也想到小C家去见见她的父母。第二，大四就在眼前，是准备考研还是找工作，他也要和小C好好商量商量，他自己是想考研的。可是没想到，小C当场否决了去双方家里的建议，她说她早就和父母说了，这个暑假哪里也不去，就在学校专心复习准备考研。任小B好说歹说，小C就是不同意，终于两人闹得不欢而散。小B十分烦恼，开始怀疑小C对他的爱情了。他认为只需要3天时间就可以回一趟老家，小C又不是不能抽出这个时间，她分明就是没有诚意。他越想越想不通，时间也越来越接近考试和放假。接下来小B又找小C谈了几次，虽然小C不再像过去那样斩钉截铁，但温柔的语气里表现得还是那么坚决。这件事一直像石头一样压在小B的心中，使他根本无法复习，结果考试成绩很不理想，还有一门挂了红灯。作为学习部长，他的心里又增添了新的压力。

如案例所述，小B因为爱情的不顺利而感受到压力。造成大学生心理压力的因素除了情感之外，还有来自人际关系、生活、学习、就业等多方面的压力。

（一）生活压力

生活压力是大学生重要的压力来源。大学生离开父母进入大学，在角色转化过程中，会形成一定的心理落差，如果不能很好地调整自己的状态，适应大学生活，便会造成压力。除此之外，丰富的校园生活会让一些大学生在“热闹、喧嚣的活动”与“宁静致远的学习”的之间举棋不定，进而难免遭受挫折或者因担心遭受挫折而产生紧张、恐惧的情绪状态，这也是许多大学生感叹自己压力大的重要原因。

（二）人际压力

人际关系也是一个重要的压力源。大学时期的友谊具有重要而特殊的意义，它伴随着大学生的成长和成熟。在大学阶段，许多大学生离开了以往熟悉的朋友圈，面对来自不同地区和不同成长环境的同学和室友，大学生要在这种条件下形成新的交友圈和社会支持系统。在与周围的同学从陌生到熟悉的过程中，在不断地了解同学们的性格特点的过程中，在不断地调整自己以适应新的交际场合的过程中，部分学生会因为种种原因而产生人际关系不和谐，从而导致心理压力，产生心理问题。

【案例导读】

害怕交往的小 D

某大学女生小 D 的学习成绩在班上为第一名，但小 D 很自卑，看不起自己，在大众场合不敢发言，跟别人交流时总是不能恰当地表达自己，尤其是跟老师或陌生人谈话时，总觉得十分局促，举手投足不知该如何是好，并且脸红得很厉害。她很羡慕别的同学在公共场合能够从容不迫、侃侃而谈。她强烈地希望改变自己，虽然做过很大的努力，但一直没有明显的改观，内心感到非常苦恼。从高中到大学，她很少与异性同学交往，别人评价她是个冷漠、孤傲的人。她从小养成了以自我为中心的习惯，因此，在成长的过程中，朋友越来越少，慢慢地脱离了群体，把自己封闭起来。后来她开始反省自己并自责，觉得都是自己的错。时间一长，她发现自己好像已经没有脾气了。不管跟谁发生矛盾，都以为是自己的错，然后深深地自责，或者把怨气都闷在心里，总觉得难以与周围的同学建立一种和谐的关系。她非常担心毕业后不能适应社会生活。近来她更是觉得自己一无是处、极度自卑，没有勇气参加任何活动。

（三）情感压力

情感作为大学生活的主旋律之一，始终是心理压力来源的敏感点和多发点。生理的成熟使得大学生渴望与异性接触，但大多数大学生往往不能很好地把握与异性接触的程度，一旦遭遇感情危机，就很容易引起心理压力。

（四）学习压力

学习是大学生的首要任务，大学生活中的绝大多数时间都在与学习打交道。进入大学后，学习方式由“压着学”变成“自己学”，这就使得大学生需要去适应新的学习方式，找到适合自己的学习方法。虽然由学习造成的压力对大学生的强度并不是很大，但如果持续时间很长，对大学生的影响不可低估。

【案例导读】

挂科了，怎么办？

一位大一女生谈道：“从小到大第一次面临考试不及格，心里难过了好几天，自己已经努力了，但成绩与预期的相差很远。”很多女生也表示有过类似的感受。在这个问题上，男生比女生的承受力也强不了多少。他们表面看似平静，内心却同样痛苦。一位大一男生说：“高考没考进自己理想的学校对我来说是有生以来最大的打击。当时家人劝解时，我虽然没说什么，但心里十分难过。”

（五）就业压力

就业是大学生最为关注的一个话题。大学生就业难是一个社会问题，它不仅影响着年轻的学子们，影响着千千万万个家庭，也影响着社会。一到毕业临近，就会有大学生为自己的前途感到焦虑、担忧甚至产生某些过激行为。

（六）自我成长的压力

大学生正处于“心理断乳期”，其人格尚未完全独立。面临学习、就业、恋爱、社交等方面的压力，以及来自亲朋好友、父母以及自身的压力，再加上独特的生理因素和生活环境，他们难免会处于一种优越与自卑、幸福与痛苦、合群与孤独、成功与失落、理想与现实的矛盾冲突之中。

三、压力与挫折

常言道：“人生不如意事十之八九。”人人都希望自己的生活一帆风顺、万事如意，可有的时候生活偏偏就是那么无情和冷酷。当生活和你开玩笑时，作为大学生的我们应该怎么应对？是面对现实接受挫折，还是逃回自己小小的蜗牛壳中？可以说，挫折广泛地存在于每一个人的生活之中，遍布于生活的方方面面，它与压力息息相关，但同时它也是生命的宝贵财富。

（一）挫折的含义

挫折是一种情绪状态，即个体在从事有目的的活动中，遇到无法克服或自以为无法克服的阻碍或干扰，使其需要或动机不能得到满足时所产生的消极的情绪反应。人的行为总是从一定的动机出发到达目标。在实现目标的过程中，如果出现了挫折，就会产生三种情况：①改变方法，绕过障碍物，另外选择一条路径，实现目标。②如果困难不可逾越，就修改目标，改变行为的方向。③在障碍面前无路可走，不能实现目标。在第三种情况下人们会产生严重的挫折感，也就是人们在挫折情境下所产生的烦恼、困惑、焦虑、愤怒等负面情绪交织而成的心理感受，其中挫折认知是核心因素，挫折反应的性质及程度主要取决于挫折认知。

（二）挫折承受力：逆商

挫折承受力是指个体遭遇挫折情境时，能否经得起打击和压力，有无摆脱和排解困境而使自己避免心理与行为失常的一种耐受能力，即个体适应挫折、抵抗和应付挫折的一种能力。一般来说，挫折承受力较强的人往往挫折反应小，受挫折时间短，挫折的消极影响小；而挫折承受力较弱的人，则容易在挫折面前不知所措，挫折的不良影响大而且易受伤害，甚至导致心理和行为异常。挫折承受力的大小反映了一个人的心理素质和健康水平。许多人的心理问题是由于遭受挫折但又不能很好地排解和调适造成的。增强挫折承受力是获得对挫折的良好适应和保持心理健康的重要途径。

逆商（adversity quotient，AQ）是美国成功学专家史托兹（P. Stoltz）于 20 世纪 90 年代中期提出的概念，也称意志力商数。AQ 可以用来衡量人们克服不顺境遇时的应对智力及应对能力，这一概念在西方已得到了广泛认同。史托兹在《让逆商克服逆境》中指出了逆商对于一个人的重要性：面对逆境，有的人努力奋争，百折不挠；有的人浅尝辄止，在一番争取之后偃旗息鼓；有的人一旦陷入困境，就心怀恐惧，绕着问题走。不同的态度导致不同的结局，或是到达理想的彼岸，或是缩手缩脚而碌碌无为。

为什么在智力、资本和机遇相同的条件下，有的人能步步高升，而有的人却一败涂地？归根结底在于他们迎接挑战、克服困难的能力，即逆商的不同。心理学近年进行的研究结果表明，智商在一个人的成功中绝不是制胜的最重要因素，情商和逆商才起决定性的作用。逆商指数高的人往往比智商指数高的人更能适应环境。

（三）如何培养逆商

应付逆境的能力更能体现一个人的生命价值，使你以不变的心境应对万变的逆境，从而立于不败之地，但逆商的高低并非与生俱来的。有研究表明，在人的心理活动中的任何一个领域都没有像意志活动方面那样如此鲜明地表现出个人的自我调节、自我培养的特征。逆商的培养始于意志的磨炼，培养和磨炼意志是我们发挥主观能动性的重要途径。当一个人开始对自己的意志品质进行积极培养时，则标志着一个人成功的开始。

1．塑造积极的自我概念　自信乐观者总是相信自己的能力，并深知“车到山前必有路”“柳暗花明又一村”，在困难和挫折面前镇定自若。积极的自我概念包括积极的价值观以及正确的自我意识。

2．培养良好的意志品质　强者之所以能称之为强者，关键是他们在困难和挫折面前能保持顽强不屈的意志品质，义无反顾地同困难较量，在哪里跌倒就在哪里爬起来，不达到目的誓不罢休。我们要磨炼在面对挫折时的意志，正确面对挫折，学会在遇到挫折时平衡自己的心理，开导自己，从而使自己更坚定、更豁达地面对挫折。

没有人喜欢困难、失败、阻碍、挫折，但它们是客观存在的。对于大学生来说，它们也是一笔难得的财富，是天才的垫脚石和磨刀石，是成才的沃土。古今中外，凡成就大事业、大学问者，都与受过磨难有内在的联系。屈原被逐而赋《离骚》，司马迁遭宫刑而作《史记》，曹雪芹家道中落而著《红楼梦》，颠沛流离把铁木真造就成为一代天骄，韩信忍胯下之辱而终成一代名将。正所谓“自古英雄多磨难”。苦难不能造就天才，但在苦难中学到的坚强勇敢却是成功不可或缺的因素。假使有一天我们被挫折压弯了腰，请一定记住：火柴如果回避摩擦，那么它的一生就只能黯淡无光。

【知识链接】

应对挫折的三句话、三颗心

1．三句话

（1）第一句话：“太好啦！”当你遇到困难、烦恼、不如意时，首先对自己说声“太好啦！”可以培养我们遇到挫折时有一种良好的心态，从积极的角度去考虑问题。

（2）第二句话：“我能行！”在挫折面前充分相信自己，乐观面对，积极地想办法。

（3）第三句话：“你有困难吗？我来帮助你！”当你能够帮助别人时，你也就有能力应对自己在学习和生活中遇到的问题。

2．三颗心

（1）第一颗心：平常心。用一颗平常心对待身边的事物，挫折感就会大大降低。

（2）第二颗心：自信心。无论遇到多么大的困难与烦恼，都要相信自己，并告诫自己：我们没有失败，我们只是暂时停止了成功。

（3）第三颗心：求助心。当自我调节不能摆脱失意带来的痛苦时，不妨向他人倾诉你遭受挫折后的不快与今后的打算，改变内心的压抑状态，达到身心的轻松，从而让目光面向未来。

第三节　压力需要管理

在生活中我们总会遇到压力，这种压力可能来源于工作期限、搬家，也可能是关系破裂，不论哪一种压力都会让你有失去控制的感觉。虽然我们不能，也不应该完全消除生活中存在的所有压力，但如果压力水平一直居高不下，不仅会损害身体健康，而且还会影响正常的学习和生活。所以，我们需要进行压力管理，让压力朝着对自己有利的方向发展。那什么是有效的压力管理？压力管理的关键是什么？

一、压力识别与评估

在希望解决压力之前，首先要知道压力是怎么来的。一般对于压力的评估分为两个阶段：第一个阶段先评估压力来源的重要性，考虑“发生了什么事？”“是否对我有好处？”“是否让我很有压力？”如果以上问题你都回答的“是”，那么就进入第二个阶段：评估一下压力带来的伤害是否已经产生，如果没有产生，则要评估是否需要有所行动。

压力排序法可以帮助我们查找压力来自于哪里，具体实施过程如下：

（一）罗列

一个即将毕业的大四学生将他的压力罗列如下：考试、毕业后就业、情感出现危机、经济拮据、宿舍同学不良的生活习惯、同学关系出现矛盾、情绪烦躁、工作失误等。

（二）排序

按照他自己感觉压力的大小将压力进行排序，将压力最大的放在最前面：考试—毕业后就业—情感出现危机—经济拮据—同学关系出现矛盾—宿舍同学不良的生活习惯—情绪烦躁—工作失误。

（三）问题分析

我们需要知道哪些问题是可以改变的，哪些问题是不可以改变的，哪些问题是不可以改变但可以改善的，然后努力改变我们可以改变的事，接受我们不可以改变的事，并努力改善我们对这些事情的态度和认识。下面我们针对以上的具体问题来进行分析：

1．考试　我们无法改变考试的事实，但我们可以通过改变对考试的态度（认真对待），以及可以为获得良好的考试结果而努力，因此，不要拖延，立即着手去做。

2．毕业后就业　虽然这个问题同样迫在眉睫，但如果只是担心则是无法改变现状的，我们需要进行认真规划，暂时不需要马上解决。假日集团的创始人威尔逊（K. Wilson）在30多年的时间里，使一个仅有几家路边汽车旅馆的假日公司发展成为世界上最大的饭店集团。他有一个经营思想：不要盲目担心。我们不可能改变过去，我们确实可能由于过分担心将来而毁灭现在。记住，我们担心的事有一半不会发生，而另一半反正无论如何也会发生。

3．情感出现危机　这是可以通过沟通、自我调节等来改善的，但需要情感双方的共同努力，因此，不能着急。

4．经济拮据　对大学生而言，这是一个短时间内不易改变的事实，我们需要接受这个事实。但我们可以努力去改善它，如通过节约、勤工俭学、助学贷款、奖学金、助学金等方式。

5．同学关系出现矛盾　这是一个需要矛盾双方共同解决的问题，一个人的力量不能够解决所有的问题，可以推迟解决。

6．宿舍同学不良的生活习惯　这种情况一时难以改观，要学会接纳同学的生活方式，并做好自己应该做的事，在相互的磨合中，宿舍同学关系会逐渐有所改善，可以暂时放下。

7．情绪烦躁　这是一种自我的困扰，通过自我努力是可以改变的。我们需要做的事情是调节自己的情绪，最简单的方法是学会微笑着生活，需要及时调整。

8．工作失误　这已经无法改变。莎士比亚说过："聪明的人永远不会坐在那里为他们的损失而哀叹，而情愿去寻找办法来弥补他们的损失。"因此，要吸取经验和教训，忘记它。

通过以上分析，根据事情的紧急程度再次重新排序。我们发现原来非常多的烦恼缠绕在我们心中从而形成心理压力，通过重新排列之后要清晰很多，我们可以从容地面对压力。

二、进行有效的管理压力

（一）运用四步法，终止压力循环

第一步：停止。一旦开始感觉到压力向你袭来，马上对自己喊"停"。比如，正当你马上要完成一份报告时，你的计算机突然死机了。这时，你一定会觉得很郁闷，你的头脑中可能马上会闪现出故障可能造成的不良后果："我的报告肯定不见了，我的工夫全都白费了，我可能会被责骂……"遇到这种情况时，在你还没有对自己说出这些话之前，马上对自己喊"停"。

第二步：深呼吸。深吸一口气，使你的胸腔内充满空气，屏住呼吸 8 秒钟，然后再慢慢地将气体呼出。当面对压力时，我们都倾向于屏住呼吸，而就像"停"这个字能够帮助你消除一些负面想法一样，深呼吸也可以帮助你及时中止这种倾向。在面对压力时，把注意力集中在呼吸上可以帮助你用一种完全不同的方式去缓解压力。

第三步：反思。既然你的压力反应已被中断，既然深呼吸后你已经重新获得了能量，接下来你就可以把注意力全部集中在真正的问题，即压力的成因上。只有通过对压力反应进行反思，你才能区分出哪些是理性的压力反应，哪些是非理性的压力反应。只有这样，才能使你更淡定、更现实，并避免一些扭曲的看法。

第四步：选择。最后，当你的注意力全都放在客观事实上时，在重新启动计算机后，也许你会发现你只是丢失了一点点信息，或者即使信息丢失，你仍然可以通过其他手段进行弥补。这样，原本看似一个灾难性的问题现在却突然变成了一个可以管理的问题，一个只要你选对了方法就有能力解决的问题。

（二）在学习、工作和生活中寻找平衡

对于大学生来说，学习、工作和生活是大学生涯中不可缺少的一部分。虽然大多数压力都源于这三者，但对于这三者的要求却总是矛盾的，所以，无论是在工作中、学习中，还是在生活中，这种矛盾常常是造成压力、担心和焦虑的主要原因。要想办法在这三者之间保持一种健康的平衡，这样才能减少有害压力的影响，才能提高生活各个方面的积极能量。以下几点可以进行参考：①学习、工作和生活应该是互补的，而不是矛盾的。②应该先确定任务

优先级，然后再在它与私人问题之间寻求一种平衡。③所谓“全才的人”就是指那些既具备工作所需的技能和知识，又具备处理好个人生活所需的技能和知识的人，但没有人是“全才的人”。④掌握一些灵活的有创造性的方法来保持三方的平衡，同时还能提高你在各方面的表现和精力。

（三）主动求助，善用资源

很多人在痛苦万分时，总是羞于让他人知道，认为是自己心胸不够宽广造成的结果。事实上，在人生奋斗的路上，压力问题是绝大多数人一生中不可避免的问题。人们当然可以自己去面对，但是当自己花费了时日却仍不见效果时，就可以考虑寻求他人的帮助了。人作为社会成员，一刻也离不开生活于其中的社会群体，他人是人们应对压力的重要资源和滋养。

1．向导师、长辈寻求人生智慧　很多大学生会问这样的问题：“我是坚持自己更好，还是要向他人妥协？我是进入国企好，还是进入外企好？”“我留在国内读书好，还是出国留学较好？”大学生正值当年，人生经验有限，依靠自己的经验做出这样重大的人生决定也许颇为困难。俗话说：“当局者迷，旁观者清”。如何做出正确的决定，如何借力而行？向有相关经验的人讨教是获取解决问题的有效办法。导师、长辈有丰富的人生经验，他们可以对大学生进行指导。当然，他们的观点仍然是仅供参考，最后的决定权仍在自己手中。

2．向朋友、同学寻求感情支持　一份幸福，两个人分享，就是两份幸福；一份压力，两个人承担，压力便可减少一半。朋友是生命中不可或缺的存在，朋友的安慰、鼓励和保证也可使人感到有依靠，产生安全感和希望。向朋友倾诉苦恼可以达到情绪宣泄的作用。人在快乐时，急于让朋友知道他们的幸福；人在痛苦时，也希望有朋友与自己共同分担。

3．向家人寻求精神支持　父母给了我们生命，他们的情感特点和行为模式也会通过耳濡目染的方式传递给我们，因此，当我们有需要时，家是每个人最安全的避风港，也是最能无私地接纳我们的地方。

4．寻求专业心理咨询的帮助　能够主动寻求心理帮助是心理成熟的表现，更是强者的表现。如果经过再三努力仍然不能解决问题，并且当个人的压力问题已经开始影响正常的学习和生活时，寻求合格的专业心理咨询帮助是必要的。

（四）进行积极的自我对话

每天从清晨醒来的那一刻起，我们就开始不断地进行自我对话：“今天天气真好，奖赏自己一天假期吧”“昨天的考试太糟糕了，从现在起我必须发奋用功”“万一我没有通过下午的面试，我这辈子就别想出人头地了”……尽管内容不尽相同，但我们每个人自我对话的方式具有自身特定的规律。有些人倾向于积极的自我对话，肯定自己、鼓励自己，关注问题的解决；有些人却习惯进行消极的自我对话，怀疑自己、贬低自己，纠结于此而无法自拔。你属于哪种人呢？看看下面的这些自我对话，哪些偶尔在你的头脑中闪现，又有哪些长期控制着你的思维呢？

A1：“我再也没有其他办法。”

A2：“我应该尽量尝试从新的角度去看问题。”

B1：“我真是没面子。”

B2：“我要想些办法挽回面子，或者我可以在其他方面挽回面子。”

C1：“又考砸了，我根本不是读书的料。”

C2："我的学习方法是不是有些不对，我应该请教一下老师或同学。"

D1："丢了工作，我的前途完了。"

D2："我可以重新规划自己的未来，也许会有更适合自己的工作。"

E1："这件事情对我来说太难了。"

E2："我可以将这个复杂的事情分成几个步骤。""我有什么资源可以利用呢？"

F1："成功的希望不大，还是放弃吧。"

F2："再做最后的努力，这是一次机会，我不想失去它。"

G1："我又失败了，我也许会一事无成。"

G2："除了努力，还有没有更有价值的事情可以尝试呢？"

显而易见，序号中带"1"的句子充满了无助和绝望，我们仿佛可以看见一个深陷泥沼的可怜生命，只能任由黑暗牢牢抓住，肆意蔓延的消极情绪最终湮没了自我。然而，序号中带"2"的这些积极的自我对话却像一片午后阳光温暖、照耀着我们的心灵，让我们看到无限的希望，赋予我们行动和前进的力量。 与自己沟通应该是战胜压力最有效的压力管理策略之一。自我对话是消极的还是积极的会直接影响到个人的压力水平。

如果我们经常跟自己说一些消极、刻薄的话（比如"我怎么能够做出这么愚蠢的事情！"）或者是骂人的话（"我真是个白痴！"），这会使得微小的不足和暂时的失败蒙蔽了我们的眼睛，打消了我们的勇气，因此，积极的态度至关重要，要肯定自己，要给自己以鼓励和支持。积极的自我对话能将我们从失控、无力的自我体验中拉出来，指引我们把内心的焦点转向问题的解决。在积极的自我对话中，思维不再停留于悔恨与无奈上，不再充斥着无用的抱怨与徒劳的反省。不论成功还是失败，都是暂时的，而不是永远的，我们绝不能以固定不变的眼光来解释我们面对的问题。积极的自我对话使我们的心情豁然开朗，使生活更富有效率，让我们从困境中解脱出来，将全部的精力和能量集中于问题的解决和潜能的发挥上。现在开始，就请尝试积极的自我对话吧！

【知识链接】

激励自己的锦囊妙计

- 你可以身体力行，学着去激励自己——定期回顾自己的成就，记住，肯定有！
- 定期回顾自己的个人目的和目标，追求自己能得到的一切。
- 想象你自己从事并实现了自己的梦想会是什么样子。
- 保存一份你自己的成功记录，记录你所有的成就。
- 吃好、休息好，并进行适度的锻炼，照顾好自己，使自己强壮、机警、健康。
- 谈论自己时多从积极的角度出发。
- 保存一份信心档案，将自己喜欢自己的、崇拜自己的地方列成表。
- 经常对自己说或写下肯定与鼓励的话。
- 不要与别人比高下。

（五）运用放松技术

我们是否需要放松，何时放松为好，除了可以通过压力测量得知以外，也可以从身体和精神状态方面了解。从身体方面了解可以观察饮食是否正常、营养是否充分、睡眠是否充足、有无适当运动等；从精神方面了解可以观察处事是否镇定、是否容易分心、是否心平气和等。如果回答都是“是”，说明你的生活比较放松。但如果遇到不如意的事，精神上会受到干扰，情绪会变得紧张不安，则需要借助放松的技巧和方法排除干扰。

肌肉放松法、深呼吸法、宣泄疗法与冥想法等放松技术可以缓解压力所带来的紧张状态。肌肉放松法、深呼吸法和宣泄疗法详见前述章节。冥想法是目前全球最流行的压力放松技术之一，在西方世界国家特别盛行。西方人练习冥想，不只为了压力管理，更多是在压力管理的同时获得更多的精神生活。冥想对身体和精神都有很好的治疗作用，能够让我们更加专注地思考，还能改变我们的期望和态度，提高对情绪的控制。同时，冥想还有非常不错的放松功效。冥想有许多不同的形式，目前最流行的几种冥想方法有打坐、瑜伽冥想、呼吸冥想等。

（六）进行情绪管理

生活在竞争激烈的现代社会，每个人都要面对来自工作、生活、学习和情感等多方面的压力。沉重的压力会导致人们情绪不良，从而导致学习和工作效率下降，生活质量降低，甚至还可以引发疾病。所以，我们要学会管理情绪，提高情商，能对生活中矛盾和事件引起的反应进行适可而止的排解，能以乐观和幽默的态度及时地缓解紧张的心理状态。情绪管理的具体做法请参照第八章。

（七）进行时间管理

在科技迅速发展的今天，忙、茫、盲的工作状态让我们的压力陡然增加，良好的时间管理同样是压力管理的策略之一。有效地规划时间，依照轻重缓急确定优先顺序，妥善分配管理时间，可以提升工作效率与生活品质，可以有效地运用时间资源，达成个人的既定目标，达到自我要求和自我管理的最大实现。时间管理的具体做法请参照第六章。

（八）让身体帮助解压

无论是什么给你带来了巨大的压力，对压力进行管理的一个非常重要方法就是锻炼身体，你可以通过改变身体状况来减少压力带来的不良影响。具体包括以下几个方面：

1．良好的睡眠　压力过大会导致失眠，而睡眠不足会加重压力水平，这些都会使你变得更加紧张、易怒和焦虑。以下一些小技巧可以帮助你改善睡眠质量：①睡前减少含咖啡因的饮料和酒精的摄入量，这些物质可能会扰乱你的睡眠。②定期参加体育锻炼。你会解除一天的疲劳，不带有任何杂念地上床睡觉。③让睡眠环境尽可能安静、黑暗，有助于保证良好的睡眠质量。④养成良好的睡前习惯。比如，如果你的睡前习惯是喝一坏热牛奶，或者看半小时书，然后再迷迷糊糊地睡去，那么这些行为最终会成为一个强烈的信号：该睡觉了。⑤采用一些放松技巧来帮你入睡。比如，有些人觉得从25、50或100开始倒数会比较容易入睡，而有些人则觉得想象每一组肌肉都像奶油一样慢慢融化会比较容易入睡。⑥如果你根本无法入睡，索性下床，做点儿能够让你镇静下来的事情，直到你再有困意为止。否则，继续躺在床上强迫自己入睡只会让你更加沮丧。

2．合理的饮食　保持健康的饮食是解压的另一种方式。良好的饮食和营养可以塑造健康的身体，使你能够更好地面对每天正常或者更高的压力。以下列出的几点可以帮助你养成健康的饮食习惯：①保持健康的体重。有害的压力会对你的体重造成影响，会使你的体重要么过轻，要么过重。无论哪种情况都不可能使你的身体处于最佳状态，因此，你的工作效率也不可能达到最高。首先，要确定你最健康的体重，这会因身高、性别、年龄的不同而有所差异，所以在确定最健康的体重时，你要充分考虑这些方面因素的影响。然后，如果确实需要调整你的体重，你最好选择一个循序渐进的、稳定的增肥或减肥的饮食习惯。②摄入丰富多样的食物。变换饮食不但会让你觉得更加有趣，而且它还应该覆盖你身体所需的全部营养范围。摄入足够的蔬菜、水果和谷物会使你更为健康。③减少脂肪和胆固醇的吸收。要尽量多吃烧的或者蒸的食物，少吃油炸和烧烤的食物。限制某些动物性食品，比如蛋黄和奶油的摄入量。④控制酒精和咖啡因的摄入。酒精能扰乱正常睡眠，进而加重你的压力水平。咖啡因则是一种兴奋剂，会增强你的焦虑情绪。

【知识链接】

放松心理压力的食物

1．香蕉　香蕉是色胺酸（一种人体必需的氨基酸）和维生素 B_6 的良好来源，可帮助大脑制造血清素。香蕉含的生物碱也可以调节情绪和提高信心。

2．葡萄柚　葡萄柚含有丰富的维生素 C。在制造多巴胺时，维生素 C 是重要成分之一。多巴胺是一种神经传导物质，用来帮助细胞传送信息，影响大脑的运作，传达开心的情绪。恋爱中男女的幸福感与脑里产生大量多巴胺有关。

3. 全麦面包　糖类有助于增加血清素，睡前 2 小时可吃点糖类食物。蜂蜜、全麦吐司有助眠效果，但不会产生依赖性。

4．深海鱼类　根据哈佛大学的研究报告，鱼油中的 Omega-3 脂肪酸，与抗抑郁成分有类似作用，可以调节神经传导，增加血清素的分泌量。血清素是一种神经传递物质，与情绪调节有关，如果血清素含量不足、分泌量不够或作用不良时，会有抑郁的现象发生。

5．蔬菜和水果　叶酸存在于多种蔬菜和水果中，含量较丰富的有芦笋、菠菜、柑橘类、番茄、豆类等，当叶酸的摄取量不足时，会导致脑中的血清素减少，易引起情绪问题，包括失眠、抑郁、焦虑、紧张等。叶酸还能促进骨髓中的幼红细胞发育成熟，形成正常形态的红细胞，避免贫血。如妇女怀孕期间缺乏叶酸，会影响胎儿神经系统的发育。

3．定期的锻炼　最简单、最直接和最环保的减压方式就是加强体育锻炼。体育锻炼可以增加肺活量，提高免疫能力，还能够使注意力更加集中，增强自信心，减少焦虑。应该养成定期锻炼的习惯（每周 3 ~ 4 次），选择自己喜欢的运动方式，如果实在有困难，那就散散步、爬爬楼梯，哪怕是一些简单的动作也可以缓解你精神上的负担，让你重新恢复清醒的头脑。

【小　结】

本章从压力可能引起的身心反应出发，简单描述了压力的概念，并对大学生常见的压力源进行了分析归纳和介绍。大学的每个阶段都存在着不同的压力，对于这些压力，大学生们应该直面它，学会辨识、转化和应对它，化压力为积极的人生动力。在了解了什么是压力、大学生的压力源来自哪里之后，本章的最后重点介绍了 10 种压力管理的策略和方法，同学们可以根据自己的实际情况选择适合自己的方法，并学会运用这些方法，有效地管理和减轻压力，使自己的大学生活更有意义。

【思考题】

1．大学生中常见的压力来源是什么?

2．最近半年你的生活发生了哪些变化？对你影响较大的是什么？你是如何管理压力的?

3．你认为自己在应对挫折的方式方面有哪些需要改进的?

第十二章　“网”事知多少：大学生网络心理健康

技术每提高一步，力量就增大一分。这种力量可以用于善恶两个方面。

——阿诺尔德·汤因比（英国历史学家）

当下，现代信息技术突飞猛进，互联网作为新生代科技产品已经覆盖了整个大学校园。这种新鲜事物正深刻影响着当代大学生的爱情、学业、沟通和交流方式，以及价值观、世界观、人生观。我们必须清醒地认识到，网络是一把“双刃剑”。一方面，它为大学生的生活和学习提供了诸多便利，借助网络这一中介工具，实现了大学生与外界沟通的渠道。花样繁多的聊天工具、论坛、虚拟社区、情感驿站、博客、微博、微信朋友圈等可以让学子们自由发表自己的看法和见解，充分表达和展现自我，结交各种朋友，相互借鉴经验，获取学习资料，取长补短，共同进步。另一方面，网络信息的泛滥也夹杂着不利的因素，如网络依赖、网络游戏成瘾、网络拖延、网络媒体中的暴力情节、网络黄色信息等，这些负面因素会让大学生沉迷于虚拟的网络空间，甚至肆无忌惮地上网、逃课、旷课、迟到，不按时作息，饮食紊乱，造成身体素质下降、社会适应功能倒退等问题，严重危及大学生的身心健康。由此可见，网络既为我们带来了机遇，也带来了挑战。在如何对待网络这一问题上，我们应该趋利避害、转劣为优，创造人与网络的和谐关系。

第一节　网络与大学生

网络为我们的大学校园生活注入了新鲜的血液，一根网线联通世界，现在人们真的可以做到“秀才不出门，尽知天下事”了。网络如同一缕春风吹进了大学校园，又如一股洪流冲击和侵蚀着大学生们。在一些媒体中，我们经常看到诸如类似的报道，譬如，某人因为网络创业而大获成功，某大学生因沉迷于网络游戏而精神失常，某人因网恋失败而自杀，某人在网络上被骗了很多钱财……这些事例不胜枚举。网络如同恶魔一样面目狰狞，甚至我们的教育工作者“谈网色变”。面对这块广袤、肥沃而又杂草丛生的“土地”，年轻一代的大学生将如何开拓这片新天地呢？他们会在这里建功立业，还是陷入网络的困境呢？这些都是当代教育亟待解决的问题。在此，我们针对大学生的网络心理健康问题做专门的探讨。

一、现代网络的特征

随着科技的进步与不断的革新，以计算机作为载体的互联网成为 20 世纪最伟大的发明之一。时至今日，信息化浪潮正席卷全球，互联网成为我们重要的信息交流平台工具。我国的互联网发展起步较晚，正式接入互联网是在1994年。经历了20多年的发展后，我国的互联网走上了快速发展的道路，并诞生了很多与之相关的新事物，如在线聊天工具（QQ、UC等）、电子邮件、博客、轻博客、微博、威客、微信、在线购物网站（淘宝、京东）等。这一系列新鲜事物已经深入我们生活的方方面面，成为我们生活中不可分割的一部分。网络在我们的生活中占据了重要的地位，那么，它本身具有哪些特征呢？

（一）即时通信

在传统媒介中，传播者和受众双方的角色分工明确。随着网络的出现，传播者和受众之间的界限被打破，产生了革命性的影响。网络作为一种新型的信息传达工具，借助于一定的硬件设备，可以突破时间和空间的一定限制，实现实时的在线交流。网络信息的流动是一种点到点的方式，不需要再经过其他介质的干扰，使双方都拥有传播过程中的主动权，更加凸显了传播过程的双向性、积极性和主动性。

（二）虚拟性

在网络空间里，人物的形象、身份和行为都被数字化了，人的活动都是符号的代替物。从聊天室到论坛，从QQ到MSN，从微博到微信，每个人都用的是马甲、昵称、化名，每个人的面孔都被遮掩在一块面纱下，甚至也不知道他/她究竟是什么人，年龄几何，是男是女。交往的主体以某种虚拟的形象和身份进行沟通和交流，与一般的社会行为明显不同。

（三）匿名性

在网络空间中，每一个网络参与者不再是单纯的主体或客体，而是处在一种交互主体的主客体界面环境中。行为主体可以转化为多种角色，没有过多的限制。每一个行为者从注册网名的那一刻起，其身份就开始了电子文本化，利用文字和图形符号来描述身份。我们很难知道网络对面的人的真实情况，有一句话很好地说明了这种情况：“你上网的时候，没有人知道你是一条狗。”

（四）自由性

网络拉近了人与人之间的距离，只要拥有一台能够连接网络的计算机，就可以与其他人取得联系，交往对象具有可选择性和随意性。在网络上，在不危害到国家机密、违反相关法规的前提下，人们可以自由地畅所欲言。网络上的交流和沟通不同于现实社会中的面对面沟通，人们可以很容易交往到不同类型的朋友。当然，任何过度的自由性必然带来潜在危害，这种自由性也在一定程度上亟待我国出台相关的法律，来规范大众的上网行为，净化上网环境，营造良好的社会风气。

（五）互动性

无论是电视，还是报纸，主要都是一种“我说你看（听）”的传播形式，这种传统媒体欠缺互动性，滞后也相当明显。但是互联网从一开始就是以互动的形式出现的，网络平台更是绝佳的互动场所。在网络上，我们可以进行相互评论、转发、点赞，以及提问与答疑、跟帖回复等。这一系列行为都是在互动化的背景下进行的。

（六）个性化

网络交际突破了现实社会行为所具有的以自我为中心的互动特征，网络既能互通信息、共享资源，又相互独立，各自分散管理，每个网民都有可能成为中心，人与人之间的交往越来越平等化，主体的个性意识得到了增强。在网络上，每个人的人格、性格、气质、需求等各不相同，而人们又借助于网络的随意性、自主性、隐蔽性等淋漓尽致地挥洒着自我的个性。网络的这些典型特征与主体的个性特征相互作用，影响了大学生的心理和行为举止。

二、网络心理健康

上网已经成为现在大学生生活中不可或缺的一部分。当网络遇上了现实，网络上的一些东西也在悄悄地影响着大学生的心理健康。那么怎么来定义网络心理健康呢？

“网络心理健康”这一概念是伴随着网络心理障碍提出的，目前对其没有完全一致认可的概念。一般从使用网络的虚拟与现实之间的关系来探讨网络心理健康的概念。网络心理健康是指人们在使用网络时能够保持积极的认知心态，离线时能够保持心理平衡，能够较好地在虚拟与现实空间之间转换，在虚拟与现实之间以现实为主导，无论在线上还是线下都能保持人格的完整统一。

对于网络心理健康的标准，我们从如下几个方面来理解：

1．具有正确的网络心理健康的认知　在网络环境背景下，个体需要对网络心理健康具有正确的思想和意识。这一认知要求我们了解网络是一把“双刃剑”，一方面，利用网络可以拓展知识、增长见识、互动交流、查找信息、辅导学习等。另一方面，网络对人们造成的影响也有很多。例如，网络使人认知混乱、心理失衡、情绪冷漠，现实交往能力下降，呈现人格分裂，自我同一性混乱，过度依赖网络，甚至出现网络成瘾等。这就要求我们能够正确地对待网络，拥有正确的上网意识，注意上网安全，培养良好的网络使用习惯。

2．能够保持线上和线下的人格完整和统一　人格完整和统一是心理健康的重要标志之一。个体在网络环境中的虚拟性、开放性、匿名性等特点会影响个体的完整性、整体性和稳定性，导致多重人格的困扰，影响心理健康，因此，必须要保持线上和线下人格的完整和统一。同时，能够自如地在虚拟空间和现实空间中转换，并以现实为主导。

3．线上和线下均能保持良好的情绪　拥有良好的情绪也是衡量心理健康的重要标志。一个网络心理健康的人，一方面，能够恰当地运用网络调节情绪、宣泄情绪，缓解压力和焦虑。另一方面表现为不论是在线上（虚拟社会）还是在线下（现实社会），其积极情绪总是远多于消极情绪，主导心境是愉悦、乐观、平静、富有生气，能够自我觉察出情绪状态的变化，并且能正确而恰如其分地表达情绪。

4．不因网络的使用而影响正常的生活　意志健全、行为协调也是心理健康的重要标志。心理健康的人意志的自觉性、果断性、坚持性和自制性都有协调的发展。他们能够明确上网的目标，能根据现实的需要来调整自己的上网行为，在上网的过程中能够自觉地约束自己，防止形成网络依赖。他们能有效地进行自我教育和自我管理，控制使用网络的时间，在不影响自己正常的生活、学习、工作情况下使用网络。尤其是在现实生活中受挫后，能主动寻求现实社会中的社会支持，勇敢地面对现实生活，积极寻找缓解压力或焦虑的途径，而不是依赖网络暂时缓解压力。

5．有正常的人际交往　社会适应良好、言行符合社会规范并有良好的人际关系是心理健康的标志。在网络环境下，人所面对的是机器背后的虚拟世界，容易脱离现实社会中人与人之间的直接交流和沟通，弱化现实社会中的人际交往能力，从而造成理想社会与现实社会的分离。同时，网络具有匿名性，在虚拟空间中我们很难区分人物的真实角色，这种来自虚拟空间的人际互动不等同于现实社会，因此，网络心理健康要求人们处理好人机之间的关系，在现实社会中能保持人际关系协调发展，尊重和理解他人，学习他人的长处，友善、宽容地与人相处。

6．离线时身体没有明显的不适应　不健康的网络行为方式往往导致网络成瘾等网络身心障碍，离线时产生诸多身心不适应，如吃不下饭、睡不好觉、无精打采等，因此，网络心理健康还要求离线时身体没有明显的不适应。

第二节　网络对大学生的积极作用

一、美好生活

【案例导读】

生活爱上互联网

小王就读于大学城的一所高校，地处郊区，周围的生活和娱乐设施没有配套完善，这给他带来了诸多不便。他说，每一次买衣服或书籍都要挤公交车，没有座位的时候就要站大约1个小时才能到市中心。这样，周末的大部分时间都花在路上了，人也很累。后来，他学会了网购，这样就便捷多了。通过网络，可以上淘宝、京东商城买衣服，可以去当当、亚马逊购买书籍。足不出户，他就可以买到牙刷、纸巾之类的生活用品，可谓既方便又便宜，而且网上的商品琳琅满目，可选择面广。他每次回家时都通过网络购票，免去了四处奔波和排队的劳累。通过网络，他现在不用笔写书信了，直接可以通过E-mail与北京的同学进行通信互动，既省钱又提高了速度。这在之前是想都不敢想的事情，如今通过网络都实现了。通过网络他可以选择自己喜欢的电影和音乐来欣赏，以缓解平时学习的紧张与压力。通过书写博客发表对生活的感悟，并把自己的个性图片上传到网上，与同学、朋友分享。在网络上他的这些个人兴趣爱好都能实现了，不得不说，他现在爱上了网络。

网络为大学生小王带来了很多便捷，如购物、买票、通信等，这些不仅仅节省了时间，还提高了他购物、出行的效率。网络满足了他的个人兴趣和爱好，提供了展示自我的空间，丰富了日常生活，带来了快乐。

随着这几年网络的飞速发展，当我们静下来仔细一想的时候，会猛然发现自己其实已经生活在了一个与网络密切相关的世界。也许我们能够拒绝网络，但是我们不能改变网络对我们生活的影响。不知不觉中，它在人们的日常工作和生活中扮演着重要的角色。我们可以随心所欲地浏览全世界的资讯新闻，快捷地收发邮件信息，向远在千里之外的人进行请教学习，坐在家里买卖商品，通过网络查找参考资料并完成学位论文，查看网上招聘和寻找工作，利用网上银行实现在线转账，在网上谈判以节省成本等。网络突破了时空的限制，拓展了人类社会生活的范围，将人与人紧密地联系在一起。它给人们带来了便利，创造了价值，提高了工作效率，提供了快乐。马克思曾经说过："时间实际上是人的积极存在，它不仅是人的生命的尺度，而且是人发展的空间。"网络为大学生节省了大量的自由时间。很多在现实生活中办起来比较繁琐的事情都通过网络得以方便、快捷地解决了，我们已经尝到了网络给我们的生活带来的甜头，也获得了轻松愉悦感。同时，网络为大学生提供了一个充分展示自我、发展个性的自由空间。网络社会是一个崇尚个性的社会，人的主体性、创造性得到了充分的张扬，我们可以不用自己真实的姓名，穿着“马甲”扮演自己喜欢的角色，张扬在现实生活中隐蔽的个性。大学生可以在网上畅所欲言，注册博客，定制个性化的主页，发表自我感想，促进自我实现。

二、快乐学习

【案例导读】

在网络的知识海洋畅游

汪洋（化名），男，大一学生，来自一个偏远的小山村。在来省会上学之前，他从未走出过大山。通过三年的寒窗苦读，他来到了省会的一所高校。在这之前，他一直生活在农村，他们那里没有通公路，祖祖辈辈都是沿着山路走过来的。在当地，汪洋几乎把周围邻居家的书都借阅过。由于地处偏远，很难找到其他的学习材料了，因此，他甚至把之前读过的书拿来重复阅读。去年，在当地政府的帮助下，政府出钱，当地百姓出力，共同修建了供电线路和网络线路。来到大学后，他说：“我刚刚开始接触计算机时，就被它里面的海量信息所吸引，从科学知识到影视音乐，从时事要闻到经济动态，从体育赛事到娱乐八卦，网络的包罗万象满足了我对知识的渴求。当我遨游在网络的海洋时，我可以查找很多图书资料来补充课堂的学习，遇到不懂的问题也可以与网友进行交流，寻找答案。之前，我们家池塘养了很多鱼，一个夏天在暴雨过后，一下子全部死光了，要是那个时候有网络就好了，我们可以上网查找病因，对症下药。现在我想想都觉得遗憾。”汪洋通过网络结交了很多知心朋友，遇到不懂的问题还向他们请教。网络就是一个超大的图书馆，通过网络可以快速查找到众多的学习资料；可以阅读最新的国外科学研究动态，促进学术研究；还可以收听国外的网络广播，了解异国文化、学习外语等。

在本案例中，汪洋通过网络找到了学习兴趣和乐趣，拓宽了自己的知识面。网络上众多正面的、积极向上的、阳光和谐的信息，对求知欲极高的学生产生着深远的影响。通过这一信息传播媒介，能够利用网络查找知识来解决实际生活中遇到的问题，还可以利用网络进行外语学习和学术研究等。

网络作为信息的载体，实现了人与人之间交流的畅通，花样繁多的论坛、聊天室、虚拟社区、情感驿站、博客等使广大学子可以直抒胸臆，发表自己的见解和看法，并充分表达和表现自我，结交各种朋友，相互介绍经验，共同进步；通过阅读各种有益的图书，提高自身的文化素养，有助于他们不断提高自身技能，拓宽思路和视野；上网使大学生的政治视野、掌握的知识更加广阔，从而提高大学生的综合素质；网络改变了传统的知识传播方式，让人们足不出户就可以游遍世界一流的图书馆、展览馆和歌剧院。大学生可以根据自我的兴趣和爱好自由选择要学习的语言、讲座、电子书籍、技能知识等。

三、主动就业

【案例导读】

从网络中找到创业之路

风靡全国的桌游三国杀的创始人黄恺正是一位标准的大学生创业者。黄恺于2004年考上了中国传媒大学动画学院游戏设计专业。他在大学时期就开始“不务正业”，模仿国外桌游设计出了具有中国特色、符合国人娱乐风格的桌游《三国杀》。2006年10月，黄恺开始在淘宝网上销售《三国杀》，没想到大受欢迎。毕业后的黄恺并没有任何找工作的打算，而是借了5万元注册了一家公司，开始做起《三国杀》的生意。2009年6月底，《三国杀》成为中国被移植至网游平台的一款桌上游戏，2010年《三国杀》正版桌游售出了200多万套。粗略估计，《三国杀》迄今至少给黄恺带来了几千万元的收益，并且随着《三国杀》品牌的发展，收益还将继续增加。

在本案例中，黄恺也正是在大学期间利用网络成功发家的典型人物。网络游戏对于很多人来说容易迷恋上瘾，但是黄恺却利用网络游戏进行创业而大获成功。网络给他带来了收益，创造了价值，也帮助他实现了自我的人生价值。来自中国互联网络信息中心的数据报道，截至2014年12月，中国网民规模达6.49亿，全年共计新增网民3117万人。互联网普及率为47.9%，较2013年底提升了2.1个百分点。据人力资源和社会保障部的数据显示，2014年全国高校毕业生人数有727万人，相比2013年699万毕业生增长了28万人，再创历史新高。在经济充满挑战的大环境下，每年都在增加的毕业生人数使得“就业难”被毕业生、家长以及媒体广泛关注。在就业严峻的形势下，我们鼓励大学生发挥自己的主观能动性，自主创业。随着互联网的迅速发展和电子商务的快速兴起，网络创业也成为一种大学生就业的新方式和新选择。在这种网络化的商业浪潮的带动下，很多大学生开展了多种多样的网络创业形式：

1．开网店、做微商　很多同学借助淘宝或微信朋友圈销售自己制作的特色产品或帮忙代理商销售。这种销售方式成本低，经营方式灵活，突破了时间和地域的限制，成为现代大学生比较青睐的网络创业形式之一。杭州师范大学阿里巴巴商学院大四女生钱思聪在大一时就在淘宝上开店创业，从开始生意平平淡淡到现在风生水起，并创办了“思聪电子商务公司”，专卖皮草和高端女装。公司销售额达到了1385万，净利润105万。

2．开发软件和程序　对于那些具有计算机专业优势的大学生来说，开发软件和程序并放到网上去销售无疑是一个非常不错的选择，不仅将自己的计算机理论知识运用于实践，还为自己带了经济收益，解决了学费和生活费。比如，康盛创想创始人戴志康是无数互联网人的偶像，他创建的“Discuz!”开源模板与“Wordpress”并称为世界上最伟大的两个开源网站模板，被数以百万级的站长使用，深刻地改变了中国互联网，而戴志康也是一位大学生创业者。

3．建网站　很多大学生通过建立一些主题比较鲜明的学习网站（如“Admin5”）或社交论坛（如“天涯论坛”）等，通过提升整个论坛的人气，增加流量来吸引广告商的加盟，逐步赚取广告费，这样一来增长了创业的经验，二来积累了一笔原始资金。例如，“人人网”（原“校内网”）的创始人王兴于1997年从龙岩一中保送到清华大学电子工程系无线电专业，2003 年放弃了美国学业并回国创业成立校内网。2006 年校内网被千橡集团收购。

4．成为 SOHO 一族　SOHO 就是指“小型家庭办公室”（Small Office Home Office）。它的主要特点是工作时间自由，平时不用上班，足不出户就能完成工作。随着网络信息的诞生及人们观念的更新，SOHO 越来越多地受到人们的青睐。很多大学生选择网络创业，在网络上利用自己的知识、智慧、经验、技能等，接工作项目来赚钱。

第三节　网络对大学生的消极作用

一、网络拖延

（一）网络拖延的定义

网络在为人们提供了工作的便捷、娱乐休闲的同时，也在悄然地影响人们的生活方式和思维方式。在现实生活中，我们会发现一个很有趣的现象：我们满怀热情打开电脑开始一工作的时候，一天下来却发现很多工作还没有做完，那时间都去哪儿了？我们明明知道有很多事情要做，却又控制不住自己，坐在电脑前浏览网页或聊天。本来电脑是提高我们工作效率的有效工具，但同时，它也成为我们拖延时间的杀手。由网络拖延带来的时间浪费称为“网络拖延杀手”。我们会饶有兴趣地问：在现实生活中人们做事情也会拖延，但为什么有了网络后，这种拖延更是一发不可收拾？“维基百科”对拖延做出了定义：拖延即是将需要做的事情或任务推迟到稍后时间的一种个体行为。国内对拖延的研究较多，但是对网络拖延研究极少，因此，对网络拖延没有一个统一的界定。从心理学角度来定义，网络拖延是个体在上网的过程中，其上网的破坏性任务阻碍了原来预期的任务目标的实现，由此给自己带来负性的心理体验，这种明知不可为而为之的行为又会导致恶性循环。该定义包括三个内涵：第一，上网的目的偏离或阻碍了达到预期的目标。第二，网络拖延为个体带来了压力、恐慌、负罪感，并降低了工作效率。第三，会出现恶性循环，导致进一步的网络拖延行为的发生。表现为在日常工作和学习中离不开电脑，每天几乎都要启动电脑、登陆网络，却常常被网络信息“诱惑”，而把该做的工作和学习推后、拖延，如果出现长期的恶性循环，则容易导致工作效率低下和生活不顺利。

【案例导读】

时间都去哪儿了？

珠珠是一名大二的学生，已经有 3 年的网龄了。今天是周末，早上她 8 点起床，洗漱完毕后，9 点 10 分打开电脑，准备完成老师布置的作业。坐在办公桌前面，她首先打开 QQ，查看有没有哪个朋友或同学的留言，然后忍不住进入自己的 QQ 空间，查看同学们的留言、评论，也顺便看看朋友圈大家的最新动态。恰好遇到了朋友在线，于是就找朋友聊了一会儿天，然后浏览了一下新闻网页，想着反正时间还早，就看了几个视频，索性再玩下游戏。于是，学习还没有开始，几个小时就这样过去了，重要的事情也没有完成。她说自己也感觉很后悔，但就是没辙。

（二）网络拖延产生的原因

1．网络信息的诱惑　人每天必须要保证一定信息量的输入，才能够保持一定的心理平衡和健康。大学生每天都会接触到计算机网络，加之网络的交互性功能较高，经常自动弹出一些网络信息，这些无关的信息造成大学生接受信息刺激过量，也容易分散他们的注意力，而这些信息又容易被学生们所吸引，从而远离了自己需要完成的主要任务。

2．习惯化的上网方式　每天我们都在上网，习惯于上网后首先打开 QQ，查看留言，进入 QQ 空间查看朋友圈的动态，然后浏览新闻，看看视频，甚至玩玩游戏，最后才会想到自己要做的事情。多次重复这种行为，则行为得到了强化，时间长了这种上网的方式会被固化下来。这样，时间自然就被浪费了，要完成的任务因为拖延而不能及时完成。

3．过度自信，错误地估计时间进度　很多老师布置的作业、实验、论文等都需要借助于网络来完成，有的学生认为在完成期限前一定能完成任务，往往不慌不忙、慢条斯理地做事。心想反正时间还有很多，就先看看网络电影、玩玩游戏，从而导致大量的时间被浪费掉了。

4．缺乏动力和干劲　这一类学生属于做一天和尚撞一天钟的人，得过且过，往往干劲不足，不愿意花大力气去做事，接到不喜欢或者艰巨的任务时，心里会不由自主地反感甚至感到厌恶，通过上网来放松和休闲。网络触手可得，一天 24 小时、一周 7 天永不停息，任何时候都可以在网上冲浪、聊天、看电影、玩游戏，这比容易得多，从而容易导致对任务能拖多久就拖多久，不到最后一刻绝不动手。

5．逃避学习带来的压力　如果学习任务比较难，必然会给学生们带来巨大的压力，从而产生焦虑。例如，在对老师安排的研究课题找不到任何头绪时，会产生过度焦虑，思考和工作效率都会下降，让人产生无法胜任的感觉，甚至会出现紧张抑郁、自我厌恶以及负罪感等负性情绪，学习效果也不好。在受到老师或同学的催促、指责后，心中会更感到焦虑，越发害怕工作失误，于是更想逃避，导致拖延症越来越严重。

6．个性因素　网络拖延的个体大多意志力差，自我控制能力弱，容易受到一些无关因素的诱惑而忽视自己的本职工作，表现为缺乏果断、顾虑太多、执行力弱。

（三）网络拖延的对策

网络拖延的危害不可轻视，越是拖延的人，其内心就越紧张，心理压力越大，就越容易产生焦虑、压抑等负面情绪，甚至会影响到生理状况，出现吃不下饭、睡不着觉等。若是让网络拖延长期恶性循环，它甚至会拖垮身体，扰乱心理健康的水平。那么如何战胜网络拖延呢？

1．明确上网目的，限时上网　在利用电脑完成一些学业任务的时候，尽量关闭浏览器、QQ、视频播放等，以避免受到无关刺激的干扰。在电脑前坐下时，想想要做什么。简单的办法是：在一张纸上写下要做什么，然后完成一项就划掉一项。也可以在电脑的显示器前贴一些便签条，上面写着你做事的步骤。可以事先进行时间设置，提醒自己不管完不完成工作，都要关闭电脑。晚上需要上网学习时，尽量在规定的时间内完成，然后准时睡眠，以免打乱生物钟，影响身体健康。

2．对事情的轻重缓急进行分类　制订分类的工作计划，把任务分成重要又紧急、不重要但紧急、重要但不紧急、不重要又不紧急 4 个等级。然后，从排在第一位的既重要又紧急的事情开始处理。不要随意改变制订好的计划。一旦你给自己制订了计划，就要严格遵循。

3．制订上网时间安排表　通过时间安排表事先计划好上网的内容和时间点，并严格实施，把目标任务分解为小目标，以时间为界限来完成。在成功地完成了某项任务而未造成拖延的情况下，进行自我奖励强化，来帮助巩固自己的行为。表 12-1 提供了一份时间安排表的例子。

表 12-1 上网时间合理安排表

时间段	完成内容	要避免的分心行为	完成情况与否	备注

5．发挥集体的力量 加入团队，让团队成员对自己起到监督和促进的作用，这也是发挥了社会心理学中的社会促进效应。有其他同伴在场，我们在需要用到网络完成某项工作任务时，我们会感觉到来自集体的压力，从而提高工作效率。

6．逆向规划 在逆向规划中，你可以想象一年之后回过头来看今天，想象自己经历了一段非常有成效的时间。以完成学位论文为例来探讨如何进行逆向规划：第五，我拿到了毕业证，现在找到了一份自己满意的工作。第四，我已经完成毕业论文了，现在终于可以开始找工作了。第三，我的毕业论文已经完成一半了，只是还未完成数据的统计分析，加把劲儿，再坚持一下就顺利了。第二，我边收集资料边忙于构思论文的总体框架结构。第一，在此之前，我接受了这个事实，即改变的过程必然会伴随着不适的感觉。我坚决拒绝以逃避来取代有意义的成就。逆向规划的最后一步就是你要开始的第一步，当你能够想象出自己的具体目标时，逆向规划就是有价值的。如果能够具体化到某一任务结果的步骤，就从容易分心的习惯模式转化为富有成效的工作模式。将计划细分是关键的一步，能够帮助你跨越从“想”到“做”的边界。只有有始有终地执行了计划，才会有实际的回报。一旦你的努力从观念迈向现实，那么采取具体行动向目标迈进就会更加简单容易。

二、网络游戏成瘾

（一）网络游戏成瘾的定义

网络成瘾（internet addiction disorder，IAD）的概念是 1994 年美国精神医师金伯利（I. Goldberg）首次提出的，是指一种“无成瘾物质作用下的上网行为冲动失控”，又称为互联网成瘾综合征。目前网络成瘾尚没有个统一的心理学定义。但大多学者认同这一概念，网络成瘾是指网络成瘾者无节制地花费大量时间和精力在网上冲浪、聊天或进行网络游戏，并且这种对网络的过度使用影响了其生活质量，降低了学习和工作的效率，损害了身体健康，导致各种行为异常、心境障碍、人格障碍和神经系统功能紊乱等消极后果。它是一种人机交互的非生化行为成瘾，是一种与药物成瘾、病理性赌博类似的心理障碍。网络成瘾者长时间操作计算机，并带来难以抗拒的再度使用之欲望。同时，还会产生想要增加使用时间的愿望以及克制、退瘾等现象，对于上网所带来的快感会一直有心理与生理上的依赖。

研究发现，网络成瘾者在对互联网上瘾之前，常常已经患有其他心理障碍，特别是抑郁症和焦虑症。沉溺于网络给个体带来的危害是多方面的，不仅会造成身体依赖症状，还会对学业、人际关系、经济、职业等造成严重的损害，因此，网络成瘾越来越受到心理学界的关注，是近年来网络心理学研究的热点。网络成瘾是一个广泛的概念，它包括各种行为和冲动控制性问题，表现形式有网络游戏成瘾、网络交际成瘾、网络色情成瘾、强迫信息收集成瘾、网络技术成瘾等。

网络游戏是借助于数字、电子、网络、编辑、美工、音乐等先进的道具对现实生活的虚拟。在日常生活中，每个人都会存在压力，一个心理健康的人会通过多种调节机制来缓解压力，然而一些调解机制较差的大学生则选择了逃避压力，他们躲到虚拟的网络游戏世界中，把大量的时间、精力和钱财花在游戏上而获得成就感，从而影响了自己的工作、学习、生活等。网络游戏成瘾属于网络成瘾的一种表现形式，是指人们由于沉迷于网络游戏而引发的各种生理、心理障碍的总称，表现为过度玩网络游戏而导致个体明显的社会、心理功能损害。这是最早引起人们注意的网络成瘾症，成为研究大学生网络成瘾的重点课题。患者主要表现为寻求电子游戏活动的行为，这与寻求药品的行为类似。为了获得电子游戏的活动，有的人甚至不择手段，花掉了自己的学费和生活费，欺骗父母索取钱财以达到玩网络游戏的目的，造成个人品行方面的问题，并丧失了人格和自尊。一旦大学生患上了网络游戏成瘾，就会对网络游戏有一种难以割舍的心理。为了寻求从游戏中获得的快感与满足，他们经常逃课、早退、夜不归宿等，天天沉浸在自我的虚拟世界里，而荒废了学业。

相关研究表明，长时间上网玩游戏会使大脑中的化学物质多巴胺水平升高，这种物质会使个体在短时间内高度兴奋、反应敏捷，如同磁石一般紧紧吸住人的心理，让人们无法自拔，线上和线下都会烦躁不安，甚至下网后表现出更加沮丧和不安。另外，长时间坐在电脑面前，身体活动的部位极其有限，再加上受到电脑辐射，导致免疫功能降低，容易诱发各种疾病，如紧张性头痛、消化系统疾病、心血管系统疾病等，严重的甚至会导致脑死亡。

【案例导读】

网络游戏中的“常胜将军”

杨某从小家教严格，学习认真，以优异的成绩考上了大学。刚来到大学时，他非常勤奋，当上了班长，学习、工作、社团活动比较忙碌，表现一直很好。到了大二，课程增多，加上整天忙于各类事务，因此，期末考试有好几门课程没有通过，对他的打击很大。从此，他开始频繁出入网吧，产生了厌学心理，后来发展到整天泡在网吧里面，不去上课，也不愿意当班长和参加学校的活动。只要到了网吧玩游戏他就精神抖擞，在网络游戏中他是“常胜将军”，获得了很高的游戏级别。一旦把钱花完，出了网吧，他就浑身没有力气，既不想上课，也不愿意参加活动，做什么事情都提不起精神。父亲不忍看到儿子这样，强制把儿子送到网络游戏成瘾治疗中心。他对父亲的做法很不满，认为活着没有自由，就割腕自杀，后来被及时发现并救回来了。

（二）网络游戏成瘾的形成原因

网络游戏成瘾是一种周期长、易反复、难戒断的网络心理问题。此外，大学生是一个防护意识和控制能力都比较薄弱的群体，正处于发育和成熟的阶段，情感波动大，人生观、价值观还未正确树立，心理承受能力及自我控制力差，求知欲强，对于上网的真正目的与意义还不能正确把握、辨别与选择。加之网络恰好能够满足他们的某些需求，人们依赖它来满足需要而又不能自拔。一般认为，大学生网络游戏成瘾的原因有以下几个方面：

1．网络本身特点的影响　在网络游戏中使用者会产生虚幻的无时空感和无压抑感，而这种力量造成的亲近感觉和隐私性是其他事物不会给予的，能够满足人们在现实生活中无法满足的需要，产生增强自信和自我肯定的认知和体验，充满诱惑力。网络的自由性和便利性可以让大学生不受时间和空间的限制，任意宣泄内心的情绪体验，满足他们的心理需求。网络游戏恰好就提供了一个进行情绪宣泄的虚拟空间。与现实比较而言，在这个虚拟空间中宣泄的尺度更大。其次，网络游戏给大学生提供了逃避现实的最好去处。很多大学生喜欢以游戏会友，迷恋在游戏中交流、团结协作和竞争的感觉，这让他们感觉到友好、轻松和快乐。有的同学最开始上网是因为考试失利或爱情受挫，感到心理压抑，于是跑到网上打游戏解闷，结果发现了在现实中无法找到的成就感。

2．大学生自身因素

（1）大学生特有的心理需求得不到适当满足：这是导致大学生网络游戏成瘾的重要原因。大学生思维活跃，对新鲜事物充满好奇，有强烈的与人交往的需要。人际交往也是大学生社会化和心理健康发展的必要条件。但由于他们心理不够成熟，以及缺乏交往经验和技巧等原因，一些具有自闭、防御心理、交往恐惧的个体会在现实生活中出现交往不顺利的情况。而网络提供了富有虚拟性、隐蔽性的平台，使他们乐于与他人在网上交往互动，通过游戏等形式实现在现实生活中难以满足的愿望和要求，逃避了在现实交流中必须面对交往的压力，既逃避了现实交往的紧张、不适应心理，又使交往需要得到了满足。

（2）自控力较差：大学生处于心理发展尚未完全成熟的阶段，其情感、意志具有不稳定的特点，自我约束、自我控制能力较差，对于网络游戏中极具诱惑力的场景、道具、情节、人物等不能做出正确的判断和选择，尤其是对充满暴力、富有刺激性的网络游戏无法抗拒，容易对网络游戏过度依赖而无法自拔，引起种种心理障碍。

（3）特殊的人格特质：人格特质是导致大学生网络游戏成瘾的基础。诸多研究表明，有些大学生有缺陷的人格，比如自卑、冷漠、孤僻、虚荣等，使得他们对网络游戏的认知不科学、不合理，在自己和网络之间建立起不正常的心理联系。一些焦虑、抑郁的大学生在现实生活中受到外界强烈的挫折与打击后，借助网络游戏，穿着“马甲”扮演着各种各样的角色与他人进行交流和游戏互动。在网络游戏中，通过“拼杀”“夺宝”等获取现实生活中无法获得的成就感与认同感。纵观国内外的诸多研究结论来看，网络游戏成瘾者往往具有孤僻抑郁、敏感警觉、缺乏社交能力、不遵守社会规范等人格特征。

（4）喜爱幻想：处在青春期的大学生好幻想，但容易脱离现实，看不到现实和幻想之间的差距，容易沉迷于游戏的幻想中不能自拔。在游戏中可以进行自由设计和选择幻想的任务角色，个体可以把自己想象成为游戏中的超能英雄，扮演着现实生活中无法实现的角色，这些角色也是自我内心的投射。这些大学生通过网络游戏可以轻易地实现“新我”的目标，获得“成功”，使受挫的心理得到安慰，在网络中找回自信。

（5）满足心理需要：马斯洛将人的需要划分为五个层次，其中，归属感的需要和自我实现的需要满足与否是一个人心理健康的标志之一。当代大学生处在社会巨大的变革中，无论是学习、就业、恋爱等都存在激烈的竞争，人与人之间的隔阂加剧。由于在现实生活中社交面较窄、社交羞怯或缺乏社交技巧等，有的大学生喜欢在网络游戏中寻找情感支持与交流。在网络游戏中可以“邂逅缘分”，通过一些网络游戏还可以找到“老婆”，甚至在网上可以与未曾谋面的人“结婚生子”，这些网络游戏刺激了大学生的欲望而使其不能自拔。

（6）从众心理：从众心理是社会心理学中的一个普遍社会现象，它能够给群体中的个体施加巨大的压力。在大学宿舍里，如果多数人玩网游，其他个体在群体的影响下，容易放弃自己的原则而采取与大多数人一致的行为，自制能力差的人更容易沉浸其中，出现热衷于网络游戏的“非正式的小群体”，而导致最后整个宿舍“全面开花”。从众心理和行为在一定程度上削弱了个体的判断能力及自我意识。为了融入群体获得认同感，避免孤独感，盲目地顺从群体的行为，从而导致网络游戏成瘾现象的发生。

3．社会文化因素　我们都是生活在一定的文化背景下，不可避免地被文化所影响。在同学之间的沟通和交流中，如果别人谈到网络游戏上的一些新鲜词汇（如“有木有”“88”“hold不住”“童鞋”）而自己不懂，有的人会感到落后于时代潮流的脚步。网络游戏在他们眼中成为一种高雅时尚的东西，因此，对其趋之若鹜。

4．环境因素　踏入大学校门，一方面，大学生们有相对足够多的空闲时间上网，很多学校对他们的上网时间也没有限制。另一方面，同学与同学、老师与同学之间的联系过于松散。平时大家各忙各的，难以形成与现实生活中他人的紧密联系。在无聊、闲暇时大学生借助于网络游戏来打发时间，久而久之，就形成了对网络游戏的依赖。与此同时，目前大学的计算机课程的重点在于教授学生如何使用网络，但是对于众多的网络产品（如博客、网络游戏、聊天工具等）的价值评判、信息真假等涉及很少，往往在出现了网络游戏成瘾问题后才会考虑解决办法，这种做法显然比较滞后。这种网络价值评判一直是我们计算机课程教学中的薄弱环节，也与大学的教育培养模式有关。

（三）网络游戏成瘾的对策

对付网络游戏成瘾包括以下几种对策：

1．时间管理法　是指通过事先规划和运用一定的技巧、方法与工具实现对时间的灵活以及有效运用，从而实现个人或组织的既定目标。此方法的核心在于通过提高大学生的自我效能感和给予适当的支持，帮助大学生发展一种积极的应对策略，以取代消极的网络游戏成瘾行为。网络游戏成瘾的戒除是一个循序渐进的过程，要制订一个计划，比如“6个月戒除网游进程表”（表12-2）。

表12-2　网络时间管理表

时间安排	游戏时间	学习时间	交往时间	其他休闲
第一个月每天的时间	10小时	30分钟	30分钟	1小时
第二个月每天的时间	8小时	1小时	1小时	2小时
第三个月每天的时间	6个小时	1小时30分	1小时30分	3小时
第四个月每天的时间	4个小时	2小时	2小时	4小时
第五个月每天的时间	2个小时	2小时30分	2小时30分	5小时
第六个月每天的时间	0小时	3小时	3小时	6小时

2．厌恶疗法　采用厌恶的方法，使网络游戏成瘾者一想到网游就有头痛、头晕、疲劳的感觉。其原理是重复使用厌恶暗示，建立网络游戏和不良体验的条件反射，从而使其厌恶上网，这也是目前高校心理咨询中对大学生网络游戏成瘾较常使用的方法。简单的做法是在网络游戏成瘾者的手腕上套上橡皮筋，当其有上网打游戏的冲动或念头时，就用力弹拉橡皮筋，产生疼痛感，并在拉弹的时候还要提醒网络游戏成瘾者网络游戏有危害，这样，通过厌恶刺激转移并抑制网络游戏的冲动。在平时的生活中，要培养网络游戏成瘾者的意志力，还要借助于同学的监督和帮助。

3．系统脱敏法　系统脱敏法是一种行为治疗方法，诱导来访者缓慢地暴露出导致焦虑的情境，并通过心理放松来对抗这种焦虑情境。系统脱敏法的基本原则是交互抑制，人和动物的肌肉放松状态与焦虑情绪状态是一对对抗过程，一种状态的出现会对另一种状态起抑制作用，因此，可以通过放松状态来抑制焦虑。即在引发焦虑的刺激物出现的同时让患者做出抑制焦虑的反应，这种反应可以减弱直至最终切断刺激物与焦虑的条件联系。冰冻三尺非一日之寒。网络游戏成瘾是长时间、无节制上网所导致的，采取系统脱敏法来治疗网络游戏成瘾需要花费一定的时间，因此，要制订出总体计划，引导网络游戏成瘾者按层次逐级消除对网络过敏的情绪反应创设引起焦虑的情境。设立“私人账户”，实施“小步子”计划见表12-3。

表 12-3　网络游戏成瘾系统脱敏治疗表

第一个月	每周累积网络游戏不超过____小时	每超过 1 小时扣 10 分	每少 1 小时加 10 分
第二个月	每周累积网络游戏不超过____小时	每超过 1 小时扣 20 分	每少 1 小时加 20 分
第三个月	每周累积网络游戏不超过____小时	每超过 1 小时扣 30 分	每少 1 小时加 30 分
第四个月	每周累积网络游戏不超过____小时	每超过 1 小时扣 40 分	每少 1 小时加 40 分
第五个月	巩固成果，需要有人严格监督控制，一想上网，就要受到严厉的制止		

4．森田疗法　又称为“禅疗法”“根治的自然疗法”，由日本教授森田正马创立。森田疗法不提倡追溯过去，而是要重视当前的现实生活，通过现实生活去获得体验性认识。要像健康人一样去生活，在生活中获得体验性的认识和启发，并顺应情绪的自然变化，努力按照目标去行动（表 12-4）。

表 12-4　森田疗法治疗网络游戏成瘾步骤

阶段	内容	时间	目的
第一阶段：绝对卧床期	禁止会面、交谈、看书等所有活动，除了吃饭、洗刷、上厕所外就整日卧在床上。爱想什么就想什么，一日三餐都由别人送来，要是不饿也可以不吃东西	约 1 周	为了阻断、反省、自悟
第二阶段：轻作业期	要求网络游戏成瘾者按时作息，参加每天的晨读会，认识几个年龄相仿的朋友，到户外接触新鲜空气，观看朋友打乒乓球或打篮球等娱乐活动	约 1 周	让他有参加活动的欲望，帮助他认识到自己的不足，努力配合治疗
第三阶段：重作业期	安排有特长的朋友带他出去参加这些体育活动	约 3 周	让其体验到除了上网，还有其他的娱乐活动，还可以通过娱乐活动发泄自己的不满，找回快乐。通过不断表扬他的进步，增强其自信心
第四阶段：社会实践期	通过不断加强训练，让网络游戏成瘾者自觉控制学习和上网时间，一般上网 1 小时就自觉回到活动中来。让其不断地体验到成功的快乐	约 1 周	进行适应外界变化的训练，回到实际的日常生活中

5. 认知行为疗法 认知行为疗法是心理治疗中常用的一种方法，也是治疗网络游戏成瘾的主要方法。戴维斯（RA. Davis）和杨（KS. Young）分别提出了两种认知行为疗法。戴维斯将治疗过程分为七个阶段（表12-5）。

表12-5 认知疗法的七个阶段

阶段	完成的内容
第一阶段：定向	让网络游戏成瘾者了解网络游戏成瘾的原因、性质等，制订出戒断网络游戏成瘾要达到的具体目标
第二阶段：规则	与成瘾者协商在治疗期间必须要遵守的基本规则，包括一些与网络游戏行为有关的具体要求
第三阶段：等级	为其制订计划以消除与上网行为有关的具体要求
第四阶段：认知重组	重构对使用网络产生愉快感受的认知评价
第五阶段：离线社会化	让成瘾者学会离开网络游戏，在生活中有效地与他人交往
第六阶段：整合	与其讨论在网络游戏中的自我与离开网络游戏时的自我的区别，引导他认识到将理想自我和现实自我结合起来，形成完整的自我
第七阶段：通告	与成瘾者共同回顾整个治疗过程，与其讨论在这段时间学到的东西，在治疗过程中已经达到的具体目标以及他们的症状缓解情况

整个治疗过程需要11周。这种疗法强调弄清楚患者的认知成分，让患者暴露于他们敏感的刺激面前，挑战不适应性认知，逐渐训练他们上网的正确思考方式和行为。杨借鉴了其他成瘾症的研究和他人对网络成瘾的治疗效果，提出了自己的认知行为疗法（表12-6）

表12-6 网络游戏成瘾认知疗法

方法	内容
（1）反向实践	了解成瘾者网络游戏的习惯和网络游戏的诱因，然后制订新的时间表，改变原有的上网时间、地点和内容，打破习惯定势，采用制订好的新的上网方式
（2）外部阻止物	列出必须要做的事情，这可以成为成瘾者停止上网的外部阻止物
（3）制订时间目标	要求成瘾者制订在线网络游戏时间表，采用逐步缩短在线时间的方法，并根据当事人的特点进行适当的强化激励，逐步减少上网时间，直到一个合适的水平
（4）节制	减少打开电脑的次数，使之经常处于关机状态
（5）提醒卡	让成瘾者随身携带两张卡片，一张写着网络游戏成瘾带来的后果，另一张写着减少上网时间后带来的积极方面。当成瘾者打算开始网络游戏而不是做一些有意义或更健康的事情时，拿出卡片，它可以提醒他什么是需要避免去做的和什么是想做的，时时处处约束自己的行为。通过多次重复来强化拒绝过度上网的选择
（6）个人目录	让成瘾者列出自己因网络游戏而失去或忽视的活动，并按照重要性等级排列出来，提高他们对现实生活的向往
（7）支持小组	根据成瘾者不同的背景让其参与不同的社会团体，以获取现实生活中的情感支持，这样可以得到来自现实生活的帮助
（8）家庭治疗	对于由于过度沉迷网络游戏而使家庭关系受到负面影响和破坏的成瘾者来说，进行家庭治疗是必需的
（9）解决现实问题和困难	分析网络游戏背后的隐藏问题，找到是什么原因使他逃避现实生活，并鼓励其积极面对，寻找解决途径

【知识链接】

网络成瘾临床诊断标准

美国精神病协会首次将北京军区总医院医学成瘾科、中国青少年心理成长基地主任陶然的“网络成瘾临床诊断标准”纳入《精神疾病诊断与统计手册》。网络游戏成瘾共有9条诊断标准，包括8条症状标准和1条严重程度标准。

9条诊断标准：

1．渴求症状（对网络使用有强烈的渴求或冲动感）。

2．戒断症状（易怒、焦虑和悲伤等）。

3．耐受性（为了达到满足感而不断增加使用网络的时间和投入的程度）。

4．难以停止上网。

5．因游戏减少了其他兴趣。

6．即使知道后果仍过度游戏。

7．向他人撒谎玩游戏的时间和费用。

8．用游戏来回避现实或缓解负性情绪。

9．因玩游戏危害到或失去了友谊、工作、教育或就业机会。

据中国青少年网络协会第三次网瘾调查报告显示，我国城市青少年网民中网瘾者约占14.1%，人数约为2404.2万；在非网瘾青少年中，约有12.7%的青少年有网瘾倾向，人数约为1858.5万。

第四节 大学生网络心理健康维护

网络世界越来越成为大学生精神生活的一个重要方面。网络是一个天使，它帮助我们以更快捷、广泛、高效的形式获取和交换信息，同时，它又是一个魔鬼，它的出现引发了大量心理和社会问题，如网络游戏成瘾、网络拖延等。网络到底是天使还是魔鬼主要在于我们是否能够正确地运用网络。

一、加强思想政治教育，提高网络道德素质

大学生处在塑造正确的道德观、培养良好的网络道德品质的关键时期。教育工作者应该改变传统的教育理念、手段和模式，树立占领意识，争取网络思想教育的主动权。例如，强化利用校园局域网为大学生的学习和生活提供保障服务意识，建设融思想性、知识性、趣味性和服务性于一体的主题教育网站或网页，防止低级、颓废的精神垃圾乘虚而入。积极开展生动活泼的网络思想政治教育活动，实现寓教于乐，形成网上、网下思想政治教育的合力。思想政治教育工作要坚持贴近大学生实际、贴近大学生思想、贴近校园生活，及时了解大学生的思想状况，积极回答和解决他们提出的各类问题，提高思想政治教育的有效性和针对性。同时，教育工作者要树立开放性的教育理念，注重培养大学生的道德辨析能力。多鼓励大学生走出课堂、走出校园，引导学生通过网络了解纷繁芜杂的现实社会，改变单一的知识传授模式，注意给学生提供正反两方面的信息，让学生在比较过程中培养正确的思维方法，提高去伪存真的辨析能力，防止在网络中迷失自我。

二、强化网络心理健康教育，培养健康的网络心理素质

我们不能因为一些负面因素而对网络给人们带来的文明视而不见，也不能只顾享受网络世界的新奇、刺激而对网络的负面效应充耳不闻。正确的态度应该是趋利避害、积极应对。大学生在网络世界里必须清醒地认识到“我是谁”“我是个怎么样的人”“我和周围世界及他人的关系如何”等问题，要学会协调网络中的虚拟自我与现实自我，以及理想自我与现实自我的矛盾关系，在网络环境中保持清醒的头脑和理性的思维，不迷失自我。最后，应该不定期地对大学生进行网络心理健康状况调查，通过发放问卷、开展座谈、进行访谈、网上调查等方式，了解大学生的上网行为和心理特点，以便于我们有针对性地提供网络心理健康教育服务。

三、积极引导，培养良好的网络行为素质

大学生在上网过程中要自觉遵守网络道德规范，保持健康的网络使用心态，养成日常网络行为习惯，上网时要遵纪、守法、守德。例如，维护安静有序的上网环境，服从网络管理员的管理，不通过黑客技术获取他人的网络信息隐私，不破坏网络安全，诚实守信，尊重知识产权。大学生要规范自己在网络中的一言一行，使言行符合道德、伦理和法律法规的规范，要充分发挥大学生自身的主观能动性和同龄人之间的相互影响、相互教育的优势，强化大学生的自治意识。比如，成立大学生宿舍网络管理委员会以监督大家的上网行为，发挥社团积极性，优化大学生网络行为，维护网络秩序。

四、丰富校园文化，营造绿色的网络文化氛围

校园文化是以学生为主体，以课堂文化和课余文化为重要形式，以广大师生长期的心理、行为积淀而形成的群体文化。校园文化对大学生行为的作用是潜移默化的，具有唤醒作用、定向作用、维持和激发作用，因此，凝聚力良好的文化氛围有利于大学生充实自己、热爱生活。我们可以利用业余时间开展高水平的文体欣赏讲座，提高大学生的审美能力，抵御网络中的颓废审美观；还可以组织校内的文艺活动、体育竞赛活动、英语角等，使大学生在实践中耳濡目染、开阔视野，提高自身的文化底蕴，促使他们热爱自己的大学生活，并使生活充实、精神愉悦，从而减少对网络的依赖；通过创建学生们喜闻乐见的网站（如校内BBS、网站导航等），提高学生的点击率，有意识地营造良好的网络文化范围，借助于这种文化活动产生精神纽带，来吸引和团结大学生，将其紧密地结合在一起，建立绿色、和谐的网络文化群体。

【实操训练】

做一做

在网络世界，一个人可能会尝试用一种新的方式表达自己，如尝试新的行为和呈现自己个性中以前未曾表现过的方面。这些行为可以作为现实生活的模拟。在模拟过程中，将一些成功的行为模式引入现实生活中，可以帮助我们更好地塑造现实人格。同样，我们可以将自己在现实生活中一些不成功的行为引入网络，查找这些行为失败的原因，并尝试完善和改变

这些行为。

※ 在现实生活中你是一个什么样的人

外形：________________

言谈：________________

举止：________________

别人对你的评价：________________

自己对你的评价：________________

※ 在网络生活中你是一个什么样的人

言谈：________________

你的网友对你的评价：________________

自己对自己的评价：________________

※ 将网络行为引进现实生活

在网络中我对自己满意的行为是：________________

我打算将这些方法运用到生活中，如我的书面语言比我的口头语言好，因此，对某些同学我可以采用书面语言（写信）与他们交流。

又如：________________

※ 将现实行为引进网络生活

在现实生活中我对自己不满意的地方是：________________

我打算采用以下措施进行矫正：________________

在网络中模拟了以上措施后，发现以下的几种方法比较有效：________________

【实操训练】

测一测：网络游戏成瘾量表

下面是一些与你使用网络有关的问题，主要关注的是你使用网络的具体情况。每一个描述都有从“完全不符合”到“完全符合”5个选项。请仔细阅读每一个描述，结合自己的实际情况，选择一个最能代表自己看法的选项，并在相应的选项上打“√”。

	完全不符合	基本不符合	不确定	基本符合	完全符合
1．我上网时大部分时间用来玩游戏。					
2．我对网络游戏有难以控制的强烈渴望。					
3．我曾分不清游戏的虚拟世界和现实世界。					
	完全不符合	基本不符合	不确定	基本符合	完全符合

4．我玩游戏时输了会再玩，直到赢为止。					
5．在游戏中不断练习使用新的战术（技术）才能让我过瘾。					
6．不上网时我的脑海里常常浮现网络游戏的场景。					
7．玩网络游戏的时间超出我的计划。					
8．我向周围人隐瞒自己痴迷网络游戏的程度。					
9．我曾一度想不玩网络游戏但是失败了。					
10．我因为玩网络游戏而忘记吃饭或写作业。					
11．我如果有几天不玩网络游戏就会坐立不安、心神不宁。					
12．我宁愿玩游戏也不愿和别人出去玩。					
13．我因为要玩网络游戏向别人借过钱。					
14．玩游戏让我获得了别处得不到的满足感。					
15．在虚拟的游戏世界里我感到很安全。					
16．网络中的游戏高手可以得到别人的尊重和羡慕。					

本量表有16个题目，分两个维度：①游戏非适应性认知（主要表现为对网络游戏过度正性的评价，能从游戏中虚拟获益，但现实的人际关系和学业受损）。②游戏成瘾行为（包括个体进行网络游戏时行为的冲动性、缺乏控制、戒断症状和相关品行问题）。

两个维度对应的题目分别为：

1．游戏非适应性认知：1、4、5、7、10、12、14、15、16。

2．游戏成瘾行为：2、3、6、8、9、11、13。

计分方法："完全不符合"计1分。"基本不符合"计2分。"不确定"计3分。"基本符合"计4分。"完全符合"计5分。得分越高越符合网络成瘾标准。

本量表可分为总分、游戏非适应性认知维度得分和游戏成瘾行为维度得分。

【知识链接】

网络新礼仪

一、网络是人生的新朋友，对待朋友要重诺守信。

二、网络是学习的新源泉，对待源泉要饮水思源。

三、网络是传播的新载体，对待载体要维护次序。

四、网络是表达的新天地，对待新天地要尊重有礼。

五、网络是互动的新途径，对待途径要有张弛有度。

六、网络是创意的新平台，对待平台要激发灵感。

七、网络是就业的新领域，对待领域要开发资源。

八、网络是娱乐的新窗口，对待窗口要收放自如。

九、网络是联系的新纽带，对待纽带要合力鼓劲。

十、网络是公益的新渠道，对待渠道要志愿参与。

十一、网络是和谐的新家园，对待家园要爱护珍惜。

【小 结】

网络是一把双刃剑。随着社会的发展，网络开始深入大学生的生活，一方面，网络给大学生的学习、探索外部世界、人际交往提供了更大的拓展空间。另一方面，如果使用不当，网络会对当代大学生的身心健康带来很大的影响，造成网络施延和网络游戏成瘾等负面影响，因此，帮助大学生正确看待网络的使用，矫正网络使用中的不良心理与行为问题具有重要意义，有必要对大学生的网络行为进行规范化教育。

【思考题】

1．网络对大学生心理健康的积极影响有哪些？
2．网络对大学生心理健康的消极影响有哪些？
3．造成大学生网络心理问题的原因有哪些？
4．制订一个有效利用网络的行动计划，用它来指导自己的网络生活，让自己乐在其中。

第十三章　生命诚可贵：大学生生命教育与危机应对

关于生命，古往今来无数的思想家、哲学家给出过不同的解释。那么生命到底是什么？生命中遇到危机时又该怎么办呢？本章我们一起来探索生命，学习如何应对生命中的危机。

第一节　生命教育与大学生

一、认识生命、珍爱生命

生命的真谛是人格尊严，生命教育的真谛是唤起同情、培育仁性。一个懂得保护生命、尊重他人生或死的大学生，在将来走上社会后，才有可能人性向善，为社会增添一分和谐。所以，生命教育就先从认识生命、尊重生命开始。

（一）生命的内涵

人生最宝贵的是什么？生命只有一次，生命的一次性和独立性告诉我们生命是至高无上的。那么生命究竟是什么呢？关于“生命”的含义不同的思想家、不同的学科做出了不同的界定。

马克思认为，生命的本质是自然存在基础上的社会存在。生命是一种自然存在物，生命的自然需要是其存在的前提和条件。人的生命是以蛋白质的方式存在的，从这个意义上说，人的生命与其他动植物的生命没有本质的区别，都要遵循着新陈代谢的原则和规律。同时，马克思指出社会性是人的根本属性。“人的本质不是单个人所固有的抽象物，在其现实性上，它是一切社会关系的总和。”《辞海》中关于“生命”的定义是：“由高分子的核酸蛋白体和其他物质组成的生物体所具有的特有现象。能利用外界的物质形成自己的身体和繁殖后代，按照遗传的特点生长、发育、运动，在环境变化时常表现出适应环境的能力。”这是从生物学上来定义的。法律学认为：“生命是动、植物或有机体的存在状态。”医学对生命的界定有许多，黄应全在《死亡与解脱》中将生命界定为以下三个方面：①活着的状态。由新陈代谢、生长、繁衍以及对环境的适应所表现出来的特征；动植物器官能完成其所有或部分功能的状态。②有机体的出生或发端到死亡之间的时期，从生理学上看，完整的生命起始于胎儿，终结于死亡。③将生命物体（动植物）与非生命、非有机的化学物或已经死亡的有机物区别开来的特征的总和。心理学则认为，生命即意识到的自我，从婴儿期开始缓慢发展。

总结各学科的观点，我们可以这样理解人的生命：首先，生命本身是生与死的统一，生与死是生命的一体两面，二者密不可分。其次，生命是自然生命和精神生命的统一，是一个复杂、具有多重矛盾的统一体。

（二）生命的特征

人的生命是自然生命和精神生命的统一体，具有自然性和社会性特征。

1．自然性　自然性是人在生物学及生理学方面的特征，也就是指人的生理构造和本能。人的生命和其他生命体一样，有生物属性和自然需求，比如要与外界进行物质和能量的交换，进行新陈代谢，具有自我复制和繁殖、变异的功能，对外界环境有一定的应激反应能力等。人的生命也必定遵循自然规律，具有有限性和不可逆性。古人云："人生一世，草木一秋。"人死之后，万事皆空。人的工作、成就、荣誉一切都因死亡而毫无意义。从胚胎起，生命便一直生长、发育，直至死亡。它绝不会"倒行逆施"，返老还童也绝非现实。生命对任何人来说都只有一次。

2．社会性　马克思认为"人是一切社会关系的总和"是人的本质之一。人是社会的动物，是社会性的生命个体，不是孤立存在的，而是与其他个体生命相互联系、相互交往，形成一定的社会关系，因此，人的生命必然带有社会性。生命的社会性赋予了生命多姿多彩，让生命变得独一无二，也使得整个世界因生命而精彩。生命的社会性还体现在人的自主性与能动性上。对于人类社会来说，自由是永恒的理想。对于生命个体来说，自由是人的生命的本真形态，人的生命本质是自由的。自由是个体生命最基本的要求之一。另外，人的生命还具有其他生命不具有的主观能动性，能够有意识地改造自然和社会，从而实现生命的超越，激发生命的潜能，提升生命的质量，实现生命的价值。

（三）生命的意义和价值

因为生命的有限与不可逆，生命才变得有意义。当我们面对死亡的最终命运时，我们才具有一种迫切感，一种实现我们自身潜能的动力，一种发挥能力的必要性。另一方面，人要随时做好准备，因为生命随时可能终结。我们不能延伸生命的长度，但可以决定生命的宽度。在有限的时间里，如何使自己的生命更有意义，是我们必须好好思索。

每个人的生命都是相似的，因为都要历经从出生到死亡的过程。但是每个人的生命又是独特的，因为每个人的生活经历和生命体验都几乎是独一无二的。同样的境遇不会重复出现，每个境遇需要当事人给予不同的反应。置身于某种情境当中，人有时必须以行动来塑造自己的命运；有时最好趁机深思熟虑，借以领悟人生的道理。

万花筒之所以缤纷多彩，是因为有各式各样、形貌各异的图形存在其中。图形并不都是鲜亮的色彩，但晦暗的部分却成为极佳的衬托，人生也是如此。不经一番寒彻骨，哪得梅花扑鼻香。如果我们能以健康的态度面对人生中不可知的痛苦与压力，并学习在面对困难时能以感恩代替埋怨，以积极乐观代替消极悲观，我们将会发现，苦难其实是化过妆的祝福，历经苦难将带来丰硕的果实。生命是一切智慧、力量和美好情感的唯一载体，失去它一切都不会存在，是任何东西都不可能替代的。我们应该认识自己的生命，认识生命的价值。

马克思主义认为："生命价值是指作为客体的人满足他人和社会需要的一种效益关系，是人的生活实践对于社会和个人所具有的意义和作用。"它主要包括两个方面：一是社会要尊重和满足个人的利益，保证个人价值的实现；二是个人要承担相应的社会责任和义务，要以实现社会价值为最高目标。作为新时代的大学生，要想实现个人价值和社会价值，就应该不断地加强学习和实践，提升自身的道德文化素养，丰富所学的科学知识，在实践活动中服务于社会。人的价值不在于索取，而在于奉献，大学生只有在奉献于社会和他人的过程中才能真正地实现生命的价值。

二、认识死亡、思考死亡

死亡是每一个生命的最终归属。生命的独特在于有一个终点，如果没有终点，存在无限的生命，生命也就失去了宝贵性。作为新时期的大学生，既要认识生命存在的意义，也不能忽视对死亡的认识。

（一）认识死亡

在我国，孔子认为“不知生，焉知死”，对死亡避而不谈，表现了儒家“忘死”的人文思想。而“人死为鬼”以及“鬼神崇拜”的惧死态度又深深地植根于一般人心中，因此，“死亡”成了禁忌话题。但有的青年出于好奇心，希望对死亡有进一步的了解，可是没有正确的途径引导，而使得他们以身试死，来获得对死亡的认识，从而导致悲剧的发生。作为现代青年，如果不科学地认识死亡，不认识死亡的本质，就不能很好地认识生命。在我们的一生中，难免遇上亲友亡故的不幸，我们应该怎样面对这种失落和悲伤呢？在不同的学术领域，人们对死亡有着不同的理解和诠释。

1．医学对死亡的定义

（1）死亡是一个过程。医学家认为，死亡是人体生理功能逐渐衰减至完全停止的过程，并非瞬息即逝的现象，而是一个逐渐发展的过程。机体内各组织、细胞并非在同一时间进入死亡。死亡过程分为濒死期、临床死亡期和生物学死亡期。

（2）死亡标准在不断地演变。人体死亡的判定关系到人的生死随着社会的发展和医学的进步，人体死亡的判定标准也在演变。人类社会的早期以呼吸停止（也就是民间所说的“断气”）作为判断死亡的标准，后来演变为以心、肺功能停止（即心跳、呼吸停止）作为死亡的标志。但是在许多情况下，心搏骤停之时，脑、肝、肾等器官组织还存在功能。随着人工维持心、肺功能的技术和药物的应用，心跳、呼吸停止的患者经过抢救也可以复苏，甚至治愈出院，这说明心、肺功能停止不一定意味着死亡。相反，某些实际上已丧失脑功能的患者，也能在生命维持装置的监护下，使心跳、呼吸持续很长时间，但作为人的自我意识或意识经验能力已经丧失，因此，脑死亡概念标志着科学的进步和人们对生命的含义、本质、存在价值的认识迈出了新的一步。虽然如此，由于传统思想的影响，脑死亡标准的实施在我国还存在不少伦理方面的争论，使得我国在这方面的进程落后于西方发达国家。

2．法律对死亡的定义　死亡是自然人生命的终止，包括自然死（非暴力死）、暴力死亡及法定死亡。其中，法定死亡是指失踪一定期限后依法所宣告的死亡。

3．社会学角度的死亡定义　从社会学角度看，死亡是指人处在衰老或临终阶段，他的社会活动、社会影响等社会存在性逐渐减少，有时或多或少已经不复存在，犹如死亡一般。这种减少往往是由于人体在生理、情感和交流方面从社会的撤退引起的。患者在他们被确认为临床死亡或生物学死亡之前，其社会存在性就已经减弱或终止了。社会学死亡可以早于生物学死亡，如把一个垂危昏迷的患者看作“一具能够呼吸的尸体”。相反，有些人的社会存在性也可能被延长以至于超过他们的生物死亡终点。因为死亡不可抗拒，在死亡来临时，所有的人都无法自己选择。

（二）思考死亡

我们每个人自出生开始，犹如坐上了一列列车，这列列车叫生命号。每个人都手持一张单程票，开始一场一去不返的旅行。对于生命的终点站，我们不但要有知识性的认识，更要做一番思考。生命本身就是一个奇迹，每一个生命的诞生都是一个奇迹。从空间上说，至少到目前为止宇宙间人类是已知的唯一智慧生物。作为拥有生命的个体，我们没有理由不去追求成功而充实的人生。活着，千万别错过生命！

大部分大学生对于生命与死亡有正确的认识，但是也有部分大学生误入歧途。大学生对于生命与死亡认识的误区具体来说有以下几种：

1．戕害生命　近年来，大学生戕害生命的现象越来越严重，已引起人们的高度关注。有的动辄跳楼、上吊，其原因不外乎“为情所困”“看破红尘”，或在压力下“一了百了”。有的人把生命当作一件触手可得的物品，随意糟践，丝毫谈不上珍视生命，更不用说敬畏生命了。

2．虚度生命，游戏人生　有的学生一旦踏入大学校门便有松了一口气的感觉，丧失了高考前那股拼劲和锐气，再加上高校管理较为宽松及自控力差等原因，有的大学生逐渐养成惰性思想，甚至被它所左右。他们的心思容易被吃喝玩乐占领，自主学习往往成了形式。有的学生开学几周也静不下心，忙于放松、购物、游玩，离期末还有1个月就操心订票回家，真正的学习时间太有限了。有的学生为了应付考试，不是设法作弊，就是乱走关系。论文式的作业中少有自己的语言和思想，粘粘贴贴应付了事，为学术腐败埋下了祸根。

3．生命过于娇嫩，不经风雨　不少大学生是独生子女。在父母“望子成龙，望女成凤”的殷切期盼之下，他们习惯了多年的“饭来张口、衣来伸手”的娇生惯养。进入大学校园后，在自理、自立方面的能力比较差，甚至在日常生活中显得无力、无奈，脆弱不堪。磨难对相对优越的生活环境使得部分大学生过于脆弱，成为不经风雨的温室花朵，难免辜负人们对他们的期望。有的盲目攀比、寅吃卯粮，即使家里债台高筑也无动于衷。有的成为“消费文化”的俘虏，这种非理性消费统领的生活方式其实是对生命的践踏。有的过早涉入爱河，不是因享受生活而荒废学业就是因情场失意导致恶性事件的发生。如此以享乐、自我、时尚等为基准的生活理念和模式只会使他们在生理和心理上脆弱不堪、难当重任。

【知识链接】

生与死：格言集锦

人生不过是一个行走的影子，一个在舞台上指手画脚的笨拙的可怜人，登场片刻，便在无声无息中悄然退去，这是一个愚人所讲的故事，充满了喧哗和骚动，却一无所指。

——莎士比亚《麦克白》

生之本质在于死，因此，只有乐于生的人才能真正不感到死之苦恼。

—《蒙田随笔》

谁能把生死置之度外，他就会成为新人。谁能战胜痛苦和恐惧，他自己就能成为上帝。

——陀思妥耶夫斯基《群魔》

只有当生命被清楚地看作是在慢慢死亡时，生命才是生命。

——索尔·贝娄《赫索格》

使生如夏花之绚烂，死如秋叶之静美。

——泰戈尔《飞鸟集》

人之生，气之聚也，聚则为生，散则为死。

——《庄子·知北游》

你要习惯于相信死亡是一种和我们毫不相干的事，因为一切善恶吉凶都在感觉中，而死亡不过是感觉的丧失……当我们存在时，死亡还没有来到，而当死亡降临，我们已经不存在了，因此，死亡对于生者和死者来说都是不相干的。因为对于生者来说，死亡是不存在的，而死者本身根本就不存在了。然而一般人有时逃避死亡，把它看成是最大的灾难，有时却盼望死亡，以为这是摆脱人生灾难的休息。贤者既不恶生，亦不畏死，既不把生存看成坏事，也不把死亡看成灾难。

——伊壁鸠兽

向死而生，提前进入死的状态。

——海德格尔

第二节　心理危机与大学生

【案例导读】

老鼠的故事

在一个青黄不接的初夏，一只在农家仓库大梁上的老鼠意外地掉进一个盛得半满的米缸里。处身于白花花的大米之中的老鼠喜出望外，它先是警惕地环顾了一下四周，确定没有危险之后，接下来便是一通猛吃，吃完后倒头便睡。老鼠就这样在米缸里吃了睡、睡了吃。日子在衣食无忧的休闲中过去了。有时，老鼠也曾为是否要跳出米缸进行过思想斗争与痛苦抉择，但终究未能摆脱白花花大米的诱惑。直到有一天它发现米缸见了底，才觉得以米缸现在的高度，自己就是想跳出去，也无能为力了。老鼠未能抗拒大米一时的诱惑，未能意识到潜在的危机，最终想逃生为时已晚。

这个故事给我们带来什么启示呢？我们是不是也和老鼠一样身处危机中却浑然不觉？大学生作为一个特殊的群体，由于其特定的年龄、社会角色、成长学习环境等因素，不可避免地成为心理危机的高危人群，因此，很有必要正确地认识心理危机。

一、认识心理危机

（一）心理危机的概念

作为心理危机理论的创始人，卡普兰（G. Caplan）将心理危机定义为："个体面临突然或重大生活事件时（如亲人死亡、婚姻破裂或天灾人祸等），既不能回避，也无法用通常解决问题的方法来解决时所出现的心理失衡状态。"大学生的心理危机是指大学生在面对升学、就业、家庭变故等突发或重大事件感到无所适从、难以应对时所产生的心理失衡状态。总的来说，确定大学生是否陷入危机有三个标准：①存在具有重大心理影响的生活事件。②引起急性情绪扰乱或认知、躯体和行为等方面的改变，但又均不符合任何精神病的诊断标准。③当事人用平常解决问题的手段应对无效。

（二）心理危机的表现

大学生心理危机的出现不仅对学生本人的学习、生活和人生发展有巨大的影响，也对学校的正常生活和教学秩序、管理秩序造成相当大的影响。除了依据大学生个人生活史与性格特征，是否存在急性应激事件来识别外，大学生在心理危机状态下会表现出一系列的情绪、认知、行为及生理反应，这是识别大学生心理危机的重要指标。常见的具体表现为：

1．性格方面　平时性格开朗，生活态度积极乐观，出现危机时则相反；如果平时性格内向，则可能会加重。或许性格变得暴躁、易怒，抱怨一切事情，甚至认为社会对他不公平等。

2．情绪方面　紧张、恐惧、怕见人、情绪低落或不稳，或表面平静但眼神游离。

3．行为方面　躲避人，对关心他的人采取回避的态度，呆坐沉思、麻木、沉默少语，或言语所表达的意义令人费解，如打听什么方式的自杀没有痛苦、询问某种药物吃多少会死、活着不如死了等。

4．其他方面　失眠、食欲和食量发生变化，做事时注意力不集中，工作和学习能力下降，严重者出现自杀、药物滥用等。

（三）心理危机的特征

大学生作为一个特殊群体，其心理危机与其他人群既有共性，也有其特殊性，主要表现在：

1．易发性与突发性　大学生正处于生理和心理逐渐成熟的关键阶段，任何一个细小的问题都容易导致心理危机。许多大学生对于心理危机没有清楚的认识，往往采取压抑、忍受的方式，而不是与人沟通，积极寻找帮助。如果心理压力超过临界点就会突然爆发，令人猝不及防。

2．危险性与机遇性　危机之中隐含着危险，这种危险可能影响大学生的日常学习与人际交往等，严重的还可能危及生命。同时，危机之中也包含着机遇。正确处理和解决危机可以使当事人更健康地成长，提高正确的自我意识，从而使危机成为人生路上的一个机会或一个重要转折。此时，危机转变为成长的机遇。

3．破坏性与传染性　大学生常见的心理危机有很多，不仅给自身带来了危害，也会给其他学生带来较大的负面影响。学校是一个大环境，如果学校内发生了某些危机事件，有的学生可能会产生不同程度的恐慌和紧张，也会感到不同程度的压力，甚至会效仿。

4．无助性　心理危机的降临常常使人觉得无所适从，使人的未来计划受到威胁和破坏。由于先前的应对方式无法应对危机，社会支持系统不完善，常常会使大学生感到无助和绝望。

5．时代性　是指当代大学生的心理危机反映了时代、社会对大学生的要求和压力，反映了个人对理想的追求，表现为成才、实现理想与现实的矛盾和冲突。

二、心理危机的产生与发展

（一）心理危机的产生原因

引发大学生心理危机的原因众多，包括个体因素和环境因素，主要体现在以下方面：

1．个体因素

（1）生理因素：大学生的生理发育已完全成熟，有了一定的性生理和性心理的需要。我国法律规定大学生有在校结婚的权利，但道德、学业、就业、生存等方面的问题又要求大学生以学业和自身发展为重，从而产生了心理矛盾。

（2）心理因素：包括认知有偏差、人格有缺陷、价值观和人生观不稳定性以及心理素质过低等因素。现阶段大学生多为独生子女，家庭教养方式使其性格中带有自我、冲动、孤僻、骄纵等特点，因此，受挫折能力低，心理较为脆弱，危机承受能力不强。而且，我国在应试教育的背景下，大多数中小学校对学生的心理发展不重视，造成相当多的青少年人格不健全，心理素质较低，进入大学后其心理问题逐渐凸显。

2．环境因素

（1）社会因素：大学生正处于由不成熟向成熟转变的心理过渡阶段，相比其他年龄阶段的人群，他们的心理压力更大，出现心理问题的可能性也更大。随着我国改革开放和现代化建设的进一步发展，现代生活节奏明显加快，各种新生事物不断涌现，这些无疑给当代大学生的生活带来了巨大冲击。那些心理承受能力较差的人可能经不起社会方方面面的刺激，可能会产生心灵扭曲、行为怪异，导致情感、理智和行为上的错位，甚至自杀。

（2）学校因素：大学生的生存环境以学校为主，因此，学校对大学生的心理危机有直接影响。国内调查资料显示，71.3%的大学生承受着较大的心理压力。在校生活期间，个人前途、学业压力、人际关系问题、经济压力、网络成瘾等是困扰大学生的主要问题。

（3）家庭因素：有关研究表明，大学生的不少心理问题与家庭生活的不良背景、早期不良家庭生活经历有很强的相关性。家庭的显性或隐性的文化环境，如家庭的自然结构、人际关系、教育方式、抚养方式以及家长的素质等都会对大学生的心理发展及心理健康水平产生直接或间接的影响。

（二）心理危机的发展过程

一般来说，大学生心理危机的发生会经历以下几个时期：

1．冲击期　危机事件的发生犹如“晴天霹雳”，在发生后不久或当时，当事人感到震惊、恐慌、不知所措。

2．防御期　表现为想恢复心理上的平衡，控制焦虑和情绪紊乱，恢复受到损害的认知功能，但不知如何做，此时会出现否认、合理化等心理防御反应。

3．解决期　积极采取各种方法接受现实，寻求各种资源想方设法解决问题，从而使焦虑减轻，增加自信，恢复社会功能。

4．成长期　经历了危机后变得更成熟，获得了应对危机的技巧，但也存在消极应对而导致心理不健康。

三、心理危机的分类及大学生常见的心理危机

（一）心理危机的分类

关于心理危机的分类有许多种，其中被广泛认可的是心理学家布拉姆（S. Brammer）的心理危机分类：

1．发展性危机　发展性危机指个体在正常和发展的过程中，由急剧的变化或转变所导致的异常反应。大学生面临就业、升学等必须要经历的问题，事件的出现使部分学生产生紧张、担心、焦虑、难过、抑郁等消极心理问题，行为上出现厌学、逃课、逃避人际交往，或

冲动偏激的表现。轻度的心理问题不会影响大学生的生活，但是个别学生在长期没有足够的应对能力的情况下，容易使心理问题积累到一定程度，最终引发发展性危机。

2．境遇性危机　境遇性危机指突然出现个人无法预见和控制的事件或变故，个体无法承受而导致心理危机。如大学生遇到父母离婚、交通事故、亲人离世、患上重大疾病等突发事件，强烈的心理打击和心灵创伤引发了心理危机的爆发。

3．存在性危机　存在性危机是指大学生思考人生问题、存在问题和三观（人生观、价值观、世界观）的问题时产生的心理危机。人们往往对于人生是什么、人从哪里来到哪里去、人为什么活着、活着为了什么、怎样才能活得有意义等问题而苦恼。大学生处在心理成熟或半成熟时期，或多或少地都会思考这些人生本原问题。实际上大学生因为年龄和身心的特点，他们会思考死亡、自由和孤独，会思考在哪些方面能获得自我认同。

（二）大学生常见的心理危机

大学生心理危机是个体因素和环境因素共同作用的结果。当遇到特定的生活事件时，这些因素就会引发个体心理危机。目前大学生常见的心理危机有：

1．适应性危机　在大学的生活环境里，新生面临新的生活环境。同学们来自不同地域、不同文化背景的省、市，各地的生活习惯不一样，需要互相适应。另外，高中阶段的教育主要是基础教育，以知识储备为主，但大学的学术环境不同，更多的是强调个体学习的主体性，引导学生用学术研究的方式去思考、研究问题，这是大学生在中学时代所不曾接触的，对他们来说很有挑战性。能否顺利度过这一适应期对大一新生来说至关重要，若有一些问题处理不当或认知错误，就会出现心理问题，导致心理危机。

2．学习心理危机　学习是大学生的基本任务。大学生的学习不同于高中时的学习，更强调自学。大学生如果不能有效掌握大学的学习方法，就会感到困惑、迷茫、无所适从。另外，大学生的学习困惑与压力还有一部分来自于所学专业并非是自己喜欢的，这使他们长期处于冲突与痛苦之中。如果不能顺利地解决这些问题就会导致大学生的学习心理危机。

3．人际心理危机　人际关系、社会的复杂性和大学生心理的单纯性常使部分学生在交往中遭受挫折，因自我否定而陷入苦恼，或企图对抗而陷于困境，导致人际关系不协调。受中学应试教育环境的影响，一些大学生的学习能力强，但人际交往能力很弱。进入大学后，建立和谐的人际关系及与各种性格的同学交往是大学生需要面临的发展性问题。由于每个人的个性特征不同，处理问题的角度不同，再加上封闭、羞怯、敏感与冲动，使大学生在人际交往过程中不可避免地遇到各种困难和问题，产生心理危机。

4．情感心理危机　大学阶段，大学生的生理和心理逐渐走向成熟，他们渴望得到异性的友谊以至于爱情。但是，有部分大学生对爱情的理解不够成熟和全面。在这种本能与道德、成熟与不成熟的冲突中，恋爱等方面的问题极易引起心理危机。个别大学生一旦失恋就会自暴自弃，对另一方耿耿于怀，或让自己走上绝路，或伤害对方。

5．生活心理危机　相对于经济环境优越的学生来说，家庭贫困的大学生背负着更大的心理压力。经济生活的无助容易引发自卑感或嫉妒心。有的大学生的家人对其期望过高，要求拿奖学金、进国企、考上公务员等，无形中使他们的压力剧增。有的大学生面对利益和诱惑选择会产生心态不平衡。

6．就业心理危机　随着大学的扩招，大学生面临的就业竞争越来越激烈，很多大学生过于担心就业问题。就业形势严峻使大学生面临着前所未有的就业压力，大学生在求职过程中不断经受着竞争和考验，困惑、焦虑、自卑、无助和紧张等负面情绪不断积累，超过一定的心理承受限度时，一些大学生就会产生心理危机，严重者可能会出现精神崩溃或者走向自杀的绝路。

7．网络心理危机　当今时代，网络电子产品更新换代，网络游戏层出不穷，智能客户端已经成为生活中不可缺少的一部分。科技的发展一方面丰富了大学生的生活，另一方面也对他们的心理造成一定的消极影响。网络虚拟世界中的暴力、色情、颓废、消极色彩等内容给大学生的心理健康造成了极大的不良影响。由于网络虚拟世界与现实社会之间的差距感，大学生往往因为沉迷于网络而导致心理障碍，不仅使学习成绩下降，还极易形成孤独与抑郁的心理特征，而更不想去面对现实。长此以往，会给大学生的心理和生理带来不同程度的影响。

【知识链接】

有效应对危机

当我们遭遇棘手问题而陷入危机时怎么办？SODAS 为大学生有效解决问题、应对危机提供了一个方法。SODAS 是五个英文单词的缩写，这五个词分别是：停止（stop）、选择（operation）、决定（decision）、行动（action）、自我表扬（self-praise）。它告诉我们，当我们陷入心理危机时，要先停下并列出问题，然后找出所有可能的选择，之后确定一个最适当的选择，做出执行计划后再行动，并且在行动中要学会用自我表扬来激励自己。

第三节　大学生心理危机的预防与干预

【案例导读】

心理危机面面观

2014 年 4 月 2 日，厦门南洋学院一名大二男生从学校宿舍 7 楼坠下身亡，调查发现该大学生的自杀原因是愚人节其女友向他提出分手，他由于接受不了刺激而跳楼。

2014 年 4 月 16 日，广东中山大学一名风华正茂的硕士研究生在宿舍内自尽。该研究生自杀前留有遗书，说明了她选择自杀的原因是在父母期望、学习和工作上的压力下压得喘不过气，于是走上了不归路。

2015 年 3 月 9 日，位于杭州下沙的中国计量学院校园内发生一起坠楼事件。一名男生坠楼后被送往医院抢救。据媒体报道，该男生因表白失败从教学楼跳下。另有知情人介绍，坠楼男生因学习比较吃力，曾两次到学校进行心理治疗，期间出现情绪悲观、自我否定等情况。

以上案例都是因为大学生陷入心理危机导致了悲剧，面对频频出现的大学自杀事件，加强对大学生心理危机的预防与干预已刻不容缓。

一、心理危机的预防与干预

（一）心理危机的预防

传统的心理危机预防强调建立预警机制，关注大学生的各种心理问题的处理，致力于矫正大学生的人际交往、情感、压力、焦虑、抑郁等负面情绪问题，而忽视积极的心理教育。针对传统心理危机预防的不足，积极心理学提供了预防心理危机的新视角。积极心理学是关心人的优秀品质和美好心灵的心理学，它由美国心理学家塞利格曼（MEP. Seligman）提出并倡导。从积极心理学角度来看，心理危机的预防可以从以下角度入手：

1．培养积极的心理品质，增加心理资本　积极心理学在不忽视人心理的消极面的同时，关注和强调人心理的积极面。大学生应发挥自身优势，培养力量，挖掘潜能。积极心理成分增多了，焦虑、抑郁等消极心理成分在内心的空间就相对少了，心理危机发生的概率就低了，因此，增加大学生内在的积极心理成分，培养积极心理品质，就成为大学生心理危机预防的重点。为此，大学生要有意识地培养自信、自尊、自爱等；爱、感恩、诚信等对他人的核心心理资本；责任、勇气、韧性等对事的核心心理资本。

2．建设积极的校园环境，提供积极的心理氛围　积极心理学还强调积极环境建设的重要性。良好的校园物质环境，积极的大众传媒、社团组织、文化活动可以有效地营造积极心理氛围，预防心理危机。构建和谐温馨的校园环境可以改善大学生的心理状况。操场、图书馆、公园、食堂、教室、宿舍等整洁美好的环境能使人心情愉悦，也是保证大学生身心健康成长的重要条件。应充分利用学校广播、计算机网络、校园橱窗等宣传媒体，进行多渠道、多形式的正面宣传，弘扬学生的正面情绪和积极心态，从而在不经意间将积极心理逐渐渗透给每个学生，使学生在日常生活和学习中养成以积极的心态对事、对人、对己。社团组织可以通过开展各式各样的文化活动为学生提供校园支持与交往平台，也为学生的压力释放提供了空间。

3．构建积极社会支持系统，形成预防心理危机的合力　对大学生来说，积极的社会支持系统是指良好的家庭、学校和社会环境。在家庭中父母要给孩子起到积极的示范作用，多给予孩子积极肯定和支持，让孩子知道自己的价值，从而有足够的勇气去面对遇到的困难。学校要与学生家长建立沟通渠道，多组织学生参加社会活动，通过社会实践培养学生积极、健康、向上的生活态度。

4．加强心理健康教育　心理健康教育课程不但要传送心理健康与心理疾病知识，更要强调教给大学生怎样解决问题、让生活充实和快乐、增进心理健康、实现个人潜能。另外，还要有意识地将积极心理学纳入不同学科、不同的教学活动中。教师在上课以及开展各项活动时，应真正做到教书育人、为人师表，用开放与欣赏的眼光和态度去鼓励学生，使学生在安全的环境下最大程度地发挥自己的优势。教师还应该用自身的积极人格影响和感染学生，做学生的榜样和良师益友。

（二）心理危机的干预

大学生心理危机干预是指对有心理危机的大学生个体或群体的一种帮助。其目的是及时帮助处于困境、经历危机和即将发生危险的大学生恢复心理平衡。大学生心理危机干预是一项复杂的系统工程，需要多方面的努力才能做好，主要包括以下方面：

1．完善心理危机干预机制

(1) 做好心理普查，建立学生心理档案：通过对新生进行心理健康测量，建立大学生心理档案，掌握容易产生心理问题的学生的心理健康状况，要特别关注有严重生理和心理疾病以及有自杀倾向的学生，以及在学习和生活中遇到突然打击和受到意外刺激的学生。对发现有问题的学生采取重点辅导、专人管理、及时矫正的措施。

(2) 完善心理危机监测体系：监测网络采取心理委员—心理辅导员—心理危机干预小组三级工作模式，每一级网络都指定专人负责，定期向上级网络报告。

(3) 成立心理危机干预专门机构：在负责心理健康教育与心理咨询的部门成立专门的心理危机快速反应小组，目的是对大学生的突发危机状况快速反应、快速行动。小组成员可以从高校心理学相关教师、心理咨询师、辅导员中优选。同时加强与学生处、学校保卫处、校医院等部门的联络，形成一个各部门通力合作、共抓齐管的心理危机干预网络体系。

(4) 建立心理危机干预预案：心理危机干预预案是实施危机干预的预定的处理方法、路径和程序。制订干预预案时要注意根据不同心理危机制订不同的预案。对于有心理障碍和疾病的学生要请相关专家做好评估，形成书面报告，与家长共同探讨其是留校学习还是回家休养。对于有伤害自己或他人想法的学生，要立即通知其监护人，在监护人到来之前要全天候监视，以确保其自身以及周围人的生命安全。对自杀未遂或是既遂的同学，应在第一时间将其送往最近的医疗机构挽救生命，封锁保护现场，通知校保卫处及公安部门，配合协助调查工作，安抚与自杀者相关的人员，避免造成校园恐慌，危及校园安全。

(5) 建立危机干预后工作制度：三级工作网络要对危机后期或度过危机的大学生及时回访了解信息，将大学生危机事件的处理情况详细记录成书面材料，之后交给心理健康教育与咨询中心，建立危机干预档案，以备必要时调用。

2．加强大学生心理危机干预队伍建设

(1) 建立一支专职为主、兼职为辅的心理危机干预队伍：专职队伍由心理工作专职教师组成，兼职队伍则主要包括心理辅导员、心理委员以及心理志愿者。

(2) 提高心理危机干预队伍的专业水平：大学生心理危机干预是一项专业化程度要求很高、需要专业基础知识和熟练的咨询技巧的工作。高校应建立定期的培训制度。一方面通过各种渠道不断提高专职工作人员的知识和技能，例如公费派遣专职教师出去学习。另一方面，要提高兼职队伍的心理危机干预知识水平。可由学校心理健康教育中心分批对各院系分管学生工作的领导、辅导员、班主任、学生宿舍管理员、保卫人员、各班心理委员开展心理危机干预知识的培训。

(3) 提高任课教师的危机识别能力：任课教师如果能及时了解学生的心理状况，就可以在第一时间进行危机教育。

(4) 加强对大学生朋辈群体的心理危机知识培训：针对寝室长、班级心理委员应以教育培训为主，通过开设心理学相关课程，将其设为必修课或选修课，系统地学习心理学知识，为他们准确辨认心理危机提供专业依据。

【知识链接】

心理危机干预的方法：紧急事件应激报告

紧急事件应激报告（critical incident stress debriefing，CISD）是由米歇尔（J. Mitchell）

提出的，目的是防止或降低创伤性事件症状的激烈度和持久度，迅速使个体恢复常态。CISD现已成为心理危机干预的基本方法之一。CISD 分为正式援助和非正式援助两种类型。非正式援助由受过训练的专业人员在现场进行急性应激干预。而正式援助型的干预则分 7 个阶段进行，通常在危机发生的 24 ~ 48 小时内进行，一般需要 2 ~ 3 小时。具体包括：

1．介绍期　指导者和小组成员进行自我介绍，指导者说明 CISD 的基本方法，强调保密原则。

2．事实期　要求接受干预者从自己观察到的角度出发，提供危机发生时的基本信息，如何时、何地、何人、何事。

3．感受期　鼓励接受干预者表露不良情绪，暴露自己对事件最初和最痛苦的想法，从事实转到思想。

4．反应期　这是接受干预者情绪反应最强烈的阶段。当他们谈到自己对事情的情感反应时，指导者要表现出更多的关心和理解。

5．症状期　确定个人的痛苦症状，可以从心理、生理、认知和行为等方面来描述。

6．教育期　首先，让接受干预者认识到其躯体和心理行为反应在危机之下是正常的，是可以理解的。其次，讨论积极的适应和应对方式。最后，提醒可能的并存问题。

7．再登入　对前面的讨论进行概括，回答问题并考虑需要补充的事项，提供进一步服务的信息。

二、自杀的预防与干预

自杀对家庭和社会带来的心理、社会和财物上的影响是无法估量的。自杀已成为一个严重的公共卫生问题，那么大学生应该如何正确认识自杀？在同学、朋友甚至陌生人有自杀倾向甚至有自杀行为的时候，我们应该怎么做呢？

（一）自杀的原因

1．心理矛盾冲突增多　大学生自我意识迅速增强，伴随而来的自我意识的分化及其产生的矛盾往往使他们的内心充满不安和危机，这些心理冲突和矛盾如果强度过大或持续过久，就会导致心理、生理功能紊乱，进而有可能发展为神经症或精神病，甚至导致自杀。

2．敏感而脆弱的心理特征　一方面，大学生的心理具有易感性，其内心及行为容易受外界环境的影响；另一方面，由于当代大学生大多数是独生子女，生活经历较为简单，相当一部分大学生的心理存在着脆弱的一面，容易产生受挫感，对危机和冲突缺乏心理承受能力和自我调适能力，因而很多因素都可能成为导致大学生自杀的导火线。

3．不稳定的情绪特征　青年时期是一生中情感最丰富、最强烈、最微妙、最动荡的时期，同时也是最危险的时期，被认为是人生的“多事之秋”。大学生面临学习、交往、成长、恋爱、就业等一系列人生问题，开始应对人生的多种挑战。心理学家霍尔用“疾风怒涛”来形容年轻人的情绪。也就是说，大学生的情绪往往处于动荡不稳的状态，具有冲动性、突发性、两极性、心境化等鲜明特征，也容易产生某些负性情绪，如紧张、焦虑、抑郁、愤怒等，严重的负性情绪容易转化为内向攻击，导致自杀意念和行为。

4．高成就动机受挫形成的心理落差　由于社会、家庭对大学生的期望值较高，大学生自身也有强烈的上进心，因而他们往往具有较高的高成就动机和自我期望。进入大学后面对人才济济的新集体，许多人产生了严重的心理落差，原来良好的自我感觉迅速降低，这种心理落差往往是心理障碍和非理智行为发生的前兆。例如，有一个大学毕业的女同学各方面条件都很好，对自己的期望值很高。毕业后她找了多个工作都不满意，主要是因为这些单位能够施展才华的空间、区间很小，与想象中的情况相差太远。她觉得生活不应该是这个样子，社会应该适应她，因此，她感到情绪逐渐低落，最后走上了自杀的不归之路。

（二）自杀的心理过程

大学生的自杀行为虽受制于一般的自杀心理规律，但也有其特殊性，这种特殊性是由大学生的心理特点所决定的。了解这个心理发展过程，对我们进行自杀预防是非常有帮助的。

第一阶段，自杀动机的形成阶段。个体在遇到挫折或打击时，将自杀作为寻求解脱的手段。

第二阶段，心理矛盾冲突阶段。自杀动机产生后，求生的本能可能使自杀者陷入一种生与死的矛盾冲突之中，难以最终做出自杀决定。此时，自杀者经常谈论与自杀有关的话题，预言、暗示自杀，或以自杀来威胁别人，从而表现出直接或间接的自杀意图。实际上，我们可以看作是自杀者发出的寻求帮助或引起别人注意的信号。此时，如能及时得到他人的关注，或在他人的帮助下找到解决问题的办法，自杀者很可能会减轻或打消自杀企图。这也是自杀行为可以预防和救助的心理基础。但周围的人往往认为常喊着要自杀的人其实不会自杀，因而不太关注欲自杀者发出的信号，以致痛失救助良机。

第三阶段，平静阶段。自杀者似乎已从困扰中解脱出来，不再谈论或暗示自杀，情绪好转，抑郁减轻，显得很平静。周围的人真以为他/她的心理状态好转了，从而放松了警惕。但这往往是自杀态度已经坚定不移的一种表现，当然也不完全排除是自杀者心理状态好转的表现。因为发展到这个阶段，自杀者认为自己已找到了解决问题的办法，不再为生与死的选择而感到苦恼，因此，他们不再谈论或暗示自杀，甚至表现出各方面的平静。但其目的也可能是为了摆脱旁人对其自杀行为的阻碍和干预。

第四阶段，实施阶段。这是自杀行为的完成时期，自杀者会选择各种不同的自杀方式来结束自己的生命。但也有一些人自杀未遂，会被救助而中止自杀，乃至最终放弃自杀动机。

（三）自杀的预防与干预

研究证明，危机情况都是可以预防的。如果自己遇到了困难或挫折，要及时求助；如果你发现周围的同学或朋友有以下情况，一定要及时报告老师，以更好地帮助他/她：

1．以前有过自杀未遂的经历或自伤行为。

2．最近有朋友或家人死亡或自杀，或遭遇其他重大变故。

3．学习成绩突然明显恶化，并有出走行为。

4．对身边的人表达想死的念头，或在日记、信函中流露，或委婉地暗示周围的人，或收集与自杀有关的资料并与人探讨。

5．情绪明显不同于往常，如焦躁不安、哭泣、漠然等。

6．突然像变了一个人，出现反常的攻击性或闷闷不乐。

7．陷入抑郁状态，食欲不良、沉默少语、失眠或嗜睡。

8．回避与他人接触，不愿见人。

9．无缘无故收拾东西，向人道谢、告别，归还或赠送物品。

10．出现其他不同于以往的异常表现。

值得注意的是，要判断一个人是否真的处于自杀危机之中，需要结合以上多方面的信息来综合分析，并及时求助于专业人士。见到意欲自杀的人，我们能做什么？重要的是要保持冷静，倾听当事人的诉说，承认他的无助和无望感，可以开诚布公地谈论自杀。大多数人面对死亡时都是矛盾的并乐于接受帮助的，不妨询问当事人打算怎么做，并对其正面引导。鼓励他 / 她解决问题，做出积极的选择。在危机解决之前，一定要守候在当事人旁边。另外，还要争取外援和有效的帮助，不要独自面对严重的情况。具体来说干预自杀有以下几条原则：

1．时间原则　时间可以变一切，一切改变也需要时间。大部分自杀者的问题不是须臾间形成的，对其的干预也是需要时间的。尤其是对自杀者的安抚，使其情绪平稳，并获得其信任要有时间作保证，不可操之过急，要周密安排，稳扎稳打。

2．信息原则　信息的获取是成功的保证。其一是了解事情的起因和行为人的基本情况；其二是了解与行为人有关系的人群，以及与行为人的利害关系和紧密程度；其三是与行为人交谈的过程中要不断地获取信息，根据所掌握的新情况不断调整谈判思路和方法。

3．聆听原则　一个成功的谈判者首先是一个好的聆听者，这就要求要有足够的耐心，设法让当事人开口讲话，表达自己的情感、发泄情绪并提出自己的看法，这样可安抚对方的情绪。

4．动情原则　所谓动情，即通过现场与对方的情感交流，引起共鸣，取得心灵沟通的效果，这是自杀干预的基础和最高境界。它贯穿于自杀干预的全过程，是促使当事人放弃自杀行为的法宝。

5．顺序原则　实施自杀干预时先做什么、后做什么是有一定规律的。如聆听—取信—动情—说理的顺序是不能随意改变的，尤其是最后一步“说理”不能提前，否则会使干预工作处于被动，甚至导致失败。

6．控制原则　我们在实施自杀干预中，重点不在于能否帮其解决问题，而在于控制情绪，即不能就自杀存在的问题来探讨和解决，而应就次要问题对其情绪进行干预，否则就会进入误区，使干预行动流产。

【知识链接】

自杀的线索

1．情绪线索　很长一段时间处于悲伤、抑郁中，认为内心的痛苦是无法逃避的、无法忍受的和永无止境的，并出现绝望、无助、愤怒、烦躁和易激惹。

2．言语线索　“我希望我已死去”“我再也不想活了”“我所有的问题马上就结束了”“现在没人能帮得了我”“没有我，别人会生活得更好”“我再也受不了了”“我的生活一点意义也没有”。

3．行为线索　常常流泪，将自己珍贵的东西或私人物品送人，收集与自杀方式有关的资料，有条理地安排后事，抓伤或划伤身体，或其他自伤行为。

4．前后变化　性格突然改变，如变得孤僻或有攻击性；行为变得紊乱或很古怪；对以前觉得有意义的事表现得无兴趣；开始使用或增量使用成瘾物质；对人的态度变得很糟糕，不理不睬；出现明显的躯体症状，如失眠或嗜睡、慢性头痛或胃痛、个人卫生状况下降等。

【团体实操】

生命大洗牌

[活动目标] 表露自己的烦恼，促进互相关爱与帮助；呵护自己的生命，使我们更坚强。

[活动主题] 珍视生命存在的意义。

[活动目的] 了解生命的脆弱与坚强。

[活动程序]

1．生命玻璃杯 教师指导语："生命犹如玻璃杯，精心呵护不易碎；生命犹如玻璃杯，能盛蜜水和泪水；生命犹如玻璃杯，透明如水永远相随。那静悄悄的玻璃杯可盛满我们的心扉，启迪我们勇敢地把生活面对。"每个同学在一张白纸上画一个玻璃杯，在玻璃杯里面画上一滴一滴的"泪水"，在"泪水"写上自己的烦恼，不署名。（背景音乐：《秋日私语》）

2．生命之河 把所有的玻璃杯收上来。将玻璃杯"大洗牌"，然后发下去，每个人得到一张别人的玻璃杯，认真作答。以邻座为单位，分享并解答每个玻璃杯的烦恼。

3．小帮手，大挑战 每个小组选派一名同学上台，介绍本组得到的玻璃杯中的烦恼及解决方法。

针对普遍烦恼，其他组同学再说出他们的解决方法，体现小挑战、大帮手的用意。

【小 结】

教育学生尊重生命、热爱生命、珍惜生命是每一个教育工作者义不容辞的责任。本章首先进行了生命教育，对生命的含义、特征、价值进行了阐述，并教育大学生如何认识死亡。随后重点阐述了心理危机的预防与干预，让同学们正确认识心理危机，有效应对心理危机，确保心理健康，从而更加自由、快乐和幸福地生活。

【思考题】

1．如何认识生命以及生命的意义？

2．什么是心理危机？心理危机有什么表现？

3．自己或周围人出现心理危机时该怎么办？